KB091791

다윈과 함께

미래 융합
아카데미
2

다윈과
함께

인간과 사회에 관한 통합 학문적 접근 　김세균 엮음

사이언스
SCIENCE 북스
BOOKS

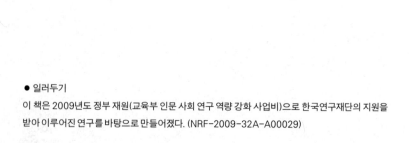

● 일러두기

이 책은 2009년도 정부 재원(교육부 인문 사회 연구 역량 강화 사업비)으로 한국연구재단의 지원을
받아 이루어진 연구를 바탕으로 만들어졌다. (NRF-2009-32A-A00029)

서문 다윈과 함께,
인간과 사회를 다시 생각하다

우리는 어디서 왔는가, 우리는 무엇인가, 우리는 어디로 가는가?

폴 고갱은 자신이 그린 그림에 이 제목을 붙였다. 고갱은 죽음이 임박했음을 직감하자 필생의 역작을 준비한다. 이런 과정은 서머싯 몸의 「달과 6펜스」에 소설적으로 묘사되어 있다. 이 소설은 천재 화가 고갱을 모델로 한 소설인데, 소설에서 주인공 스트릭랜드는 어느 날 자신이 꿈꾸던 예술을 위해 안온한 일상적인 삶과 가족을 떠난다. 그는 타히티에서 병마와 싸우면서 마침내 대작을 남기고 죽는다. 「달과 6펜스」의 주인공처럼 고갱은 그의 궁극의 질문을 자신의 마지막 작품에 담는다. 그 작품의 제목은 「우리는 어디서 왔는가, 우리는 무엇인가, 우리는 어디로 가는가」이다. 고갱은 사랑하는 딸을 잃고 자신의 삶 역시 끝나 갈 무렵 마침내 그 근원적 질문에 도달한 것으로 보인다. 고갱은 그림을 통해 자신이 던질 질문의 답을 찾았을까? 이광수의 소설 「무지개」를 보면 무지개를 찾아 떠난 사람들이 저마다의 무지개를 발견하고 돌아오듯 고갱도 아마 자신만의 답을 찾았을지도 모른다.

고갱처럼 우리 역시 때때로 가던 길을 멈추고 자신을 돌아보고는 존재의 근원에 대해 질문하고는 한다. 우리는 어디서 왔는가, 우리는 무엇인가, 우리는 어디로 가는가? 지금까지 인류는 예술 작품으로 혹은 문학으로, 철학으로, 그리고 종교를 통해 수도 없이 이 질문을 던지고 답을 해 왔다. 예술과 종교, 철학의 존재 이유는 바로 이런 질문에 뿌리를 내리고 있을 것이다. 그리고 이에 대해서 지금까지 수많은 답들이 제시되어 왔다. 그러나 우리는 여전히 이 질문을 내려놓지 못한다. 그건 아마도 지금껏 인류가 제시한 답들이 우리의 알고자 하는 욕구를 만족시키지 못했기 때문일 것이다.

19세기 후반 이 질문을 과학의 문제로 옮겨 놓은 사람은 바로 찰스 로버트 다윈(Charles Robert Darwin)이다. 1859년 찰스 다윈이 펴낸『종의 기원(*On the Origin of Species*)』과 1871년에 펴낸『인간의 유래(*The Descent of Man, and Selection in Relation to Sex*)』는 생명과 인간의 기원, 인간의 본성과 미래에 대한 오랜 질문에 대해 답하려는 하나의 시도였다. 다윈의 대답이 이전과 구별되는 점은 그가 이 문제를 진화론이라는 과학을 통해, 그리고 경험 과학의 방법을 통해 접근했다는 점이다.

다윈은 인간의 몸과 마음을 자연사적 과정의 결과, 즉 진화의 결과로 설명했다. 다윈의 시도는 이 문제를 다루는 데서 중요한 분기점을 만들었다. 인간에 대한 초자연적인 설명들은 서서히 신뢰를 잃기 시작했다. 다윈 이전의 시대에 인간 존재에 대한 질문에 가장 권위 있는 대답은 신학적 설명과 형이상학적 설명이었다. 기독교는 인간의 기원과 본성, 미래에 대한 문제를 독점하고 있었다. 그러나 다윈의『종의 기원』의 출현으로 인간의 몸과 정신 모두 초자연적 설명이 아닌 자연 과학적 탐구의 대상임이 명확해졌다. 인간의 기원과 본성, 미래에 대한 초자연적, 신학적 설명을 추방하려는 계몽주의와 과학의 오랜 노력에서 진화론은 마침내 중요한 획을 그은 것이다. 이것이 다윈 혁명이 인간 존재에 갖는 중대한 함의가 될 것이다.

다윈의 답이 완전하진 않지만, 새롭고도 성공적이었기에 19세기 후반은 다윈 진화론으로 채색된다. 유전학자 테오도시우스 도브잔스키(Theodosius Dobzhansky)는 "진화의 빛을 통하지 않고는 생물학의 어떤 것도 생각할 수 없다."라고 했다. 그러나 19세기 후반의 지적 풍경에서 진화의 빛을 통하지 않고는 어떤 것도 생각할 수 없다고 말해도 과언이 아니었다. 특히 인간과 사회를 다루는 문학과 인문학, 사회 과학의 대부분의 조류들은 진화론에 깊은 영향을 받았다. 흔히 자연주의라 불리는 이 흐름은 진화론적 사고와 결합하여 큰 힘을 떨쳤다. 예를 들자면, 문학에서는 「테스」를 쓴 토머스 하디가, 생물 인류학에서는 타일러, 러벅 등이, 그리고 사회 진화론을 만든 스펜서가, 20세기 초 미국 사회학의 워드, 파슨스, 철학 분야에서는 니체, 그리고 정치 철학 분야에서는 마르크스주의자들과, 무정부주의자 크로포트킨 등 많은 사상가들이 진화론을 수용했다. 다른 이들은 존 스튜어트 밀과 같이 진화론과 대결하는 속에서 자신을 주장해야 했다. 이렇게 세기 전환기에 다윈 진화론은 하나의 지적 토양이 되었다.

그러나 인간 존재에 대한 다윈의 대답은 시작에 불과했다. 그 답은 불완전했으며 자기 시대의 빛깔로 채색되어 있었다. 다윈은 19세기적 유물론, 그리고 빅토리아 시대의 인간관, 남녀관이란 틀로 인간의 기원과 본성, 미래를 사고했다.

다윈은 자연과 인간, 자연과 문화를 19세기적 유물론, 즉 자연주의를 통해 접근했다. 즉 자연사적 과정의 일부로 인간을 이해하는 다윈의 접근은 초자연적 설명, 즉 창조론과 계시에 의해 인간사를 설명하는 접근을 추방했다. 그러나 그 자연주의는 한계가 있었는데 때때로 인간과 사회의 출현성을 자연사적 과정으로 환원하거나 혹은 자연과 문화의 경계에서 동요하는 모습을 보이기도 했다.

또한 다윈은 토머스 맬서스의 『인구론』에 영감을 받아 희소한 자원을 둘러싼 생존 경쟁이란 관념을 자연 선택의 논리에 포괄했다. 라마르크의 '적자 생존' 관념 역시 다윈에게 영향을 주었다. 다윈에게 맬서스와 라마르크의 관념은 발견을 위한 도구였지만, 다른 한편 19세기 자유 방임 사상으로 채색된 빅토리아적 관념의 투영이기도 했다. 다윈은 남녀를 바라보는 시각에서도 빅토리아적 젠더 관념에서 깊은 영향을 받았다. 그는 남성을 이성적 존재로, 여성을 감성적 존재로 보는 상보적 이원론에 따라 이성을 가진 남성을 인류 진화의 원동력으로 보았다.

인류에게 불을 가져다준 프로메테우스와 같이 다윈은 인간 존재에 대한 탐구에 과학의 빛을 비춰 주었지만, 그 길은 탄탄대로는 아니었다. 20세기 초반을 지나면서 인간 과학에서 다윈의 영향력은 일련의 사건들을 계기로 쇠퇴하게 된다. 여기에는 학문 내부의 변화들과 정치 사회적 사건들이 함께 작용했다.

학문 내부에서는 19세기 후반 자연주의로 인해 약화되었던 자연과 사회의 이분법이 다시 구축되었다. 이 이분법은 19세기 후반 독일 역사학파와 막스 베버 등에 의해 이론적으로 뒷받침되었다. 막스 베버는 자연 과학과 사회 과학의 연구 대상과 방법이 다름을 강조했다. 자연과 사회, 문화 간의 경계는 인종주의에 반대하는 문화 인류학이 생물 인류학, 진화 인류학을 대체하면서 더욱 강화되었다. 20세기 전반기 내내 자연과 문화의 이분법은 자연 과학과 인문·사회 과학의 제도화를 통해 공고화되었다. 그 결과 학문 영역에서 인간이라는 단일한 실체는 분할되어 연구되었다. 즉 인간의 몸은 자연 과학의 대상이 되었고 인간의 마음과 정신은 인문, 사회 과학의 연구 대상으로 나뉘었다. 연구 방법에서도 자연 과학과 인문, 사회 과학은 각기 다른 원인론을 전제했다. 여기서 몸은 자연적 원인을 통해 설명되어야 하며, 정신은 문화적, 사회적 원인을 통해서만 설명되어야 한다.

이 과정은 19세기 후반부터 시작된 인간 과학과 사회 과학의 전문화 과정에 의해 심화된다. 세기 전환기에 새롭게 등장하는 분과 학문들은 처음에는 진화론과 같은 자연 과학을 모델로 했고 또 거기서 권위를 빌려왔다. 그러나 분과 학문이 제도화될수록 이 분과들은 점차 자신만의 언어와 방법을 찾게 되었고 인접한 자연 과학이나 사회 과학 내의 다른 분과들과 차별화를 추구했다. 심리학, 사회학, 인류학 등 사회 과학의 여러 분과 학문들은 고유한 자신의 연구 영역과 방법론을 정립하고자 노력하면서 다른 학문과 차별화의 길을 걸었다. 그 결과 다윈 진화론을 인간과 사회에 적용하려는 시도는 이제 그 다른 학문의 영역을 침범하는 시도로 여겨졌다.

여기에 양차 대전과 파시즘 및 우생학 같은 정치적 사건들은 사회 다원주의란 이름과 결합되면서 다윈 진화론에 정치적 오명을 부여했다. 실제로 파시즘의 인종 학살과 우생학 운동은 주로 라마르크주의와 유전학에 토대를 두었다. 그럼에도 '진화론'이라는 명명은 그 과학적 권위로 인해 정치적 장(場)에 쉽게 동원되었고 그 결과 다윈주의는 20세기 초 정치적 극단주의에 대한 책임을 일부 떠안게 되었다.

이렇게 학문 내부의 변화와 정치적 격랑 속에서 인간과 사회에 대한 과학적 설명을 개시했던 다윈의 시도는 점차 외면되고 망각되어 갔다. 20세기 중반에 들어서면서 인간의 기원과 본성, 미래는 이제 진화론이 답할 문제가 아니라 인문학과 사회 과학의 대상이 되었다. 자연 과학, 특히 생물학, 진화론이 이 영역에 관여하는 것은 파시즘과 우생학과 같은 위험한 정치적 망령을 불러오는 것으로 의심받게 되었다. 그 결과 인간과 사회를 설명하려는 다윈의 시도는 19세기 후반이라는 과거의 지층 아래로 묻혀 갔다.

20세기 초에 구축된 자연 과학과 사회 과학의 분업 구조는 20세기 중반에는 확고히 제도화되었지만, 이에 대한 비판과 문제 제기가 없었던 것은 아니다. 실제로는 20세기 내내 자연과 문화의 이분법과 학문 간 분업에 대한 문제 제기는 끊이지 않았다. 1950년대 찰스 퍼시 스노(Charles Percy Snow)의 '두 문화'에 대한 비판이나 소위 '과학 전쟁' 등은 이 분업 구조의 불안정성과 무관하지 않다. 20세기 중후반에 오면 자연과 사회의 이분법에 대한 비판은 점차 더 강화된다. 브뤼노 라투르(Bruno Latour)가 자연과 사회의 이분법을 근대적인 것으로 비판하는 것이나, 사회 생물학 및 진화 심리학의 출현은 이런 이분법에 대한 비판 혹은 도전을 의미한다. 페미니즘에서도 주디스 버틀러(Judith Butler)의 섹스/젠더 이분법에 대한 비판, 에코페미니스트들의 자연과 사회 이분법 비판 역시 이에 대한 문제 제기의 일환이다.

이런 비판들은 실상 현실에서 자연과 사회의 공고한 경계가 흐려지는 여러 현상들이 등장하는 것을 배경으로 한다. 20세기 중후반 환경 위기의 대두는 자연과 사회가 분리된 실재가 아니라 하나의 연결된 전체임을 환기시켜 주었다. 이와 함께 유전 공학의 발전에 힘입은 유전자 조작 식품(GMO)과 복제양 돌리의 탄생, 그리고 신경 전자칩의 생체 이식과 같은 사례들은 점차 자연물과 인공물의 경계를 모호하게 만들고 있다. 생명 공학의 발전과 기계와 인간의 결합은 소위 포스트 휴먼 시대의 도래를 예고하면서 현실에서 자연과 문화의 공고한 이분법을 지워 가고 있다.

그러나 학문의 세계에서 이 이분법은 여전히 공고하다. 현실과 학문 간의 이런 괴리로 인해 지식 공동체는 21세기의 변화에 적절히 대처하지 못하고 있다. 특히 생명 공학의 발전이 낳은 새로운 현실은 도대체 인간이란 무엇인가, 생명이란 무엇인가에 대해 근원적인 질문을 다시 던지고 있다. 자연과 문화, 자연과 인공물의 경계가 모호해지는 오늘의 현실에서 자연과 사회의 이분법을 넘어서는 새로운 접근만이 이 질문에 답할 수 있을 것이다.

그렇다면 이 이분법을 넘어선다는 것은 무엇인가? 지금까지 자연과 인간, 자연과 사회의 이분법을 넘어서려는 시도들은 왜 불충분했는가? 지금까지 자연과 사회의 이분법을 넘어서려는 시도들은 많은 경우 사실상 환원주의의 유혹에서 자유롭지 못했다. 자연 과학으로 혹은 인문, 사회 과학으로 환원하려는 시도는 어느 한편의 반발을 야기해 왔다. 다윈의 시도를 복원하려는 사회 생물학과 진화 심리학은 진화론이라는 자연 과학에 기초해서 이 이분법을 넘어서고자 한 것이다. 그러나 이들의 기획은 20세기 내내 성장한 사회 과학과 여타 자연 과학의 성과를 고려하지 않음으로 인해 비판에 직면했다. 이들의 시도는 인간·사회의 출현성을 고려하지 않음으로 인해 환원주의라는 비판을 피하기 힘들었던 것이다.

자연과 사회의 이분법을 넘어서려는 시도는 자연 과학 측에서뿐만 아니라 인문·사회 과학 측에서도 시도되어 왔다. 인간의 육체에 미치는 관념, 문화의 역할을 중시하면서 육체를 문화의 산물로 환원하는 또 다른 환원주의 역시 존재해 왔다. 일례로 버틀러나 육체 페미니즘에서 말하는 섹스/젠더 이분법 비판이 그것이다. 이들은 섹스는 문화적 의미망에 의해 구성된다고 말하는데 이는 문화를 통해 자연을 흡수하려는 문화 환원주의로 볼 수 있다. 자연과 사회의 이분법을 극복하려는 시도가 환원주의의 형태를 취하는 한 그 결과는 학문의 통합보다는 과학 전쟁으로 귀결될 가능성이 크다. 사실상 환원주의는 자연과 사회의 이분법을 더 극단화하는 방식일 뿐이며 이분법의 극복으로 보긴 힘들다.

　자연과 사회, 문화의 복합성을 다루는 비환원주의적인 방식은 아직 충분히 성숙하지 않았다. 이 이분법을 넘어서는 것은 두 영역 간의 결합이며 두 지식 층위 간의 결합이지 어느 하나가 선험적 우위를 갖는 흡수 통합의 방식은 아닐 것이다.

　그러면 왜 우리는 이 시점에서 다시 진화론에 주목하는가? 21세기 생명 과학의 발전이 낳은 새로운 현실은 우리에게 인간이란 무엇인가에 대해 진지하게 질문할 것을 요구하고 있다. 우리는 어디서 왔으며, 우리는 무엇이며, 또 우리는 어디로 갈 것인가? 우리는 다시 이 질문 앞에 서 있으며 이 문제는 생명 공학의 시대에 생물학과 분리된 채 답해질 수 없다. 따라서 우리는 다시 인간의 기원을 통해 인간의 본성을 다시 생각하고 그 속에서 인간의 미래를 고민해야 할 때에 와 있는 것이다. 진화론은 인간과 인간 본성들의 기원을 밝히고 이해하는 데 도움을 준다.

　물론 진화론만이 이 질문에 답하는 유일한 답은 아니다. 진화론은 이 질문에 대한 하나의 답일 뿐이다. 아니 그 답을 구해 나가는 긴 과정의 한 부분일 뿐이다. 그러나 인간의 기원을 이해하는 것은 우리가 어디서 왔는가를 아는 것은 우리가 누구인가를 아는 데 중요한 실마리를 던져 줄 것임은 분명하다. 이런 이해와 함께할 때 비로소 사회의 출현성, 사회적 요인들의 작용을 이해하는 것이 가능할 것이다. 우리는 자연과 사회의 관계를 이해하기 위해서 인간적 자연, 즉 인간의 기원과 본성을 이해할 필요가 있다. 부분을 이해해야 부분 간의 상호 작용에 의한 출현성을 이해할 수 있기 때문이다. 환원주의는 비판받아야 하지만 설명의 전체 과정의 일부로서 환원이 갖는 장점을 부정할 수는 없다. 환원과 환원주의를 구별함으로써 우리는 인간에 대한 진화적 이해를 통해 복잡한 인간과 사회의 삶에 대한 유용한 통찰을 얻을 것이다.

따라서 진화론을 통해 인간과 사회를 들여다보려는 기획은 비환원주의적인 새로운 접근과 결합될 필요가 있다. 비환원주의적인 접근들은 아직 충분히 발전되진 않았으며 이 책은 따라서 하나의 시도와 기획의 의미를 갖는다. 비환원주의적 접근은 복잡계 과학, 라투르적 접근, 중층 결정 등 여러 각도에서 시도되고 있다. 이 책은 환원주의를 비판하지만 여전히 환원을 중요한 과정으로 인정하며 비환원주의적인 다양한 시도를 포함한다. 따라서 이 책에 실린 여러 글들은 단일한 시각을 여러 영역에 적용했다기보다는 오늘날 존재하는 다양한 태도를 보여 주고 있다. 이를 통해 더 나은 방법론을 숙고하는 계기로 삼길 바랄 뿐이다.

이 책의 1부는 생명에 대한 전통적 관점을 비판하면서 복잡계적 시각에서 생명을 재정의하는 시도를 살펴본다. 물리학과 생명 과학에서 복잡계를 이해하는 방식은 다양하며 따라서 두 편의 글은 복잡계에 대한 이해와 생명에 대한 정의에서 일련의 차이를 보인다.

김민수, 최무영의 「생명 현상의 물리적 기초: 스스로 짜임, 떠오름, 복잡성」은 19세기적 생명관을 넘어서 복잡계 물리학의 시각에서 생명을 재정의하려는 동시에 진화를 정보 교류의 관점에서 설명해 보려는 독창적 시도이다. 복잡계 현상으로서 생명 현상은 '협동 현상의 떠오름'을 통해 이해될 수 있다. 이러한 정보 교류의 관점에서 보면 생명체의 살아 있음과 진화란 스스로의 정보를 축적하는 과정이다. 이런 시각은 전통적인 물질과 관념의 이분법을 넘어선다.

우희종의 「생명 현상의 생명 과학적 기초: 생명 현상의 발현」은 생명 과학자의 시각에서 생명 현상을 복잡계로 접근하는 하나의 시도이다. 저자는 과거 생명관이 물질적이고 기계론적이며 환원론적이라는 반성에서 출발한다. 또한 과거의 생명관이 보편성에 초점을 둔 점을 비판한다. 특히 저자는 사회 생물학이 결정론적·기계론적 관점을 가짐에 주목하고 이를 넘어서는 대안적 생명관을 복잡계에서 찾는다. 생명 현상은 개체 고유성과 관계성 속에서 이해되고 이는 무시간적인 진공 상태가 아닌 시간을 통한 생성과 변화의 차원에 있는 것으로 이해된다.

2부는 인간 존재에 대한 다윈의 탐구를 짚어 본다. 다윈은 인간의 기원뿐 아니라 인간이란 무엇인가에 대해 나름의 답을 시도했다. 그가 인간 본성을 탐구했던 지적 배경 그리고 어떤 과정을 통해 이를 탐구했는지를 살펴본다.

홍성욱은 「다윈의 진화론과 인간 본성」에서 다윈 진화론은 인간의 동물적 속성과 인간의 인간적 속성 모두를 진화라는 하나의 프레임에서 설명하려는 시도로 본다. 특히 정신의 차원인 도덕성은 인간의 이기심과 마찬가지로 진화의 결과라는 것이다. 저자는 다윈이 어떻게 인간 본성에 대한 이런 생각에 도달했고, 또 어떻게 이 생각들을 자신의 저술을 통해 전개했으며, 다윈의 이런 사상이 후대에 어떤 영향을 미쳤는가를 탐구하고 있다. 인간의 도덕성은 오랜 세월을 거치면서 형성된 인간의 본성의 하나라는 이전 세대 공리주의자들의 인간관에 다윈은 크게 영향을 받았으며, 이를 진화론을 통해 정당화했고 강화했다고 저자는 주장한다.

한선희는 「다윈, "본성은 변한다": 도덕의 자연사적 기원을 찾아」에서 조금 다른 각도에서 다윈의 인간 본성 연구를 살핀다. 여기서 저자는 다윈 이전 시대의 자연 신학자와 라마르크의 인간 본성을 개념을 비판하고 인간 본성에 대한 자신의 견해를 어떻게 발전시켰는가를 추적한다. 다윈은 동물의

'본능'과 인간의 '지성'을 이분법적으로 구분하는 견해를 비판한다. 이를 바탕으로 다윈은 인간만이 갖고 있다고 여겨지는 '지성'이 동물, 특히 하등 동물에게도 존재함을 지렁이 실험을 통해 입증하고자 한다. 다윈은 또한 해부학적 구조의 구속력 때문에 본성이 변할 수 없다는 자연 신학자들의 주장을 반박하면서 고정된 본능의 관념을 깨고 본성의 변화 가능성을 열어 놓았다. 다윈의 이런 관념은 오늘날도 인간 본성을 고정된 것으로 보는 관념이 우세한 조건에서 놀라운 일이라 할 수 있다.

3부는 다윈주의, 사회 생물학 그리고 진화 심리학이 어떻게 인간과 사회에 대한 설명 속으로 스며들고 또 영향을 주고받는가를 사회의 각 영역별로 살펴본다. 다윈이 문학에 미친 영향, 그리고 진화론과 정치학, 인류학의 협동 연구에 던지는 통찰을 살펴보고 진화 심리학의 문화에 대한 관념, 그리고 사회 생물학과 진화 심리학의 젠더 관념을 검토한다.

김명환의 「문학의 눈으로 본 다윈의 종의 기원」은 다윈 진화론을 문학과 관계 속에서 살펴본다. 저자는 오늘날 자연 과학과 인문학 간의 분할, 소위 '두 문화' 전쟁은 20세기에도 있었지만 19세기 다윈 등장 무렵에도 심각한 논쟁으로 존재했음을 밝힌다. 토머스 헨리 헉슬리(Thomas Henry Huxley)와 매슈 아널드(Matthew Arnold) 간의 논쟁이 그것인데, 과학과 문학의 위상을 둘러싼 이 논쟁은 과학을 확고한 우위에 두면서 교양 교육이 과학을 위주로 이루어져야 한다는 헉슬리의 견해와 인문 교육에서 과학을 더 중시하되 과학을 인문 교육의 하위 부분으로 보는 매슈 아널드의 견해로 구분된다. 저자는 매슈 아널드가 말하는 더 광의의 문학의 한 예로 『종의 기원』을 분석한다.

인간 본성을 진화론을 통해 탐구하려는 다윈의 시도는 19세기 후반의 로마네스(Romanes), 20세기 프로이트와 카를 융, 윌리엄 제임스의 초기 진화 심리학으로 이어지며, 20세기 중후반 사회 생물학과 진화 심리학에 의해 본격화된다. 따라서 뒤의 논문들은 20세기의 사회 생물학과 진화 심리학에 초점을 두고 이들이 인간 및 사회 문제에 던지는 함의를 생각해 본다.

김세균, 이상신의 「권력의 DNA」는 1990년대 진화 심리학의 출현이 정치학에서 미친 영향을 살펴본다. 저자들은 생물학과 정치학을 접목시킨 '바이오폴리틱스(biopolitics)'로 불리는 새로운 연구 분야와 방법론을 소개한다. 바이오폴리틱스는 정치 행태를 생물학적으로 접근하기 위해 진화 심리학뿐만 아니라 뇌 신경 의학, 내분비학, 생리학, 형질 인류학, 동물학 등의 도움을 받고 있다. 개인이 정치를 이해하는 방식, 그리고 정치에 참여하는 방식의 상당 부분은 일정 부분 유전적으로 영향 받음을 바이오폴리틱스 연구는 보여주고 있다. 또 정치 제도 연구, 합리적 선택 이론, 국제 정치 및 비교 정치 분야의 연구에서도 바이오폴리틱스는 앞으로 많은 변화를 가져올 것으로 예측된다.

홍철기의 「문화의 자율성을 넘어서: 진화 심리학과 행위자 연결망 이론의 관점에서 본 문화」는 자연과 사회의 이분법을 비판하는 진화 심리학과 라투르의 행위자 연결망 이론을 비교하고 있다. 저자가 보기에 이 둘은 각각 자연 과학과 사회 과학의 성과를 배경으로 삼으면서 자연과 문화의 분할을 문제시한다는 공통점을 가진다. 그러나 양자는 각기 다른 결론에 도달하는데, 진화 심리학은 자연과 문화의 이분법의 극복, 자연 과학과 사회 과학의 통합을 비교적 낙관적으로 보는 반면 행위자 연결망 이론은 이 이분법의 극복이 쉽지 않으며 양자 사이에는 다원적이고 복합적인 관계가 수립되어야 함을 주장한다.

오현미, 장경섭의 「사회 생물학과 진화 심리학의 젠더 관념 비교」는 사회 생물학과 진화 심리학의 젠더 관념을 비교 검토한다. 저자들은 일반적인 생각과 달리 사회 생물학과 진화 심리학의 젠더 관념이 많은 차이를 갖고 있음을 보여 준다. 구체적으로 1970년대 등장한 사회 생물학은 당시에 지배적이었던 남성 생계 부양자/여성 전업 주부라는 젠더 관념을 투영하며 가부장제를 자연화하는 경향이 있다. 반면 1990년대 이후 등장한 진화 심리학은

1990년대의 젠더 관념을 반영해서 남녀 관계를 가족보다는 개체를 중심으로 사고한다. 따라서 저자들은 사회 생물학과 달리 진화 심리학이 가부장제를 자연화한다고 보긴 힘들며, 진화 심리학의 젠더 관념은 사회 생물학보다 오히려 동시대의 사회학자인 울리히 벡(Ulrich Beck)의 '개인화' 담론과 더 큰 친화성을 가진다고 주장한다.

마지막으로 보론으로 실린 최형록의 「새로운 변혁 주체의 형성: 헤게모니, 진화론, 거울 뉴런, 그리고 명상」은 진화론과 20세기 생물학의 발전이 던질 수 있는 함의를 확장해 본 시론이다. 즉 이것의 함의는 인간 본성 문제에 머물지 않고 사회적 실천, 종교 및 윤리적 문제에 이를 수 있음을 보여 준다. 저자는 그람시적인 문화적 헤게모니를 통해 세상을 변화시키는 새로운 대안을 모색하는데 이 대안의 구성 요소는 세 가지다. 유전자 중심주의를 대체할 에바 야블롱카(Eva Jablonka)의 '4차원적 진화론', 사회적 관계 속에서 개인을 이해하는 유물론적 근거로서 '거울 신경 세포(mirror neuron)', 그리고 인간의 주체성을 개발할 수 있는 길로서 '불교적 명상(meditation)'이다.

이상의 연구는 2009년 다윈 탄생 200주년을 맞이해서 서울 대학교 사회 과학 연구원 원장으로 있던 필자가 한국에서 진화론의 통찰을 바탕으로 학문 통합을 폭넓게 사고하기 위해 기획한 것이었다. 이 연구가 진정 학문 통합의 출발이 되기 위해서는 자연 과학, 인문학, 사회 과학 그리고 사회적 실천의 영역을 망라하는 인적 네트워크에 토대를 두어야 한다고 생각했다. 통합은 하나의 꿈이지만 그 길은 간단치 않은 것이다. 각기 다른 분과 학문과 영역에서 모인 연구자들은 사용하는 언어와 방법 면에서 달랐고 이들과의 세미나 동안 서로의 언어를 이해하고 생각의 차이를 깨닫는 데도 많은 시간이 필요했다. 그 결과 이 책은 통합된 학문을 위한 어떤 합의된 상을 보여 주기보다 통합을 위한 노력이 지난함을 보이는 미완의 과정을 드러내는 것이 되었다. 같은 복잡계에 대해서도 물리학과 생명 과학의 연구자들마다 생각이 같지 않았다. 다윈 진화론에 대한 평가, 사회 생물학, 진화 심리학에 대한 평가는 연구자들마다 달랐으며 이를 일치시킨 후 인간과 사회에 대한 설명에 적용하는 깔끔한 두 단계의 과정은 결코 도래하지 않았다. 오히려 이 차이들을 노정시키고 명확히 하는 것이 더 긴 토론과 논쟁을 위해 필요한 것이라고 판단하기에 이르렀다. 따라서 이 책에 실린 어떤 글은 사회 생물학과 진화 심리학을 비판하고 어떤 글은 이를 긍정적으로 수용한다. 그리고 사용하는 전문 용어도 저자에 따라 조금씩 다르다. 우리는 이런 불일치와 차이를 드러내는 것이 필요하다고 생각한다. 그것이 통합을 위한 출발점이 될 것이기 때문이다.

사회 생물학과 진화 심리학을 수용하거나 비판하는 두 진영으로 한국의 지적 공동체가 나뉘어 있는 조건에서 우리의 이 시도는 그 단순명료한 두 진영 구도를 넘어서기를 바라는 하나의 시도이다. 진화론을 토대로 인간과 사회를 통합적으로 설명하고자 한 다윈의 시도는 여전히 유효하다. 그러나 그 시도는 생물학 환원주의와 기계적 유물론 그리고 과학의 객관성에 대한 폐쇄적 확신을 넘어설 필요도 있다.

과학은 사회적 맥락 속에 놓여 있다. 그럼에도 과학은 그리고 다윈 진화론은 창세기의 설화와 구별되는 과학의 지위를 갖는다. 과학의 지위에 대한 이 이중적이고 어려운 협로 위에서 이 연구는 자신의 토대를 찾고자 애썼다. 물론 모든 저자들이 이 관점에 동의하는 것은 아니다. 그러나 과학이 시대와 문화에 열려 있지만 단순한 이야기와는 구별되는 객관성을 추구하는 지식이라는 점에는 많은 저자들이 동의할 수 있을 것이다. 이런 전제 위에서 다윈 진화론에 대한 비판에 근거해서 이를 인간과 사회에 대한 설명으로 확장하려는 시도는 여전히 계속되어야 할 것이다. 최근에 스티븐 로스(Stephen Rose)는 「인간 본성의 변화하는 얼굴들」에서 비슷한 견해를 표명한 적이 있다. 다윈의 기획이 환원주의와 결정론, 기계적 유물론의 샛길로 빠지지 않고 계속되기 위해서, 다윈의 기획이 20세기 자연 과학의 성과와 사회 과학의 성과를

존중하고 그 통찰들과 결합할 때 비로소 좀 더 완성된 통합 학문의 모습이
서서히 드러날 수 있을 것이다.

김세균(서울 대학교 정치 외교학부 교수)

오현미(서울 대학교 여성 연구소 객원 연구원)

차례

1부

우리는 어디에서 왔는가

생명의 기원에 관한
새로운 과학

1장 생명 현상의 물리적 기초

스스로 짜임, 떠오름, 복잡성

1. 글머리에

삶에 대한 고찰은 누구에게나 가장 근본적인 문제이다. 인간의 삶에 대한 고찰은 자연스레 살아 있음, 생명이라는 현상에 대한 관심으로 이어지고 이는 다시 생명을 이루는 물리적 기반에 대한 탐구로 이어진다. 과학에서는 모든 현상의 실체로서 물질을 상정하며, 물질의 구성원과 그들 사이의 상호 작용으로 모든 현상이 일어난다는 이른바 물리주의(physicalism)를 전제한다. 결국 모든 현상은 물질의 현상이라는 관점에서 과학은 대상에 따라 보통의 물질이 일으키는 현상을 다루는 물리 과학, 생명을 다루는 생명 과학, 그리고 가장 대표적인 생명체라 할 수 있는 인간이 모여 이루어진 사회를 다루는 사회 과학으로 나뉘어 개별적으로 연구되어 왔다. 하지만 학문의 연구가 진행됨에 따라 학문적 계층 구분이 주어진 현상에 대한 근원적 이해와 합리적 해석을 어렵게 한다는 자각이 얻어졌다. 특히 물질, 생명, 사회, 그리고 정신

---

* 이 글은 《과학 철학》 16-2(2013), 127~150쪽에 발표된 논문을 재수록한 것이다.

이라는 계층 사이에 서로 겹쳐진 관계에 대한 고찰이 필요함을 느끼게 되었고, 이러한 문제 의식을 바탕으로 다양한 영역에서 학문적 통합이 시도되어 왔다. (장회익, 2009)

일반적으로 물질의 구성원은 원자나 분자로서, 곧 많은 수의 원자나 분자들로 이루어진 응집 물질이 물리 과학의 전형적인 대상이다. 한편 생명을 지닌 인간 따위의 생명체는 많은 수의 세포로 이루어져 있으며, 다시 사회는 많은 수의 인간들로 이루어져 있다. 결국 물질이나 생명, 사회 모두 많은 수의 구성원으로 이루어져 있는데 전통적으로 물리주의의 전제에서 물질 기반의 세계를 탐구해 온 물리 과학의 관점에서는 이러한 대상이 나타내는 현상은 그 대상을 이루는 구성원들의 상호 작용에 기인한다고 간주한다. 따라서 이로부터 물질, 생명, 사회 현상을 하나의 틀로 아울러 해석하는 통합 과학의 가능성을 고려해 볼 수 있다. 이는 당연히 보편 지식 체계를 구축하려는 시도로서 이론 과학의 성격을 띠게 될 것이다. (최무영, 2008)

대표적인 이론 과학인 물리학에서 이러한 시도는 근래에 주목을 받게 된 복잡계(complex system)에 대한 연구에서 두드러진다. 많은 구성원으로 이루어진 대상을 뭇알갱이계(many-particle system)라 부르며, 복잡계란 복잡성(complexity)을 지닌 뭇알갱이계를 뜻한다. 복잡성을 엄밀하게 정의하기는 어려운데 대체로 많은 요소들의 집합, 곧 많은 구성원으로 이루어진 계에서 구성원 사이의 비선형 상호 작용을 통해서 커다란 변이성(variability)이 나타나는 경우를 가리킨다. (최무영·박형규, 2007) 일반적으로 뭇알갱이계에서 구성원 사이의 협동 현상(cooperative phenomena)에 따라 스스로 짜임(self-organization)을 비롯한 계 전체의 집단 성질(collective property)이 나타나는데 이는 구성원 하나하나의 성질과는 관계없이 새롭게 생겨난다는 점에서 떠오름(emergence)이라 부르며, 이러한 현상을 다루는 방법이 통계 역학(statistical mechanics)이다. 이렇듯 다양한 계에서 개개의 구성원에서 볼 수 없는 커다란 변이성을 지닌 집단 성질이 떠오르는 현상을 주로 통계 역학적 방법을 써서 설명하려는 이론 체계를 복잡계 물리학(physics of complex systems) 또는 복잡성 과학(science of complexity)이라고 이름붙일 수 있을 것이다.

이 글에서는 메타 과학적 인식의 바탕에서 복잡계 물리의 성격을 검토한 후, 생명을 복잡계 물리의 관점에서 고찰하여 새로운 차원의 이해를 추구하려 한다. 먼저, 물리학의 입장에서 복잡계로서의 물질, 생명, 사회를 해석하려는 논리 구조를 살피고, 특히 정보의 본원적 중요성에 주목하여 정보 교류 동역학(information exchange dynamics)(Choi et al. 2005)을 간단히 소개한다. 이러한 관점으로 궁극적인 복잡계라 할 수 있는 생체계가 보여 주는 생명 현상에 접근하여 생명을 새롭게 이해하려는 시도를 소개한다.*

2. 복잡성과 복잡계

이론 과학은 이론, 곧 보편 지식 체계를 추구한다. (장회익, 1990) 그런데 보편 지식은 비교적 쉽고 간단한 현상을 토대로 체계를 구축하였으므로 복잡한 현상의 경우에도 이론 과학을 적용할 수 있을지는 분명하지 않다. 하지만 20세기 후반부터 떠오름을 다루는 통계 역학과 혼돈(chaos)을 다루는 비선형 동역학(nonlinear dynamics) 방법이 정립되면서(Gleick, 1987; Peitgen et al., 1992) 복잡한 현상들에 대한 연구가 활발하게 진행되기 시작하였다. 이에 따라 성립된 복잡계 물리학은 통계 역학과 비선형 동역학의 방법을 이용하여 복잡한 물질 현상과 생명 현상, 그리고 사회 현상의 떠오름을 이해하려 시도한다.**

---

*　이 글의 일부는 최근 학술 논문으로 간행되었다. (김민수·최무영, 2013)

**　복잡계로서 사회 현상의 보기로서 수도권 전철에서 승객의 흐름을 분석하였고(Goh et al., 2012), 최근에는 시학에서 복잡계적 분석이 시도되었다. (최인령·최무영, 2013)

2.1. 질서와 무질서

복잡성이란 일반적으로 커다란 변이 가능성을 뜻한다. 대체로 질서정연하게 정돈된 상태와 완전히 무질서한 상태는 간단하게 기술할 수 있어서 변이 가능성이 적으며, 복잡하지 않다. 따라서 복잡성은 질서정연하지도, 완전히 무질서하지도 않은 상태에서 나타나게 된다. 다시 말해서 복잡한 상태에 있는 계는 그것을 관측하거나 추정하는 관측자의 관점에서 보았을 때, 잘 정돈되어 있지 않지만 그렇다고 마구 흐트러져 있어서 마구잡이로(random) 간주할 수도 없기 때문에 변이 가능성이 많고, 따라서 복잡하다고 할 수 있다. 이같이 질서(order)와 무질서(disorder)의 경계에 있는 상태가 복잡할 수 있는데, 대체로 질서 있게 정돈되면 엔트로피(entropy)가 낮은 상태가 되고 무질서해지면 엔트로피가 높은 상태가 되므로 엔트로피가 중간쯤 되는 상태가 복잡성이 가장 크다고 할 수 있다.

2.2. 고비성

복잡성의 척도가 변이 가능성이고, 이는 대체로 질서와 무질서 사이에서 크다고 지적하였다. 그러면 질서와 무질서의 사이란 어떻게 기술할 수 있을까? 그 대표적인 특성으로 고비성(criticality)을 들 수 있다. 크게 나누어 공간에 대한 고비성과 시간에 대한 고비성, 두 가지를 살펴보자.

1) 공간에서의 고비성
공간에서 고비성을 나타내는 전형적 구조로 쪽거리(fractal)가 있다. (Peitgen et al., 1992) 쪽거리는 눈금(scale)을 크게 보든 작게 보든 상관없이 같은 구조적 형태를 보이는, 이른바 스스로 닮은(self-similar) 구조를 의미한다. 간단한 보기로서 코크 곡선(Koch curve)을 그림 1-1에 나타내었다. 구조적 형

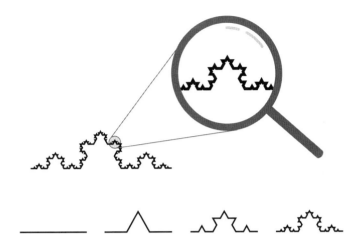

그림 1-1 쪽거리 구조의 예로서 코크 곡선. 눈금의 크기와 상관없는 스스로 닮은 구조를 가진다.*

태가 눈금의 크기에 무관하다는 것은 그 구조의 특성을 나타내는 특성 길이(characteristic length)가 존재하지 않음을 뜻하며, 두 지점 사이의 상관 관계가 거리에 따라 대수적으로(algebraically) 감소하는 멱함수(power-law function) 형태를 보임을 의미한다. 이러한 경우, 그 구조는 눈금 불변성(scale invariance)을 가진다고 말하며 이것이 바로 공간에서의 고비성을 나타낸다. 일반적으로 상관 관계는 거리에 지수 함수(exponential function) 형태로 의존하며 따라서 거리가 멀어지면 급격히 감소한다. 이에 반해 고비성을 가진 계의 경우에는 상관 관계가 거리에 따라 급격히 감소하지 않고 멀리까지 미치므로 서로 멀리 떨어진 구성원끼리도 강하게 연관되어 있다. 이 때문에 작은 국소적 변화가 계 전체에 큰 영향을 미치게 되고, 결국 계는 커다란 변이 가능성을 보이게 된다.

* http://www.elmer.unibas.ch/pendulum/fractal.htm 참조.

2) 시간에서의 고비성

시간에서의 고비성은 공간에서의 고비성에 대응해서 시간에 대한 눈금 불변성을 뜻한다. 시간에서 눈금 불변성을 보이는 대표적인 보기는 $1/f$ 신호 이다. 일반적으로 신호, 곧 주어진 변수의 시간에 대한 변화는 푸리에 변환 (Fourier transformation)하여 진동수(frequency) 성분으로 바꾸어 나타내면 분 석하기 편리하다. 어떤 대상 계에서 특정 변수의 시간 변화를 이같이 진동수 성분으로 나누어 보았을 때, 각 진동수 성분이 고르게 섞여 있으면 마구잡 이, 무질서한 경우이고 반대로 하나의 진동수 성분만 가지고 있으면 질서정 연한 경우에 해당한다. 이 두 가지의 사이로서 여러 진동수 성분이 섞여 있 되 세기가 고르지 않으면 바로 시간에 대한 고비성을 보이는 경우에 해당한 다. 특히 낮은 진동수 성분은 세기가 강하고 높은 진동수 성분은 약해서 성 분의 세기가 진동수 f에 대략 반비례하는 경우를 흔히 볼 수 있는데 이를 $1/f$ 신호라 한다. 각 성분의 세기가 진동수에 멱함수 형태로 의존하므로 시간에 대해 눈금 불변성을 가진다고 할 수 있으며, 이는 시간에서의 고비성을 나타 낸다. 다시 말해 상관 관계가 시간에 따라 급격히 감소하지 않고 오래 미치므 로 작은 사건이 긴 시간에 걸쳐 영향을 미치게 된다.

2.3. 복잡계

어떤 계가 공간과 시간에 대해서 고비성을 가지게 되면 공간과 시간에 대 해서 변이 가능성이 크게 되고 따라서 복잡성을 나타내게 된다. 계의 고비성 은 개개 구성 요소의 수준에서는 볼 수 없다가 새롭게 떠오르게 된 전체의 집단 성질이고, 이러한 계는 복잡성을 보이는 복잡계라고 할 수 있다. 하지만 이를 복잡계의 정의로 간주할 수는 없다. 왜냐하면 복잡성이 반드시 고비성 을 뜻하는 것은 아니고, 고비성은 복잡계의 다양한 속성 가운데 한 가지일 뿐이기 때문이다.

복잡계를 정의하기 어려우므로 그 특성을 살펴보자. (최무영·박형규, 2007) 복잡계의 특성을 몇 가지 들면 다음과 같다. 첫째, 많은 구성원으로 이루어진 뭇알갱이계이고, 그 구성원들은 비선형 형태로 상호 작용하여, 복잡성을 떠오르게 한다.* 복잡계를 세세히 또는 멀리 들여다보면 각 단계마다 새로운 상세함과 다양성이 존재하며 모든 크기의 구조들이 스스로 짜여 있다. 둘째, 열려 있는 계이다. 닫혀 있는 계는 외부 세계와 단절되어 평형 상태에 이르게 되는 반면 복잡계는 이른바 열린 흩어지기 구조(open dissipative structure)를 지녀서 주변 환경과 끊임없이 교류하며 이러한 교류를 통해 스스로 짜이고 복잡해질 수 있다. 셋째, 질서와 무질서 사이에서 어느 정도 안정된 구조를 구축하며 새로운 가능성을 탐구해 나가는 유동성을 지닌다. 넷째, 기억을 지니고 변화에 적응하며 나이를 먹기도 한다. 마지막으로 비평형 상태에서 동역학적 거동이 중요하다. 복잡계는 일반적으로 환경의 변화에 적응하며 끊임없이 변화해 가므로, 거시 변수가 변화하지 않는 평형 상태에서는 복잡계의 특성이 제대로 나타나지 않는다.

일반적으로 뭇알갱이계의 에너지 E와 엔트로피 S를 조합하여 주어진 온도 T에서 자유에너지(free energy) F를

$$F = E - TS$$

로 정의한다. 통계 역학에서 열역학 둘째 법칙에 따르면 주어진 온도에서 계는 자신의 자유에너지 F를 최소화하려는 경향이 있다. 자유에너지가 낮아지기 위해서는 에너지를 줄이거나 엔트로피를 늘려야 하며, 결국 에너지와 엔트로피의 경쟁을 통해 계의 상태 변화가 진행한다고 볼 수 있다. 따라서 복

---

* 뭇알갱이계이고 비선형이라는 점에서 복잡계는 앞에서 언급한 통계 역학과 비선형 동역학의 방법으로 접근함이 자연스럽다.

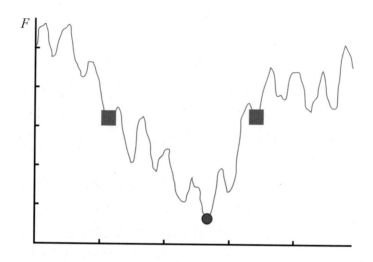

그림 1-2 복잡계의 여러 상태에 따른 자유에너지 F의 변화를 나타낸 도식적 그림.

잡계의 경우에 앞에서 논의한 특성을 가지기 위해서는 자유에너지의 값이
같거나 비슷한 상태를 많이 가져야 한다. 가능한 여러 상태 가운데 어느 상태
에 있게 되는지와 관련하여 커다란 변이 가능성을 지니게 되기 때문이다. 비
슷한 자유에너지를 지닌 상태들을 포함하여 골짜기, 곧 자유에너지가 주위
보다 낮은 한곳극소(local minimum) 상태를 많이 지닌 복잡한 자유에너지 조
경(landscape)을 그림 1-2에 도식적으로 나타내었다.*

이 같은 복잡한 에너지 조경을 가지기 위해서는 대체로 쩔쩔맴(frustration)
과 마구잡이라는 두 가지 핵심적인 재료가 필요하다. 마구잡이는 예컨대 상
호 작용 따위 에너지를 결정하는 요소에 아무런 규칙성이 없는 무질서가 존
재함을 의미한다. 쩔쩔맴은 에너지 면에서 상호 작용의 모든 짝을 만족시키

---

* 그림 1-2에서 두 개의 네모는 주어진 계의 서로 다른 두 상태를 나타내는데, 이 두 상태는 거시
적으로 같은 크기의 자유에너지를 가진다. 계가 처음에 어떠한 상태에 있었는지, 그리고 환경으
로부터 어떠한 영향을 받는지에 따라 계의 상태가 정해진다.

는 상태가 존재하지 않는 경우를 가리키며, 이에 따라 특정한 상태를 선호하지 않고 여러 타협 상태가 존재하게 된다. 열역학 둘째 법칙에 따라서 자신의 자유에너지를 최소화하려 하지만 쩔쩔매는 계에서는 에너지가 상태에 매우 복잡하게 의존하므로 자유에너지가 가장 낮은 온곳극소(global minimum) 상태를 찾아가기 어렵다.* 특히 에너지의 한곳극소 상태가 곳곳에 많이 있기 때문에 그중 한 상태에 오래 머물 수도 있다. 이러한 경우 그 상태에서 벗어나기 어려워서 자유에너지가 가장 낮은 평형 상태로 찾아가기 어렵고, 오랜 시간이 흘러도 진정한 평형 상태에 도달하지 못할 수 있다. 더욱이 처음에 어떠한 상태에 있었는가에 따라 완전히 다른 상태로 가게 될 수도 있다.

이렇듯 복잡계는 커다란 변이 가능성을 함축하고 있기 때문에, 처음 조건의 조그만 차이로 완전히 다른 결과가 얻어질 수 있다. 이와 관련해서 환경 등 상황의 변화에 따른 적응에 유연성을 보이며, 정체하지 않고 외부 환경과 교류를 통해 또 다른 가능성을 끊임없이 추구한다.

3. 복잡계 물리학

물리학으로 대표되는 이론 과학에서는 현상들을 설명하기 위해 모형(model)을 설정하고 그것을 분석해서 현상을 해석한다. 모형이란 설명하고자 하는 현상과 관련해서 대상이 지닌 특징적인 부분을 고려하고 관련이 없는 나머지 부분은 간소화해서 대상 계를 표상하는 장치이다. 모형을 분석해서 실제 현상과 대상 계를 이해하게 되므로 정확한 이해를 위해서는 모형이

---

* 그림 1-2에서 동그라미는 자유에너지가 가장 낮은 온곳극소 상태를 가리킨다. 네모 상태에서 출발하여 동그라미 상태에 도달하려면, 곧 한곳극소 상태에서 벗어나서 온곳극소 상태로 가려면 일단 계의 자유에너지가 높아져야 한다. 그러한 변화는 계의 외부 환경과의 상호 작용을 통해 얻어질 수 있다.

표상하는 실제 대상의 성질과 특징을 최대한으로 고려해서 모형을 구성해야 한다.

그러나 모형에 새로운 성질이 추가될수록 그 모형을 수학적으로 기술하고 해석적으로 분석하기가 어려워진다. 20세기 후반에 들어서서 그동안 이론 물리학, 특히 통계 역학의 방법을 써서 뭇알갱이계의 현상을 다루는 통계 물리학의 발전에 따라 높은 변이 가능성을 가져오는 요소들을 고려하여 복잡계의 모형을 구성하게 되었으나, 이를 해석적으로 다루기는 매우 어려운 경우가 대부분이다. 다행히 이러한 해석적 어려움은 보통 컴퓨터를 이용한 수치적 방법(numerical method)을 통하여 보완할 수 있다. 최근에는 특히 컴퓨터의 계산 속도가 비약적으로 발전하면서 시늉내기(simulation)를 이용해서 다양한 복잡계 모형을 분석하고, 이를 통해 복잡계 현상을 설명하려는 경향이 많다.

일반적으로 모형을 통하여 현상을 해석하는 경우, 인식을 하는 주체로서 지닌 경험을 기반으로 한다. 따라서 통계 물리학의 구조를 통해서 복잡계에 접근하는 방식을 살펴보는 것이 필요하다. 이 장에서는 통계 물리학을 통하여 복잡계에 접근하는 몇 가지 대표적 방식을 살펴보고, 이러한 접근 방식이 가지고 있는 함의를 논의하기로 한다.

3.1. 스스로 짜인 고비성

시간과 공간에서 눈금 불변성, 즉 고비성이 보편적으로 나타나는 이유를 설명하려는 시도로서 스스로 짜인 고비성(self-organized criticality) 개념이 제시되었다. (Bak, 1996) 이에 따르면 복잡성을 지닌 상태는 복잡계의 시간펼침을 기술하는 동역학의 끌개(attractor)이므로, 복잡계는 처음에 임의로 주어진 상태에서 시간이 충분히 지나면 복잡성을 지닌 상태로 스스로 변화해 간다. 이러한 착상은 모래더미의 거동을 설명하려는 모형에서 출발하였고

(Bak et al., 1987), 이어서 해의 불꽃의 크기 및 주기 분포(Lu & Hamilton, 1991), 산불의 퍼짐(Drossel & Schwabl, 1992), 지진의 크기(Sornette, 1989) 및 발생 분포(Olami et al., 1992), 진화에서 종의 멸종 양상(Newman, 1996) 등 다양한 자연 현상을 설명하는 데 사용되었다. 특히 화석의 자료에서 지적된 단속 평형(punctuated equilibrium)(Eldredge & Gould, 1972)에 관한 동역학 모형이 스스로 짜인 고비성을 나타낸다는 점은 널리 알려져 있다. (Bak & Sneppen, 1993) 이는 다양한 자연 현상의 해석에 복잡계 개념이 유용하게 적용된 보기라 할 수 있다.

3.2. 집단 때맞음

집단 때맞음(collective synchronization)이란 어떤 계를 이루는 구성원 사이의 상호 작용에 따라 전체가 하나의 결맞음 상태로 되는 현상이다. 이는 자연에서 다양하게 나타나는데, 예를 들면 염통의 박동이나 두뇌의 뇌전도, 호르몬을 분비하는 내분비 세포, 수많은 반딧불이의 반짝임이나 귀뚜라미 떼의 울음, 박수갈채, 달거리 주기 따위가 있다. (Mirollo & Strogatz, 1990) 이러한 집단 때맞음 현상은 각 구성원을 떨개(oscillator)로 표상하는 결합 떨개계(coupled oscillator system) 모형으로 설명할 수 있다. 배내 진동수(intrinsic frequency)가 서로 다른 많은 수의 떨개들 사이에 비선형 형태의 상호 작용이 존재하면, 그 세기에 따라 떨개들이 집단 거동을 보이게 된다. 이러한 결합 떨개계는 적절한 수학적 변환을 통해 새 떼의 날기, 짐승이나 벌레 무리의 움직임, 물고기 떼의 헤엄치기 따위의 무리 짓기를 설명하는 모형으로 바꿀 수도 있다.

3.3. 최적화 문제

최적화(optimization) 문제는 비용이나 거리 등 주어진 목적 함수가 최솟값을 가질 때 계의 상태, 이른바 최적 상태를 구하는 문제이다. 널리 알려진 대표적 문제로 외판원 문제(traveling salesperson problem)가 있다. (Lee & Choi, 1994) 외판원이 여러 도시를 가장 효율적으로 여행하는 방법을 알아내는 것으로서 모든 도시를 한 번씩 방문하되, 가장 짧은 거리로 돌아오는 경로를 찾는다. 이 문제의 정의는 간단하지만 방문해야 할 도시의 수가 많아지면 풀기 어려워진다. 여행하는 방법의 수가 도시 수의 사다리곱(factorial)으로 급격히 늘어나고, 이를 푸는 풀이법(algorithm)의 길이도 도시 수에 따라 대체로 지수 함수 꼴로 급격히 늘어나기 때문이다. 이러한 외판원 문제는 전기 공학에서 고집적회로의 설계나 실생활에서 벽지 자르기, 지도 색칠하기, 차량 배차 순서 따위 다양한 문제와 동등하다.

이러한 문제는 쩔쩔맴과 마구잡이를 지닌 전형적인 복잡계 문제이며 뭇알갱이계를 다루는 통계 역학과 밀접한 관련이 있다. 곧 목적 함수를 자유 에너지로 대응하면 구하려 하는 것은 자유에너지가 최소인 상태인데 이는 바로 통계 역학에서 열평형 상태에 해당한다. 따라서 이러한 최적화 문제는 통계 물리학에서 복잡계를 다루는 해석적 방법과 함께 컴퓨터를 이용한 불림 시늉내기(simulated annealing)를 이용해서 다룰 수 있다. 그밖에도 양성 생식을 기반으로 한 유전자 풀이법(genetic algorithm), 두뇌의 모형인 신경 그물얼개(neural network)를 이용한 방법, 개미 군락 최적화 풀이법(ant colony optimization algorithm)(Dorigo & Gambardella, 2002) 따위가 있다. 이러한 풀이법은 실제 생명체가 보이는 현상으로부터 착상을 얻었다는 점이 흥미롭다. 다시 말해서 복잡계인 대상을 분석하기 위해서 실제 복잡계에서 나타나는 최적화 현상의 원리를 적용한 셈이다.

3.4. 복잡 그물얼개

복잡계 모형을 극단적으로 단순화시켜 다루는 가장 간단한 방법으로 복잡 그물얼개(complex network)를 들 수 있다. (Dorogovtsev & Mendes, 2002) 여기서는 뭇알갱이계의 구성원을 마디(node)로 나타내고, 그 구성원 사이의 상호 작용은 꼭짓점을 잇는 연결선(link)으로 표시해서 대상 계의 구조를 만든다. 이렇게 해서 만들어 낸 그물얼개가 규칙적인 연결 특성을 갖는 살창(lattice) 구조를 가지거나 반대로 완전히 불규칙하게 연결이 된 마구잡이 그물얼개(random network)라면 이는 간단한 계라고 할 수 있다. 이 두 가지 극단적 경우의 중간이라면 복잡성을 지녔다고 할 수 있으며 이러한 구조를 복잡그물얼개라고 하는데, 일반적으로 근거리 상호 작용과 원거리 상호 작용이 공존하는 형태를 이룬다. 흔히 연결선 수가 적은 마디는 많고 연결선 수가 많은 마디는 적다. 특히 연결선 수에 따른 마디의 수가 대수적으로 줄어드는 경우, 곧 마디의 분포가 먹법칙을 따르는 고비성을 보이는 경우가 존재하는데, 이러한 그물얼개는 중추(hub) 구조를 가지게 된다.

일반적으로 구조 자체의 고비성은 구성원 사이의 상호 작용에 따른 집단 성질의 떠오름에 따른 고비성과는 관련이 없다. 따라서 대상 계가 이루는 복잡 그물얼개의 구조를 분석하면 거시적 특성의 한 측면을 이해하는 데 도움이 되지만 계에서 떠오른 복잡성 거동의 이해에는 적절하지 않다. 이를 보완하기 위해서 구조 자체뿐 아니라 마디에 구성원을 표상하는 적절한 동역학 변수를 결부시켜서 분석하기도 한다.

3.5. 정보 교류 동역학

복잡계에 대한 일반 이론으로서 정보 교류 동역학(information exchange dynamics)이 제안되었는데(Choi et al, 2005), 이는 대상과 그 계의 주변 환경 사이에 오가는 정보에 초점을 맞춘다. 일반적으로 대상 계는 자신이 가진 정보의 양을 늘리려 한다고 상정하고, 이에 따른 동역학의 시간펼침(time evolution)을 분석하면, 이러한 정보 교류 과정에서 복잡성이 떠오름을 알 수 있다. 흥미롭게도 이는 복잡성을 지닌 상태가 끌개로서 작용한다고 간주하는 스스로 짜인 고비성에서 정보가 핵심적인 역할을 한다는 사실을 제시한다.

정보 교류 동역학은 복잡계에 관한 보편적인 이론 체계를 구축하려는 시도이고 특히 정보의 핵심적 구실을 강조한다는 점에서 의미가 있다. 특히 생명 현상과 관련하여 널리 알려진 "생명이란 네겐트로피(negentropy)*를 먹고 사는 존재"(Schrdinger, 1944)라는 지적에서 네겐트로피는 바로 정보를 의미한다. 따라서 이는 복잡계의 전형이라 할 수 있는 생명을 기술하는 데에 정보가 핵심적 역할을 한다는 사실을 지적한 것이다. 정보 교류 동역학의 입장에서 살펴본 생명 현상은 6절에서 상세하게 다루려 한다.

4. 사회 현상의 복잡계 모형

이 장에서는 실제로 통계 물리학의 방법론에 기반을 두고 있는 복잡계 과학이 실제 사회계에 어떻게 적용될 수 있는지 살펴본다. 특히 이론 과학의 관점에서 현상에 대한 보편적 해석이 금융과 주식 시장의 변동, 사회에서 의견 수렴, 죄수의 난제 따위 실제 복잡한 사회 현상의 모형화 작업과 어떻게 관련되는지 살펴본다.

통계 물리학에서 구성원 사이의 상호 작용을 고려하여 구축하는 뭇알갱이계 모형을 사회 과학 분야에서는 흔히 행위자 기반 모형(agent-based

---

* 네겐트로피는 음(-)의 엔트로피(negative entropy)의 줄임말로 엔트로피의 값에 음(-) 부호를 붙인 양을 의미한다.

model)이라 부른다. (채승병 외, 2007) 대상 사회계를 이루는 구성원의 주된 속성과 행동 규칙, 상호 작용 방식 등을 기반으로 간략화한 주체를 상정하고 이를 행위자로 설정한다. 많은 수의 행위자들이 주어진 환경에서 설정된 규칙에 따라 행동하도록 시늉내기를 수행하여 나타난 현상과 실제 대상 계의 현상이 부합하는지를 살펴보는데, 부합하지 않는 경우엔 행위자의 속성과 상호 작용 양상을 수정해 가면서 개선된 모형을 찾게 된다.

4.1. 셸링의 분리 모형

셸링의 분리 모형(Schelling's segregation model)은 바둑판(checkerboard)에서 바둑돌의 간단한 동역학을 통하여 인종에 따른 거주지 분리 현상을 설명하는데(Schelling, 1971), 이는 행위자 기반 모형의 시초이자 중요한 기틀로 여겨진다. 여기서 바둑판은 전체 거주 지역을 나타내고 두 부류의 바둑돌, 흰돌과 검은 돌이 서로 다른 두 인종을 대표한다. 처음에 두 부류의 바둑돌 여러 개를 바둑판에 아무렇게 놓고서 주어진 규칙에 따라 각 바둑돌의 위치를 바꾼다. 그 규칙은 다음과 같다. 임의의 바둑돌 주변에 자신과 다른 종류의 바둑돌의 비율이 특정 비율보다 높으면 그 바둑돌은 "불만족스러운" 위치에 있다고 간주하고 이에 따라 다른 곳으로 옮긴다. 이러한 규칙을 모든 바둑돌에 적용해서 더 이상의 변화가 일어나지 않는 평형 상태에 이를 때까지 계속한다. 평형 상태에서 바둑돌의 분포를 살펴보면, 공간적으로 모든 바둑돌이 같은 종류끼리 밀집해 있게 되는 것을 확인할 수 있다. 이는 자기와 같은 인종에 대한 작은 선호도로 인해서 인종 분리 현상이 나타날 수 있음을 보여 준다. 이러한 셸링 모형은 단순히 인종뿐만이 아니라 성, 종교, 언어 등에 따른 편견으로 생겨나는 모든 사회 현상에 적용될 수 있으며, 복잡계 연구의 기본적인 모형이라 할 수 있다. 원래의 모형에 유의미한 속성들을 조금씩 더 더해 가며 실제 현상에 가까운 모습을 구현할 수 있도록 발전을 거듭하고 있으며 다양한 사회 현상 설명에 적용되고 있다. 흥미로운 점은 이것이 통계 물리학에서 널리 알려진 스미기 모형(percolation model)과 동일한 속성을 가진다는 점인데, 이를 통해서 셸링 모형에 대한 정량적인 이해가 가능해졌다. (Dall'Asta et al, 2008)

4.2. 죄수의 난제

사회 경제계(socioeconomic system)에 널리 알려진 문제로 죄수의 난제(prisoner's dilemma)라는 게임이 있다. 이 게임은 다음과 같이 진행이 된다. 어떤 범죄의 두 공범을 각기 다른 방에 격리 수용시킨 후 죄를 자백하도록 권유한다. 만약 둘 다 자백하지 않으면 모두 6개월형을 선고받지만, 둘 다 자백하면 모두 5년형을 선고받는다 한편 한 사람은 자백하고 다른 한 사람은 자백하지 않으면, 자백을 한 쪽은 1년형을, 자백을 하지 않은 쪽은 10년형을 선고받는다. 이 게임에서 죄수들이 상대방의 결과를 고려하지 않고 자신의 이익만을 최대화한다고 가정하면, 언제나 협동보다 배신을 통해 더 많은 이익을 얻게 되므로 자백을 택한다. 따라서 모든 죄수가 배신을 선택하는 상태가 평형 상태가 된다. 이때의 평형 상태란 상대가 배신/협동의 전략을 유지한다는 전제하에 자신도 현재 전략을 바꾸지 않는 상태를 말하며, 내시 평형(Nash equilibrium)이라고 부른다. 결국 둘 다 자신의 이익을 최대화하기 위해서 서로에게 이익이 되는 최선책이 아닌 더욱 불리한 상황을 선택하는 문제가 발생한다. 하지만 이 게임을 두 사람이 여러 번 반복하는 경우에는 이야기가 달라진다. 각각의 죄수가 전 단계 게임에서 상대가 배신을 선택했는지 협동을 선택했는지 알게 된다면 현 단계에 자신의 전략을 수정하게 된다. 두 죄수 모두 이 게임이 언제 끝나는 지 알 수 없는 상태에서는 자백(배신)하는 것이 최선의 선택이 아니게 되고, 서로 협력하는 현상이 나타나게 된다.

더 많은 죄수 사이에 게임을 여러 번 진행하는 경우를 고려하면 실제로 벌어지는 다양한 현상에 적용할 수 있다. 이 때 게임의 복잡성이 커져서 평형 상태를 해석적으로 찾기 어려우면 통계 물리학에서 널리 사용하는 몬테카를로 방법(Monte Carlo mathod) 등 컴퓨터 시늉내기를 통해 수치적으로 다룰 수 있으며, 여러 죄수의 난제에서 의미 있는 결론을 얻었다. 실제로 많은 수의 죄수가 참여하는 경우에는 늘 배반만을 선택하는 전략이나 늘 협동만을 선택하는 전략을 택하는 경우가 성공적이지 않고, 오히려 적절하게 협력을 선택하는 경우가 더 우세하게 된다는 사실이 알려져 있는데 이는 실제 사람들을 대상으로 실험한 결과와 컴퓨터 시늉내기로 얻은 결과가 서로 상응한다. 따라서 이러한 결론을 통해 진화 과정에 이타적 상호 관계가 나타나는 현상을 설명하기도 한다. (Axelord, 1984) 이러한 죄수의 난제를 이용하여 유전자가 경쟁 속에서도 어떻게 서로 협력하게 되는지 설명하기도 한다. (Dawkins, 1989)

진화 생물학이나 진화 심리학뿐만이 아니라 여러 분야에서 죄수의 난제를 이용하여 다양한 복잡계 현상을 설명하고 있다. 특히 사회 과학 분야, 가령 경제학이나 국제 정치학 같은 분야에서 많이 다루어지고 있다.

4.3. 사회 집단 사이의 정보 교류 동역학

정보 교류 동역학은 복잡계가 가지는 보편적 특성을 이해하기에 알맞은 방법론으로서 특정 대상계가 자신의 정보를 최대한으로 늘리려는 경향성을 가진다는 전제 아래 그 계를 분석한다. 그렇다면 이러한 경향성을 가진 계는 외부 작용에 대해서 어떻게 응답할까 그리고 그 외부 작용은 집단 성질의 떠오름 현상에 어떠한 영향을 미칠 수 있을까

이에 대한 설명이 간단한 뭇알갱이계 모형인 이징 모형(Ising model)의 정보 교류 동역학을 통해 고찰되었다. (Kim & Choi, 2005) 이징 모형에서는 각 구성원은 두 가지 상태(+1과 -1)를 택할 수 있다고 간주한다. 이는 현실적으로

볼 때 너무 단순할 수 있지만, 찬성/반대, 진보/보수 등으로 유비시켜 보면 전체적인 경향성을 따지는 데 적절한 가정이 될 수도 있다. 이 연구에서는 많은 구성원들이 다른 구성원들과 상호 작용하는 이징 모형에서 전체 계의 정보의 양을 늘리려는 경향성 위에 시간에 따라 변하는 외부 영향도 고려한다. 이 연구를 통해서 얻어진 결론은 다음과 같다. 주변 환경의 요건(제도, 법, 언론 등)이 상대적으로 천천히 변하고 계의 크기가 충분히 크지 않으면 외부 영향과 대상 계 사이의 연관성이 높아진다. 다시 말하면, 각 구성원들은 외부 영향에 따라 자신의 상태를 조정한다. 한편 크기가 충분히 크고, 집단 성질이 잘 떠오르는 계에서는 주변 환경의 영향보다 구성원들 사이의 상호 작용 및 협동이 더 중요한 역할을 한다. 이에 따르면 외부 영향을 강화하는 것보다 구성원들 사이의 상호 작용을 강화하는 편이 협동 현상을 이끌어 내기에 더 효과적이다. 간단하지만 보편적인 모형을 설정해서 분석한 이 연구는 사회 현상의 해석에도 적용될 수 있는 가능성을 제시했다는 점에서 의의가 있다.

4.4. 교통 및 통신 그물얼개

잘 발달한 대도시의 대중 교통 체계는 사회 복잡계의 보기라 할 수 있다. 이러한 관점에서 지하철 그물얼개에서 승객 흐름을 통계 물리의 방법을 써서 기술하였고, 지리학적인 고찰을 포함한 적절한 분석을 통해서 승객의 분포가 멱법칙, 로그틀맞춤(log-normal), 와이불(Weibull) 등의 비스듬 분포 (skew distribution)를 보이게 됨을 지적하였다. (Lee et al., 2011) 이러한 결과는 우리나라 수도권 전철 체계에서 교통 카드 자료를 분석해서 얻은 승객 흐름에 적용되었고, 그 경제 지리학적 의미의 해석도 제시되었다. 특히 수도권 전철을 이용하는 승객들의 시공간 움직임 유형을 분석한 결과는 매우 흥미로우며 교통과 도시 계획에 도움을 줄 수 있음은 물론 도시인의 행태 이해에도 매우 중요한 시사점을 제공한다. (Lee et al., 2010; Goh et al., 2012) 마찬가지로 트위터(twitter) 등 통신에서 나타나는 시공간 특성도 복잡성의 관점에서 분석이 시도되었고(Kwon et al., 2012; 2013), 여론의 동역학과 협동 현상을 포함한 다양한 사회 현상의 이해로부터 나아가 복잡계의 보편적 해석을 구축하려는 방향으로 연구가 이루어지고 있다.

5. 생명: 궁극적인 복잡계 현상

생명 현상을 보이는 생체계는 앞에서 제시한 복잡계의 다섯 가지 특성을 모두 지니고 있다. 따라서 생체계는 궁극적인 복잡계라고 볼 수 있다. 다른 복잡계와 마찬가지로 생체계를 이루는 구성원으로서 분자들은 간단한 물리 법칙을 따르지만 이들이 많이 모여서 구성한 유기체의 거동은 매우 복잡하다. 다시 말해 생명 현상은 그 본질이 생체계를 이루는 개개 요소에 있는 것이 아니라 그들 사이의 특별한 짜임으로부터 떠오른다. 이같이 생명 현상을 생체계의 구성원 사이의 협동에 의해 떠오르는 것으로 간주하면, 이를 통하여 생명 현상에 대한 본질적인 해석이 가능하게 된다. 자연 현상에 대한 보편적 이론 체계를 만드는 물리학을 기반으로 현상론적인 설명에 의존하고 있던 생명 현상의 이론적 기초를 세운다는 측면에서 복잡계로서의 생명에 대한 연구는 한층 의미 있는 연구라고 할 수 있을 것이다. 이 장에선 가장 궁극적인 복잡계라 할 수 있는 생체계를 복잡계의 관점에서 어떻게 접근할 수 있는지 살펴보고자 한다.

5.1. 물리학과 생물학

물리학과 생물학은 매우 다르고 사실상 아무런 관련이 없는 것처럼 생각되어 왔다. 생물학은 현상론으로서 생명 현상이 어떠하다는 기술을 주로 해 왔고, 물리학은 생명과 관계없는 간단한 현상만을 다루며, 보편 지식 체계로 복잡한 생명 현상을 이해한다는 것은 불가능하다고 여겨 왔다.

20세기에 들어서서 생물학은 분자의 수준에서 생명 현상을 탐구하는 분자 생물학이 주류를 이루었다. 분자 생물학은 물리학과 마찬가지로 현상의 실체로서 물질을 상정하기 때문에 물리 과학과 같은 성격을 지니고 있다. 생체 분자의 특성을 파악해서 생명 현상을 설명하고자 하므로 이른바 환원론적 관점을 지닌다고 할 수 있다. 하지만 생체 분자 자체로서는 생명이 가지는 특성을 지니고 있지 않기 때문에, 이러한 관점은 엄밀한 의미에서 생명 현상을 다룬다고 보기 어렵다.

20세기 후반에 복잡계를 다루는 이론적 방법이 정립되고 비교적 간단한 복잡계를 이해하게 되어서 21세기에 들어오면서 생명 현상도 보편 지식 체계로 이해하려는 시도가 나타났다. 복잡계 물리의 관점을 따라서 생명 현상의 핵심을 생체계를 이루는 생체 분자와 같은 개개의 요소가 아니고 그 생체 분자들의 짜임새로부터 찾으려는 시도를 생물 물리학이라고 부를 수 있다. (Nelson, 2008) 이러한 관점에서 생명은 생체계를 구성하는 구성원 사이의 협동 현상으로 떠오른 집단 성질이며 궁극적으로 복잡성의 전형으로 볼 수 있다. 이는 생명 현상을 올바르게 이해하기 위해서 환원론적 관점에 따른 분자 수준의 고찰보다 전일론(holism)적인 관점에서 집단 성질을 살펴보려는 시도라 할 수 있다.*

---

* 현상을 일으키는 물적 존재로서 구성 요소를 상정하고 그들 사이의 관계에 따른 협동으로서 집단 성질이 새롭게 떠오른다는 복잡계 물리의 설명 방식은 약한 전일론에 기반을 두고 있다. 환원론과 전체론에 대한 일반적 논의로는 고인석 (2000), 고인석 (2005), 장회익 (2007) 등을 참조할 수 있다.

5.2. 복잡계로서의 생명

생명 현상을 복잡계의 관점에서 고찰하는 경우에 생체계 구성 요소들의 다양성과 이것이 오랜 시간 동안의 자연 선택을 통하여 합당한 기능을 가지도록 추려졌음을 고려해야 한다는 어려움이 있다. 현재 생체 물리에서 많이 다루는 주제들을 살펴보면 다음과 같다. 먼저 생체 분자의 차원에서 흰자질 (단백질)과 디엔에이(DNA)를 들 수 있다. 흰자질의 구조를 다루는 흰자질 접기(protein folding)는 앞에서 언급한 최적화 문제로서 활발하게 연구되고 있는 분야이다. 디엔에이의 정보 저장과 상전이에 관련된 문제 역시 흥미로운 주제인데, 이는 통계 역학의 방법을 통해서 다양하게 조명되고 있다. 이러한 분자들이 모여 이루는 세포에서 세포막의 성질이나 이온 채널, 막 전위의 거동 등도 널리 연구되는 주제이고, 많은 수의 세포가 모여 형성하는 염통이나 두뇌와 같은 기관 역시 복잡계로서 중요한 주제이다. 예컨대 염통의 박동이나 두뇌의 모형인 신경 그물얼개(Peretto, 1992)는 앞에서 언급한 집단 때맞음 현상이나 복잡 그물얼개의 전형적인 보기를 제공한다. 이보다 크게 보아서 개체와 집단, 그리고 군집의 차원으로 올라가면 먹이 사슬 관계에 있어서 개체수 변화를 비선형 동역학 방법으로 분석하며, 생태계의 진화에서 나타나는 종의 변화가 보이는 복잡성도 다루고 있다.

생명이란 생체 분자에서 시작해서 지구라는 생태권(biosphere)에 이르기까지 다양한 수준과 차원에서 밀접하게 연결되어 있기 때문에 전일론의 관점에서 접근하는 것이 필요하다. 따라서 복잡계로서 생명 현상을 고찰하는 것은 가장 합당하고 필연적인 접근 방법이라 할 수 있다. 이제까지 생물학은 일반적으로 생명의 다양성에 초점을 맞추어 개별적 수준에서 한정된 생명 현상의 특이성을 찾아내고 분류하는 방식으로 이루어져 왔다. 이에 반해 복잡계로서의 생명을 이해하려는 시도에서는 다양한 수준을 하나의 틀로 이해하고 해석할 수 있는 방식, 곧 보편 지식 체계로서 이론을 정립하려 한다.

6. 정보 교류 동역학과 생명

20세기 후반에 들어서면서 대체로 '간단한' 복잡계 현상은 해석할 수 있게 되었다. 그러나 각 경우에 따른 개개 복잡계 현상의 해석을 넘어서 일반적인 복잡계에 대한 보편 지식 체계를 구축하려는 시도는 별로 없었다. 다양한 복잡계에 대한 보편적 이론 체계를 구축하려는 시도로서 제시된 정보 교류 동역학은 기본적으로 대상계와 환경 사이의 정보 교류에 초점을 맞춘다. 복잡계에서 많은 구성원이 상호 작용하여 떠오르는 집단 성질은 계의 거시 상태로 나타내지는데 정보 교류 동역학에서 거시 상태는 그 정보와 함께 변화하게 된다. 이 장에서는 정보 교류 동역학의 이론 구조를 살피고 이러한 구조에서 복잡계로서의 생명 현상을 어떻게 해석할 수 있는지 살핀다.

6.1. 정보 교류 동역학

현실 세계에서 복잡계는 매우 많은 구성원과 변수들을 가지고 있는데 이러한 모든 요소를 포괄하여 보편 지식 체계를 구축하는 일은 사실상 불가능하다. 따라서 실제 계의 많은 요소 중에서 기술하고자 하는 현상에 관련있는 합당한 요소만 포괄하는 모형을 만들고, 이를 통해서 현상을 해석하게 된다. 이러한 경우에 모형의 여러 세부 사항이 달라져도 일반적으로 해석하려는 현상과 관련된 모형의 거동은 바뀌지 않는데, 이러한 이른바 보편성(universality)은 합당한 요소만 고려해서 구축한 간단한 모형을 가지고 복잡한 실제 계를 기술하는 방식의 타당함을 말해 준다.* 실제로 정보 교류 동역학의 연구 결과에 따르면 진화 모형이나 엑스와이 모형(XY model)에서도 간

---

* 상전이 현상에서 되틀맞춤 무리(renormalization group) 방법은 보편성의 존재를 잘 설명해 준다. 이에 대한 일반적 논의로는 Cardy (1996), McComb (2004) 등을 참조할 수 있다.

단한 이징 모형과 마찬가지로 고비성을 보인다. (Choi et al., 1997; 2005; Kim et al., 2005; 2013) 따라서 모형이 가지는 세부적 특성에 상관없이 주변 환경과 대상계 사이의 정보 교류라는 틀로써 복잡계의 고비성을 설명할 수 있다. 여기서 중요한 점은 정보 교류 동역학이 가지는 하나의 원리, 곧 계는 주변 환경과 상호 작용을 통하여 자신이 포함하는 정보의 양을 최대화하는 방향으로 변화한다는 원리가 타당한 결과를 이끌어낸다는 사실이다.

정보 교류 동역학은 당연히 통계 역학에 기반을 두고 있다. 현대 정보 이론에서 엔트로피는 그 계에 대한 정보가 얼마나 부족한지 나타내는 지표라 할 수 있다. (Shannon, 1948; Shannon & Weaver, 1949) 이에 따라 정보를 음(-)의 엔트로피라고 간주하면 정보가 늘어나는 현상은 통계 역학에서 열역학 둘째 법칙, 곧 '엔트로피 증가의 원리'와 상충되는 것처럼 보일 수 있다. 하지만 열역학 둘째 법칙에서 엔트로피 증가는 외떨어진 계에만 적용된다. 정보 교류 동역학의 경우에는 대상 계가 주변 환경과의 상호 작용을 통해 정보량이 최대가 되는 경우를 고려하므로 외떨어진 계와는 다르다. 대상 계와 주변 환경을 포괄하는 전체 계를 외떨어진 계로 보면 엔트로피 증가 원리를 따르되, 국소적으로 환경과 구분되는 대상 계는 자신의 정보량을 늘려서 엔트로피를 낮출 수 있는데 이는 주변 환경의 엔트로피를 증가시키기 때문에 가능하다. 따라서 정보 교류 동역학은 열역학 둘째 법칙과 상충되지 않으며, 열린계로서 복잡계가 주변 환경과 어떻게 상호 작용하는가에 초점을 두고 있다고 할 수 있다.

그러면 주어진 계는 어떻게 정보량을 늘리고 엔트로피를 낮은 상태로 유지할 수 있을까 여기서 에너지의 구실이 필요하다. 앞에서 언급하였듯이, 뭇 알갱이계는 자신의 자유에너지를 최소화하는 방향으로 변화해 나간다. 정보 이론에 따라 엔트로피를 잃어버린 정보로 해석하면 정보 I와 엔트로피 S 사이의 관계는 다음과 같이 주어진다.

$$I = -S + I_0$$

여기에서 I_0는 상수로서 최대 정보량이라 할 수 있다. 정보와 엔트로피의 합이 항상 일정한 값을 가지므로, 정보량이 최대가 되는 경우, 엔트로피는 최소, 곧 0이 되고, 정보량이 최소이면 엔트로피는 최대값을 가진다. 따라서 자유에너지 는 에너지 E와 정보 I로 다음과 같이 정의된다.

$$F = E - TS = E + TI$$

여기에서 상수항 I_0는 무시하였고 계의 에너지가 ΔE만큼 바뀔 때 엔트로피가 ΔS만큼 바뀌는 경우 계의 온도 T는 그 역수를 대략 $1/T = \Delta S / \Delta E$로 나타낼 수 있는데, 이는 계의 에너지 변화에 대응하는 정보량의 변화를 의미한다고 볼 수 있다. 온도가 일정한 경우에 자유에너지는 결국 에너지와 정보의 합으로 주어져서, 예컨대 열역학 둘째 법칙에 따라 자유에너지를 낮추기 위해서는 에너지를 낮추거나 정보를 줄여야 한다. 일반적으로 뭇알갱이계의 상태 변화는 에너지와 정보의 경쟁을 통해 진행한다고 볼 수 있다. 주어진 계가 정보의 양을 늘리고 엔트로피를 낮은 상태로 유지하기 위해서는 자유에너지가 필요하며, 이를 외부에서 얻어야 하므로 반드시 열린 계여야 한다. 복잡계의 전형적인 예라 할 수 있는 생명이 '살아 있기' 위해선 결국 자유에너지가 필요한데, 지구라는 생태권에서 이 자유에너지의 근원은 바로 해이다.

6.2. 정보 교류의 관점에서 본 생명 현상

생명 현상과 관련하여 널리 알려진 "생명이란 네겐트로피를 먹고사는 존재"(Schrödinger, 1944)라는 명제에서 엔트로피를 앞에서 언급했듯이 잃어버린 정보로 해석하면 네겐트로피는 바로 정보에 해당한다. 이 명제는 원래 생명의 본성으로서 물질 대사를 지적한 것이다. 그러나 이제 논의하듯이 물질 대사도 본질적으로 정보의 흐름과 깊은 관련이 있다. 따라서 이러한 관점에 서 보면 이 명제는 복잡계의 전형이라 할 수 있는 생명의 본질을 기술하는 데 에 결국 정보가 핵심적이라는 사실을 강조한다.

실제로 생명이 살아 있기 위해서는 자유에너지, 곧 에너지와 정보를 주변 으로부터 얻어야 한다. 일반적으로 주위와 교류하는 정보에 초점을 맞추어 복잡계에 관한 보편적인 이론 체계를 구축하려는 시도가 바로 정보 교류 동 역학이다. 따라서 정보가 핵심 요소인 복잡계로서 생체계를 정보 교류 동역 학의 입장에서 고찰하려는 시도는 자연스럽고 생명의 본질에 대한 새로운 이해에 시사점을 줄 수 있다.

생명 현상에서의 정보는 크게 두 가지로 나누어 볼 수 있다. 첫째는 유전 을 통해 물려받은 생물학적 정보, 곧 상속정보(inherited information)이다. 이 는 세대를 걸쳐 전달되는 정보로 볼 수 있으며 진화 과정에서 (완벽하지는 않지 만) 비교적 안정적으로 복제되는 정보이다. 둘째는 주변 환경과의 상호 작용 을 통해 얻은 획득정보(acquired information)이다. 이는 개체 삶의 역사로서 저장되어 있는 정보로 해석할 수 있다. 그림 1-3에 대략 보였듯이 상속정보 와 획득정보, 그리고 환경 전체의 정보는 서로 교류하여 영향을 주고받을 수 있다. 개체가 지니고 있는 정보가 생물학적 정보와 획득한 정보의 합으로 주 어진다면 정보 교류 동역학에서 대상 계는 자신이 지니고 있는 정보의 양을 늘리려는 지향적 개체이며 자신을 둘러싸고 있는 환경의 정보에 응답하며 '살아가는 과정'에 놓인다.*

이제 생명 현상의 주요 특성들을 생명 현상에서의 정보와 관련하여 살펴 보자.

---

* 여기서 낱생명인 개체와 보생명으로서 나머지 환경을 합해서 온생명을 이룬다고 할 수 있으며 (장회익, 1990), 개체와 환경 사이의 정보 교류는 온생명의 관점에서 이해할 수 있다.

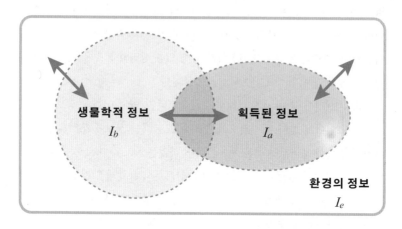

그림 1-3 생명 현상에서의 정보 교류.

1) 잘 짜인 구조

모든 생명체는 잘 짜여 있다. 이는 생명의 구조 자체가 정보를 최대화하는 과정을 통해 이미 짜여 이루어졌기 때문이다. 개체의 구조는 생성 단계에서부터 주어지는 것이기 때문에 세대를 걸쳐 전해지는 생물학적 정보에 크게 의존한다고 볼 수 있다. 진화의 관점에서 볼 때, 이미 여러 세대에 걸쳐 쌓인 생물학적 정보가 안정되게 전달된 상태란 구조에 관한 정보의 양이 매우 많은 상태라고 할 수 있다. 실재로 가장 기본 수준에서 생명체라 할 수 있는 세포를 보아도 놀라울 정도로 잘 짜여 있고, 따라서 계의 생물학적 정보가 아주 많은 상태임이 명백하다. 이러한 짜임은 비단 구조적인 측면뿐만 아니라 기능면에서도 마찬가지이다. 계의 구성 요소들이 모여 이룬 조직의 정보가 최대인 상태에서 구성 요소들의 자율성은 그리 크지는 않다고 할 수 있다. 구성 요소들은 자신이 속해 있는 전체 계, 곧 메타 체계를 위해 어느 정도 종속된 상태인 셈이며 그러한 체계의 구성 요소가 최대의 자율성을 가지고자 하면 그 체계는 기능을 상실하게 될 것이다. 그러나 여기서 '잘' 짜여 있음이 완벽한 질서를 뜻하지는 않는다. 앞에서 언급하였듯이 약간의 흐트러짐이 가미되어 질서와 무질서의 사이에서 복잡성을 띠고 있으므로 정보의 양이 매우 많다는 뜻에서 '잘' 짜인 구조이다. 이러한 복잡성의 구조는 질서정연한 구조와 달리 생명이 환경의 변화에 유연하게 응답할 수 있도록 허용하며, 개체 삶의 경험을 통해 얻어진 정보가 구조에 영향을 줄 여지가 존재한다.

따라서 잘 짜인 계로서의 생명은 구성 요소가 전체 계의 정보의 양을 최대화하는 과정에 놓여 있다고 볼 수 있다. 각 구성 요소는 너무 크지도 작지도 않은 적절한 자율성을 지니며 전체 계를 위해 일하고, 전체 계는 구성 요소들을 포함하여 조직이 살아 있을 수 있도록 항상성을 유지한다. 예컨대 세포 수준에서 보면 세포막 따위를 통한 에너지/정보의 교류는 전체 계가 복잡성을 유지할 수 있도록 돕는다.

2) 물질 대사

생명 현상의 또 다른 중요한 특징인 물질 대사는 생명체가 주변 환경에서 받아들인 에너지/정보의 흐름과 관련이 있다. 지구 생태권의 모든 생명체는 해로부터 에너지와 정보, 곧 자유에너지를 받는다. (장회익, 2009) 예를 들어 식물의 경우, 태양으로부터 받은 자유에너지를 이용해서 필요한 물질을 합성하고, 동물은 이러한 식물을 먹어서 물질 대사를 수행한다. 개체에 주어진 에너지는 개체를 이루는 하위 유기체 단위인 세포에 전달이 되고 각 세포는 화학 반응을 통하여 살아 있음을 유지한다. 따라서 전체 생체계에서 물질 대사는 결국 정보의 흐름으로서 환경으로부터 얻은 정보를 생물학 정보에 알맞게 처리하는 과정으로 해석할 수 있다. 이로부터 생명 현상에서 정보 교류와 처리의 중요성이 명백하게 나타난다. 널리 알려진 보기로서 바이러스를 살펴보자. 유전, 번식, 적응 등을 통해 지속적인 정보의 전달과 수정을 추구하지만 독자적인 물질 대사를 하지 않는다는 사실은 스스로 살아 있음을 위한 독립적인 정보 처리 과정이 없음을 뜻하며, 이러한 면에서 생명의 근본적 속성이 부족함을 지적할 수 있다.* 바이러스의 이러한 측면은 정보 교류 동역학의 핵심이라 할 정보의 교류와 처리 과정에서 비롯되는 생명의 정보지향적 특성을 명확하게 보여 준다.

전체 생태계에서 이러한 정보의 흐름은 앞에서 유기체가 정보를 최대화하는 과정과는 약간의 차이가 있다. 열린계로서 개체, 각 생명체는 서로 정보를 주고받으며 유기체로서의 세포에 비해 비교적 많은 자율성을 가지고 있어서 정보 교류가 효과적으로 이루어지게 한다. 다른 측면에서 이러한 물질 대사는 생체계 외부의 엔트로피를 증가시키는 면이 강하다. 생체계가 자신의 정보량을 늘리는 과정을 통해서 살아 있기 위해 에너지를 소비함은 외부로부터 주어진 사용 가능한 에너지, 곧 높은 자유에너지를 사용이 불가능한 에너지, 다시 말해서 (엔트로피가 높은, 곧 정보량이 적은) 낮은 자유에너지로 바꾸어 버림을 의미한다. 개체 활동을 통해 외부 환경의 엔트로피를 증가시키는 이러한 현상으로부터 엔트로피의 지속적 증가를 허용하는 우주에서만 생명 현상이 가능하다는 사실을 추론할 수 있다.

3) 환경에의 응답

생명체는 환경의 변화에 응답한다. 이는 환경의 변화에 맞추어 생체계가 적응한다는 뜻으로서, 환경의 변화에 응답하지 못하면 생명은 살아 있을 수 없다. 환경으로부터 정보를 얻으면 계는 자신이 지니고 있는 정보에 따라 응답한다. 앞에서 지적하였듯이 생체계는 두 가지 형태의 정보를 지니고 있는데, 환경과 정보 교류 과정에서 환경 변화에 대해 생물학적 정보의 즉각적 응답을 본능이라 하면 얻어진 정보의 응답은 학습에 따른 응답으로 해석할 수

---

* 한편 물질 대사를 확장해서 일반화한 에너지 대사를 생명의 속성으로 생각하면 바이러스도 에너지 대사를 수행하므로 생명의 속성이 부족하지 않은 셈이다.

있다. 새로 얻어진 정보를 기능 혹은 구조에 축적하는 과정을 통해 다음 변화에 더 유연하게 반응할 수 있도록 대비하는데 이는 진화의 과정에서 적응(adaptation)이라고 할 수 있다. 이러한 적응의 과정은 복잡계의 특성 중의 하나의 되먹임(feedback) 과정을 통해 이루어진다. 되먹임 과정은 생명의 항상성과 밀접한 관계를 가지는데, 이것은 생명이 끊임없이 주변 환경으로부터 정보를 주고받고 있기 때문에 가능하다. 나아가 생체계가 전달받은 정보를 계의 구조 또는 기능에 축적시키는 과정이 동반되어야 항상성이 유지될 수 있다. 결국 정보를 최대화시키는 과정 자체가 일종의 환경 변화에 대한 응답을 의미한다고 볼 수 있다.

4) 번식과 유전

　생명체는 자신과 비슷한 생명체를 만들어 내어 번식한다. 비슷한 생명체란 지닌 정보가 비슷하다는 뜻이며, 이를 유전이라 부른다. 결국 번식은 세대 사이에서 정보의 전달이라 할 수 있다. 일반적으로 자연에서 번식은 무성 번식과 유성 번식의 두 가지로 구분된다. 박테리아(세균) 따위 미생물의 번식 방법인 무성 번식은 엄마세포가 다른 개체와 교류 없이 자신과 같은 정보를 가진 딸세포를 만들어 낸다. 따라서 개체가 지닌 모든 정보가 곧바로 다음 세대로 전달되며, 정보 전달의 효율을 높임으로써 종의 지속성을 확보한다. 한편 유성 생식의 경우에는 엄마와 아빠가 각각 반씩 정보를 전달하므로 넓은 유전자 웅덩이(pool)를 확보할 수 있어서 환경에 대한 유연성을 지닌다. 대체로 인간을 비롯하여 유성 생식을 하는 생명체가 무성 생식을 하는 생명체보다 복잡성이 높고 많은 정보를 지니고 있음은 명백하다. 그러나 유성 생식을 통해 넓은 유전자 웅덩이를 확보하고 많은 정보를 지녀서 복잡성 높은 개체가 반드시 더 진화한 생명체라 할 수는 없다. (Gould, 1996) 정보 교류 동역학에서 정보를 늘리는 방향이란 개체에 대한 언급이 아니라 전체 생태계가 정보를 증가시키는 과정에 놓여 있음을 가리킨다. 예컨대 박테리아의 경우에는 매우 오랜 시간에 걸쳐 정보를 세대 사이에 최대한의 효율로 전달해 왔고, 지금까지 지구에서 가장 번성하고 있다. 인간을 비롯하여 유성 생식을 하는 생명체는 박테리아의 도움을 받아서 환경의 변화에 적응하면서 전체 생태계의 다양성을 증가하는 방향으로 진화해 가고 있다.

이러한 번식에서 개체가 축적한 정보는 유전 현상을 통해 다음 세대로 전 달된다. 여기서 생물학적 정보로서의 구조는 비교적 안정되게 전달되는데 얻어진 획득정보도 세대에 걸쳐 전달될 수 있는지 여부는 아직 논란의 여지 가 있다. 획득정보가 구조에 영향을 끼치고 결국 생물학적 정보의 일부가 되 어 전달되는 후성 유전(epigenetics)은 대체로 제한적으로 이루어진다. 그런 데 인간의 경우에는 획득정보의 전달에서 커다란 변화가 있었다. 이는 언어 의 발명으로서 진화 과정에서 아주 획기적인 사건인데, 획득정보를 생물학 적 정보가 아니고 다른 매체를 이용하여 다음 세대로 전달할 수 있게 되었 기 때문이다. (Avery, 2003) 획득정보가 구조 속에 축적되어 생물학적 정보의 일부가 되는 시간 눈금, 곧 유전자의 진화 속도는 실제 환경 변화의 속도보다 많이 느리므로 획득정보가 언어를 통해서 빠르게 전달될 수 있다는 점은 중 요하다. 더욱이 인쇄술을 넘어서 인터넷을 통한 정보 전달은 현대 사회에서 매우 중요한 사건이라 할 수 있다. 이러한 정보 전달은 앞으로 중요한 연구 과 제로 자리매김하리라 예상한다.

5) 진화

정보 교류 동역학은 단순히 개체 차원에서의 생명 현상 기술을 넘어서 원 시생명이 나타난 이후 현재의 개체들이 나타날 때까지의 긴 시간에 걸친 진 화도 설명할 수 있다. (Choi et al., 1997; 2005) 작은 변화의 점진적 축적을 통한 발생의 진화 설명에 적합한 미시 진화(microevolution)에서는 진화의 주체를 유전자로 보고 각 유기체는 단순히 유전자를 담지하고 있는 용기로 보기도 한다. (Dawkins, 1989) 이러한 관점에서 유전자는 자신의 보존에 목적을 두고 진화하고, 자연 선택은 유전자 단위에서 이루어진다. 그러나 대규모 멸종이나 종의 분화 현상 따위를 다루는 거시 진화(macroevolution) 영역에서는 자연 선택은 유전자의 단위가 아니라 유기체의 단위 혹은 유전자 표현형의 단위에서 이루어진다고 간주하고 종 사이의 상호 작용과 환경이 개체 군집에 미치는 영향을 중요한 요소로 고려하여 진화 과정을 설명하는 것이 합리적이다. (Gould, 1996; Sterelny, 2001) 이러한 두 가지 관점은 단순히 시간 눈금이나 규모의 차이로 연결되지 않아서 아직 논쟁이 계속되는데 대응하는 가치관에서 커다란 차이를 보인다.

한편 정보 교류 동역학을 기반으로 한 진화 모형에 관한 연구는 정보의 교류가 진화에서 핵심적인 역할을 한다는 결과를 제시한다. 이 진화 모형은 분자, 곧 유전형(genotype) 수준에서 돌연변이(random mutation)와 표현형(phenotype) 수준에서 자연 선택을 자연스럽게 연결해서 앞의 두 가지 관점 사이의 간극을 좁히는 가능성을 제시한다. 구체적으로 상태 함수로서 변이율(mutation rate)의 시간에 따른 변화를 다루는데 주어진 종이 변이를 일으킬 확률을 전체 계의 정보량과 관련하여 기술하되 전체 계가 지닌 정보량을 늘리려는 경향성을 부여하면 변이율이 시간에 따른 고비성을 보인다는 사실을 알 수 있다. 변이율은 종이 멸종하는 사건의 발생율과 대응하는데, 정보 교류 동역학의 결과는 화석 자료와 잘 일치한다. 이는 미시적인 유전자 차원의 기술에서 시작하고 전체 계의 경향성을 부여해서 거시 진화 양상을 얻을 수 있음을 보여 준다. 특히 진화라는 긴 시간 단위를 가지는 생명 현상에서도 정보 교류가 핵심적인 구실을 한다는 사실을 제시하며 생명은 단순히 유전자의 자기 보존을 위한 그릇의 수준을 넘어서 다른 개체와의 상호 작용을 통하여 전체 계의 정보를 늘리고자 하는 정보 지향 객체임을 보여 준다.

이같이 정보 교류의 관점에서 살펴보면 시간 눈금과 계의 크기 등의 여러 수준에서 생명 현상을 정보라는 개념을 통하여 해석할 수 있다. 복잡계가 보여 주는 구조적 계층 관계를 각 수준에서, 그리고 전체의 관점에서 정보의 교류를 통해 이해할 수 있으며, 정보 교류 동역학을 통해 알 수 있는 복잡계로서의 생명은 본질적으로 자신의 정보를 극대화하는 과정에 있다고 할 수 있다. 외부와 구분이 된 계로서의 생명체가 주변 환경과 열린 구조로서 상호작용하여 자기 생성을 하는 모든 활동을 생명 현상의 핵심적인 개념으로 생각하며, 스스로 짜임이나 떠오름 현상들을 통해 복잡성이 나타난다는 점은 존재론적 측면에서 자가생성(autopoiesis)과 비슷하다(Maturana & Varela, 1998). 그러나 단지 맥락에서가 아니라 객관적이고 물리적인 정보 교류를 고려한다는 점에서 이론 체계를 구축할 수 있다는 중요한 차이가 있다.

글을 맺으며

지금까지 복잡계와 정보의 관점에서 생명 현상을 살펴보았다. 먼저 복잡계를 다루는 이론 과학적 방법과 논리 체계를 검토하였는데 일반적으로 복잡계는 변이 가능성이 높아서 처음 조건의 조그만 차이로 완전히 다른 결과를 보일 수 있으므로 예측 불가능성(unpredictability)을 함축하며 따라서 결정론(determinism)에 대한 반성을 제기한다. 또한 협동 현상과 떠오름은 속성과 인식의 측면에서 환원론이 타당하지 않음을 보여 주며, 구성 요소 사이의 관계와 그에 따른 짜임이 중요하다는 점에서 주목을 받아 왔다. 곧 환원될 수 없는 간단한 대상으로서 구성 요소들이 잘 짜여서 뭇알갱이계를 이루면 그 구성 요소들 사이의 상호 작용에 의해 복잡성이 집단 성질로서 떠올라 복잡계를 형성하며, 이는 눈금이 다른 여러 계층에서 적용할 수 있다. 그런데 계층마다 스스로 짜임이나 떠오름과 같이 환원할 수 없는 과정이 포함되어 있기 때문에 각 계층에서 구성 요소만의 성질로부터 뭇알갱이계의 복잡성 같은 성질을 설명할 수 없다. 이는 존재론 및 분석적 방법론에서 환원은 인정하되 인식론적 환원은 불가능하다는 사실을 말해 준다.

이러한 의미에서 약한 전체론적 관점의 색조를 띤 복잡계 물리는 다양한 분야에 적용되어서 이전에는 설명이 불가능해 보이던 여러 복잡한 현상에 대해 합리적인 설명 방식을 제시하고 있으며, 아울러 전통적인 자연관을 재검토할 필요성을 제기한다. 실제로 최근에는 물질 현상뿐 아니라 종래에는 보편 지식 체계를 구축하지 못했던 사회 현상이나 생명 현상에 복잡계 물리가 어느 정도 성공적인 설명을 제시하며 현상에 대한 이해를 깊게 하는 데 기여할 수 있음을 보여 주고 있다. 여기서 물질을 기반으로 전제하는 유물론적 설명 방식을 벗어나서 현상의 실체로서 물질보다는 정보에 주목하여 복잡계의 본질적 설명을 시도하는 이론 체계로서의 정보 교류 동역학을 소개하였다.

이에 따라 이 연구에서는 생명 현상을 복잡계 현상의 전형으로서 살펴보았고, 정보 교류 동역학을 통해서 생명 현상을 조명하였다. 이러한 정보 교류의 관점에서 보면 생명체의 살아 있음은 스스로의 정보 축적 과정에 그 핵심이 있다고 볼 수 있다. 생명 현상에 대한 보편 지식 체계의 구축은 아직 요원할 뿐 아니라 본질적으로 가능한 것인지 알 수 없다. 그러나 앞으로 계속해서 복잡계에 관한 설명 방식이나 해석 규칙이 발전해 나가면 현재로서는 불가능해 보이는 문제들도 새로운 체계의 복잡계 과학으로 설명이 가능하지 않을까 기대해 보게 된다. 특히 생명에 대한 명확한 정의는 존재하지 않는데 이는 물질적인 구성 요소로부터 비물질적인 속성도 설명할 수 있는가 하는 의문과도 관련되어 있는 듯하다. 따라서 물질을 상정할 필요 없이 정보를 가지고 현상을 기술하게 된다면 생명에 대한 보다 근원적 이해와 더불어 존재론과 인식론의 통합적 사고를 추구할 수 있을 것이다.

인간은 자연의 한 부분이면서 동시에 자연을 파악하고 해석한다. 다시 말해서 인간은 생명 현상 탐구의 대상이면서 동시에 활동의 주체이다. 이는 복잡계 현상의 진정한 궁극으로서, 서로 얽혀 있는 생명과 삶의 의미에 대한 성찰이 필요함을 시사한다. 이에 따라 생명 현상의 물리적 기초를 바탕으로 하여 인간의 본성과 사회적, 문화적 삶에 대한 본질적인 이해를 시도하고 새로운 사고의 규범을 추구하려는 시도는 매우 중요하다.

최무영(서울 대학교 물리 천문학부 교수)

김민수(스위스 취리히 연방 공과 대학 박사 과정)

2장 생명 현상의 생명 과학적 기초
생명 현상의 발현

생명이란 무엇인가 하는 질문은 다양한 계층적 함의를 지니고 있기에 자연 과학을 비롯 우리의 지식을 가지고는 지구상에 존재하는 수많은 생명체에 대한 보편적이자 유물론적인 기술은 할 수 있을지 몰라도 생명의 의미를 담고 있는 답을 하기란 그리 쉽지 않다. 더욱이 생명을 구체적으로 이야기하기 위해서는 용어 정리도 필요하다. 생명 과학, 생명 복제, 생명 존중 등과 같은 말에서 나타나듯 우리는 종종 생명이라는 말을 생명체와 그 개념을 혼용하여 사용한다. 생명체는 생명 현상을 지닌 물체이며, 그 반면 생명이라고 한다면 또 다른 표현으로 길(道), 진리, 영성(靈性), 본래면목, 자성, 한마음 등으로 불리며 결국 모든 존재의 근원을 지칭하는 말이다. 과학은 생명체에 대하여 이야기하며 결국 생명 현상을 다룰 수 있을 뿐이다. 생명, 그 자체는 우리의 사유와 언어의 범위를 넘어선다. 따라서 우리가 흔히 하는 '생명이란 무엇인가?'라는 질문을 보다 정확히 한다면 '생명체란 무엇인가?'이며, '생명 현상이란 무엇인가?'가 된다.

대상이란 관찰자의 입장에 따라 달리 표현될 수 있음을 인정한다면 (Jerome, 1990) 생명 현상에 대한 답에 따라서 그 대답을 하는 이의 생명관이 나타나게 된다. 일반적으로 물리·화학적 관계에 의한 생리 구조를 설명함으로써 기계론적 접근을 하는 것이 근대 생명 과학의 통상적 접근이다. 하지만 생명 현상이란 단순히 생물학적 시각만이 아니라 인문·사회 과학적 측면에서 생명 현상도 그 의미를 지닌다. 생명체의 모습이란 그것이 영위하는 삶으로서 표현되며 이를 바탕으로 규정될 수 있기 때문이다. 그런 의미에서 생명은 삶을 전제로 하고 있으며, 삶이란 생명체의 구체적 체험의 장이기에 삶의 자세와 무관하게 생명을 논의하는 것은 한계를 지닌다. (우희종, 2006b) 생명을 본질적이고 통합적으로 이해하기 위해서는, 다시 말하여 기계론적 관점을 넘어 진정한 생명을 이야기하기 위해서는 삶을 제대로 바라보지 않으면 안 된다.

1. 진화와 생명

1.1. 생명 현상에 대한 입장

모든 생명체가 겨우 150여 개의 화학 원소로 이루어져 있음에도 불구하고, 최소한 인간만 해도 서로 각기 다른 60억이 넘는 인구가 존재하며, 더 나아가 자신만의 생멸을 지니고 존재하는 셀 수도 없이 많은 생명체가 지구를 뒤덮고 있다. 이러한 생명 현상을 이해하기 위하여 근대 과학자들도 보편성을 추구하는 서양의 합리적 이성에 근거하여 관심을 기울여 왔다. 생물학자뿐만 아니라 물리학자이면서도 철학과 생물학에도 관심이 많았던 에르빈 슈뢰딩거(Erwin Schrödinger)의 60여 년 전 통찰로부터(슈뢰딩거, 2007) 다양한 분야의 전공자(머피, 2003) 및 앙리 베르그송(Henri Bergson)(베르그송, 2005)과 질 들뢰즈(Gilles Deleuze) 같은 철학자(피어슨, 2005)에 이르기까지 많은 이들이 이 문제에 대해 논의를 했고, 생리학, 정보 이론, 열역학 등 다양한 분야에서

매우 다양한 측면으로 생명의 특성을 분석하고 연구해 왔다. (Goldberg, 1998)

현재 생명체에 대한 현대 과학에서의 일반적 정의로서는 생명체는 물질적 형태를 지니고 항상성을 유지하기 위한 대사 작용, 자기 복제, 그리고 진화하는 특징을 지니는 것으로 정의한다. 하지만 이러한 정의는 지극히 물질적인 관점에서의 정의로서, 현대 생명 과학이나 의학에서는 생명체를 물질적 기계로서 바라본다. (우희종, 2006c) 이는 근대의 합리적 이성에 근거한 철저히 유물적이고 동시에 기계론적 관점이다. 첨단 생명 과학도 생명체에 대한 접근에서 분석적이고 환원주의적인 입장을 취하고 있다. (Debru, 2002; Forsyth, 2003; 머천트, 2001)

하지만 이러한 논의의 시각이 보편성을 전제로 한 전형적인 거대 담론 (meta-discourse)의 방식을 벗어나지 못했다. 물질의 관계성에 의존해서 구체적 실체가 없이 다양한 형태의 존재 및 삶의 형태로 나타나는 뭇 생명체는 보편성을 찾는 거대 담론의 방식이나 환원론으로는 접근하기 어렵다.

인간을 포함한 생명체의 모습이 단순한 물질의 모음이 아니라면 물질적 측면만이 아니라 생명체 고유의 모습이라고 생각되는 또 다른 면에서 바라볼 수도 있다.* 자연계의 일부로서 무기 물질로부터 구분되는 생명체의 대표적 속성을 생각해 보면, 우선 지구상의 수많은 생명체가 보여 주고 있는 놀라운 다양성과 더불어 그것이 본능에 의하건 의지에 의하건 생명체가 지니고 있는 자유로운 유연성이다. 이러한 특성을 고려할 때 생명체의 특징을 다양성의 근간이 되는 개체 고유성(individuality)과 개방성(openess)으로 규정할 수 있다. (Cohen, 2000, 3~8쪽) 개체 고유성과 개방성이라는 생명체의 대표적인 두 특성은 생명체 내부에서 발아된 것으로 서로 분리되어 생각될 수 없고 서로 연관되어 있다. (데란다, 2009)

---

* 서울 대학교 미술대학 김정희, "생명체란 보고 느끼며 표현하는 존재라고 정의할 수도 있다." (개인 교신)

따라서 생명이나 생명체 개념은, 권력이나 성과 같이 거대 담론으로서 부풀려져 우리의 삶으로부터 분리된 관념적 개념에서 시작하여 미시적인 접근법을 취함으로써 그 구조와 일상성을 명확히 보여 준 미셸 푸코(Michel Foucault)의 방식을 따라 다루어야 할 필요가 있다. (푸코, 1993) 뭇 생명체나 개인이 그 누구도 대신할 수 없는 자기만의 개체 고유성을 지니고 있기 때문에 그 점을 간과해서는 그 어떤 보편적 접근도 성공할 수 없다. (Tauber, 1994, 295쪽)

그림 2-1에서 보듯이 각 층위에서의 관계가 그 상층의 관계로 도약하기 위해서, 특히 물리·화학적 관계로부터 생물학적 관계로, 더 나아가 심리적 층위로 도약하기 위해서는 각 층위에서 생명 현상이 어떤 특성을 가지는지 설명할 필요가 있다. 기존의 과학으로는 개인의 몸과 마음이 가진 고유성을 설명하기 어려웠다. 그러나 다행히도 21세기 들어 복잡계 과학이 등장하면서 이 문제와 관련해서 어느 정도의 진전을 거둘 수 있게 되었다. (Sornette, 2003; Solé·Bascompte, 2006) 또한 복잡계 과학과 진화와 개체 발생이라는 미시적 연구에 바탕을 둔 진화 발생 생물학(Evolutionary Development biology, Evodevo) 및 후성 유전학(epigenetics)의 발전으로 개체의 고유성은 단순한 물질인 유전자의 형태로 환원되기 어렵다는 것이 명확해지고 있다. (캐럴, 2007; Ruden, et. al. 2008) 개체 고유성이야말로 집단 내의 다양성을 의미하는 것이고, 그 다양성의 방식은 그대로 고유성의 기반이 된다. 다시 말해 생명체의 고유성과 다양성은 동전의 양면인 것이다.

1.2. 생명의 진화

지금 이 자리에서 생명체가 있기 위해서는 우리 우주가 시작된 시점까지 거슬러 올라간 과거에 어떤 사건이 일어났어야만 한다. 현대의 우주론 연구자들은 그 시점을 137억 년 정도 전에 일어난 우주 대폭발(Big Bang)로 잡는다. (그림 2-2) 물론 이러한 계산이란 현재 인간이 지닌 지식의 한계 내에서 산

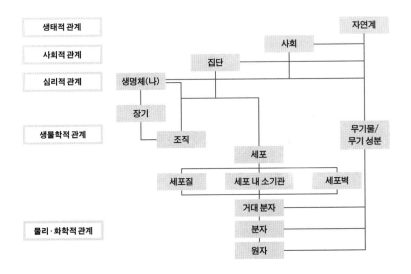

그림 2-1 개체로서의 생명체가 보여 주는 관계의 중층 구조. (Looijen, 2000)

출된 것이므로 앞으로 얼마든지 변경될 수 있을 것이다. 지금 이 자리에 나름대로 고유한 개체로서 존재하기 위해서는 최소한 현재의 우주가 시작되었을 때 비롯되어 지금까지 면면히 내려온 지속성(연속성)을 나타내는 그 무엇이 있어야 한다. (Marcuse, 1987)

『시간의 역사』에서 스티븐 호킹(Stephen Hawking)이 이야기했듯(호킹, 1990) 우주 대폭발 이전을 인간이 논할 수 없다면 최소한 우리 모두는 137억 살의 나이를 지니고 있는 셈이다. 물론 이것은 인간뿐만 아니라 지구상의 모든 생물에 해당된다. 모든 생명체는 태어나서 일정 기간 지구상에 존재하다가 소멸한다. 이렇게 죽음이 전제된 유한한 내가 지금 이 자리에 있기 위해서는 이토록 긴 시간의 누적, 다시 말해 생명의 역사성이 전제되어 있어야 한다는 것은 많은 것을 말해 준다.

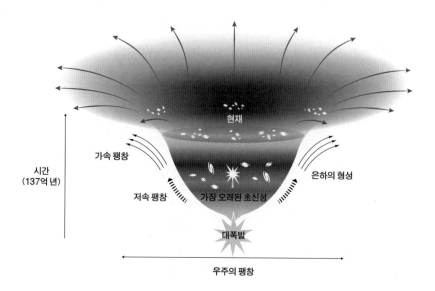

그림 2-2 우주와 시간의 탄생. 현대 우주론에 따르면 137억 년 전에 우주 대폭발로 현재의 우주와 시간이 탄생했다고 한다. 지구는 지금으로부터 약 45억 년 전에 형성되었다고 한다.

현대 생물학은 생명체가 진화해 왔음을 밝히고 있다. (그림 2-3) 생명체의 진화는 다윈에 의해 처음 제시되었지만 이미 유전자 수준에서 그 진화 과정이 증명되어 있음을 고려할 때 각 개체가 지닌 시간의 누적이란 진화의 또 다른 표현이며, 또한 내가 지금 이 자리에 있기 위해서 과거로부터 스스로 '나'라고 생각하던 각 개체의 죽음과 탄생이 반복되어 왔음을 고려한다면, 진화와 반복은 동시 진행되는 것임을 알 수 있다. 반복의 과정 없이 진화는 성립하지 않는다. 반복을 통해서만 진화가 이루어질 수 있기 때문이다. (정준영 외, 2008, 302~303쪽)

이렇게 생명체 안에 자리 잡고 있는 역사성은 각 존재의 현재 모습에 반영되어 있으며 또한 앞으로의 모습에 반영될 것이다. 지금 현존하는 생명체와 앞으로 존재할 미래의 생명체는 시간의 흔적을 담고 연결되어 있다. 이러한 진화를 수반한 시간의 관계성은 차이를 만들어 낸다. 시작 때의 작은 차이는 시간의 축을 따라 흘러가면서 매우 커지게 되고, 나중에 나타난 결과물을 보면 시작 때와의 유사성을 짐작조차 하기 어려운 경우를 우리는 주위에서 쉽게 찾아볼 수 있다. '나'라고 하는 존재가 본질적으로 내재할 수밖에 없는 나만의 고유성은 우주와 생명의 역사라고 하는 이러한 시간의 관계성으로 부터 오는 것이기 때문에 어쩌면 나라고 하는 것은 현재의 개체인 나뿐만 아니라 과거로부터 오늘의 나를 있게 한 과거 시간 속의 개체들이 모두 모인 또

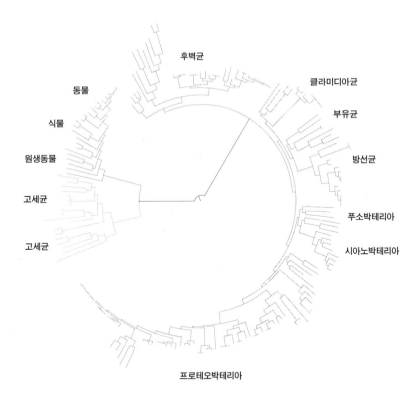

그림 2-3 현대적 진화 계통 발생도로 그린 생명의 나무. 가지 끝 하나하나가 하나의 생물 분류군이다.

다른 집합적 나이기도 하다.

결국 지금 여기에 있는 나라는 존재는 자연계의 원자와 분자가 모여 무기물을 이루고 다시 이것들이 모여서 세포가 된 뒤에 조직·장기·생명체가 되고, 다시 그 생명체가 가족과 집단을 만들어 사회적 관계를 맺고 생태계를 이루는 과정 중에 나타난 결과이다. 결국 건강한 내 몸뿐만 아니라 우리가 보고 듣고 느끼는 이 모든 것들은 주위와의 열린 '관계' 속에서 빚어진 것들이며, 각자 고유한 모습을 가지고 다양하게 나타난 것들이다. 생명체가 지니는 개체 고유성이라는 것도, 그 누구도 대신 할 수 없는 존재인 나라는 존재도 모두 이런 관계 속에서 가능하다. 결국 모든 존재는 본래부터 실재하기보다는 오직 관계에 의존한다. 각각의 존재는 그들이 총체적으로 어우러진 '생태적 세계'를 연출하는 배우들이요, 각각의 생명체는 티끌보다 작은 기본 입자의 세계로부터 비롯되어 만들어진 또 하나의 작은 소우주가 된다.

따라서 모든 생명체가 그러하듯, 지금 이 자리에서 보고 듣고 느끼며 살아 있는 존재로서의 나는, 지금 이 자리라는 시간과 공간의 교차점에서 총체적이고 열린 관계로서 존재한다. (정준영 외, 2008, 295~308쪽) 나는 시간과 공간의 제약을 받고 있는 동시에 시간과 공간에 의존한다. 이것은 나라는 고유성을 시간과 공간의 관점에서 바라볼 수 있다는 것이다. 또한 시간과 공간과 나의 관계는 몸이라는 물질적 터전 속에서 체화(體化)되어 나타나기에 면역학과 신경 과학적 관점으로 '나'를 살펴보는 것은 중요한 의미를 가진다. 물론 현대 과학에서 본격적으로 '나'를 다루는 것은 면역학과 신경 과학이지만 그 바탕에는 우리 몸과 마음에 진화 과정을 통해 누적된 시간을 살피는 진화 발생 생물학적 관점이 있음을 잊지 말아야 한다.

1.3. 진화를 보는 시각

다윈(Darwin, 1979)에 의해 제시된 진화는 생물학뿐만 아니라 다양한 분야에 영향을 미치게 되는데, 그것이 가능했던 것은 그의 진화 개념이 그때까지 서양 사회에서 일반적으로 통용되던 인간 우월주의에 상처를 입혔을 뿐만 아니라, 인문, 사회 및 종교 등 다양한 분야에서 다양한 함의를 지닌 문제 제기를 할 수 있었기 때문이다. 대표적으로 다윈의 진화론은 당시 서양 사회가 지니고 있던 아리스토텔레스적인 목적론적 시각에 최종적인 타격을 입혔고, 이와 더불어 당시 프랜시스 베이컨 등에 의하여 어느 정도 확립되어 있던 서구 과학의 귀납적 시각에 대해 재고하게 만들었다.

　다윈 당시 진화라는 과정은 일반적으로 생각되듯 최선의 상태로 발전하는 과정이 아니었으나 다윈의 사촌뻘인 프랜시스 골턴(Francis Galton)에 의해 최선과 진보라는 개념이 추가되어 강조됨으로써 후에 우생학적 기반이 되었다. (Gillhan, 2001) 다윈 진화론의 중심 개념은 진보라기보다는 자연 선택이다. 이는 후에 진화 발생 생물학, 사회 생물학, 진화 심리학 등 다양한 형태로 전개된 현대 진화론에서도 변함없이 유지되고 있는 중심 개념이기도 하다. 현대 생물학적 관점에서 보면 진화 과정에는 목적성이나 의도성이 개입되지 못하며, 그것은 단지 결과적으로 그렇게 보일 뿐이다. 진화를 통한 변화는 주위 환경에 대하여 스스로를 존속 가능하게 하기에 안정적이지만, 동시에 주위에 적응해야 하기에 유동적이다. 발생한 변화를 통해 한때는 불안정한 종과 개체였지만, 시간의 경과에 따라 안정화되어 일반적이 되고, 이와 같은 방식을 통해 생명체는 시간이라는 역사성 속에서 선택되어 변형되고 진화한다. 따라서 진화는 '주어진 조건 속에서 가장 안정된 형태로 진행되는 것일 뿐'이며, 이는 가장 좋은 결과를 향해 변화하는 것을 의미하지는 않는다.

　다윈의 진화론은 제한된 관찰 속에 제시되었기 때문에 전형적인 귀납적 지식 체계에 맞지 않아 과학이 아니라고까지 비판을 받았다. 또한 그 시절의 진화(evolution) 개념은 결정된 프로그램에 의해 정해진 순서에 따라 전개되는 것이라는 의미를 지니고 있었기에 다윈 자신도 그 개념을 잘 받아들이지 못하고 있었다. 그는 "후대에 전달되는 변형(descent with modifications)"이라는 식의 표현을 선호했다. 하지만 현대적인 유전학 지식이 없던 시절이었기 때문에 다윈은 일종의 용불용설의 형태로 자신의 진화 개념을 제시할 수밖에 없었다.

헤겔 식 사유가 지배하던 당시에 다윈의 진화 개념은, 보다 바람직한 어떤 것으로 나아간다는 진보 또는 발전의 의미를 지니게 되었다. 하지만 당시도, 지금도 다윈의 진화론에서 중심 개념은 적자 생존 내지 자연 선택이다. (Berra, 2008) 이제 현대 생물학에서 진화의 개념이 더 이상 발전적인 상태로 변해 가는 것을 의미하지는 않지만, 생명체가 진화의 압력 속에서 적응을 하며 환경과 관계를 맺어 간다는 적자 생존 개념은 진화 발생 생물학, 사회 생물학, 진화 심리학 등 다양한 형태로 전개된 현대 진화론에서도 변함없이 유지되고 있는 중심 개념이기도 하다. (윌슨, 1992; 핑커, 2007) 진화론이 지닌 관계론적이며 적응주의적 시각은 당시의 철학계, 과학계, 그리고 종교계에 영향을 미쳤고 결국 현대의 생태학적 시각에 깊은 영향을 주었다. 또한 등장 당시 충분한 귀납적 증거가 없다는 점에서 비과학적이라고 비난받았던 다윈의 자연관은 최근 주목을 받고 있는 복잡계 과학에 의해 보다 구체적인 방식으로 설명이 이루어지고 있다. (Camazine, et al., 2001)

한편, 현대 생물학자 사이에서도 진화의 기작(mechanism)에 대한 논의는 여전히 활발하게 이루어지는 상황이다. 대표적인 논쟁이 단속 평형설을 주장한 스티븐 제이 굴드(Stephen Jay Gould)가 사회 생물학 진영과 벌이는 논쟁이다. (굴드, 2004) 하지만 양 진영 모두, 적자 생존과 자연 선택이라는 개념이 일종의 동전의 양면처럼 붙어 진화론의 주요 개념을 이루고 있으며, 진화는 생물이 주위 환경과 끊임없이 상호 작용하는 과정이고, 동시에 이러한 상호 작용은 역사 속에서 누적되어 진화의 압력으로 작용한다는 것을 부정하지 않는다. 이것이 바로 진화론의 요체이다. 다윈이 밝혀낸 생명의 진화는 시간에 따른 돌연변이, 선택, 존속으로 이루어진 일련의 과정이며 관계이고 과거로부터의 긴 시간의 누적이며, 시간의 전개에 따른 창발적(emergence) 적응인 것이다. 자연 선택은 일종의 적응(adaptation)이지만, 이 적응은 생명체의 목적이나 목표가 아니라 상호 작용에 의한 상태, 그 자체일 뿐이다. 따라서 적응은 구성적(construction)인 측면을 지닌다. (르원틴, 2001, 197~217쪽)

1.4. 사회 생물학 이후

사회 생물학이 취하고 있는 '유전자 결정론' 내지 '유전자 실체론'이라는 기계론적 관점의 한계는 과학계 내에서도 지적이 되고 있으며, 특히 최근 진화 발생 생물학의 발전과 복잡계 과학 및 후성 유전학을 통해 보완이 이루어지고 있다. 최근의 연구들은 유전자의 정보가 자기 조직적 기작을 통해 발현되는 과정에서 구성 물질만으로 설명될 수 없는 예측 불가능한 새로운 작용과 기능이 나타남을 보여 주고 있다. 따라서 유전자는 행동의 원인이지만 또한 동시에 행동의 결과이기도 하다.

후성 유전학은 생명체에서 유전자형(genotype)과는 다른 표현형(phenotype)이 세대를 거듭하는 와중에도 유지되는 현상에 대해 연구하면서 시작되었다. 다시 말하면 유전자의 돌연변이가 없음에도 불구하고 세대에 걸쳐 나타나는 유전성 표현형을 다룬다. 특히 대부분의 이러한 현상은 그 발현이 점차적으로 유지된다기보다는 발현이 되거나 안 되는 양자 간의 선택적 유형으로 나타나게 되고, 결국 유전자 수준에서의 발현이 아닌 염색체 수준에서의 발현으로 그 발현 양상이 바뀌게 되어 구체화된다. (Allis, et al., 2007) 따라서 몸을 구성하는 유전자만으로 한 개체의 육체를 예견하거나 질병 발생을 단정하는 것은 매우 위험한 발상이다. 유전자는 기본 틀을 지정할지는 모르지만 우리 몸과 정신의 풍요로움과 다양함을 발현시키는 것은 해당 유전자와 다른 여러 요인들과의 관계인 것이다.

이렇게 후성 유전학은 유전자 결정론에 대한 반박 근거들을 분자 수준에서 밝혀내고 있다. 물론 생물의 몸은 개체에 상관없이 유전자에 의해 결정된 공통적인 해부 구조 및 생리 작용이 가지고 있다. 하지만 정작 각자의 신체적 고유성을 결정하는 것은 그러한 구조를 만들어 내는 유전자가 아니라 외부로부터 받는 자극과 반응, 그리고 반응을 기억함으로써 종합적으로 형성되고 평생 끊임없이 변화해 가는 관계이다. 생물의 몸에서 그런 관계를 담당하는 것이 면역계이다. 면역계는 해부나 생리 체계처럼 스스로 자족적으로 발생하여 완성되는 구조가 아니라 언제나 외부와의 관계를 통해 규정되면서 스스로를 만들어 가는 창발적 체계이다. 나라는 존재를 외부 환경과 구분짓는 동시에 관계 맺게 하고 몸이라고 하는 물질적 터전에 자리 잡게 하는 것이 바로 면역계이다. 몸은 면역 현상으로 이루어지고 유지된다고도 할 수 있다.

신체뿐만 아니라 정신 작용 역시 두뇌라는 몸을 통하여 나타난다는 점을 고려하면 인식하고 고뇌하는 존재 자체는 본질적으로 육적(肉的)인 것이며 (Cohen, 2000, 66쪽), 정신 작용으로 간주되는 수행 과정에서도 몸이야말로 그 바탕이 된다. 그런 점에서 몸에서 감정이나 이성의 형태로 마음을 만드는 신경계는 가소성(plasticity)를 지닌 대표적인 생체 조직이다. 기억 저장 과정에 있어서 신경 세포가 만들어 내는 가소성은 이미 오래전부터 관심을 받아 분자 수준에서 연구가 진행되어 왔으나(Bear, et al., 2007, 772~791쪽), 그 과정에 대한 전체적이고 구체적인 기전은 요소 환원적 접근 방식에 바탕을 둔 근대 과학의 방법론으로 인하여 파악되지 못하고 있었다. 이에 대한 본격적 접근은 신경 세포의 상호 연결망에 대한 연구를 하는 신경 연결체학(Connectomics)으로 시도되고 있다(승현준, 2014).

한편, 신체의 고유성을 결정하여 자기(self)를 이루는 면역 현상 역시 유사한 과정을 거친다. 각 개체의 신체적 고유성은 신체를 구성하고 있는 생리 활성 물질이나 세포로 구성된 상태에서 고정되어 결정되는 것이 아니다. 따라서 개체가 지니고 있는 면역 체계는 외부와의 상호 작용을 통해서 주위 환경과 서로 영향을 주고받고 그 결과 기존의 면역 체계 자체의 속성이 변화하게 된다. 또한 이러한 적응성(adaptability)과 구성(construction), 그리고 시간의 누적 속에서 면역 현상은 변화해 가며 현재의 모습을 만들어 간다. 그러나 이 과정에 대한 전체적인 기전 해명은 앞으로의 비환원론적 접근을 통해서 이루어질 것으로 예상하고 있다. 비록 몸은 유전자라는 물질적 기반에 의존하고 더 나아가 신경계와 면역계로 이루어지지만, 이러한 몸의 구성이 창발적이듯이 살아 움직이고 욕망하는 생명 현상도 이들 구성 요소의 복잡계적 창발 현상으로 말미암아 나타난다고 할 수 있다.

현재 생명 현상 연구의 주류는 분명 유전자 결정론이다. 그러나 서양 근대 과학의 한계를 조금이나마 보완할 수 있는 새로운 학문으로서 통계 물리학에서 시작된 '복잡계 과학'이 금세기에 들어와 본격적으로 체계를 잡아 가고 있다. 복잡계 과학에서는 몸과 정신을 새로운 창발 현상으로서 파악하고 있으며 이는 근대 과학이 지니고 있던 한계를 보완해 줄 수 있는 가능성을 제시하고 있어서 생명에 대한 시각을 새롭게 정립할 수 있는 과학적 터전을 마련하고 있다.

2. 개체 고유성

2.1. 욕망의 주체로서 생명체의 개체성

사람과 동물은 생명체이다. 즉 생명 현상을 지닌 물체이다. 생명체의 특징으로서 가장 대표적인 것은 다양성의 근간이 되는 개체 고유성(individuality)이다. 여기서 개체라는 것은 물질에 의거한 자기만의 형태(form)를 지니고 주위와 구별되는 경계를 지니는 것을 의미한다. 개체 고유성을 불교적 용어로 표현한다면 아상(我相)이 될 것이다. 불교에서는 버리고 극복해야 할 망상인 것이다. 하지만 분명한 것은 이러한 개체 고유성이야말로 각각의 생명체가 지니는 본질적 특성이며 자기(self)라고 불리는 자아 정체성의 터전이 된다. 더욱이 독자적이고 다양한 '개체 고유성'이 어우러져 나타날 때(라이크만, 2005) 건강한 생태계가 형성되며, 또한 생태계는 특정 종들이 계통 발생을 통해 발현하는 '종간 고유성'을 바탕으로 구성된다.

생명체의 자아 정체성을 이루고 있는 개체 고유성의 기원은 욕망이다. 생명체가 스스로를 유지하기 위해 발현하는 자발적 욕망이라고 말할 수도 있고, 베르그송의 표현처럼 '생의 의지'라고도 표현할 수 있지만 모든 생명체의 개체 고유성은 결국 그러한 욕망의 집합이며, 이것은 자아를 이루는 터전이 된다. 생명체는 수정된 순간부터 개체 발생을 향한 방향성을 지니며 이것 역시 넓은 의미의 욕망이다. 막 태어난 신생아가 의식없이 모유를 향해 움직이며 보이는 방향성도 마찬가지이다. 그렇다면 다양한 생물 종의 어우러짐인 생태계의 모습 역시 각 개체적 욕망의 집합이요 전 지구적 차원의 욕망이 발현된 것이라고 볼 수 있다. 결국 각 생명체나 생태계 모두 욕망 그 자체이다.

한편, 탄생을 통해 비로소 독자적인 개체로서 이 세상에 존재하기 시작하는 동물이나 사람은* 출생한 시점부터 스스로의 힘으로 자신을 외부로부터 보호·유지하기 위해 먹고 마시며 면역 기능을 발달시킨다. 또한 이 순간부터 외부와의 관계를 통해서 학습이라는 형태로 자의식을 형성해 간다. 뇌가 중심이 된 자의식이라는 정신적 자기(自己)의 물질적 근거가 되는 것은 중추 신경계가 담당하지만, 동시에 육체적 자기를 규정하는 기능은 전신에 분포된 면역계가 담당하게 된다.

즉 생명체의 형태를 만들고 있는 물질 차원에서 보면 생명 현상으로서의 개체 고유성은 신경계와 면역계에 의해 뒷받침되고 있다. 따라서 일반적으로 정신과 육체로 이루어져 있다고 말해지는 생명체에 있어서의 '자기'라는 것은 편의상 신경계에 의존해서 나타나는 정신적 자기인 '자의식(自意識)'과

---

* 최근 생명 공학의 발달로 배아 조작이 가능해짐에 따라 생명 윤리와 관련되어 생명체의 시작에 대한 논의가 있지만, 이 글의 주제와는 다르기에 여기서는 일반적 수준에서 이야기를 전개하기로 한다. 또한 자기(自己)와 자아(自我)라는 용어도 엄격한 구분보다는 맥락에 따라 혼용하기로 한다.

면역계로 표현되는 '신체적 자기'로 구성된다고 말할 수 있다.

2.2. 개체 고유성과 생체 기전

개체 고유성이 물질적 수준의 두 축인 신경계와 면역계에 의존하기 때문에 개체 고유성 발현의 원천이라 할 욕망 역시 생체 내의 정교한 시스템인 이두 체계에 의존하게 된다. 욕망의 가시적 발현을 신경계가 한다면 욕망을 미시적으로 체화하는것(micro-embodiment)이 면역계이다.

이러한 면에서 신경계와 면역계는 동전의 양면과 같이 자아/자기를 이루고 있음에도 불구하고 서양 학문에서는 그동안 나라고 하는 통합된 개체를 이해하는 데에 있어서 신경계가 담당해 온 정신적 자아에 대해서는 주로 철학이, 신체적 자기에 대해서는 의학의 한 분야인 면역학이 다루어 오면서 정신과 육체를 철저하게 이분법적으로 해리(解離)시켜 왔다. 이러한 자기에 대한 근대 서양의 접근은 멀리는 '권력에의 의지'의 구체적 표현이 육체라고 언급한 프리드리히 니체(Tauber, 1994, 275~278쪽)와 "나는 존재한다. 고로 사고한다."라며 육체성(corporeality)을 강조한 모리스 메를로퐁티(Maurice Merleau-Ponty)(퐁티, 2002) 등을 통해 점차 도전을 받게 되었다.

다행히 이성과 육체에 대한 이러한 이분법적 흐름에 대한 자연 과학의 반론은 비교적 최근에 들어와 이루어지기 시작했다. 신체 고유성을 다루는 현대 면역학과 자의식의 터전인 뇌를 연구하는 뇌신경 과학의 발전은 분자 생물학의 도움에 힘입어 분자 수준에서 이 두 생체 내 체계가 분리되어 별도로 움직이는 것이 아니라 하나의 통합된 체계이며* 서로 상호 작용을 하면서 그 기능이 발현함을 보여 주었다. (그림 2-4)

생명체가 존립하기 위해서는 욕망에 의존하며, 그러한 욕망이 구체적으

---

* 신경계와 면역계를 통합한 학문 분야로는 심리 신경 면역학(psychoneuroimmunology)이 있다.

로 발현된 개체 고유성을 표현하는 신경계와 면역계, 이 두 체계는 비록 각기 서로 다른 학문의 영역에서 다루어져 왔지만 해부나 생리와 같은 생체 내 체계와는 달리 두드러지는 공통점을 지니고 있다는 특징을 가지고 있다. 즉 물질 차원에서 개체 고유성을 규정하는 신경계와 면역계 양쪽 모두 생물 체내의 자족적인 발생 체계가 아니라 외부로부터의 자극과 반응, 그리고 기억과 망각 같은 외부와의 긴밀한 관계에 의거해서 각 개체마다 새롭게 만들어지는 창발 체계*라는 공통된 특징을 지닌다. (Radnitzky, et al., 1987; Enrique, 2007)

수정란은 필요한 영양분만 있으면 자신의 유전자에 담겨 있는 프로그램에 따라 성숙한 개체의 해부 구조나 생리학적 구성을 형성하며 배아로부터 자체적으로 자신의 형태를 발현하는 자족적인 발생 양식을 보이지만, 유독 생명체의 개체 고유성에 기여하는 신경계와 면역계의 형성에 필요한 정보는 배아 자체가 지닌 정보와 영양분만으로는 부족하며 두 체계의 제대로 된 기능과 형태 발현을 위해서는 끊임없는 외부와의 교류가 필요하다. 그것도 단순한 직선적 선형 관계가 아닌 복잡계적 네트워크 구조의 비선형적 창발적 과정이 필요하다. (바라바시, 2002, 297~322쪽)

다시 말하면, 신경계와 면역계로 나타나는 생명 현상의 주요한 특징인 개체 고유성은 주위와의 관계 속에서 창발적으로 형성되는 것이지 결코 폐쇄적으로 진행되는 자기 충족적인 개념이 아니며(들뢰즈 외, 2001), 이러한 창발 현상을 가능하게 하는 생명체의 주위와의 관계성이야말로 주위에 대한 열려 있음, 즉 생명체가 지닌 개방성으로 규정할 수 있다.

신경계와 면역계 양쪽 모두에게 필요한 외부와의 열린 관계인 개방성은 생명체의 또 다른 특성인 자유로움의 근거가 된다. 주위에 의존하여 변화해

---

* 단순한 부분의 합으로 설명할 수 없는 창발 현상은 새로운 차원에의 도약으로서 생명 현상을 잘 표현해 준다.

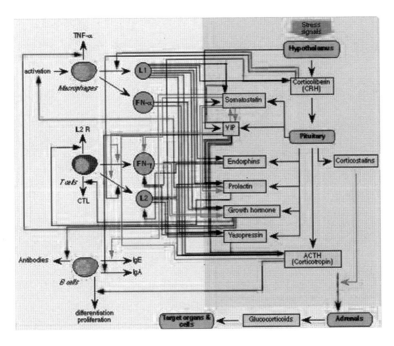

그림 2-4 정신적 자아의 물질적 바탕을 이루는 신경계와 신체적 자기를 결정하는 면역계의 상호 의존성. (http://playingdoctor.org/)

가는 열린 관계로서의 생명체는 관계로부터 빚어지는 수많은 변화 속에서 외부 환경에 대하여 반응하고 기억한다. 그리고 그러한 경험의 총체적 누적으로서 존재한다. 따라서 모든 생명체는 초기 조건의 작은 변화에 의해 결과적으로 커다란 차이를 나타내게 된다. 이러한 초기 조건에 대한 민감도는 현대 진화 발생 생물학적인 접근을 통해서도 확인되고 있다. (캐럴, 2007, 317~354쪽)

한편, 이와 같은 개방성은 자유롭지만 스스로 생로병사라는 숙명을 지니고 영생할 수 없는 개체의 운명을 잘 설명해 준다. 생명체가 개체 단독으로 자족적으로 존재할 수 없고 타자와의 열려 있는 관계에 의해서만 존재할 수 있기에 자유롭지만 동시에 그 자유로움은 관계의 종료에 따른 생명체의 소멸이라는 죽음을 담보하게 된다. 스스로 존재할 수 없는 존재로서 생명체의 탄생과 죽음은 복잡계 과학에서 다루는 전체와 부분 사이에서 벌어지는 창발 현상에 의한 상전이(phase transition)로 볼 수 있다. (Camazine, et al., 2001)

물론 창발 현상 역시 원인과 결과로 얽힌 현상이기에 창발 현상으로 생긴 생명체의 개체 고유성과 자유로움도 단지 원인과 결과로 빚어지는 현상일 뿐 구체적 실체를 가지지 못한다. 바로 이 지점에서 생기론적 생명관이나 유물론적 생명관 모두 그 의미를 잃는다. 관계를 맺고 있는 존재는 모두 변한다. 이것은 열린 관계의 특징이기도 하다.

이렇게 신경 및 면역 체계는 외부로부터의 자극, 이에 대한 반응, 그리고 기억 및 망각 기능에 의하여 완성되며, 신경계가 과거의 경험을 통해 학습하며 자의식을 만들어 가듯이 면역계 역시 과거의 경험을 기억하면서 자신만의 신체적 특이성을 창발적으로 형성해 간다. 정신적인 것이건 신체적인 것이건 형성되는 자아에는 과거의 각흔이 그대로 남아 있게 된다. 더 나아가 이 각흔들은 단순히 남아 있는 것으로 그치는 게 아니라 현재의 모습을 형성하는 데에 능동적으로 기여한다.

생명은 동식물이든 인간이든 상관없이 반응과 기억과 경험이 총체적으로 누적된 존재이다. 따라서 초기 조건에 대한 민감도를 '나비 효과'라고 부르며 중요시하는 복잡계 과학적 접근이 필수적이다. (Wolfram, 2002, 971쪽) 이런 의미에서 개체 고유성과 관여된 자극, 반응, 그리고 기억 및 망각 중에서 특히 시간의 누적과 연관된 기억 작용은 자아를 구성하는 욕망을 이해하는 데에 중요하며, 또한 인간과 동물이 지닌 욕망의 차이를 이해하기 위해서 반드시 검토해야 한다.

2.3. 신체 속의 누적된 시간

각각의 생명체에 있어서 자아를 결정하는 개체 고유성이란 출생 후 겪는 주위 환경과의 관계 속에서 스스로가 자신의 기억으로 담아 가면서 동시에 스스로를 변형시키는 되먹임 구조를 통해 이루어진다. 이는 기억에 의한 시간의 누적으로서 가능한 것이며, 이와 같이 개체 고유성이 시간의 누적으로 이루어지기 때문에 각 개체 내의 시간의 누적은 동일한 종 안에서의 개체 차이(allotype)로 나타나게 된다.

그러나 개체뿐만 아니라 종 간의 차이도 시간의 누적이라는 동일한 패턴에 의해 나타난다는 것은 매우 흥미로운 점이다. 유물론적 환원론에 근거한 사회 생물학자들의 입장(윌슨, 1992; 2005)에서 볼 때 한 개체의 존재는 단순한 유전자의 자기 확산 과정에 불과할지 모르나* 이들이 간과하는 것은 각 생명체가 보여 주는 삶이라고 불리는 열린 관계성이다. 유전자라는 정보는 복제를 통해 생명체의 자손으로 전달되나 생명체가 주위 환경과의 관계 속에서 만들어 간 고유한 삶은 전달되지 못하며 새로 태어난 개체는 그의 선조가 삶속에서 겪은 모든 과정을 다시 반복해야 한다.** 유전자의 복제 역시 일종의 반복이며 삶이라는 외부와의 생태적 관계 속에서 영향을 받기 때문에(바우어, 2007) 유전자는 모든 생명 현상의 원인이기도 하지만 동시에 주위 환경의 결과물이기도 하다. (리들리, 2004)

---

* 유전자로 인간의 사회, 문화적 행위를 설명하고자 한 에드워드 윌슨이나 『이기적 유전자』의 저자로 잘 알려진 리처드 도킨슨의 결정론적 유물론에 대한 반대 입장은 Gould (1997), Levins, et al. (1985), 르원틴 (2001) 155~186쪽에서 자세히 확인할 수 있다. 이들 사이의 논쟁을 구체적으로 확인하고 싶다면 Nabi (1981), Wilson (1981), Levins, et al. (1985)를 참조하라.

** 사회 생물학자들의 말처럼 유전자에 모든 것이 담겨져 있어 대대손손 진화하면서 누적되어 나타나는 것이 우리의 육체일지는 몰라도 우리 각자의 삶은 결코 단순한 누적이 아니다. 그것은 환경으로부터의 입력이 각인되기 때문이며, 이것을 후성 인자(epigenetic factor)라고 부른다.

한편, 생물학적 반복(recapitulation)은 창발적 차이를 수반한다. (Wagner, 2005) 반복에 의한 차이는 진화의 기원이 되며(바라바시, 2002, 311~313쪽), 따라서 생명체란 유전자의 영속적 모습의 단면에 불과하다는 사회 생물학자 등의 근본 입장에 반하여, 반복은 차이를 수반한다는 들뢰즈의 관점(들뢰즈, 2004)처럼, 종으로서의 동질성 속에 종속된 개체적 삶의 차이와 끝없이 되풀이되는 삶의 반복성이라는 시간의 누적 속에 나타나는 계통 발생적 다양성이야말로 생명 현상의 창발적 측면을 잘 보여 주고 있다. 최근 형태학적 발생 현상 연구에만 머물렀던 발생학과 화석에 의존하던 고고학적 진화론 및 생체 물질을 이용한 생체 고고학(Jones, 2002) 등에 분자 생물학적 접근을 적용한 유전체학(Genomics)을 접목함으로써 통합 학문으로서의 가능성을 보여 주고 있는 진화 발생 생물학의 발전은 이러한 시간의 누적에 대하여 많은 통찰을 주고 있다.

진화 발생 생물학은 진화 과정의 관점에서 각 개체의 발생과 계통 발생적 변화의 관계를 다룬다. 따라서 시간의 누적에 대한 미세 변화가 어떻게 인간과 동물처럼 다양한 형태의 종으로서 나타나는가를 밝히고 있다. (Cañesto, et al., 2007) 결론적으로 진화 발생 생물학이 말해 주는 동물과 인간은 이성, 언어, 도구 사용 등과 같은 표현형에 있어서 매우 큰 차이를 나타내지만 그것은 조절 유전자의 다양한 발현과 더불어 모듈 형식의 진화 양식, 그리고 주위 환경에 의한 후성적인 영향이 반영되어 이루어진 것이라는 점이다.

이러한 계통 발생 과정을 지닌 우리 인간은 자아 발달의 근거를 이루는 신경계와 면역계의 발달에 있어서 자연스럽게 이러한 시간의 누적을 담고 있다. 우선 뇌의 구조를 보면 가장 바깥쪽에 있어서 외피에 해당되는 부위는 사람 특유의 이성적 인지 작용을 담당하고 있고(neomammalian neocortex), 그 안쪽에는 감정을 담당하며 이성과 본능의 조절을 담당하는 부위가 뇌간을 둘러싸고 있으며(paleomammalian limbic system), 가장 깊은 곳에는 계통 발생적으로 가장 오래된 파충류에 해당하는 부위가 자리 잡고 있어서 생명체

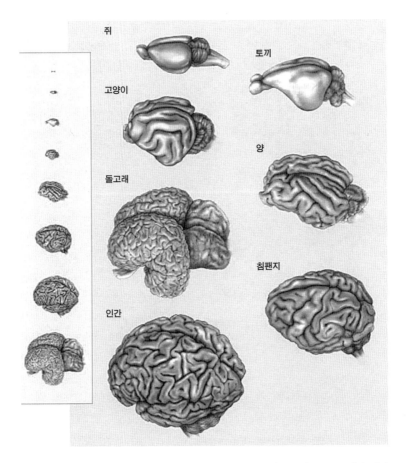

쥐

토끼

고양이

양

돌고래

침팬지

인간

그림 2-5 포유동물의 뇌. 복잡성에 있어서는 차이가 보이나 많은 특징들은 공통된다. 왼쪽 상자는 상대적 크기를 보여 준다.

의 개체 보존과 종족 보전이라는 가장 기본적인 본능을 수행한다고 말해지고 있으므로(Kieffer, 1979) 뇌에는 생명체의 전형적인 시간의 누적이 반영되어 있다. 분명 동물의 뇌는 그림 2-5에서 볼 수 있는 것처럼 감정과 욕망의 표현이 복잡해지고 다양해짐에 따라 그 크기와 뇌 주름 등이 증가한다. 그러

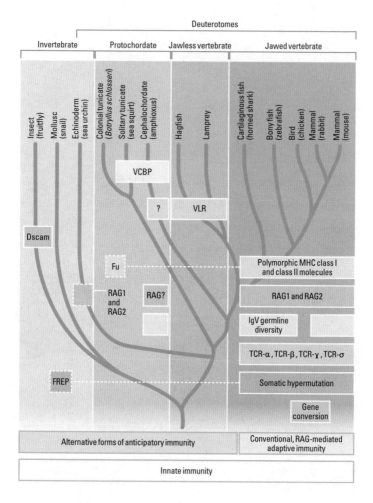

그림 2 - 6 동물 면역계의 계통 발생도. 신체적 자기를 유지하는 면역계는 계통적으로 서로 다른 다양한 전략과 더불어 매우 심오한 상호 연관성도 보여 주고 있다.

나 동시에 우리는 그 안에서도 공통점과 다양성의 얽힘을 발견할 수 있다. (Bear, et al., 2007, 168~169쪽)

한편, 뇌뿐만 아니라 신체적 자기를 규정하는 면역계 역시 그림 2-6처럼 진화적 시간의 누적을 담고 있다. (Litman, et al., 2005) 따라서 면역계 역시 신경계와 마찬가지로 역사성을 지닌다는 것은 당연하면서도 많은 것을 시사한다. (Turner, 1994) 사람이건 동물이건 생명체는 결국 누적된 시간의 산물이다.

동물의 욕망과 인간의 욕망을 이야기하기 전에 이러한 계통 발생적 이해와 더불어 다시 한번 언급해 두어야 할 것이 여러 동물들과 인간 유전자 구성의 유사성이다. 인간 유전체 계획(Human Genome Project, HGP)에 의해 밝혀진 사람의 유전자는 침팬지와 1퍼센트 미만의 차이밖에 없었기에 우리가 생각했던 것처럼 그 차이가 큰 것도 아니었으며, 또 예상했던 인간의 유전자 수도 3분의 1 수준이었고* 곤충에 비해서 그 숫자가 두 배도 안 됐다. 이러한 사실은 인간의 이성이나 언어 사용이라는 동물에 비해 놀라운 차이로 보이는 표현형은 단순히 유전자만으로 설명되기 어렵다는 것을 의미한다. (르원틴, 2001, 109~152쪽)

결국 진화와 발생을 반복하면서 차이를 수반한 반복은 인간을 포함한 생명체에게 무생물로부터 구분되는 놀라운 다양성과 더불어 그것이 본능(instinct)에 의하건 욕동(drive)에 의하건 생명체에게 자유로움을 선사했다. 그러한 자유로움은 개방성에 근거한 창발 현상에 근거하는 것이기 때문에 다양성의 근간이 되는 개체 고유성과 개방성이라는 생명체의 대표적인 두 특성은 분리되어 생각될 수 없고 서로 연관되어 있다.

신경계가 다루는 정신적 측면은 사적인 나와 공적인 나, 양쪽 모두를 담당하게 되지만 면역계는 오직 사적인 나만을 다룬다. 그런 면에서 '나'라는 문제를 시발점을 보편적 내가 아닌 개체 고유성으로부터 시작한다면 우선적으로 검토해야 할 것이 면역이며 신체, 즉 생생하게 살아 있는 우리 각자의 육체로부터 시작함이 옳다. 그것이 신체적 인식이건, 정신적 인식이건 인식

---

* 유전자 지도가 밝혀지기 전에는 사람에 있어서 10여만 개의 유전자를 기대했으나, 2000년대 초 인간의 완성된 유전자 지도를 보면 약 3만여 개에 불과하다.

을 통한 지식이란 본질적으로 육적인 것이다. (Cohen, 2000, 99쪽) 그런 면에서
동서양을 막론하고 형이상학으로 대변되어 온 정신 작용이 역사상 신체에
대하여 우위를 점해 왔지만 정신은 물질화되지 않은 신체의 일부에 불과하
다고 볼 수 있다. 정신은 신체 의존적이기에 일반적으로 말하듯이 인간이 정
신과 육체로 이루어졌다고 말하는 것은 부정확하며 차라리 마음과 육체로
이루어졌다고 표현하는 것이 그나마 무난하다.

3. 복잡계 현상과 인식 전환

3.1. 복잡계 과학

　복잡계 과학은 많은 요소들의 상호 작용을 연구하며, 이들의 상호 작용에
의한 자기 조직화를 통해 창발적 체계를 구성하여 진화하는 비선형 구조에
대하여 관심을 갖는다. (Sornette, 2003; Solé, 2006) 통계 물리학의 한 분야로서
시작된 이 복잡계 과학은 이제는 자연 과학 분야뿐만 아니라 경제 및 사회학
분야에서도 다양한 현상을 설명하는 것에도 적용되고 있다. 이 복잡계 과학
을 이루는 커다란 이론적 구성은 프랙털 및 카오스 이론이 있으며, 최근에는
네트워크 이론과의 접목을 통하여 그동안 막연히 생각되던 일상 생활 속의
여러 현상들을 설명할 수 있게 되었다. (Newman, 2006, 1~19쪽)
　복잡계 과학은 무질서와 질서 잡힌 두 체계의 극심한 변화의 가장자리
를 다루고 있으며(Mitchell, et al., 1993), 이러한 복잡계 과학이 다루는 현상
의 특징으로 생명체의 탄생 과정에서 흔히 봐 온 상전이, 임계 상태, 척도 불
변, 초기 조건의 민감도, 자기 조직화 및 창발 현상으로 크게 정리할 수 있다.
(Mitchell, 2003) 복잡계 현상을 수학적 표현을 빌리면 평균값을 지니는 정규
분포와는 달리 그림 2-7처럼 멱함수의 분포를 보인다.*

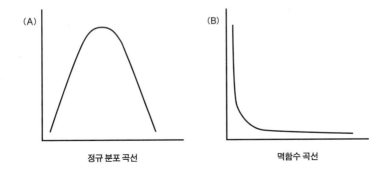

그림 2-7 두 가지 유형의 분포 곡선. 복잡계 현상은 그림 (B)와 같은 멱함수의 분포를 보인다.

멱함수 곡선 형태의 분포를 따른 현상들의 특징을 잘 보여 주는 현상이 지진일 것이다. 예를 들어 자주 발생하는 작은 지진과 아주 드물게 발생하지만 도시 기능을 마비시킬 정도의 큰 지진의 발생 원인을 검토할 때 종종 발생하는 작은 지진과 매우 큰 규모이지만 드물게 발생하는 지진의 발생 원인의 속성은 유사하다. 그러나 그 규모는 발생 당시의 주위 조건이 어떠한 상태이냐에 의존한다. 그러한 변화의 가장자리에서 당시의 초기 조건이 임계 상태일 경우에는 상전이가 일어나 기존과는 전혀 다른 새로운 속성을 지닌 상태로 전환된다. 멱함수 분포를 이용한 복잡계 이론은 지진 현상의 이 복잡계적 현상을 잘 설명해 주고 있다. 또한 멱함수 구조를 지니고 있는 현상들의

* 멱함수 법칙을 따르는 분포는 평균적 노드와 분포의 정점으로 구체화되는 고유한 '척도(scale)'를 갖지 않는다. 그리하여 멱함수 법칙을 따르는 네트워크를 '척도 불변(scale-free)' 네트워크라고 부른다. $y=cx^{-a}$의 관계를 갖는 시스템이며, 여기서 a와 c는 상수이고 log-log plot을 하면 a를 기울기로 갖는 직선을 얻는다. 시스템의 역동적 성질이 멱함수 분포를 가질 때 가장 효율적으로 최대의 정보를 전송할 수 있다. 소수의 큰 사건이 큰일의 대부분을 한다는 것이 그래프로 표현된 것이기도 하다.

특징은 척도가 없는 척도 독립성을 갖는다는 점이다. 척도 독립성은 그러한 유형의 현상에 있어서 발생 규모가 작거나 크거나에 상관없이 그 현상의 속성은 동일하다는 것을 말한다. (Newman, et al., 2006; Watts, 1999; 바라바시, 2002, 167~182쪽)

먹함수로 나타나는 현상에 있어서 그 결과로서 나타나는 규모의 크기는 그 현상이 발생할 당시의 조건에 의존한다. 어떤 현상의 발생이 시작되었을 때의 주위 조건이 임계 상태에 도달하여 있을 경우 상전이 현상이 일어나게 된다. 상전이는 임계 상태가 되었을 때 발생하게 되며, 이러한 상전이를 통해 그전 상태와는 전혀 다른 성질의 상태로 전환되는 상전이 현상이 나타나 창발 현상이 발생한다. 상전이를 발생시키는 특정 상태에서 임계성은 변화의 가장자리까지 도달하기 위해 축적되고 응집된 내부 변화 요소라고 말할 수 있다.

최근의 복잡계 이론에서 또 하나의 축을 이루고 있는 것이 바로 네트워크 이론이다. 네트워크 이론 연구자들은 부의 분포가 일부에게만 집중된다는 파레토의 법칙(Newman, 2005)이나, 사회적 연결망의 특성과 더불어 인터넷 같은 온라인 공간에서 야후나 구글과 같은 초대형 포털, 검색 사이트가 갑자기 등장하는 것 같은, 먹함수로 표현되는 현상에 대하여 연구하고 있다. 네트워크 이론에서 주목할 것은 임계 상태를 중요시한다는 것과 선호적 연결(preferential attachment) 현상이 있다는 점이다. (Barabási, 1999) 선호적 연결 현상이 바로 부익부빈익빈(富益富貧益貧) 현상이다. 생태계 연결망에 네트워크 이론을 적용할 때에 중요한 것은 사회적 연결망 연구에서 나타난 것과 같이 생태계에서도 부익부빈익빈 현상으로 인해 특정 상태의 경곗값이 문턱값(critical threshold)을 넘을 때 마치 전에는 전혀 없었던 것처럼 보이는 새로운 질서가 창발적으로 등장한다는 점이다. (Watts, 1999, 229~239쪽; Newman, et al., 2006; 뷰캐넌, 2003)

네트워크 이론의 부익부 특성을 생명 현상에 적용시켜 본다면, 시간축에 따른 누적이 중요한 역할을 하게 됨을 알 수 있다. 진화 과정에서 나타나는 계통 발생의 역사성은, 복잡계 현상 연구에서 강조되는 초기 조건에 대한 민감성*과 부익부빈익빈 현상에 있어서의 진화의 변화가 그렇듯이, 고생물학자 스티븐 제이 굴드가 언급한 것처럼 점증이 아닌 단속적 특징을 지니게 된다. 이러한 특성을 바탕으로 동물과 사람을 가르는 진화에 있어서 복잡계 현상의 특징인 자기 조직적 창발 현상(self-organized emergence)이 혼돈의 가장자리(the edge of chaos)로부터 나타나, 새로운 다양한 종의 탄생과 더불어 현생 인간의 출현을 가능하게 했던 것이다. (Jobling, et al., 2004)

자의식이라는 인지 과정의 출현은 창발적 현상이며, 결코 물질적 요소로 환원되지 않는다. 그러나 이 말이 인간이 지닌 인지 작용과 문화를 만들어 내는 힘이 물질과 동떨어져 있다는 말도 아니다. 창발적으로 나타난 현상은 구성 요소와는 전혀 다른 속성을 가지고 있으나 마치 그림 2-8과 같이 서로 의존하고 영향을 주며, 주위 환경과의 관계 속에서 스스로 학습하고 변화해 가는 구조인 것이다.

복잡계 과학을 생물학에 적용한 것이 합성 생물학(synthetic biology)과 시스템 생물학(system biology)인데, 체학(體學)이라고도 번역되는 오믹스 생물학(Omics biology)의 유전체학, 단백체학 등등의 분과 학문들과 밀접한 관계를 맺으며 발전하고 있다. 이것은 특정 체계를 구성하고 있는 여러 구성 물질들이 단순한 선형적 반응 경로를 취하는 것이 아니라 서로 소통하며(crosstalk) 그물망 구조를 이루고 있는 생물 체계를 이해하는 데에 적합하기 때문이다. 현재 시스템 생물학이 주목을 받는 이유는 생명을 주위 환경과 끊임없이 관계를 맺고 영향을 주고받는 복합적이고 총체적인 존재로 인식하지 못하는 환원론적 접근법의 단편적 연구를 극복할 잠재력을 가지고 있기 때문이다.

---

* 이러한 복잡계 이론에서 강조되는 초기 조건의 민감성을 선가(禪家)의 언어로 바꾼다면 신심명(信心銘)의 '호리유차천지현격(毫釐有差天地懸隔)'이나, 법성게(法性偈)의 '초발심시변정각(初發心時便正覺)'이라는 표현이 해당된다.

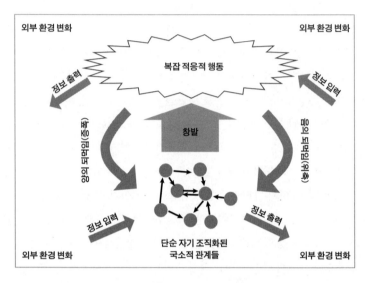

그림 2-8 복잡 적응계(Complex Adaptive System)란 복잡계 현상 중에서도 주위 환경과의 관계 속에서 경험을 통해 스스로 학습이 가능한 구조를 말한다. (Andrus (2005)의 그림을 수정하고 번역한 것이다.)

3.2. 생명 속의 창발 현상과 프랙탈 구조

생명체의 개체 고유성은 생명 현상과 직접적인 관련을 지니고 있다. 여기서 개체라는 것은 물질에 의거한 자기만의 형태나 양식을 지니고 주위와 구별되는 경계를 지니는 것을 의미한다. 생명체의 형태를 만들고 있는 물질 차원에서 보면 생명 현상으로서의 개체 고유성은 신경계와 면역계에 의해 뒷받침되고 있다. 신경계에 의존해서 나타나는 정신적 자기인 자의식과 면역계로 표현되는 신체적 자기로 이루어져 있다고 말할 수 있는 것이다. (Tauber, 1994) 그런데 여기서 주목해야 할 것은 물질 차원에서 개체 고유성을 규정하는 신경계와 면역계 양쪽 모두 생명체 내부의 자족적인 발생 체계가 아니라

외부와의 열린 관계에 의거해서 개체마다 새롭게 만들어지는 창발 체계라
는 점이다. (Radnitzky, et al., 1987, 157~161쪽; Cohen, 2000, 27~39쪽; Enrique, 2007,
13~29쪽; 존슨, 2001, 91~96쪽)

　수정란에 담긴 유전 정보로부터 시작되는 개체 형성에 있어서 성숙한 개
체의 해부 구조나 생리학적 구성은 기본적으로 필요한 영양분만 있으면 시
간의 흐름에 따라 배아로부터 자체적으로 자기 형태를 발현하는 발생 양식
을 보이지만, 유독 생명체의 개체 고유성에 기여하는 신경계와 면역계의 형
성에 필요한 정보는 배아 자체가 지닌 정보와 영양분만으로는 부족하며 제
대로 된 기능과 형태 발현을 위해서는 끊임없는 외부와의 교류가 필요하다.*
그것도 단순한 직선적 선형 관계가 아닌 네트워크 구조의 비선형적 창발적
과정이다. (바라바시, 2002, 297~322쪽) 다시 말해서 신경계와 면역계로 나타나
는 생명 현상의 주요한 특징인 개체 고유성은 주위와의 관계 속에서 창발적
으로 형성되는 것이지 결코 폐쇄적으로 진행되는 자체 충족적인 개념이 아
니며(들뢰즈 외, 2001), 이러한 창발 현상을 가능하게 하는 생명체의 주위와의
관계성이야말로 주위에 대한 열려 있음, 즉 생명체의 개방성으로 규정할 수
있다. (Camazine, et al., 2001; Sornette, 2003)

　이렇게 생명체가 생명체이기 위해서는 고정되어 존재하는 것이 아니라 끊
임없는 외부와의 교류가 필요하기 때문에 생명체를 구성하고 있는 물질은
비록 개체의 경계를 이루어 형태를 만들고 있지만 구멍(hole)으로 존재한다
고 말할 수 있다.** 우주에 있어서 중간계에 속한 생명체 역시 기본 입자와 마

---

* 예를 들어 청각 장애가 있는 어린이는 언어 기능에 있어서 손상이 없어도 말하는 기능이 발달
하지 못한다. 유아를 자극이 차단된 환경에서 키울 때의 지능 발달 장애는 잘 알려져 있으며, 또
완전 무균 상태로 사육된 동물은 자신의 개체성을 유지시키는 면역 기능이 발달하지 못해 조기
사망하게 된다.

** 구멍이란 양 경계를 연결하는 열린 구조이다. 생명체를 표현하는 구멍(hole)은 단순 물질로부
터 생명 현상을 지닌 물질로의 창발적 전이가 일어난다는 점에서 천체 물리학에서 우주의 역동적

찬가지로 본질적으로 텅 비어 있는 관계만의 집합인 것이다. 이 말을 다시 표현한다면 생명체는 고정된 실체나 확정적으로 특정 상태나 위치를 지정할 수 없이* 무수히 많은 구멍으로 이루어진 망사와 같은 형태라고 말할 수 있다. (Goldberg, 1998) 이러한 불교에서의 인드라 망과 같은 네트워크 구조는 전형적인 자연계의 모습이기도 하다. (Newman, 2006)

한편, 이러한 개방성은 생명 현상의 또 다른 특성인 자유로움**을 이루는 근거가 된다. (우희종, 2004) 주위에 의존하여 변화해 가는 열린 관계로서의 생명체는 관계로부터 빚어지는 수많은 변화 속에서 외부 환경에 대하여 반응하고 기억하며 그러한 경험의 총체적 누적으로서 존재하기에 모든 생명체는 작은 초기 조건에 의해 커다란 차이를 나타내는 모습을 가지게 된다. 복잡계 과학에서 나비 효과라고도 불리는 이러한 초기 조건의 민감도(Wolfram, 2002) 역시 개체 고유성을 구성하는 특징 중 하나이다.***

결국 지금까지 생명에 대한 정의를 시도한 많은 학자들이 주목한 것과 마찬가지로 생명체를 이루는 몸은 고정된 것이 아니라 주위와의 에너지 교환 등이 필요하고 환경에 대하여 반응하여 자기 조직화를 통해 진화하는 특징

인 모습을 보여 주는 검은 구멍(black hole, 블랙홀), 그리고 아직은 실험적인 증거가 요구되고 있기는 하지만 검은 구멍에 수반된 흰색 구멍(white hole, 화이트홀)과 벌레 구멍(wormhole, 웜홀) 중에서 벌레 구멍에 가깝다. 하지만 중요한 점은 생명을 이렇게 표현함으로써 개체인 생명체와 전체로서의 이 우주는 부분과 전체의 구분 없이 구멍의 모양으로서 서로 교차하면서(相入) 유사한 역동성을 보이고 있으며 또한 우주와 개체로서의 생명체는 서로 자기 반복적 프랙털 구조 관계에 있다고 말할 수 있다.

* 또한 하이젠베르크의 불확정성의 원리나 괴델의 불완전성의 정리는 생명체에 대한 정의에도 적용될 수 있다.

** 불가에서의 자유로움이란 서양식의 '~으로부터 벗어나 얻는 무한한 자유'라는 관념적 자유로움이 아니라 '그 어떤 조건이나 상황 속에 처해 있을지라도 자유로울 수 있는 관계적 자유로움'이다.

*** 사람에 있어서 임신 초기인 8주 정도에서 약물이나 외부 바이러스 감염에 대한 취약성이 가장 커진다. '초발심시변정각'이라는 불교적 표현에서 초기 조건의 민감도를 볼 수 있다.

이 있지만, 생명체의 보다 근본적인 특징인 '창발 현상에 의한 개체 고유성이야말로 철저히 주위와의 열려 있음으로 가능하다.'는 점이다.* 따라서 경계를 나타내는 형태를 지니고 자율적인 고유성을 지니며 동시에 주위에 열려 있어 의존되어 있다는 것을 다르게 표현한다면 전체이면서 부분이고 부분이면서 전체성을 지니는 것이다. 이 점은 생명 현상의 특징이라고 할 수 있기 때문에 시공간에 있어서 생명체는 비록 개체로서 부분이지만 그 자체로 곧 시공간 전체이기도 하다.**

　　그런 측면에서 필자는 또 다른 범주화의 우려(베레비, 2007; 김귀옥 외, 2006)를 낳을 수도 있음을 잘 알고 있음에도 불구하고, 생명 현상이란 무엇인가에 대해 다음과 같은 정의를 제안하고자 한다. "생명 현상이란 끊임없는 변화 속에서 전체이면서 부분이고 부분이면서 전체인 상태를 유지하는 창발적 현상"이다. 이러한 정의에는 그동안 수많은 학자들이 시도한 생명에 대한 유물론적 정의에서는 부족했던 생명에 대한 존엄성이 포함될 수 있다. 한 생명이 곧 전체이며, 너와 나는 더 이상 고립되어 소외된 존재가 아니라는 것을 말하고 있다. 또한 이렇게 정의함으로서 가이아(Gaia)와 같은 지구적 생명이나 온생명(장회익, 1998)과 더불어 그동안 세포 자동자와 같이 컴퓨터상의 프로그램으로 등장한 인공 생명체(dry life)와 일반적 생명체(wet life) 양쪽 모두를 포괄하는 것이 가능하며(에메케, 2004), 적용시키는 범위에 따라서는 생명체로서의 생태계(호지, 2001; 베레비, 2005)라는 측면에도 적용할 수 있을 것이

---

* 　생명체의 열려 있음이란 불가의 무상(無相)을 나타내며, 개체 고유성은 아상(我相)을 말한다. 이렇듯 아상과 무상은 서로 의존하고 있으며 동전의 양면과도 같아서 떼어 생각할 수 없다.

** 　이러한 생명이 지니는 전체와 부분 사이의 자기 닮음이라는 특성은 프랙털 이론에 의한 자연의 모습이기도 하지만 종교적 은유 속에서도 종종 등장하게 되며, 법성게의 티끌 하나에 온 우주가 담겨 있다는 '일미진중함십방(一微塵中含十方)' 표현과, 성경의 "그날에는 내가 아버지 안에, 너희가 내 안에, 내가 너희 안에 있는 것을 너희가 알리라." (요한 복음, 14:20)라는 구절로도 표현되어 있다.

다. 그렇다면 생명체의 탄생과 죽음 역시, 전체와 부분 사이에서 벌어지는 창발 현상에 의한 상전이로도 볼 수 있다.

이와 같은 생명체의 개방성은 자유롭지만 스스로 생로병사라는 숙명을 지니고 영생할 수 없는 개체의 운명을 잘 말해 준다. 생명체가 개체 단독으로 자족적으로 존재할 수 없고 열려 있는 관계에 의해서만 존재할 수 있기에 자유롭지만 동시에 그 자유로움은 생태적 관계성 속에서 생명체의 소멸이라는 죽음을 담보로 한다. 스스로만의 힘으로 존재할 수 없는 존재인 것이다.

한편, 창발 현상 역시 원인과 결과에 의해 나타나는 것이기에 생명체가 창발 현상에 의한 개체 고유성과 자유로움에 의해서 나타난다는 것은 생명 현상이란 생기론도 아니고 그렇다고 유물적 관점도 아니며 단지 원인과 결과로 빚어지는 현상으로서 구체적 실체를 가지지 않는다는 것을 의미한다. 따라서 주위와 독립되어 존재하는 것이 아니라 의존해서 존재하는, 즉 상의(相依)하는 동물로서의 인간(Homo interdependant)*에게 중요한 것은 물질로서의 몸(면역계)과 그 발현으로서의 정신(신경계)뿐만 아니라 그것이 빚어 내는 인간으로서의 삶이 더욱 중요하다. 한 개체로서의 생명체는 창발적 관계의 현상으로서 존재한다는 것이고, 그 개체가 개체로서 태어나 죽음이라는 소멸 과정에 이르기까지 그 생명체가 존재하는 한 주위와의 관계 속에서 살아가는 것이며 이 과정을 우리는 '삶'이라고 부르고 있기 때문이다.

이렇듯 개체뿐만 아니라 개체의 삶에 있어서도 창발 현상이 관여하고 있음을 생각하면 전형적인 유물적 환원론에 근거한 사회 생물학자들의 입장에서 볼 때 한 개체의 삶으로 나타나는 생명 현상은 단순한 유전자의 자기

---

* 최재천은 생태계와의 공생을 의미하여 '호모 심비우스(Homo Symbious)'를 말하지만 생명 현상을 이해하면 할수록 주위 생태계와의 공생만으로는 표현하기에 부족하다고 생각하여 생태계 구성원 모두가 서로 의존하여 존재할 수밖에 없는 상의상존이라는 점에서 인간을 '호모 인터디펜단트(Home interdependant)'라 정의하고자 한다.

확산 과정에 불과할지도 모르나 이들이 간과하는 것은 각 생명체가 보여 주는 '삶의 반복성'이다. 유전자에 담긴 정보는 복제를 통해 생명체의 자손으로 전달되나 그 생명체가 겪은 삶은 전달되지 못하고 새로 태어난 개체는 그의 선조가 삶 속에서 겪은 모든 과정을 다시 반복해야 한다.* 유전자의 복제 역시 일종의 반복이며 삶이라는 외부와의 생태적 관계 속에서 영향을 받는다. (바우어, 2007)

　　그러나 앞에서 이야기했듯이 생물학적 반복은 창발적 차이를 수반하며 반복에 의한 차이는 진화의 기원이 되기도 한다. 이렇게 반복되지만 차이를 수반하는 창발 현상으로서 주어진 상황의 맥락에 의거하여 발현되기에 각 생명체의 삶은 그 누구도 대신할 수 없는 각자만의 삶으로 소중한 의미를 갖게 되며, 동시에 자신만이 자신의 삶을 책임지어야 하는 삶의 엄숙함도 수반하게 된다.

4. 개체 고유성과 삶

4.1. 복잡계적 인식 전환

　　관계성 속에서의 생명체가 지니는 개체 고유성, 아상은 관계로 인한 삶의 반복과 각 개인 역사의 중층 구조를 지닌다. 비록 마음은 실체가 없지만, 그

---

* 사회 생물학자들의 말처럼 유전자에 모든 것이 담겨져 있어 대대손손 진화하면서 누적되어 나타나는 것이 우리의 육체일지 몰라도 우리 각자의 삶은 결코 단순한 누적이 아니다. 부모가 고민하며 힘들고 또한 즐겁게 겪었던 것을 자식이 다시 반복해 고민하고 겪으며, 그것을 다음 자손도 똑같이 경험하며 살아간다. 고유한 자기만의 삶은 언제나 스스로 얻어야 하는 참으로 멋진 과정이며 각자의 체험으로 이루어진 그 누구도 대신할 수 없는 항상 스스로 새롭게 발견해 나아가는 보석같이 빛나는 자기만의 창발 과정이다.

러한 몸은 진화론적 시간의 누적을 지니며 이 점은 이기적 유전자로 대표되는 사회 생물학적 관점으로 극대화되었다. 또한 이러한 개체의 통시적 측면은 문화 속의 혈통과 가문이라는 형태로 역사성을 지닌다. 그러나 각 개인의 인식 작용으로서의 정신은 각 개체가 태어나서 겪는 경험을 통해 자의식이라는 형태로 개인의 역사를 이루며 개체 고유성의 바탕을 이루게 된다. 더욱이 또한 개인의 역사 역시 생태적 관계의 흐름 속에서 각 생명체가 만들어 가는 복합적 관계의 덩어리이다.

따라서 각 개체의 소멸과 탄생을 통해 나타나는 삶의 반복성을 통해 창발적 차이가 발생하며, 이러한 차이로 인한 개체 고유성은 이 세상의 그 누구와도 구분되는 자신만의 경험이 바탕이 되어 나타나게 된다. 따라서 일상 속에서 나타나는 반복과 이를 통한 차이 속에서 창발적으로 드러나는 개체 고유적 삶은, 개체의 고유성과 더불어 그 누구도 대신할 수 없는 자신만의 온전함과 자신만이 자신의 삶에 책임질 수 있다는 삶의 엄숙함도 동시에 내포함으로써, 삶의 역사성을 다시 한번 보여 주고 있다. 결국 모든 존재는 각자만의 고유성을 지니고 차이가 있으나 결코 차별로 이어지지 않는 상태이며 지금 이 자리에서 반복되는 심심한 일상의 삶이 곧 자신만이 경험하며 창발적으로 만들어 가는 항상 새롭고 경이로운 삶의 현장이 된다는 점이다. (우희종, 2006a) 이러한 매 순간의 창발적 경이로움은 그것이 생명체라는 존재를 있게 하는 원리이자 삶을 만들어 가며 또한 생태적이자 복잡계적 관계성에 대한 철저한 인식 전환으로부터 나타나게 된다.

각각의 개체 고유성을 존중하는 삶은 복잡계 이론에서 보여 준 것처럼 극심한 변화의 가장자리에서의 삶이기도 하다. 이렇게 경계의 가장자리에서 양변을 아우르는 경계인으로서의 삶이란 기존의 안정된 주류의 기득권으로부터 얻게 되는 안정성보다는 변화 속의 창발적 사유를 바탕으로 자신을 억압하던 한쪽만의 틀을 버리고 지금 이 자리에서의 다양성을 바탕으로 이루어지는 자유로운 해방을 맛본다는 것이며, 이러한 자유로움 속에서 창조적 가능성이 열리게 된다.*

　통합적 관계성에 대한 철저한 인식 전환으로부터 얻게 되는 일상적 삶의 경이로운 재발견이야말로 모든 종교적 가르침에서 우선됨에도 불구하고 그동안 이에 대한 내용이나 접근은 구태의연한 언어와 추상적 설명으로 일관되면서 현대인의 삶을 밝히는 역할로부터 점차 멀어져 왔다. 다행히 이 시대의 패러다임으로 자리 잡은 요소 환원론적 서양 근대 과학의 한계를 보완할 수 있는, 많은 구성 요소의 관계성으로부터 자기 조직적 창발 현상을 다루는 복잡계적 관점이 대두됨으로써 그동안 많은 일반인들에게 어렵고 관념적으로만 느껴지던 깨달음과 삶에서의 여러 현상도 이러한 이 시대의 언어로 설명을 시도할 수 있게 되었다.

　일상의 삶 속의 변화된 삶을 위해서는 생명체의 개체 고유성에 대한 재인식과 더불어 다양한 존재가 서로의 차이를 보면서도 차별 없는 사회를 이루기 위해서는 이러한 개체 고유성에 대한 적극적 해석이 필요하다. 복잡계적 관점에서의 생명체의 특성이 개체 고유성과 개방성이라고 지적한 것처럼 자신을 이루고 있는 내가 주위와의 관계에 있어서 닫혀 있느냐 아니면 열려 있느냐의 차이가 큰 차이를 만들어 낸다. 다양한 모든 생명체의 존재 근거로서의 욕망은 머무르거나 집착하지 않는 한 참으로 소중한 것이지만 관계성에 무지한 욕망은 생명체에 대한 폭력이며 억압으로 나타나게 된다.

---

* 변화의 가장자리에서 양 쪽의 경계를 넘나드는 경계인(cross-borderer)이라는 것은 그 어느 쪽에도 속하지 않는다는 점에서 켄 윌버의 '무경계'와 유사하다. (윌버, 2005) 경계인은 환원 과학과 통합 과학, 과학과 종교, 종교와 타종교, 성(聖)과 속(俗), 남성과 여성이라는 양변을 넘나들며 자유로운 사유와 삶이 가능하다. 대승 불교에서 가장 바람직한 삶의 원형(原型)으로 일컬어지는 것은 부처와 중생의 경계에 선 보살이며, 관세음보살은 양성구유(兩性具有)의 모습이다. 기독교에서의 예수 역시 전형적인 경계인의 모습이다. 일전에 재독 사회학자인 송두율 교수의 경계인으로서의 모습이 우리 사회에서 받아들여지지 못한 것은 한국 사회의 미숙함을 반영하고 있다.

4.2. 삶의 관계성과 생명

현대 과학은 서양 중세 때 '신의 뜻이란 기준'으로 인해 질곡에 있던 인간을 구원해 준 합리적 이성에 그 근간을 두고 있다. 이러한 합리적 이성에 의한 '인간의 기준'으로 인해 인간들의 욕구가 충족되는 근대가 가능하게 되었지만, 근대성이란 그 자체가 자연과의 관계를 무시한 인간 중심의 사고 체계이며, 차별과 배제를 담고 있는 하나의 가치 체계이다. 우리에게 '인간의 기준'을 선사한 합리적 이성으로 인해 우리가 얻은 것은 우리의 욕망 충족이요, 잃은 것은 대상화된 자연에 대한 수탈로 야기된 생태계의 파괴된 모습과 생명성의 왜곡이다. 더욱이 근대성에 의해 자행된 생태계의 왜곡과 파괴는 이제 그 흐름을 바꾸어 오래 살고 싶다는 욕망과 다국적 기업의 이윤 창출을 위한 수단의 모습으로 지속적으로 진행되고 있다.

생명이란 관계에 다름 아니다. 이러한 관계성이 생명 진화의 기본적 터전이기도 하다. 생명체는 삶이라는 형태로 진화의 과정 속에 놓이게 된다. 생태적 진화가 실천의 문제로서 지금 이 자리에서의 미시적 진화에 초점을 맞추고 있는 것은 기나긴 우주의 역사를 거쳐 내려오는 진화 과정이 지금 이 자리에서의 삶의 현장에서 발현되어 나타나야 하고 또한 일상적 삶의 현장을 통해 진화 과정에 참여하고 있으며, 또 그리 되어야 하기 때문이다. 생물학적 진화론이라는 거대 담론의 큰 틀에서 진화를 보면 주객이 따로 없다. 하지만 생태적 시각에 바탕을 둔 미시적 진화에서는 비록 주객이 없다 해도 삶의 현장이라는 점에서 그 분별 없는 가운데에도 분별이 있어 능동적 참여자로서의 생명체가 강조된다.

생물학적 진화에서 생명체가 주위 환경과의 다양한 관계맺음을 통하여 다양한 모습으로 진화되어 변화해 가듯이 삶의 현장 속에 펼쳐지는 생태적 진화에서도 다양한 형태의 관계맺음을 통하여 다양한 삶의 모습으로 나아가게 된다. 하지만 생물학에서의 진화와는 달리 생태적인 진화 과정에서는 인간이 주인 된다는 점에서 큰 차이가 있다. 비록 모든 생명체는 주위와의 관계를 통해 다양한 모습으로 진화해 가지만 생태적 통찰은 인간이 주인으로서 능동적으로 주위와 바람직한 관계를 맺어 가야 함을 시사한다. 삶의 현장에서의 바람직한 관계맺음을 다시 말한다면 자기 내면의 개인적인 삶이건, 가족과의 삶이건 혹은 사회에 대한 삶이건 적극적인 관계 개선을 위해서 노력함을 말한다. 그것은 실천의 문제이기도 하다. 이러한 실천이란 존재 양식을 표현한 '생명의 그물망(Web of life)'에서 그물눈 사랑의 형태로 발현되어야 한다.

적극적 관계 개선을 위한 참여야말로 생명 진화의 미시적 진화의 힘이다. 관계성에 대한 철저한 인식을 통해 관계가 단절되거나 왜곡되었을 때 그것을 바로잡기 위한 삶을 치열하게 사는 것이 곧 생태적 진화의 바탕이며, 이것은 생물학적 진화를 포함하되 그것을 뛰어넘는 또 다른 진화의 기작이다. 따라서 모든 종교나 철학에서의 비폭력의 가르침은 이러한 생태적 진화의 실상으로부터 나온다. 생명력에 가득 찬 삶이란 주변의 단절되고 왜곡된 관계의 회복을 위해 자신의 몸을 과감하게 던질 수 있는 삶이며, 이것이 생명이다.

우희종(서울 대학교 수의과 대학 교수)

2부

우리는 무엇인가

다윈과 인간 본성

3장 다윈의 진화론과 인간 본성
비환원주의적 생물−사회−문화학의 출발점에 선 다윈

글을 시작하며

인간과 동물을 비교하다 보면 인간이란 종의 속성이 무엇인가가 궁금해진다. 인간은 동물과 달리 잘 뛰지 못하고, 나무에 오르지도 못하며, 후각이 뛰어나지도 않다. 맨 몸으로 사냥을 하는 능력에 있어서도 인간은 동물에 비해 한참 떨어진다. 그렇지만 인간은 협동을 해서 사냥과 농사를 하며, 도덕과 윤리를 고려하면서 사회를 만들어 살고, 복잡한 언어를 구사하며, 도구를 만들고, 훨씬 더 풍부한 감성을 가지고 있는 것처럼 보이며, 창의적으로 생각하며 이성을 통해 세상과 사물을 판단한다. 기독교에서는 인간을 동물과 차별화하는 이런 요소들은 신이 인간에게만 부여한 것으로 간주되었는데, 기독교의 영향이 약해진 뒤에도 이런 '인간적인' 본성들은 인간만이 가지고 있는 것으로 여겨졌다. 인간 본성은 이렇게 인간을 동물과 구별해 주는 속성의 집합, 즉 '인간을 인간답게 하는 속성'을 가리키는 경우가 많다.

그렇지만 어떤 사람들은 인간의 본성이라는 것이 인간에게서 문화와 사회성을 걷어 낸 뒤에 남는 것, 즉 인간의 야수성과 흡사한 것이라고 생각한다. 자신의 배를 채우기 위해서 약한 상대를 '사냥'하고, 자신의 이익을 위해서 타인을 인정사정 봐 주지 않고 대하는 속성이 인간의 본성이라는 것이다. 우리는 이러한 사악한 본성을, 자신이 성공을 하기 위해서 수단과 방법을 가리지 않는 사람들, 다른 사람에게 손해를 입혀서라도 자신의 안녕을 꾀하는 사람들, 자신의 쾌락을 위해서 타인에게 눈 깜박하지 않고 해를 입히는 사람들에게서 발견한다. 많은 이들은 인간과 동물 사이에 연속성이 존재하기 때문에 인간에게도 이런 동물적인 본성이 남아 있다고 믿는다.

이렇게 보면 성선설과 성악설의 오래된 논쟁의 구도는 다음과 같다. 성선설은 인간의 본성이 착하고 고귀하지만(즉 '인간적인' 것이지만), 사회가 인간을 악하게 만들었다고 보는 관점이다. 반면에 성악설은 인간의 본성이 동물적이고 악한 것이지만, 그럼에도 불구하고 사회가 도덕을 교육하면서 악한 본성의 발현을 최대한 억제하는 역할을 한다고 보는 관점이다. 천진난만한 아이를 보면 성선설이 맞는 것 같지만, 세상에서 너무나 자주 발생하는 사기, 약탈, 강간, 살인, 전쟁을 생각해 보면 인간의 본성을 선한 것으로만 보는 관점이 무척 순진한 것처럼 느껴지기도 한다. 잘 알려져 있다시피, 이 두 관점 사이의 논쟁은 인간의 문명사만큼이나 오래된 것이고, 양측 입장의 지자들은 아직도 합의에 이르지 못하고 평행선을 그리고 있다고 할 수 있다.

다윈의 진화론이 개입하는 지점이 바로 여기이다. 인간의 본성이 진화의 결과임을 주장하는 진화론은 인간에게 동물적인 본성이 있는 것을 자명하다고 본다. 인간은 영장류·포유류와 오랜 시간 동안 진화의 궤를 함께했기 때문이다. 그렇지만 다윈은 여기에서 더 나아가서 인간에게 있는 '인간적인' 본성마저도 진화의 산물임을 주장한다. 타인의 고통을 함께 느끼는 공감, 타인을 배려하는 이타심, 규범적인 행동을 이끄는 도덕심 등도 인간이 협동을 해서 살게 된 이후 진행된 '사회적 본능(social instinct)'이 진화한 결과라는 것이다. 이런 인간적인 특성이 진화의 산물이라면 거꾸로 이런 특성이 인간과 비슷한 영장류에게서도 발견된다는 사실이 이상하지 않다. 침팬지 같은 유인원의 행동을 보면 그들도 고통 받는 동료를 위로하고, 호혜적인 행동을 하며, 이득이 없는 선행을 하는 등 친사회적인 모습을 보인다. 다윈의 진화론은 인간의 동물성과 인간의 인간성 모두를 하나의 진화라는 하나의 프레임에서 설명하려는 시도이다. 도덕성은, 인간의 이기심처럼, 진화라는 자연을 반영한다는 것이 다윈의 핵심 주장이다.

이 글에서는 다윈이 어떻게 인간의 본성에 대한 이런 생각에 도달했고, 또 어떻게 이런 생각을 자신의 저술을 통해 전개했으며, 이러한 다윈의 사상이 후대에 어떤 영향을 미쳤는가를 탐색해 볼 것이다. 이를 위해 이 글은 다윈 이전의 인간 본성에 대한 논의부터 시작해서 다윈을 살펴본 뒤에 그의 영향을 논하는 형태로, 즉 시간적 순서를 따라가면서 씌어졌다. 다윈은 인간의 도덕성이 오랜 세월을 거치면서 형성된 인간 본성이라는 이전 세대 공리주의자들의 인간관에 큰 영향을 받았으며, 이를 진화 이론을 통해 정당화했고 강화했다. 그는 자연 선택이라는 진화의 메커니즘에 대해서 연구할 때 인간의 이타성의 진화적 설명에 대해서 깊게 고민했으며, 이를 통해 인간 본성의 대한 진화 이론의 골격을 완성했다.

다윈은 1830년대부터 인간 본성에 관심이 있었지만 급하게 저술된『종의 기원』(1859년)에는 인간에 대한 이런 고민의 결과를 담지 못했다. 그렇지만 그는『종의 기원』의 출판 이후 이 문제를 더 깊게 연구했고, 그 결과를『인간의 유래』(1871년)에 담았다. 다윈의 생각은 도덕 철학에 뚜렷한 영향을 미쳤지만, 인간의 경쟁적 본성만을 강조하는 사회 다윈주의와 인간의 진화적 본성 자체를 부정하는 문화 인류학 사이에 끼어서, 그 의미가 많은 사람에게 충분히 전달되지 못했다. 진화적으로 인간의 본성을 다루려는 시도는 1970년대 사회 생물학을 통해 부활했는데, 사회 생물학은 사회 다윈주의의 부활이라는 비판을 받고 학계 일반에 수용되는 데에 실패했다. 1990년대 이후의 진화 심리학은 이러한 시도가 다시 부활한 것으로 볼 수 있다. 이 글은 20세기의 이러한 시도들의 성과와 한계를 간단히 짚어 보는 것으로 마무리될 것이다.

다윈 이전: 애덤 스미스와 공리주의 인간관

다윈 이전 시기에 영국에는 잘 알려진 여러 도덕 철학자들과 학파가 있었
다. 데이비드 흄(David Hume), 섀프츠베리 경(Lord Shaftesbury), 프랜시스 허치
슨(Francis Hutcheson), 애덤 스미스(Adam Smith), 애덤 퍼거슨(Adam Ferguson),
토머스 라이드(Thomas Reid)와 그의 학파, 그리고 제임스 매킨토시(James
Mackintosh) 같은 스코틀랜드 도덕 철학자들이 그들이었다. 그런데 이들 대
부분은 홉스 식으로 만인의 만인을 위한 투쟁이 사회적 계약을 낳는다는 식
의 인간관을 비판했으며, 이를 위해 사회 질서를 위한 본능적인 토대가 존재
한다는 자연사 원리를 끌어들였다. 이들은 선천적인 기쁨과 고통이 인간의
행동의 본질적 근원이라고 생각했고, 이것들이 자연적인 과정을 통해서 획
득된 것임을 강조했다.

다윈이 에든버러 대학교의 학생이었을 때 영국에는 공리주의 철학이 풍
미하고 있었다. 당시 공리주의는 크게 벤담주의와 이에 반대했던 도덕 관념
학파(moral sense school)로 나뉘어 있었다. 벤담주의자들은 도덕 관념을 유전
된 것이 아니라 학습된 것으로 보면서, 도덕적 행동이 사회적 본능의 산물이
아니라 이기적인 계산의 결과라고 주장했다. 반면에 도덕 관념학파는 이런
벤담주의에 반대하면서 인간에게 선천적인 도덕 관념이 존재한다고 주장했
는데, 당시 에든버러 대학교 교수였던 제임스 매킨토시가 도덕 관념학파의
핵심적인 인물이었다. 에든버러 의과 대학에 다니던 16세의 다윈은 매킨토
시의 영향을 강하게 받았고, 공리주의 사상 내의 분열과 논쟁을 경험했을 가
능성도 있다.

그렇지만 사상의 연속성을 고려할 때 다윈에게 가장 큰 영향을 미친 사람
은 애덤 스미스로 평가된다. 일반적으로 애덤 스미스는 『국부론(*The Wealth
of Nations*)』(1776년)에서 자신의 이익만을 추구하는 사람들의 활동이 시장 경
제 자본주의에 생명을 불어넣는 가장 중요한 요소이며, 이렇게 자신의 이익

만을 추구하는 것이 바로 인간의 본성이라고 주장했다고 간주된다. 그렇지 만 인간의 심리를 깊게 분석한 『도덕 감정론(*The Theory of Moral Sentiments*)』 (1759년)에서 애덤 스미스는 이와는 상당히 다른 얘기를 한다. 여기에서 애덤 스미스는 이기적인 인간에게 공감(sympathy)의 능력이 있고, 이것이 매우 중 요하다고 강조하기 때문이다. 사람의 공감은 다른 사람에게서 만족을 보면 자신도 만족하고 슬픔을 보면 자신도 슬픔을 느끼게 한다. 그에 따르면 이는 다른 사람의 상황에 내 자신을 놓는 상상력 때문이며, 인간의 가장 기초적 인 본능과도 같은 것이다. 특히 서로가 상대에게 공감하는 상호 공감은 즐거 움을 배가하고 슬픔을 경감한다. 애덤 스미스는 가장 악독한 악인도 이런 공 감의 능력이 있다고 보았다.

　물론 애덤 스미스는 사람을 성인이라고 생각하지 않았다. 그는 중국 대륙 에 사는 모든 사람들의 비참한 운명보다, 내 손가락의 아픔이 내게는 더 크 다고 지적했다. 중국이 통째로 사라져서 수천만 명의 사람이 죽어도 유럽에 사는 대부분의 사람들은 잠깐 비통해하고 이들을 위해 기도한 뒤에 곧 자신 의 사업으로 복귀할 것이지만, 이들 대부분은 자신의 손가락 하나가 절단되 는 불행에는 밤낮으로 잠을 자지 못하고 슬퍼할 것이기 때문이다. 그렇지만 그의 논의가 여기에서 멈춘 것은 아니었다. 만약에 내 손가락 하나를 잘라 서 중국 대륙의 모든 사람을 살릴 수 있다면, 아마 대부분의 사람들이 그렇 게 하리라는 것이 애덤 스미스의 추론이었다. 사람들은 완전히 무관한 사람 들의 생명을 살리기 위해서 자신을 희생하는 본성이 있다는 것이다. (Coase, 1976)

　애덤 스미스는 우리의 수동적인 감정은 이기적이지만, 능동적인 원리는 매우 관용적이며 고귀하다고 결론지었다. 많은 사람들이 자신의 이익을 버 리고 타인을 위해서 희생하기 때문이다. 그런데 이기적인 자기애를 이겨 내 는 힘의 근원은 무엇인가? 이 근원이 타인에 대한 자비나 사랑일 수는 없는 데, 우리 대부분은 이방인에 대해서 그런 고귀한 감정을 가지고 있지 않기 때문이다. 그는 이 능력의 근원도 일종의 자기애라고 보았다. 단순한 이기심이 아니라, 나의 내면에 존재하는 영광스럽고, 고귀하며, 위대하고, 신성한 부분에 대한 사랑이 이런 희생의 근원이라는 것이다. 즉 나의 본성 중에 우월한 부분에 대한 사랑이 외부로 표출되는 형태가 고귀한 이타심이었다.

이렇게 보면『국부론』의 가장 유명한 구절은 다르게 해석될 수 있다. 그는 책의 2장에서 "우리가 저녁 식사를 할 수 있는 것은 정육점 주인, 술집 주인, 빵집 주인의 자비심 때문이 아니라, 자신의 이익에 대한 그들의 관심 때문이다. 우리가 호소하는 것은 그들의 자비심이 아니라 그들의 이기심이며, 우리가 말하는 것은 우리의 필요가 아니라 그들 자신의 이익이다."라고 했고, 이 논의는 이후 자본주의적인 이기주의를 정당화하는 데 자주 인용되었다. 그렇지만 이 논의가 이루어진 맥락은 "문명 사회에서 비록 평생 동안 몇몇을 친구로 사귀는 것도 힘들지만, 사람들은 항상 엄청나게 수많은 사람들의 협력과 도움을 필요로 한다."라는 것이었다. 애덤 스미스는 이렇게 협력과 상호 부조를 강조했다. (Coase, 1976)

그렇지만 그가 해결을 하지 못했던 문제도 있었다. 그것은 다른 사람과 협동하는 인간의 본능이 어떻게 타인을 위해서 자신을 희생하는 인간의 고귀하고 우월한 부분으로 발달했는가 하는 문제였다. 그는 이 문제를 해결하기 위해 즉각 기독교의 신을 소환하지는 않았지만, 이 지점에서 '자연의 주재자(Author of Nature)'의 설계에 의존했다. 이러한 본성이 '자연의 주재자'와 같은 초월적 존재에 의해서가 아니라 오랜 시간을 두고 진행된 자연적 진화의 결과라는 주장은 애덤 스미스 이후 100년 뒤에 활동한 다윈에 의해서 제창되었다.

다윈의 인간 본성 탐구: 비글 호 여행에서 1850년대까지

다윈은 에든버러 의과 대학을 중퇴한 뒤에 케임브리지 대학교에 입학하고, 대학 내내 여행, 채집, 사냥 등의 교과 외 활동을 즐겼다. 대학 마지막 해인 1831년에 비글 호에 승선해서 거의 5년에 이르는 기간 동안(1831년 12월부터 1836년 10월까지) 세계를 여행하면서, 다윈은 자신이 접한 미개한 원주민과 자신과 같은 유럽 인의 차이에 대해서 고민했다. 이런 고민을 한 데에는 그가 목도한 노예 제도가 한몫을 했다. 그는 유럽 인들이 노예를 사고파는 것을 보았고, 같은 원주민끼리 전쟁을 한 뒤에 포로를 노예로 취급하는 것을 보았는데, 다윈은 비글 호의 선장이던 로버트 피츠로이(Robert Fitzroy)와는 달리 노예 제도가 비인간적이고 반문명적이라고 강하게 비판했다. 피츠로이는 노예제를 적극 옹호하지는 않았지만, 원주민들의 야만성 때문에 이들을 노예로 삼는 것은 어쩔 수 없다고 생각했던 사람이었다.

오랫동안 다윈을 연구했던 에이드리언 데즈먼드(Adrian Desmond)와 제임스 무어(James Moore)는 공동 저작 『다윈의 신성한 이유(*Darwin's Sacred Cause*)』에서 노예제에 대한 혐오와 인간에 대한 보편적 사랑에 대한 믿음이 다윈으로 하여금 진화를 생각하게 한 가장 결정적인 요소라고 주장했다. 모든 인간은 하나의 근원에서 시작해서 갈라진 존재이며, 따라서 서로가 형제라는 것이 그의 믿음이었다는 것이다. 데즈먼드와 무어에 따르면 이런 생각을 세상에 존재하는 생명체 전부에게 확장한 것이 진화론이었는데, 이에 따르면 모든 생명체는 결국 하나의 원시적인 생명체에서 나와서 가지를 치면서 진화한, 하나의 뿌리를 가진 존재였던 것이다. (Desmond and Moore, 2010)

물론 다윈은 1838년 가을 이전에는 어떻게 이런 식의 분지(分枝) 진화가 가능한가 하는 문제를 해결하지 못한 상태였다. 비글 호 여행에서 귀국한 직후인 1837년 봄 무렵에 다윈은 동식물 종들이 (아직 그 메커니즘은 모르지만) 진화의 산물이라고 결론 내렸고 이때부터 B-C-D-E로 이어지는 시리즈 노트를 작성했다. 이 노트들에는 진화의 메커니즘을 파악하기 위한 다윈의 노력이 담겨 있는데, 유명한 1838년 9월의 기록에는 그가 맬서스의 『인구론』을 읽다가 개체들 간의 생존 경쟁에 주목함으로써 자연 선택의 원리를 발견했다는 사실이 적혀 있기도 하다.

그런데 자연 선택의 원리를 발견하기 직전, 다윈은 형이상학적 사유를 담고 있는 M-N으로 이어지는 새로운 시리즈 노트를 작성하기 시작했다. 그리고 이 형이상학적 기록을 "도덕 감성과 약간의 형이상학적 논제에 대한 오래되고 무익한 노트"라고 이름 붙여서 묶어 두었다. 이것을 통해 다윈이 초기에 접했던 공리주의 사회 사상이 그가 인간의 자연사를 발전시키는 데 이론적 틀을 제공했다는 것이 뚜렷하게 드러난다. 예를 들어 M 노트(1838년)는 그가 "상호 연결된 기쁨과 고통"의 능력이 본능이 되는 것에 대해서 깊이 생각했음을 보여 주는데, 이는 공리주의 사상가들이 던졌던 핵심적인 질문이었다. 또 당시에 그는 환경 변화가 생명체의 습성 변화를 유도하고, 이 습성이 본능이 되고 유전되어 궁극적으로 유기체의 해부학적 구조를 변화시킨다는 라마르크의 진화론에 깊숙하게 이끌렸는데, 이런 경향은 라마르크주의를 수용해서 인간의 본성이 유전된다고 보았던 매킨토시가 그에게 미친 영향 때문으로 보인다. 여기에서 보듯이 공리주의 사상에서 논의된 인간 본성에 대한 문제를 해결하려는 그의 노력은 자연 세계의 진화의 메커니즘을 밝히려는 그의 노력과 같이 진행되고 있었다. (Smith, 1992)

다윈은 생존 경쟁을 통한 자연 선택이라는 진화의 메커니즘을 발견한 직후에 M 노트를 닫고 N 노트를 시작했고, 여기서 유전된 습성에 대한 그의 이론이 도덕성의 기원에 대한 벤담주의와 도덕 관념학파 사이의 논쟁을 해결했다고 생각했다. 진화를 생각하면 도덕 관념은 습성과 본능 둘 다였다. "본능은 분명 일종의 획득된 기억"이며, 인간의 "도덕 관념의 변화는 동물들 사이의 본능 변화와 정확히 닮았다."라는 것이 그의 판단이었다. 인간의 사회적 본능이 인간 덕성의 유일한 '토대'일 수밖에 없다는 것이 다윈의 생각이었는데, 그렇기 때문에 도덕적 감정은 "기억을 거의 요구하지 않는" 것이었다. 그는 1838년 11월에 다윈은 사회적 본능이 "동물의 도덕 감정 중에 가장 아름다운 것의 토대"라고 결론짓고 있다.* (E Notebook, E49) 그런데 어떻게 인간의 사회적 본능이 인간의 덕성으로 발전했던 것인가? 다른 말로, 공감이 어떻게 선천적인 도덕적 능력인 사회적 본능을 대체할 수 있었던 것인가?

　도덕적 행동에서 공감의 역할에 대한 다윈의 처음 생각은 부정적이었다. 그의 노트를 보면 이러던 그가 1839년 5월부터 공감에 긍정적인 역할을 부여하기 시작했음을 알 수 있다. 이런 변화의 이유는 분명치 않지만, 공감을 양심의 토대로 삼은 애덤 스미스의 영향을 받았을 가능성이 높다.** 애덤 스미스는 이런 능력이 도덕적 승인(moral approbation)의 기초가 된다고 보았는데, 인간은 도덕적 승인을 얻기 위해 노력하며 이런 도덕적 승인의 존재는 그에게 인간이 이기적인 열정보다는 공감의 기초가 되는 사회적 본능에 따라 행동한다는 것을 보여 주는 증거였다. 애덤 스미스와 마찬가지로 이 시기 이후 다윈은 인간을 도덕적 존재로,*** 그리고 공감을 타인의 상처에 고통을 느끼는 능력이자 자신의 본능과 일치하는 다른 존재의 행동으로부터 기쁨을 느끼는 능력으로 파악했다. 다윈은 공감 능력이 인간을 자비심으로 이끌 뿐 아니라 칭찬을 좋아하고 책망을 싫어하게 만든다고 생각하게 되었다. 이런 능력으로 인해 인간은 동료의 바람이나 동의, 책망에 영향을 받고 그것을 제스처나 언어로 표현하는 것이었다. 도덕 관념에 대한 다윈의 이론은 애덤 스미스의 생각과 실제적으로 똑같다고 볼 수 있었다.

　다윈과 애덤 스미스는 도덕 관념의 본성에 대해서는 거의 동일한 생각을 가졌지만, 도덕 관념의 자연사에 대해서는 그렇지 않았다. 둘 다 공감이 사회

---

*　여기에서는 Gruber (1974)에 발췌해 놓은 것을 참조했다. (Gruber, 1974, 458쪽)

**　양심이 본능에서 뻗어 나온 것이라는 찰스 다윈의 아이디어는 그의 1838년 노트에서 처음 등장한다. 다윈은 도덕 관념과 양심을 주의 깊게 구분했는데, 도덕 관념은 우리에게 '무엇을 할지'를 알려주지만, 양심은 우리가 도덕 관념에 따르지 않았을 때 우리를 책망하는 것이다.

***　다윈의 정의에 따르면 도덕적 존재는 과거와 미래의 행동/의도를 비교할 수 있는 능력을 가진 존재이면서 그것에 대해 동의나 반대를 할 수 있는 능력을 가진 존재이다.

적 본능이며 그것이 인간으로 하여금 생존과 생식에 필요한 사회적 삶에 적
응하도록 한다고 생각했으나, 스미스가 이런 본능이 자연의 주재자에 의해
이식됐다고 믿었던 반면, 다윈은 신의 보이지 않는 손을 대체할 수 있는 것을
찾았다. 그는 사회적 본능의 기원과 그 변화를 설명하는 데 진화 메커니즘을
적용하려고 했다. 이를 위해서 우선 중요한 시도는 인간과 동물의 경계에 도
전하는 것이었다.

　다윈은 1838년 8월부터 데이비드 흄의 『인간의 이해력에 관한 탐구(*Inquiry
Concerning Human Understanding*)』을 읽기 시작했는데, 여기에서 흄은 "관념
이 감각의 덜 선명한 복사물"이라는 생각을 제시했다. 다윈은 N 노트에서 흄
의 감각주의 인식론을 발전시켜서, 인간의 단순한 추론은 감각 이미지들 사
이의 비교에 다름 아니라는 생각을 기록했다. "가장 간단한 형태의 이성은
아마도 감각에 의해 주어진 두 대상의 단순한 비교이며, 그 이후 부재한 한
두 사물을 떠올리는 명백한 관념의 힘"을 통한 것이라고 생각했다. 인간의
"이성이라는 것은 기억된 사물들의 명백성과 복수성의 단순한 결과와 이러
한 기억에 수반되는 연합적인 즐거움"일 것이었다.* (N Notebook, 21e) 감각적
인식론에 대한 흄의 생각은 인간과 동물의 정신이 연속성을 가진다고 보았
던 다윈의 직관과 완벽하게 일치했고, 다윈은 이런 주장에 근거해서 감각으
로 인한 인상을 가질 수 있는 동물이 완전한 사유 능력이 있다고 기술했다.
그는 이미 이 시절부터 인간의 고귀한 본성과 동물의 본성 사이의 유사성과
연속성을 찾는 쪽으로 기울고 있었다. 특히 당시 사람들이 어떤 동물도 인간
의 본성인 도덕적 판단을 가졌다고 생각하지는 않고 있었기 때문에, 동물에
서 인간의 도덕적 행동의 뿌리를 찾는 것은 인간의 진화를 보이는 유용한 전
략도 될 수 있었다.

　인간 본성에 대한 다윈의 생각을 완성하는 데 영향을 준 또 다른 사람은

---

* Gruber (1974)에 있는 발췌본에서 인용, 334쪽.

제임스 매킨토시였다. 다윈은 매킨토시의 『윤리 철학의 진보에 대한 논고 (*Dissertation on Progress of Ethical Philosophy*)』(1836년)를 읽고 자신의 생각을 약간 수정했다. 이 이전까지 다윈은 사회적 동물의 습성이 많은 세대 동안 행해져 본성이 된 것으로 보았고, 따라서 우리가 '선'이라고 부르는 것은 사회적 결속과 발전에 필요한 본능이라고 생각했다. 그렇지만 매킨토시는 이 책에서 인간이 동료의 행복을 위해 자발적으로 행동하고 다른 이들이 그런 행동을 했을 때 즉시 동의를 표한다고 했지만, 이러한 옳은 행위의 동기인 본능과 옳은 행위의 기준인 공리(utility)를 구별했다. 자연 선택을 발견하고 며칠 뒤, 다윈은 자신의 도덕적 양심 이론을 매킨토시의 제안을 따라 새로 만들었다. 즉 부모의 양육, 집단, 협동, 집단 방어 등의 습성은 많은 세대 동안 지속되면서 인간의 도덕적 행위를 위한 본능이 되었지만, 한 인간이 자신에게 새겨진 기질에서 나온 행동을 기억해 낼 만큼 지성을 갖추게 되었을 때, 인간은 그것의 사회적 유용성을 인지할 수 있게 된다는 것이 그의 새로운 해석이었다. 이를 통해 다윈은 도덕적 동기(본능적 기질)와 도덕적 기준(유용성)의 동시 발생을 설명할 수 있다고 생각했다.

이 시점이 되면 다윈은 인간의 고귀한 본성, 즉 공감이나 도덕심을 진화를 통해서 완전하게 이해할 수 있다고 생각하게 되었다. 그러나 다윈은 곧 여기에 심각한 문제가 있음을 발견했다. 핵심적인 문제는 자연 선택이 스스로에게 이익을 주는 형질을 가진 개체를 보존하는 원리이지만 사회적 본능은 그것의 수혜자에게 이익을 주지 그 행위자에게는 이득을 주지 않는다는 것이었다. 다윈은 1840년대에 꿀벌과 같은 사회성 곤충을 연구하면서 이런 어려움에 부딪혔다. 일만 하는 일벌은 여왕벌을 위해서 좋은 일만 하다가 자식을 낳지 않은 채로 생을 다하는데, 이런 동물 세계의 '이타심'을 생존 경쟁의 승자가 더 많은 후손을 낳는 자연 선택의 원리로 설명하기가 쉽지 않다는 것이었다. 다윈은 이런 난제가 자신이 자연계에서 추방한 신을 다시금 소환하게 만들까 봐 걱정하기 시작했다.

『종의 기원』에서 『인간의 유래』로

다윈은 1840년대 전반에 두 편의 글을 통해서 종이 진화한다는 자신의 주장을 정리해서 이를 지인들에게 회람시켰다. 그는 이런 생각을 얘기하는 것이 "마치 살인을 고백하는 것 같다."라고 할 정도였고, 이후 책의 출판을 무한정 미루었다. (Colp Jr., 1986) 그가 『종의 기원』의 출판을 미룬 이유는 자신의 주장이 당시 기독교의 교리에 정면으로 위배된다는 점을 인식하고 있었기 때문이라는 것이 정설이지만, 꿀벌처럼 공동체를 위해 헌신하는 불임 곤충들의 존재를 진화적으로 설명할 방법을 찾지 못한 것도 그 중요한 이유로 간주된다. 다윈은 『종의 기원』의 출판 1년 전인 1858년에 이 문제에 대한 만족스러운 답을 찾았는데, 그것은 개체와 마찬가지로 집단도 자연 선택의 대상이 될 수 있다는 아이디어였다. 그는 『종의 기원』에서 집단 선택이라는 메커니즘으로 불임 곤충의 사회적 본능을 설명했다.

잘 알려진 사실이지만 『종의 기원』에는 인간에 대한 얘기는 거의 등장하지 않는다. 다윈은 책의 말미에 자신의 논의가 "인간의 기원과 그 역사에 대해서 빛을 던질 것이다."라고만 적고 있다. (Darwin, 1859(1958), 449쪽) 『종의 기원』은 매우 급하게 집필이 되었고, 다윈은 인간에 대한 긴 논의를 포함시키려다가 마지막 순간에 이를 삭제했다. 이 책의 출판 이후 다윈은 성 선택 (sexual selection)에 관심을 기울였다. 그는 성 선택이 공작의 화려한 꼬리나 사슴의 멋진 뿔처럼 생명체의 진화에서 나타나는 여러 가지 독특한 현상은 물론 인간의 남녀 차이를 잘 설명할 수 있다고 생각했고, 1860년대 후반에는 인간의 진화를 주로 성 선택의 관점에서만 보려고 했다. 여성을 차지하기 위한 남성들의 싸움은 남성을 크고, 호전적이고, 강하고, 지적으로 만들었다고 생각했으며, 지성은 대개 부계로부터 유전된다고 생각했다.*

---

* 다윈은 젊은 미국 여대생에게 보낸 편지에서 여성이 많은 세대에 걸쳐 대학에 가고 교육을 받

이러던 다윈이 생각을 바꾸어 인간 본성에 대해 자연 선택, 특히 집단 선택을 적용한 데에는 몇 가지 이유가 있었다. 그는 일찍이 1858년에 집단 선택을 사용해서 자신을 희생하는 꿀벌의 문제를 해결한 적이 있었다. 그러던 그가 인간의 본성의 진화에 집단 선택을 고려하게 된 데에는 1860년대를 통해서 그와 가까웠던 지질학자 찰스 라이엘(Charles Lyell), 스코틀랜드의 정치 철학자이자 윤리학자인 윌리엄 래더본 그레그(William Ratherbone Greg), 자신과 함께 진화론을 만들었던 앨프리드 러셀 월리스(Alfred Russel Wallace)가 그의 진화론에 도전했다는 이유가 있었다. (Richards, 2003) 라이엘은 인간과 유인원이 신체적으로 비슷해도 인간이 가진 정신적, 윤리적 특성은 동물로서는 도저히 넘을 수 없는 간극이라고 주장했다. 스코틀랜드 윤리학자이자 정치 저술가인 그레그는 고등 문명 사회는 윤리적 퇴행까지도 보호하려는 경향이 있어서, 낭비성이 있고 퇴행적인 아일랜드 인들이 그들의 생식적 능력 때문에 진화적으로 승리한 인종처럼 보인다고 하면서 다윈의 자연 선택 이론을 비판했다. 월리스는 순전히 생존만을 위한 이유라면 인간이 오랑우탄 이상의 두뇌를 가질 필요가 없다고 생각했고, 즉각적인 생물학적 이득을 제공하는 특성에만 작용되는 자연 선택이 어떻게 특별한 유용성이 없어 보이는 인간의 특징들, 예들 들어 털 없는 피부, 언어, 수학적 능력, 정의에 대한 생각, 추상적 추론 등의 진화를 설명할 수 있는가의 문제를 제기했다.**

다윈이 『인간의 유래』를 집필하는 과정은 이런 문제를 해결하는 과정이

으면 획득 형질의 유전에 의해 남성들만큼 지성을 갖출 수 있겠지만, 그런 일이 일어나게 되면 집안의 행복은 물론 아이들 교육도 매우 힘들어질 것이라고 얘기하기도 했다. (Richards, 2003)

** 월리스는 인간의 정신과 도덕성에 대한 라이엘의 신학적 해석을 공격했던 자연주의자였고, 다윈과 마찬가지로 인간의 도덕적 행위가 집단 선택에 의해 설명될 수 있다고 생각했던 사람이었다. 그렇지만 1866년에 월리스는 영적 세계와 관련된 현상을 탐구하기 위해 영매를 고용했고, 이 경험을 계기로 종교인이 되었다. 이후 월리스는 인간의 본성이 초월적인 지성에 의해서 인간을 특정 방향으로 이끌도록 선택된 것이라고 간주했으며, 이에 근거해서 인간의 진화에 대한 다윈의 생각을 비판했다. (Schwartz, 1984)

기도 했다. 다윈은 1860년대 후반에 사촌이자 언어학자인 헨슬레이 웨지우드(Hensleigh Wedgewood)에게 자주 찾아가 인간의 언어에 대해서 문의했는데, 웨지우드는 인간의 언어가 동물과 자연의 소리를 모방하는 본성에서 시작됐으며 사회적 요구의 압력하에서 복잡한 신호 체계로 발달했다고 다윈에게 설명해 주었다. 또한 다윈은 헤켈의 친구이자 독일의 언어학자인 아우구스트 슐라이허(August Schleicher)에게서도 영향을 받았다. 슐라이허는『종의 기원』을 읽고 즉각 진화론을 받아들여서 이를 언어에 적용했던 사람이었는데, 다윈은 "언어의 형성은 두뇌와 말하기 기관의 진화와 비견된다."라는 그의 이론을 받아들였다. 이들의 주장이 옳다면 인간의 가장 중요한 속성이라고 간주되는 언어도 결국 동물에서 인간으로 진화하는 과정에서 생긴 것이고, 이는 라이엘의 주장에 대한 하나의 반론이 될 수 있었다.

인간의 경우에 타락하고 악한 사람들이 더 성공하고 자손을 많이 낳는다는 그레그의 반론은 보통 사람들이 다윈의 진화론에 대해서 제기할 수 있는 반론이기도 했다. 다윈은 타락한 인간이 행운을 누린 사례가 있는지 그 증거를 수집했고, 이런 연구를 토대로 이런 사람들은 궁극적으로 여러 자연적인 억제력의 영향을 받아서 더 좋은 상태로 나아가기 힘들다고 주장했다. 즉 타락한 인간은 그들이 가진 인간 본성인 도덕성으로 인해 양심의 가책을 받으며, 범죄자들은 감옥에 갇혀 있는 시간이 길기 때문에 보통 사람보다 자식을 적게 낳을 것이고, 신체가 약한 사람은 젊은 나이에 죽게 될 가능성이 크기 때문에 자식을 적게 낳을 것이었다. 그렇지만 다윈도 아일랜드 인들처럼 열등하지만 자손이 번성하는 경우가 존재한다는 사실을 인정했고, 결국은 진화적 진보가 일반적이긴 하지만 불변의 규칙은 아니라고 결론지었다. 그러나 다윈은 이 과정에서 특정 형질과 같은 적응도의 의미와 생존과 생식의 성공 같은 적응도의 기준을 구분하는 데 이르게 되었다.

월리스의 반론은 다윈이 가장 신경을 썼던 부분이었다. 다윈은 단순히 생존을 위해서라면 동물 조상들이 가진 두뇌로 충분하다는 월리스의 주장이

타당하다고 생각했다. 그렇지만 다윈은 언어의 발달이 두뇌에 다시 영향을
미쳐서 더 복잡한 관념을 만들어 냈으며, 이런 지속되는 복잡한 사고 훈련은
점진적으로 뇌의 구조를 변형시켰고, 이를 통해 인간의 지성이 단순히 생존
에 필요한 것 이상으로 진보되었다고 주장했다. 그러나 다윈이 인간의 본성
을 설명하기 위해서 이렇게 획득 형질의 유전에만 의존했던 것은 아니다. 그
가 의존한 또 다른 논거는 벌과 같은 사회성 곤충의 진화를 설명하기 위해 고
안한 집단 선택(community selection)이었다.* 월리스는 도덕적 행위가 그 행위
를 하는 존재에게 이익을 주지 않기 때문에 자연 선택으로 그것을 설명할 수
없다고 보았는데, 다윈은 도덕 행위의 진화를 설명하기 위해 선택의 대상을
개인에서 집단으로 이동시켰다. 이타성이나 도덕심이 개인에게는 이익을 주
지 않을 수 있지만, 집단에게 이익을 준다는 것이었다. "전 세계 모든 시기를
통해서 어떤 부족은 다른 부족을 밀어냈는데, 도덕성이 부족의 성공의 중요
한 요소이기 때문에 도덕성의 기준과 이를 잘 갖춘 사람들의 숫자가 증가한
경향이 있다."(Darwin, 1871, 166쪽)라는 것이었다. 도덕적으로 행동하는 사람
이 많은 집단은 그렇지 않은 집단에 비해서 생존에 더 유리하며, 따라서 지
금까지 살아남았고, 인간이 언어와 학습을 발달시키면서 도덕의 대상이 한
부족에서 전 인류로, 심지어는 동물로까지 확장되었고, 이 도덕성이 사회의
구성원 모두에게 깊게 각인되었다는 것이다. 성서에서 기술한 인간의 역사
는 가장 이상적인 에덴 동산에서 추락한 과정이었지만, 다윈의 인간 역사는
저급한 도덕성에서 고귀한 도덕성으로 향상된 역사였다. (Richards, 2009)

    집단 선택은 인간 이타주의의 진화를 설명하는 현명한 방법일 수 있었지
만, 어려운 문제도 야기했다. 그것은 "한 부족 내에서 애초에 도덕적 특징이

---

* 집단 선택 개념을 통해 다윈은 오늘날 우리가 포괄적 적응도(inclusive fitness)라고 부르는 개
념을 제시했다고 볼 수 있다. 포괄적 적응도는 1964년에 윌리엄 도널드 해밀턴(William Donald
Hamilton)이 처음 제시한 개념으로 적응이 개인이나 개체의 수준만이 아니라 유전자를 공유한 친
족 전체에 적용된다는 것이다.

어떻게 발생할 수 있는가?"라는 문제였다. 다윈은 부족 내 사회적 행위의 발생을 설명하는 두 개의 연관된 원천을 제시했다. 첫 번째는 내가 도움을 주면 보통은 도움을 돌려받게 될 것이라는 것을 경험을 통해 학습해서 얻어지는 상호 호혜적 이타주의이며, 두 번째는 특정한 사회적 행동에 대한 칭찬과 책망이었다. 사람들은 자신의 행동에 대해서 인정과 칭찬을 받고 싶어 하는데, 이런 동기는 결국은 호혜적 행동을 만들어 내고, 그러한 호혜적 행동은 습성이 되어 이후 세대에게 유전되어 도덕적 행동의 원천이 된다는 것이 다윈의 해석이었다. 흥미로운 점은 결국 여기에서도 다윈은 획득 형질의 유전에 의존해야만 했다는 것이다. (Richards, 2003)

인간 본성과 관련해서 다윈이 출발한 지점은 애덤 스미스의 인간 본성론과 공리주의의 도덕 철학이었다. 여기에 다윈은 집단 선택 이론을 추가했는데, 그 결과는 공리주의의 인간관을 뛰어넘는 것이었다. 다윈은 인간 사회가 집단 선택의 산물이라면, 도덕성의 궁극적 목적은 최대 행복을 생산하는 것이 아니라 '보편선(general good)'을 증진하는 것을 함의한다고 생각하게 되었기 때문이다. 보편선은 사회적 안녕(social welfare)을 의미했는데, 이는 최대 다수의 개개인이 최대한 활기차고 건강하게 양육될 수 있는 상황을 의미했다. 다윈은 행복을 안녕(welfare)이라는 새로운 개념과 일치시켰고, 이를 통해 공리주의 사회 철학의 생물학적 근거를 마련할 수 있었다.

『인간의 유래』와 도덕적 상대주의와 관련된 비판

인간이 진화를 통해서 동물로부터 유래했다는 것을 논증하는 『인간의 유래』의 최대 걸림돌은 인간의 가장 고유한 특성이라고 생각되던 도덕성 역시 동물로부터 진화된 것임을 보여야 한다는 것이었다. 인간의 도덕성에 대한 다윈의 출발점은 '사회적' 본능이었다. 다윈에게 사회적 본능이란, 집단 내에서 기쁨을 얻고 타인과 함께 공감에서 비롯된 결속감을 느끼게 만들어 주는 본능이었다. 다윈에 따르면, 본능은 유전된 습성이며 "고정되고 자연히 터득된 형질"이었다. 가장 중요한 사실은 이런 본능이 기본적인 진화 메커니즘에 의해 발달해서 도덕 관념이 될 수 있다는 것이었다. 다윈은 인간의 고차원적인 특성들, 예를 들어 기억, 상상력, 언어와 같은 지적 능력이 도덕 관념의 발달과 관련 있다고 생각했다. 또 거꾸로 다윈은 개나 고양이 같은 고등 동물뿐 아니라 개미 같은 곤충도 낮은 수준의 공감을 느낀다고 주장했으며, 이것이 인간 사회에서와 같은 기능을 수행한다는 많은 예를 제시했다.*

다윈은 『인간의 유래』에서 도덕 관념의 발달 과정을 다음과 같이 설명했다. 사회적 본능을 가진 동물들은 그들의 동료와 공통성과 공감을 느끼며, 이런 본능은 서로에게 '상호 털 손질'과 같은 다양한 서비스를 수행하게 이끈다. 사회적 본능은 비록 단기간에는 덜 효과적이지만 배고픔과 같은 다른 본능들보다 더 분명하고 지속적인 본능이다. 증진된 지능은 기억력과 상상력을 향상시켜 과거의 행동과 동기를 마음에 계속 간직하게 하고 불만족 혹은 고통을 채워지지 않은 본능과 연관시키게 한다. 공감은 타인의 기쁨과 고통을 우리 자신의 것처럼 느끼게 만들고, 우리로 하여금 전자를 향상시키고 후자를 완화시키도록 노력하게 만든다. 공감이 더 많이 발달된 집단은 그렇지 않은 집단에 비해 더 많은 자손이 살아남을 기회를 가질 수 있으며, 이런 이유로 이 특성은 자손들에게 유전되어 지금 이렇게 널리 퍼지게 된 것이었다. 이런 공감이 도덕성의 초석이었다. (Pennock, 1995)

다윈은 도덕 관념이 사회적 본능에서 진화했다는 자신의 주장이 당대 최고의 철학자로 존경받던 존 스튜어트 밀(John Stuart Mill)의 윤리 이론과 양립 가능하다는 점을 보여 주고자 했다. 다윈은 밀의 "최대 행복 원리"를 지지했

---

* 동물과 인간의 유사성과 연속성을 탐구한 또 다른 연구는 『인간과 동물의 감정 표현(*The Expression of the Emotions in Man and Animals*)』(1872년)이다. 이 저술, 특히 감정(emotion)이 동물과 인간을 어떻게 이어 주었는가에 대해서는 White (2009)를 참조.

다는 점에서 공리주의자라 할 수 있었다. 그렇지만 밀이 도덕 능력이 "타고 난 것이 아니라 획득된 것"이라고 주장했음에 비해, 다윈의 도덕성은 사회적 본능에서 발달한 것이었다. 다윈은 자신의 진화적 설명으로 밀의 주장을 바로잡아야 한다고 생각했고, 앞서 보았지만 공리주의의 "최대 행복"을 "최대 보편선"으로 바꾸었다. 다윈에 따르면, "생식적 적응을 증진시키는 행동이 옳은 행동이며, 그것에 역행하는 행동이 잘못된 행동"이었다.*

　비판자들은 이러한 다윈의 관점이 필연적으로 윤리적 상대주의를 낳는다고 비판한다. 진화론적 관점에 따르면 어떤 행동이 도덕적인가 비도덕적인가는 절대적 기준을 가지고 있다기보다 대물림 상황과 필연적 관계가 있기 때문이다. 비판자들은 현존하는 인간의 욕망은 진화의 어느 시점에선가 인간 진화를 도왔기 때문에 존속되었다고 하면서, 소아 애호증 같은 변태적인 욕망도 진화적으로는 정당하다고 할 수 있기 때문에 진화론은 여기에 도덕적인 면죄부를 줄 수 있다고 비판한다.** 그렇지만 다윈은 자신의 이론이 서로 다른 문화에 존재하는 조금씩 다른 윤리적 규범을 더 잘 설명해 준다고 생각했다. 실제로 서구 사회와 접촉하기 이전의 하와이에서는 성인이 어린아이들과 성행위를 하는 것을 비도덕적인 것으로 금지하지 않았으며, 중국 같

---

* 생식적 적응을 증진시키는 행동이 옳은 행동이라는 생물학적 도덕 이론에 대해서는 비판이 있을 수 있다. 예를 들어 다윈은 실제로 인간이 벌과 똑같은 환경에서 진화했다면 여왕벌이 그러는 것처럼 어머니가 자신의 수태 가능한 딸을 죽이는 데 윤리적 문제를 느끼지 않을 것이라고 했다. 비판자들은 다윈이 거의 확실하게 동성애 같은 성적 행위를 (생식에 도움이 안 된다는 이유 때문에) 비윤리적이라고 결론지었을 것이라고 하기도 한다. 그렇지만 다윈은 인간과 벌이 다른 길을 따라서 진화한 산물이라는 것을 잘 알고 있었다. 따라서 벌에서 자식 살해가 정당화된다고 해서, 같은 기준이 인간에게도 적용될 수 있다고 볼 수는 없다. 게다가 그는 동성애에 대해서는 한마디도 하지 않았다. 다윈의 핵심은 자식을 낳기 위해서 하는 행동만이 도덕적으로 옳은 행동이라는 얘기가 아니라, 인간의 도덕성이 인간이라는 동물의 생물학적인 본성에 근거한 특성이라는 것이다.

** John G. West, "A Further Response to Larry Arnhart, pt. 1: Darwinism and Traditional Morality," http://www.evolutionnews.org/2007/01/a_further_response_to_larry_ar003032.html.

은 동양권에서도 어린 신부의 풍습은 오랫동안 존재했다. 비판자들과는 정반대로 다윈주의자들은 진화론이 아이들을 함께 키우던 부족 사회에서는 거의 존재하지 않던 소아 애호증 같은 비정상적인 성적 성향이 핵가족화와 독신이 급속히 증가한 현대 사회에서 왜 갑자기 늘어났는가를 이해하게 해 줄 수 있다고 주장한다. 진화적으로 볼 때, 소아 애호증은 인간이 오랫동안 해 오던 자신/친척/부락의 아이를 돌보는 일을 하지 않음으로써 채워지지 않은 욕망이 다른 아이에게 향한 탈정상적인 결과로 볼 수 있다는 것이다.*

　다윈 진화론은 지금 우리가 가진 욕망이 모두 도덕적으로 정당하다고 주장하지 않는다. 진화의 결과라고 해서, 사람을 죽여서 쾌감을 얻는 욕망이 정당할 수 없다. 또 진화의 관점에서 볼 때 '생식적 적응'을 증진시키는 것이 아니기 때문에 도덕적으로 바람직하지 않은 것도 아니다. 오히려 다윈 진화론은 어떤 것이 도덕적인가 아닌가의 기준이 문화에 따라서 다를 수도 있고, 사회가 문명화되면서 바뀔 수도 있음을 강조한다. 20세기 중엽만 하더라도 동성애는 불법이자 정신병이며 비도덕적이라고 간주되었듯이, 지금 소아 애호증 같은 '변태적' 성향은 불법이자 정신병이며 비도덕적인 것으로 간주된다. 그렇지만 정신과 의사들 중에서도 소아 애호증을 정신병 분류에서 삭제해야 하며, 이를 가진 사람들을 '악마화'하지 말아야 한다는 주장을 하는 사람들이 있다. 이들은 소아 애호증이 법적으로 문제를 일으키지 않는 한, 이를 비도덕적이라거나 의학적으로 문제가 있는 상태로 규정할 수 없다고 주장한다.**

---

* Thomas Robertson, "Pedophilia Viewed in Terms of Evolutionary Psychology" in http://www.proof-of-evolution.com/pedophilia-viewed-in-terms-of-evolutionary-psychology.html.

** http://www.helping-people.info/articles/asb.htm. 성인들 사이의 섹스가 자연스럽고 동시에 도덕적이라고 해서 이를 강제하는 것(rape)도 그렇다고 볼 사람은 없다. 여기에서 논의하는 소아 애호증은 성적인 대상이 어린아이에게 향해 있는 상태를 말하는 것이지, 어린아이들을 성폭행하거나 성희롱하는 child abuser, child molester의 행위를 말하는 것은 아니다.

이런 주장에 대해서 반론 역시 만만치 않다. 우리에게 중요한 점은 이런 논쟁이 현재 우리가 사는 사회에서도 모든 사람들이 윤리적/비윤리적인 것을 가르는 기준에 동의하는 것이 아님을 보여 준다는 것이다. 다윈주의는 인간의 본성에 대한 생물학적 관점을 취하지만, 그 본성이 '하나'라고 주장하는 것은 아니다. 오히려 다윈주의는 진화된 본성'들'이 사회와 문화 그리고 시간에 따라서 변해 왔으며 앞으로도 변할 가능성이 있는 것인지를 잘 보여 준다.

다윈의 영향

다윈의 인간 본성 이론은 공리주의 심리학에 과학적 정당성을 제공한 것으로 볼 수 있었는데, 이는 이후 도덕 철학에 적지 않은 영향을 미쳤다. 도덕 철학자 레슬리 스티븐(Leslie Stephen)은 『윤리의 과학(*The Science of Ethics*)』, (1882년)에서 "기쁨을 주는"이라는 주관적 의미의 공리는 "생명 보존"이라는 객관적 의미의 공리와 거의 일치한다고 강조했다. 스티븐의 제자인 L. T. 홉하우스(L. T. Hobhouse), 경제학자 앨프리드 마셜(Alfred Marshall), '미국의 아리스토텔레스'라 불렸던 레스터 워드(Lester F. Ward) 등도 객관적(생물학적) 공리와 주관적(심리적) 공리 사이의 상관 관계에 주목했다. (Smith, 1992)

그렇지만 일종의 '생물학적 사회학' 운동이라고 볼 수 있는 이들의 진화적 공리주의(evolutionary utilitarianism)는 도덕 철학이나 사회 과학 전반에 영향을 미치는 데에는 실패했다. 사람들에게 다윈주의는 무한 경쟁과 적자 생존을 제창한 허버트 스펜서(Herbert Spencer)의 사회 다윈주의와 동일시되었다. 잘 알려져 있다시피 사회 다윈주의는 인간 사회에도 생존 경쟁의 원리가 관철이 되며, 따라서 자연적인 생존 경쟁을 가로막는 국가의 복지 정책과 같은 것은 자연 법칙에 역행하는 것으로 철폐되어야 마땅한 것이라고 보았다. 사회 다윈주의는 백만장자들을 생존 경쟁과 자연 선택의 승자라고 칭송했으

며, 이런 이유 때문에 자본가들이 가장 선호하는 사회 철학의 위치를 점하게
되었다. 물론 사회 다윈주의를 비판하면서 이를 거부한 사람들도 많았다. 그
런데 문제는 사회 다윈주의를 비판한 사람들이 이것이 다윈주의와 다르지
않은 것이라고 간주했다는 것이다. 다윈은 『종의 기원』 제5판부터 스펜서의
적자 생존이라는 개념을 채용했는데, 이는 사람들로 하여금 다윈의 생각이
스펜서의 무한 경쟁과 비슷하다는 오해를 심어 주었다. 반면에 '다윈의 불도
그' 토머스 헉슬리는 사회 다윈주의의 공격에서 다윈주의 진화론을 방어하
기 위해서 인간의 경우에는 생물학적 진화가 끝났고, 따라서 인간 본성에도
진화론이 적용될 수 없다고 주장했다. (Huxley, 1893)

사회 다윈주의를 비판하는 사람들 중에는 생물학을 이용해서 인간 본성
을 설명하려는 시도는 근본적으로 잘못되었다고 생각한 사람들이 있었고,
이들 중에는 프랜츠 보애스(Franz Boas)처럼 인종 간 차이를 문화적 차이로
설명하려고 했던 사람도 있었다. 보애스는 평생 동안 생물학적 인종 개념을
비판하면서 문화 개념 정립을 위해 노력했던 사람으로, 야만인부터 문명인
까지의 단계를 선형적으로 보던 당시의 진화적 단계 인식에 반대하고 사회
단계의 차이는 역사적 차이의 산물이지 생물학적 차이로 인한 것이 아니라
고 주장했다.* 보애스도 경우에 따라서는 생물학적, 유전적 요인이 환경 요인
보다 더 큰 영향을 끼친다고 보기도 했지만, 유전 형질의 차이는 인종에 따
른 차이보다 개인에 따른 차이에서 더욱 유의미하므로 생물학적 인종 개념

---

* 예를 들어 그는 머리 넓이의 비율 지수인 머리 지수(cephalic index)를 바탕으로 인종을 구분하
는 것을 비판했다. 이민자 2세들의 머리 지수를 직접 조사한 결과, 부모가 미국에 거주한 기간에
비례해 지수가 변화 양상을 보인다는 결과가 나타났기 때문이다. 보애스 자신조차 놀라게 만든
이 조사는 인종 구분을 위해 쓰였던 이 지수가 실은 후천적인 특징을 반영한다는 근거를 보여 주
었다. 그런데 그는 이 연구 이전부터 문화의 중요성을 인식하고 있었다. 그는 같은 단어를 여러 가
지 방법으로 발음한다는 에스키모 족과의 소통에 대한 연구에서 이런 발음에 익숙하지 않은 다
른 민족도 오랫동안 습관적으로 익숙해지다 보면 에스키모 족과의 커뮤니케이션에 적용하는 것
이 가능해진다는 것을 알아내면서 문화의 중요성을 인식했다. (Degler, 1991, ch. 8)

은 여전히 중요하지 않다고 주장했다. "개개인에게 적용되는 인종 개념은 매우 인위적"이라는 것이 그의 핵심 주장이었다. (Degler, 1991, ch. 8)

보애스가 정립한 '문화' 개념은 이후 인류학을 포함한 사회 과학 전반에서 인간에 대한 생물학적 개념을 대체하는 매우 강력한 지적 도구가 되었다. "자연 과학자들이 우리의 연구를 비과학적인 것으로 여기며 자신들이 같은 주제에 대한 탐구를 더 잘 할 수 있다고 믿는다."라며 불평을 하기도 했던 보애스의 제자 앨프리드 크뢰버(Alfred Kroeber)는 이후 보애스의 문화 개념을 더 심도 있게 밀고 나갔으며, 사회 과학이 생물학과는 다른 방법론으로 탐구되어야 한다고 주장했다. 이들은 모두 생물학이 다른 인종에 대한 백인의 착취를 정당화한다고 생각했으며, 강한 평등주의, 인간의 동료 의식, 개인의 자유를 신봉했다. 보애스는 "흑인들이 아프리카에서 이뤘던 뛰어난 문화 성취에도 불구하고 현재 미국에서는 그들이 처한 불리한 상황 때문에 부당한 평가를 받고 있다."라고 강조하면서, 흑인들의 문화 보존을 위한 모금 운동을 진행했고, 흑인-백인 사이의 결혼을 권장하기도 했다. 이러한 작업이 사회 과학계에 확산되면서 '문화'와 '과학'은 접점을 찾을 수 없는 상반되는 것으로 간주되었고, 그 거리는 점점 더 벌어졌다.

20세기 사회 과학계 전반을 통해서 인간의 본성과 관련된 논의에서 '문화'는 항상 '과학'에 대한 해독제 역할을 했다. 1960년대와 1970년대에 토머스 위글(Thomas Wiegele)과 존 워키(John Wahlke) 같은 정치학자들은 동물 행동학과 사회 과학을 결합시켜서 생물 정치학(biopolitics, '바이오폴리틱스'라는 번역어가 쓰이기도 한다.)을 제시했는데, 이는 사회 과학을 생물학으로 환원시키려는 환원주의라는 비판을 받고 사회 과학 주류에 거의 영향을 미치지 못했다. (양승태, 1988) 1970년대 중엽에 에드워드 윌슨(Edward O. Wilson)이 제창한 사회 생물학은 인간의 본성을 생물학적 진화의 연장선에 다시 위치시키면서 진화 과정에서 만들어진 후성 규칙(epigenetic rules)을 인간이 습득하면서 인간 본성을 형성했다고 주장했는데 (Wilson, 1978; Ruse and Wilson, 1986), 이 주장에 대해서 사회와 문화가 생물학적 인간 본성을 제한하고 변형해서 결국 다양한 인간 본성을 만들어 내는 역할을 무시했다는 비판이 쏟아졌다.

　사회 생물학이 다윈 진화론의 적자(嫡子)임을 내세웠지만, 사회 생물학에는 다윈에게는 없던 것이 있었다. 그것은 유전자 중심주의였다. 1950년대에 DNA의 구조가 발견되고, 1960년대에 DNA가 단백질을 코딩하는 과정과 '센트럴 도그마'가 완성된 이후에, 유전자는 인간의 특성과 행동을 결정하는 가장 중요한 요소로 간주되었다. 사회 생물학은 유전자가 문화의 진화를 작동시키는 숨어 있는 감시자이자 추진자라고 본다. (Wilson, 1978) 비판자들은 이런 사회 생물학이 유전자에 각인된 지능(I.Q.) 등을 당연한 것으로 받아들이고, 결과적으로 여성과 흑인 같은 유색인에 대해서 차별적이라고 비판했다. 당시 과학계 내에서는 윌리엄 해밀턴이 다윈의 집단 선택을 비판하면서 친족 선택(kin selection) 이론을 제안하고, 리처드 도킨스(Richard C. Dawkins)는 이 이론에 영향을 받아서 선택의 단위가 개인이나 집단이 아니라 유전자라는 급진적인 이론을 주창하던 때였다.* 이러한 맥락 속에서 사회 생물학은 생물학적 환원주의, 심지어 유전자 환원주의로 비판을 받았고, 차별을 정당화한다고 비난받았다. 이러한 부정적인 평가 속에서 사회 생물학은 제한적인 영향만을 미쳤고, 과학과 문화 사이의 간격을 좁히는 데 성공하지 못했다. (Kaye, 1997, ch. 4; 김동광 외, 2011)

　1990년대 이후에는 진화 심리학이 등장했다. 진화 심리학에 대한 비판자들은 이것이 사회 생물학의 다른 이름에 불과하다고 보았으며, 이것이 지금의 우리 사회가 안고 있는 여러 불평등과 문제를 과학적으로 정당화한다는 비판이 쏟아졌다. 반면에 진화 심리학 진영에서는 이 새로운 학문이 지적으

---

*　이런 이론에 따르면 일벌의 자기 희생은 '자신의 유전자를 보존하려는 최선의 방법'이라는 것이기 때문이다. 꿀벌의 경우 일벌은 자식보다 자매와의 유전적 근친도가 더 높다. 따라서 직접 자식을 낳는 것을 포기하고 여왕벌이 자매들을 출산하는 것을 돕는 것이 자신의 유전자를 더 많이 퍼뜨리는 방법이 된다.

로 흥미롭고, 도덕적으로 계몽적이며, 사회적으로도 진보적인 결과물을 내어 놓으면서 이전의 다윈주의가 해결하지 못한 문제를 해결하면서 실질적인 진보를 이루었다고 주장했다. 이들은 진화 심리학이 다수준 선택(multi-level seletion)*, 성 선택(sexual selection)**, 호혜적 이타주의(reciprocal altruism)***, 비싼 신호 이론(costly signalling)**** 등을 통해서 인간 본성을 설명하기 위한 다윈주의의 도전적 과제들을 하나씩 차례로 해결해 왔다고 본다. 예를 들어, 성 선택과 비싼 신호 이론을 통해 뚜렷한 생존 보상이 없어 보이는 음악, 춤, 유머, 말주변, 과시적 소비, 이타적 행위 등을 진화론 안에서 설명 가능한 것으로 만들었다는 것이 진화 심리학자들의 주장이다.

진화 심리학은 아직 현재 진행형이며, 이를 어떻게 평가할 것인가는 이 글의 범위를 넘어선다. 다윈이 인간 본성에 대해서 고민했던 1830년대와 1880

---

* 해밀턴과 도킨스가 제안한 '유전자 선택론'에 대한 대안으로 제시된 이론이다. 유전자 선택론은 진화의 주체는 유전자이며, 개체는 유전자의 운반자일 뿐이라고 주장하는 반면에, 다수준 선택론은 유전자의 보존만을 위해 개체의 모든 행위(형질)가 선택되는 것은 아니라고 주장한다. 즉 이 이론에 따르면 선택은 유전자뿐 아니라, 세포, 개체, 그룹 등 다양한 수준에서 일어날 수 있다. '다중 수준 선택'이라고도 한다.

** 다윈이 자연 선택과 더불어 진화 메커니즘으로 제시한 이론이다. 생존에는 도움이 되지 않거나 오히려 방해가 되지만 성적 어필을 통해 번식률을 높일 수 있기 때문에 선택되는 형질들이 존재한다는 것인데, 공작의 꼬리깃털이나 사지의 갈기, 사슴의 뿔 등은 생존에는 불리하지만 배우자에게 성적으로 어필하여 번식률을 높이는 데 유리한 사례이다. 이런 형질들이 선택되는 것을 성 선택이라고 한다.

*** 협동의 진화를 설명하기 위해 도입된 이론으로, 한 개체가 자신도 후에 다른 개체로부터 호혜를 받을 것을 기대하면서, 자신의 적응도를 임시적으로 낮추면서 다른 개체의 적응도를 높여 주는 호혜적 행위를 하는 것을 말한다.

**** '신호의 비용이 신호의 진실성을 보장한다.'라는 이론이다. 예컨대, 동물들은 자신의 적응도를 과시하기 위해 성적 장식(공작의 꼬리깃털, 사슴의 뿔 등)을 포함한 다양한 신호들(fitness indicator)을 진화시켜 왔는데, 이런 신호가 그 진실성을 보장받기 위해서는 실제로 적응도가 높은 개체만이 발현시킬 수 있는, 즉 적응도가 낮은 개체들은 따라 하기 힘든 특성들로 이루어져야 한다는 이론이다.

년대 사이의 시기와 지금을 비교해 보면, 지금의 진화 심리학자들이 다윈에 비해서 더 발전된 설명을 내 놓고 더 체계적인 이론을 정립했다는 주장에 무리가 있어 보이지는 않는다. 그렇지만 비판자들은 진화 심리학에서 몇 가지 수사와 포장을 걷어내고 나면 사회 생물학이 드러난다고 주장한다. 그리고 사회 생물학이 환경의 영향을 무시했듯이, 진화 심리학도 환경의 영향을 무시하며, 도킨스의 유전자 선택 이론에 근거하고 있다고 비판한다. (Kaye, 1997, 262~267쪽: Dusek, 1999) 특히 20세기 후반기에 유전자와 환경의 상호 작용에 대한 연구를 통해 환경이 유전자의 발현에 미치는 영향이 전통적인 다윈주의 유전학자들이 생각했던 것보다 훨씬 더 크고 중요하다는 사실이 밝혀졌지만, 많은 진화 심리학자들은 이 점에 크게 주목하지 않는다는 것이다.

환경의 영향에 주목할 때, 다윈의 '과학'은 '문화'와 만날 수 있다. 이를 면역계에 비유해 보자. 우리는 면역계를 타고났지만, 우리의 면역계는 후천적으로 다양한 면역성을 만들어 낼 수 있다. 이것 비슷하게 진화의 결과를 열린 결말(open-ended)로 볼 수 있다. 유전적으로 진화된 결과는 타고난 면역계처럼 기본 골조의 역할을 하고, 여기에 개인과 문화에 따라 열린 발생 과정이 진행된다는 것이다.* 이렇게 보면 모든 인간이 보편적으로 공유하는 인간 본성이란 개념은 다윈이나 다른 도덕 철학자들이 생각했던 것보다 훨씬 더 약한 개념이 된다. 문화적 다양성은 근본적으로 생물학적 다양성과 같아지고, 모든 인간이 공통적으로 공유하는 단일한 본성이라는 개념은 거의 의미를 상실한다. (cf. Hull, 1986) 이런 점을 고려하면 인간 본성(human nature)보다는 인간 본성들(human natures)이라고 하는 것이 더 타당하다. (Ehrlich, 2001) 공감, 이타심, 도덕심은 진화의 결과이지만, 모든 인간이 같은 정도로 소유한 것은 아니다. 실험에 따르면 어렵고 불쌍한 사람들을 봤을 때 3분의 1은 연

---

* David Sloan Wilson, "Yes and No," in A Templeton Conversation: Does evolution explain human nature? available at http://www.templeton.org/evolution/Essays/Wilson.pdf.

민을 느끼지만 3분의 1은 역겨움을 느끼는데, 이는 이런 본성은 넓은 스펙트럼에 걸쳐서 존재하며, 따라서 다윈이 믿었듯이 모든 사람에게서 찾아볼 수 있는 본성이 아닐 수 있음을 시사한다. 물론 이런 논의에서 찾을 수 있는 더욱 중요한 시사점은 우리가 유전적으로 진화된 본성과 함께 변화의 능력을 가지고 있다는 것이다. 이를 변화하는 방향으로 이끄는 것은 우리 개개인의 자유 의지이며, 여기에 교육과 문화의 힘이 큰 영향을 미치는 것은 물론이다.

결론을 대신해서

도덕성에 대한 다윈의 분석은 21세기 무한 경쟁의 시대를 사는 우리에게 큰 의미가 있다. 사람들은 인간이 근본적으로 타인을 해쳐서라도 자신의 이익을 추구하는 이기적 동물이라고 생각하고, 이에 역행하는 도덕성이 자연 선택 과정에서 불리한 특성이라고 생각하는 경향이 있다. 자본주의 시장 경제는 자기의 이익만을 추구하는 사람들에게 적합한 것이기에 계속 번성한다고 생각한다. 그렇지만 다윈에 따르면 이는 사실이 아니다. 진화론은 가족, 부족, 종교 그룹 내의 친절과 도움의 상호 작용이 생존과 번식을 보장해 주는 장치가 될 수 있으며, "내가 하기 싫은 일을 남에게 시키지 마라."라는 도덕률이 공감과 연민에 기초하고 있고, 이러한 공감과 도덕이 인간들 사이의 결속을 다져 진화적 영속을 누리는 데 필수적인 원칙이라는 점을 역설한다. (Wuketits, 2009; Ekman, 2010)

다윈의 진화론은 인간 본성을 이해하는 데 필요한가? 물론이다. 진화론은 인간 본성의 생물학적 기초를 보여 준다. 생물학적 이해에 근거한 인간 본성 연구는 그동안 많은 비판을 받았지만, 그것은 생물학적 연구 자체의 문제라기보다는 복잡하고 다양한 인간 본성의 양태를 생물학, 특히 유전자로 환원하려는 경향 때문이었다. 비환원론적인 진화적 관점은 인간 본성을 이해하는 데 필수적이다.

　다윈의 진화론이 인간 본성을 충분히 설명하는가? 상당히, 그렇지만 완전히는 아니다. 다윈의 진화론은 인간에게서 가장 잘 볼 수 있는 공감, 이타심, 윤리 의식이 진화의 결과임을 주장하며, 이 주장은 상당한 설득력을 지닌다. 그렇지만 다윈의 진화론은 종이 고정된 것이 아니라 변하며, 종을 구성하는 모든 개체가 서로 다른 존재임을 강조한다. 이러한 고려는 인간이라는 종이 모두 공유하는 고정된 인간 본성은 존재하지 않으며, 존재할 수도 없다는 점을 시사한다. 진화론에서의 인간 본성은 형이상학적인 불변체가 아니라, 개개인에 따라서 다르고, 개인이 속한 사회 문화에 따라서 차이가 있을 수 있는 약화된 의미의 '본성들'이다.

　다윈이 생각한 인간의 본성이 지금에도 유효하며 의미가 있는가? 그렇다, 그리고 아마 미래에는 더더욱 그럴 것이다. 진화론이 경쟁만을 강조하고 경쟁만을 정당화한다는 잘못된 믿음은 진화론을 보수주의자들의 전유물로 만들었다. 진보적 진영은 생물학에서 멀어져서 문화만을 끌어안았다. 그렇지만 인간을 생물학적 존재로 간주하고, 인간 본성의 생물학적 토대를 따져 보는 일은 유물론의 맥을 잇는 철학적 태도이다. 이러한 탐구는 보수주의에서 강조하는 인간 본성과는 전혀 다른 진보적이고 급진적인 인간 본성에 대한 이미지를 만들어 낼 수 있으며, 이에 근거해서 진화적으로 좀 더 합리적인 정책과 제도를 만들어 내는 데 기여할 수 있다. 21세기 진보는 과학과 문화의 융합을 통해 만들어지는 비환원주의적인 생물-사회-문화학에서 그 출발점을 찾아야 할 것이다.

홍성욱(서울 대학교 생명 과학부 과학사 과학 철학 협동 과정 교수)

4장 다윈, "본성은 변한다"

도덕의 자연사적 기원을 찾아서

1. 들어가며

찰스 다윈은 『종의 기원』에서 "본성*은 확실히 변화(변이)한다."라고 단언했다. (다윈, 2009) 다윈이 살았던 19세기 영국은 물론 오늘날에도 본성이 변하지 않는 것으로 이해되는 점을 고려하면, 다윈이 본성의 '변화'에 주목했다는 것은 흥미로운 일이다. 더불어 다윈이 『종의 기원』을 집필하기 이전부터 사망하기 전까지, 본성이 변한다는 일관된 관점에서 연구에 매진해 왔다는 것도 눈여겨볼 만하다.

다윈이 평생에 걸쳐 본성의 변화에 관한 주제에 천착했던 이유는 인간의 정신 및 도덕의 기원을 밝히려는 목적에 있었다. 즉 다윈은 지능, 이성, 그리고 도덕적 행위를 이끄는 인간의 고등한 정신이 창조주로부터 부여받은 것

---

* 다윈은 본능(instinct)이 무엇인가를 설명하는 데 있어, 명확한 정의보다는 상식적이고 경험적인 수준에서의 이해를 중시했다. 이와 관련해서 3절의 각주에서 좀 더 상세히 다루었다. 이 글에서는 본능과 본성을 엄격하게 구분하지 않았으며, 필요한 경우 본성은 고등 동물의 본능적인 행위와 그런 행위를 이끌어내는 심리 상태를 총칭하는 용어로서 사용했다.

이 아니라 동물의 본능에서 비롯했다는 것을 자연 선택의 원리로 규명하고자 했다. 본성의 변화에 관한 다윈의 연구는 궁극적으로 유기체의 해부학적 구조의 진화뿐만 아니라 행동 및 심리를 관장하는 정신의 진화를 자연 선택설이라는 하나의 이론으로 통합하는 데 그 목적이 있었다. 이는 당시 본성에 관한 담론을 지배하던 두 가지 경향의 한계를 극복하는 데서 해결될 수 있었다.

종교가 세속적인 영역을 통치하던 시대에 다윈의 가장 강력한 경쟁 세력은 창조론을 과학적으로 입증하기 위해 해부학, 동물학, 곤충학과 같은 자연 과학을 탐구하던 자연 신학(Natural Theology)*의 연구자, 즉 자연 신학자들이었다. 자연 신학자들은 모든 피조물은 변하지 않는 각각의 원형에 의해 창조됐다는 이른바 설계론에 바탕을 두고 있었다. 설계론에 따르면 동물의 본성은 고정된 원형의 결과일 뿐 종(種, species) 내에서 혹은 종과 종 사이에 어떤 변화의 과정을 거쳐서 생겨날 수 없었다.

자연 신학자들은 크게 두 가지 차원에서 동물의 본성이 변할 수 없다고 보았다. 하나는 창조주가 동물에게는 야수적인 본성을 개선시킬 수 있는 지능이나 이성을 부여하지 않았다는 데 있었다. 즉 지능과 이성은 창조주가 오직 인간에게만 부여한 것이며 동물의 본성은 자연 환경에 잘 적응하도록 계획한 창조주의 설계된 프로그램에 의해 결정됐다. 다른 하나는 해부학적으로도 동물의 본성은 변할 수 없다는 것이었다. 당시 영국의 해부학 분야를 장악하고 있던 자연 신학자들은 창조주의 설계도에 해당하는 신체의 해부학적 구조가 그 구조의 기능을 결정한다고 보았다. 가령 나무를 오르는 딱

---

* 정통 신학에서는 자연 세계를 초자연적인 사건이나 기적으로 충만한 신성한 곳으로 여겼던 반면 16~17세기 계몽주의 이후에 등장한 자연 신학은 자연 세계의 초자연적 사건을 이성적인 존재의 개입으로 여기고 그 존재의 증거들을 자연에 대한 탐구를 통해 입증할 수 있다고 보았다. 이른바 갈릴레오가 "창조주는 성서와 자연이라는 두 권의 책을 집필했다."라고 말한 것처럼 자연 신학자들은 성서만이 아니라 자연을 연구함으로서 창조주의 지혜에 다가갈 수 있다고 믿었다. 자연 신학에 관한 설명은 포스터 (2009) 참조.

따구리의 본능적 행동 — 혹은 나무타기에 유리한 신체 기능 — 은 창조주
가 딱따구리의 해부학적 구조를 나무타기에 잘 적응할 수 있도록 설계했기
때문이다. 다시 말해 유기체의 해부학적 '구조'와 동물의 본능적 행동을 구
성하는 각 구조의 '기능'들이 완전한 조화를 이루며 해부학적 구조가 그 기
능(본능)을 결정한다고 보았다. 요컨대 자연 신학의 해부학적 관점에 따르면
창조주의 완벽한 설계도인 해부학적 구조는 쉽게 변하지도 않지만 본능적
인 행동들이 변하려면 먼저 신체적 구조에 변화가 먼저 일어난 이후에만 가
능했다. 한편 다윈이 넘어서야 할 또 다른 장애물은 장밥티스트 라마르크
(Jean-Baptiste Lamarck, 1744~1829년)의 진화론이었다. 라마르크는 진화론자
답게 동물의 본성을 고정된 것으로 보지 않았고 본성이 변화는 메커니즘에
대한 자연주의적 해석을 제시했다. 그러나 라마르크의 이론은 동물의 본성
을 선천적인 속성이 아닌 학습과 경험을 통해 습득된 후천적인 습성과 동일
시하는 중대한 오류가 있었다. 이른바 획득 형질의 유전 이론으로 알려진 라
마르크의 이론은 본성의 변화를 이끄는 변이 안에 미래의 목표나 목적 혹은
특정한 방향으로 적응하게 만드는 필연성이 존재한다고 보았다. 후천성을
강조한 라마르크의 이론은 학습이나 경험과 무관하게 선천적으로 타고난
동물들의 본능적 행동을 설명하는 데 한계가 있었다. 그런 이유로 라마르크
의 이론은 자연 신학자들이 본성의 불변성을 뒷받침하기 위해 동물의 선천
적인 본능을 설계의 증거로서 제시하는 논리에 제대로 대응할 수 없었다.

　본성에 관한 다윈의 연구는 자연 신학자들과 라마르크주의자들이 미리
형성해 놓은 지적인 환경에서 성장해 왔다. 다윈은 인간의 정신 및 도덕의 기
원을 밝히기 위해 본성에 관한 지배적인 관념에 도전해야만 했다. 이 글은 다
윈이 자연 신학자들과 라마르크주의자들의 본성에 관한 논리적 오류들을
반박하고, 본성이 변하는 메커니즘을 밝히는 과정에 대해 다루고 있다. 이 글
은 다윈의 논리적 구도에 초점을 맞추어 크게 네 가지 소주제로 구성되었다.

　첫 번째 소주제는 동물의 본능과 지능에 대한 자연 신학자들과 라마르크

의 견해에 대해 다룬다. 동물에게도 지능이 존재하는지 혹은 지능과 본능이 어떤 연관성을 지니고 있는지의 문제는 동물의 본성이 변하는가의 쟁점과 직결되는 문제였다. 가령 자연 신학자들은 동물에게 지능이 없다는 근거를 들어 본성의 불변성을 제기했으며 라마르크는 동물의 지능을 인정했지만 본능적인 행동에 아무런 영향을 미치지 못한다고 보고 오직 외부 환경에서 얻어진 학습과 경험에 의해서만 변할 수 있다고 주장했다.

이와 관련해서 두 번째 소주제는 다윈이 동물의 지능에 대해 자연 신학자들과 라마르크주의자들의 잘못된 접근에 대해 비판하는 내용을 다룬다. 먼저 다윈이 하등한 동물에게도 지능이 존재한다는 것을 입증하기 위해 수행했던 실험 연구에 대해 소개한다. 다윈은 동물의 지능을 부정하는 자연 신학자들의 논리에 맞서, 심지어 지렁이와 같은 하등한 동물에게도 지능이 존재한다는 것을 입증하기 위해 지렁이의 지능 및 본성에 관한 실험을 수행했다. 또한 다윈은 본능과 지능을 엄격하게 구분했던 라마르크와 달리, 지능은 본능의 발전된 형태이며 양자가 긴밀한 관계에 있다고 보았다. 다윈이 지능과 본능을 하나의 관점에서 사유하는 데 지적 양분이 되었던 영국의 감각주의 인식론(sensationalist epistemology, 혹은 경험주의)에 대해 다룬다.

세 번째 소주제는 해부학적 구조의 구속력 때문에 본성이 변할 수 없다는 자연 신학자들의 주장에 대한 다윈의 논리적 반박에 대해 다룬다. 다윈은 나무를 오르지 못하는 딱따구리와 같은 동물들의 변칙적인 본능적 행동에 대한 경험적 자료를 분석하여, 본능의 변화는 해부학적 구조의 변화와 무관하게 발생할 수 있으며 심지어 본능의 변화가 신체적 구조의 변화보다 먼저 일어날 수 있다는 것을 논증하였다.

마지막 소주제는 다윈이 라마르크가 주장한 본능의 변화는 후천적인 요인에 의해서만 가능하다는 주장에 대해 논박하는 내용을 다룬다. 다윈은 후천적으로 획득된 형질을 후대에 남기지 못하는 불임 곤충들(일개미와 일벌)의 사회적 본능을 자연 선택설 ― 더 정확한 용어로는 집단 선택설 ― 로 규명하고자 했다. 『종의 기원』에서 자연 선택설로 설명하려 했던 불임 곤충들의 사회적 본능은 이후 다윈이 『인간의 유래』에서 인간의 도덕성의 기원을 자연사적 측면에서 설명하는 토대가 되었다.

이를 통해 이 글의 결론에서 "본성은 변화(변이)한다."는 다윈의 관점이 지니고 있는 현재적 의의에 대해 조명하고자 한다. 오늘날 진화 심리학자들은 다윈의 점진적인 진화론에 입각하여 원시 인류의 본성이 변하지 않은 채 현대 인류의 본성에 그대로 남아 있다고 주장한다. 진화 심리학자들은 인간의 역사적 경험과 그로부터 파생된 문화적 차이들이 본성의 변화를 낳을 만큼 진화의 시간을 충족하지 못하여, 인간 본성의 가변성보다는 고정성에 주목해 왔다. 다윈이 분석한 본성의 변화에 관한 자연 선택의 메커니즘과 인간만이 지닌 고유한 속성으로서 주목했던 도덕의 기원을 중심으로 진화 심리학자들의 인간 본성론과 간단히 비교하고자 한다.

2. 자연 신학과 라마르크주의: 본능과 지능은 무관하다

인간을 인간답게 만드는 것 혹은 인간과 동물을 구분짓는 기준은 무엇인가. 인간의 행동에서 소위 '인간적'이라고 하는 것은 동물의 행동에서 쉽게 발견하기 어려운 독특한 속성들을 가리킨다. 가령 인간은 동물에 비견할 수 없는 추리, 기억, 연상 등의 고등한 지적 능력을 이용하여 행동하기도 하고 도덕률이나 양심과 같은 사회적 규범 하에서 행동의 제약을 받기도 한다. 반면 통념상 동물의 행동은 지적 능력의 영향을 덜 받는 기계적이고 반복적인 이른바 타고난 '본성'에 의해 결정되는 것으로 알려져 있다.

18~19세기 종교가 세속적인 영역을 지배하고 통치하던 시대에 '자연 신학자'들은 이러한 통념을 하나의 진실로 받아들여 인간과 동물 사이에 건널 수 없는 심연이 존재한다고 믿었다. 즉 인간의 행동은 창조주가 오직 인간에

게만 부여한 이성적 판단으로 인식된 반면, 동물의 행동은 창조주의 설계된 프로그램에 따라 기계적으로 반복되는 행위로 규정됐다. 자연 신학자들은 동물과 인간이 각기 다른 행동의 근원을 지녔기 때문에 결코 같은 종으로 분류될 수 없으며, 피라미드 모형의 자연계에서 인간이 가장 높은 위치를 차지할 수 있다는 논거로 삼았다. 따라서 자연 신학자들은 동물의 본능적인 행동에서 인간 행동의 근원인 지적 능력이나 이성을 찾으려는 시도에 대해 자연계의 위계적 질서를 흔드는 행위로 여겼다. 가령 자연 신학을 철학적으로 체계화 한 윌리엄 페일리(William Paley, 1743~1805년)는 자신의 대표 저서, 『자연 신학』(1802년)을 통해 "이성의 진정한 소유자인 창조주를 고려하지 않은 채 동물에게서 지능을 찾으려는 노력은 헛된 일"이라며, 동물에게서 인간의 속성을 찾으려는 시도에 대해 강한 거부감을 드러냈다.

페일리와 같은 자연 신학자들이 경계한 사람들은 창조론을 거부하고 동물과 인간의 연속성을 주장하는 진화론자들이었다. 다윈 이전에 진화론의 권위자로 알려진 라마르크는 인간의 해부학적 구조는 동물에서 진화한 것이며, "지능을 갖추고 있는 동물은 모두 어느 수준의 이성을 보유한다."(라마르크, 2009, 213쪽)라고 주장했다. 즉 라마르크의 진화론은 동물의 지능을 부정하지 않았다. 그러나 라마르크는 본능과 지능(혹은 이성)을 엄격히 구분하여 동물과 인간 행동의 근원을 분리시킬 수 있는 여지를 남겨 놓았다. 아래 인용문에서 보는 바와 같이 라마르크는 "본능은 지능의 개입 없이 이루어진다."라는 관점에서 동물의 본능적인 행동과 지능을 무관한 것으로 보았다.

> 이제 '이성'을 '본능'과 비교해 보자. 이성이란 어떤 단계의 이성이든 간에 지적인 능력, 즉 관념, 사유, 그리고 판단에서 시작되어 어떤 행동을 이끌어 내도록 결단을 내리게 만드는 것이라면, 본능은 그와 반대로 사전의 결단 이나 최소한의 지적인 행위도 거치지 않고 어떤 행위를 이끌어내는 힘인 것이다. …… '본능'은 의도적인 선택이나 숙고 없이 단적으로 말해서 지능의

개입이 없이 개인의 내부 감각에 의해 직접적으로 유발되는 요구와 성향에
서 그 행위의 기원이 시작되는 것이다. (라마르크, 2009, 215~216쪽)

　라마르크 주장의 핵심은 '동물에게도 지능이 존재하는가?'의 여부보다,
'동물의 지능이 본능적인 행동에 영향을 미치지 못한다.'라는 데 있었다. 라
마르크의 논리는 동물과 인간을 연결해 주는 진화의 고리를 분명하게 인식
하지 못하는 한계가 있었다. 즉 지적 판단력이 수반된 본능적 행동을 부정하
는 견해는 인간의 이성적 행동과 동물의 본능적 행동 사이에 존재할지도 모
르는 어떤 연관성을 근본적으로 부정하는 효과를 낳았다. 이러한 이유 때문
에 라마르크의 주장은 페일리와 같은 자연 신학자들의 심기를 불편하게 만
들었을 뿐, 인간의 지성은 동물이 아니라 창조주에게서 부여받은 것이라는
기독교의 도그마를 근본에서 위협하지는 못했다.
　실제로 당대 권위 있는 자연 신학자들이 라마르크처럼 동물에게도 지능
이 존재한다고 공공연히 주장했지만, 창조론의 정당성을 옹호하는 데 논리
적으로 아무런 어려움을 겪지 않았다. 가령 스코틀랜드의 성직자이자 동물
학의 최고 권위자로 알려진 존 플레밍(John Fleming)이나 저명한 곤충학자로
알려진 윌리엄 커비(William Kirby)와 같은 영향력 있는 자연 신학자들이 하
등한 동물에게도 "미약하나마 이성의 빛"이 비추고 있다는 것을 부정하지
않았다. 심지어 이들은 동물의 본능적 행동에 지적 능력이 수반되는 경우들
이 존재할 수 있다는 것을 인정하며 동물의 본능적 행동과 지적 능력을 대비
시키는 라마르크의 견해를 비판하기도 했다.*
　하지만 일부 자연 신학자들이 동물의 지능을 인정하고 또 본능적 행동과
의 연관성을 인식했다 하더라도 이들의 핵심 주장은 궁극적으로 페일리의

---

* 플레밍은 동물의 본능적 행동에 얼마든지 지능적 판단이 개입될 수 있다고 보고 감정, 감각, 그
리고 지능과 같은 잣대로 동물을 분류하는 라마르크의 오류를 비판했다. (Richards, 1987, 130쪽 참
조)

자연 신학을 옹호하는 데 있었다. 이들의 결론은 하등한 동물들의 조야한 지능과 결합된 본능적 행동이 결코 인간의 이성으로 발전할 수 없으며 그러한 진화의 메커니즘이 존재하지 않는다는 데 있었다. 즉 동물의 본성은 애초에 창조주의 설계에 따라 고정돼 있고 변하지 않도록 창조됐기 때문에 설령 본능적 행동이 지능적 판단을 수반하더라도 결코 개선의 여지가 없었다. (Richards, 1987, 133쪽) 요컨대 설계론의 입장에서 진정으로 위협적인 도전은 하등한 동물의 본성과 인간의 지능 사이의 연속성을 입증하려는 시도였다.

3. 다윈, 지능은 본능에서 비롯했다:
지렁이의 본능에서 지능의 흔적을 발견하다

동물에게 지능이 존재하는가의 여부나 지능과 본능의 관계를 설정하는 일은 결국 지능을 어떻게 정의하느냐에 달려 있었다. 동물의 지능을 부정하는 자연 신학자들이나 본능과 지능의 관계를 무관한 것으로 본 라마르크의 관점은 모두 지능을 관념, 사유, 판단과 같은 인간의 고등한 정신 능력을 가리키는 의미로 간주했다. 즉 지능에 대한 인간 중심적인 접근은 단순히 기계적인 행동으로 설명하기 어려운 난해하고 복잡하며 정교한 동물들의 본능적인 행동들을 설명할 수 있는 개념을 포괄하지 않았다.

가령 한 치의 오차도 없이 정교한 육각형 집을 짓는 꿀벌의 본능이나 남의 둥지에 알을 낳는 뻐꾸기의 기묘한 위탁 본능, 그리고 다른 종을 노예로 부리는 개미의 본능 등은 프로그램으로 짜여진 단순한 행동이 아니라 마치 지능적 판단이 개입된 것처럼 정교하고 복잡한 본성이었다. 이러한 동물들의 기이한 행동에 대해 지능을 추상 수준이 높은 정신 능력으로 이해하던 자연 신학자들과 라마르크주의자들은 제대로 된 설명을 제시하기 어려웠다. 자연 신학자들은 초자연적인 현상으로써 신의 개입의 결과라고 설명하는가

하면(Richards, 1987, 132쪽), 라마르크주의자들은 경험과 학습을 통해 획득된 후천적인 습성으로 설명했다.*

그러나 다윈은 지능을 관념이나 사유와 같은 형이상학적인 개념으로 정의하는 데 동의하지 않았다. 이는 난해한 형이상학적 정의가 어떤 개념을 이해하는 데 큰 의미를 제공한다고 생각하지 않았기 때문이었다. 다윈은 상식적인 수준에서 경험적으로 이해될 수 있으면 만족해 했다.** 비록 다윈은 하등 동물의 지능에 관한 실험을 수행하면서 생리학 전문가에게 동물의 지능을 어떻게 정의하는지 혹은 지렁이와 같은 단순한 동물들이 보이는 반응도 지능으로 포함시킬 수 있는지에 대해 물어보기도 했지만, 아래 인용문에서 보는 바와 같이 지능에 대한 형이상학적인 정의에 큰 의미를 부여하지 않았다.

> 내가 전문 형이상학자라면 그에게 좀 더 전문적인 정의를 가르쳐 달라고
> 했을 것이다. 가령 추상적인 것, 구체적인 것, 절대적인 것, 무한한 것 등 근
> 사한 말들을 섞어 가면서 말이다. 하지만 솔직히 어떤 설명을 해 주어도 감
> 사해야 할 것 같다. 왜냐하면 어떤 바보도 '머리가 좋은'이 무슨 의미인지
> 는 다 안다고 가정하는 것은 별 도움이 되지 않을 테니 말이다.*** (재닛 브라
> 운, 2010, 719쪽)

---

* 라마르크의 획득 형질의 유전에 관한 자세한 설명은 이 글의 5.1을 참고.

** 다윈은 『종의 기원』에서 동물의 본능에 대해 다음과 같이 언급했다. "나는 본능에 대해 정의를 내릴 생각은 없다. …… 그러나 뻐꾸기가 본능 때문에 이동하고 다른 조류의 둥지에 알을 낳는다고 말할 때, 그 본능이라는 말이 어떤 의미인지는 누구나 이해하고 있다. …… 특히 매우 어린 새끼가 아무런 경험도 없이 행할 때, 또 다수의 개체가 어떤 목적으로 그것을 행하는지도 모르고 모두 똑같은 행동을 할 때, 그 행동을 우리는 흔히 본능이라고 한다." (다윈, 2009, 219쪽)

*** 다윈은 자신을 따르던 젊은 생리학자 조지 로마니스(George Romanes)에게 편지를 보내 생리학 분야에서 동물의 지능을 어떻게 정의하는지에 대해 물었다. (Francis, 1903, 214쪽) 번역된 인용문은 재닛 브라운 (2010), 719쪽 참조.

다윈은 지능을 일종의 감각 반응으로 이해했다. 라마르크는 감각을 지능이나 이성적 판단에 혼란을 야기하고 기만하는 등 잘못된 판단으로 이끄는 개념(라마르크, 2009, 211쪽)으로 간주했던 반면 다윈은 감각 반응이 곧 지능의 근원이라고 생각했다. 다윈의 이러한 생각은 존 로크(John Locke, 1632~1704년)나 데이비드 흄과 같은 영국 감각주의 인식론자들의 영향을 받아서 형성된 것이다. 경험주의자로도 알려진 이 사상가들은 이성적 사고의 근간을 보고, 듣고, 만지는 등 감각 기관에 의해 형성된 이미지로 간주했다. (Richards, 1987, 105쪽) 다윈은 자연 선택설에 관한 기본 입장을 정리하던 1838~1839년경에 감각주의자들의 저서를 탐독하고 이성적 사고의 본질에 대한 생각들을 노트에 정리했다. 가령 다윈은 M 노트에 "생각이 감각 이미지들을 구성"하며, "기억이란 감각이 인지될 때, 뇌에서 일어나는 모든 것의 반복"이라고 적었다. (Gruber, 1974, 277쪽)

다윈이 1838년에 읽었던 흄의 저서 『인간의 이해력에 관한 연구』가 지능을 본능과 관련지어 사고할 수 있는 결정적인 아이디어를 제공했다. 흄은 저서에서 "인간의 이성은 영혼 속에 존재하는 경이롭고 이해하기 어려운 본능"으로 규정했다. (라마르크, 2009, 106, 109쪽) 다윈은 흄에게서 얻은 지능과 본능의 유기적인 관계에 대한 영감을 M 노트에 다음과 같은 말로 정리했다. "흄의 저서에는 동물의 이성에 관한 내용이 있는데 …… 그는 이성을 본능으로 이해하고 있는 것 같다."(Gruber, 1974, 348쪽) 이러한 다윈의 통찰은 결국 인간의 정신과 동물의 본능 사이에 연속성을 발견할 수 있는 토대를 제공했다. 다윈은 B-C-D-E로 이어지는 일련의 노트에 "인간의 지능과 동물의 지능 사이의 차이는 동물과 식물의 차이만큼 크지 않다."라며, 인간과 동물 사이의 밀접한 근연 관계에 대해 강조했다. (Gruber, 1974, 446쪽) 물론 흄의 개념에는 동물과 인간의 연속성을 암시하는 그 어떤 단서도 존재하지 않았지만, 다윈은 지능이 일종의 감각 반응이라는 감각주의자들의 아이디어를 통해, 지능이 감각 반응에 의존하는 동물의 본성에서 비롯했다는 관점을 형성할 수 있었다.

다윈은 이러한 관점에 기초해서 지렁이를 상대로 하등 동물의 지능을 입증하는 관찰 실험을 수행했다. 비록 다윈은 비글 호 항해를 마치고 돌아온 1837년 무렵에 이미 지렁이에 관한 연구 주제에 처음 관심을 가졌지만, 이에 관한 결과물인 『지렁이의 작용에 의한 옥토의 형성 및 그 습성의 관찰』(이하 『지렁이와 옥토』)은 그가 사망하기 1년 전인 1881년에 출판되어 세상의 빛을 보게 되었다. 이 책은 다윈이 지렁이가 스스로 파 놓은 터널의 입구를 막는 본능적인 행동에 착안하여 지렁이가 차단막으로서 나뭇잎과 같은 물체들을 어떤 방법으로 다루는지에 관한 일종의 지렁이의 IQ 테스트에 관한 보고서였다.

다윈은 관측 실험을 통해 지렁이가 나뭇잎의 아무 부위나 끌어당기지 않으며 주로 끌어당기기 쉬운 잎의 날카로운 끝자락을 선호한다는 사실을 알아냈다. 다윈은 뾰족한 부분을 선호하는 지렁이의 본성이 단지 부모 세대에서 물려받은 기계적인 속성이 아니라 지적 판단력과 결합된 행동이라는 것을 보이고자 했다. 이를 위해 지렁이의 선조 세대에서 전혀 경험할 수 없었던 완전히 새로운 환경을 조성해 주었다. 만약 지렁이의 행동이 단순히 프로그램화된 유전의 결과라면 부모 세대에서 경험할 수 없는 새로운 환경에 처한 자손 세대의 지렁이는 기존의 방식으로 터널을 막기 어려울 것이다. 다윈은 지렁이가 선호하는 뾰족한 끝 부분이 제거된 잎이나, 외래종 식물의 잎, 혹은 여러 가지 모양으로 오려진 종이를 이용하여 지렁이에게 새로운 환경을 조성해 주었다. 그러나 변화된 환경에서도 지렁이는 터널의 입구를 막는 자신의 과제를 완벽하게 수행해 냈다. 수없이 반복된 이와 같은 실험을 통해 다윈은 하등한 동물들이 새로운 환경에 능동적으로 대처할 수 있는 원시적인 형태의 지적 능력이 존재한다는 것을 다음과 말로 정리했다.

만일 지렁이가 물체를 끌어당기기 전에 혹은 터널의 입구를 막기 전에, 물

체를 어떤 식으로 끌어당기는 게 가장 좋을지를 판단할 수 있다면, 지렁이
는 그 형태에 대해 어떤 개념을 갖고 있어야만 한다. 이러한 개념은 아마도
지렁이가 촉각 기관의 역할을 하는 첨단부를 물체의 다양한 측면에 접촉함
으로써 획득할 것이다. …… 만일 지렁이가 어떤 물체의 형태나 터널의 형
태에 대해 조야하나마 어떤 개념을 형성할 능력이 있다면, 지렁이에게 지
능이 있다고 할 수 있다. 왜냐하면 지렁이는 동일한 환경에 처한 인간과 거
의 동일한 방식으로 행동을 하기 때문이다.*

　지렁이의 지능은 타고난 본능적인 행동이 새로운 환경과 조응하지 않을
때, 감각 기관을 이용하여 문제를 해결하는 과정에서 무의식적으로 행해진
변형된 행동에서 출현한 것이었다. 즉 하등한 동물의 지능은 선천적인 본성
과 새로운 환경 사이의 상호 작용의 결과였다. 다윈은 동물만이 아니라 식
물의 본능적인 행동에서도 조야하나마 지능의 흔적을 발견할 수 있다는 생
각에서 빛과 수분에 대한 식물들의 감각 반응에 관한 실험을 수행하기도 했
다.** 다윈은 "자연의 계단에서 하층에 있는 동물이라 할지라도 때로는 약간
의 판단과 이성이 작용하는 경우가 있다."***라는 자신의 오래전 생각을 생의
마지막 순간까지 실험을 통해 입증하고자 했다.

---

* 이 문장은 Darwin (1985)에서 확인할 수 있다. 실험 내용에 대한 간략한 정리는 재닛 브라운
(2010)의 770쪽에서 확인할 수 있고 번역된 인용문은 박성관 (2010), 457쪽에서 재인용한 것이다.
** 다윈은 『지렁이와 옥토』와 비슷한 시기에 출판된 『식물의 운동력』(1880년)을 통해 곤충을 잡
아먹는 식충식물이나 담장을 기어오르는 덩굴식물의 감각 반응과 지능의 관계에 대해 다루었다.
*** 다윈은 『종의 기원』, 「본능」의 첫 페이지에 하등한 동물에게 지능이 존재한다는 자신의 생
각을 누에고치의 지능에 관한 실험을 수행했던 피에르 위베(Pierre Huber) 씨의 말을 빌려 확언했
다. (다윈, 2009, 219쪽)

4. 나무를 오르지 못하는 딱따구리의 역설: 본성은 해부학적 구조와 무관하게 변할 수 있다

자연 신학자들은 창조주의 설계론에 입각해 동물의 본성을 마치 프로그램에 의해 작동되는 기계처럼 고정되고 변하지 않는 것으로 인식했다. 자연 신학자들은 시계, 주크박스, 그리고 계산기와 같은 기계에 대한 유비를 통해 본성의 불변성을 설명하곤 했다.(Gruber, 1974, 231쪽) 가령 페일리는 시계가 시계공에 의해 설계된 원리에 따라 작동하듯이, 동물의 본성도 창조주가 한번 설계한 법칙에 따라 변하지 않는 것으로 규정했다.

기계에 대한 자연 신학자들의 유비가 본성의 불변성을 설명하는 대중적인 언어였다면, 해부학이나 곤충학과 같은 전문적인 지식들은 대학 강단이나 과학 저널을 통해 설계론의 정당성을 학문적으로 뒷받침했다. 핵심 논리는 창조주가 설계한 유기체의 해부학적 구조가 그 구조의 기능을 결정한다는 데 있었다. 당대 가장 영향력 있는 곤충학자였던 윌리엄 커비는 피조물의 각 구조는 동물들의 본능적 행동을 관장하는 기능에 부합되도록 설계되었기 때문에 동물의 본성은 변할 수 없다고 보았다. (Gruber, 1974, 230쪽) 또한 해부학에 정통했던 자연 신학자들도 해부학적 구조 때문에 동물의 본성이 변할 수 없다고 주장했다. 가령 세인트 존스 칼리지의 교수인 마마듀크 램지(Marmaduke Ramsy)는 다른 새의 둥지에서 부화한 어린 뻐꾸기 새끼가 둥지 주인의 어린 새끼들을 밀어내는 본능적인 행동에 대해 특이하게 생긴 뻐꾸기 등의 해부학적 구조에서 비롯된 것으로 설명했다.* 이처럼 자연 신학의 해부학은 동물의 본능적 행동을 구성하는 각 구조의 '기능'들이 완벽하게 설계된 해부학적 구조로부터 독립해서 변할 수 없는 것으로 규정했다.

---

* 다윈은 『종의 기원』에서 본능을 구조상의 적응으로 설명하는 램지의 논리적 오류에 대해 반박했다. 이에 관한 자세한 설명은 다윈 (2009), 229~230쪽을 참조하라.

그러나 다윈은 해부학적 구조의 제약 때문에 동물의 본성(혹은 본능적 행동을 관장하는 기능)이 변할 수 없다는 자연 신학자들의 논리가 입증하기 어려운 취약점을 지니고 있다고 생각했다. 아래에서 보는 바와 같이, 해부학적 구조가 먼저 변해야 본능적 행동이 변할 수 있다는 관념은 자연 세계에서 어느 것이 먼저 변했는지를 파악하기 어렵다는 점에서 경험적으로 입증하기 어려운 공허한 논리에 불과했다.

> 즉 [자연 신학자들의 논리에 따르면—필자 삽입] '구조와 본능의 변이는 한쪽의 변화가 다른 쪽과 곧 상응하는 변화를 산출하지 않는다면 치명적인 것이므로, 동시에 또한 서로 정확하게 적응해 있지 않으면 안 된다'는 것이다. 이 이론의 약점은 첫째로, 본능과 구조의 변화는 돌발적이라고 하는 가정에 있다. …… 대부분의 경우 우리는 최초에 변화한 것이 본능이었는지, 아니면 구조였는지 추측할 길이 없다는 것은 인정하지 않을 수 없다. (『다윈』, 2009, 245~246쪽)

다윈은 자연 신학자들이 말하는 설계의 원형에 해당하는 해부학적 구조보다 경험적으로 입증 가능한 점진적인 단계에서의 변화에 주목하는 것이 더 합리적이라고 보았다. 그런데 경험적으로 확인할 수 있는 동물들의 본능적 행동들은 자연 신학자들의 주장과 완전히 대조적이었다. 실제 동물 세계에는 해부학적 구조가 완전히 일치하는 같은 종임에도 불구하고 서로 다른 본능적 행동을 보이는 동물들의 변칙적인 행위들로 넘쳐났기 때문이다. 아래에서 보는 바와 같이 동물들의 본능적 행동은 구조와 일치하지 않아 자연 신학자들을 당황스럽게 하는 경우가 많았다.

> 모든 생물은 현재 우리 눈에 보이는 모습 그대로 창조되었다고 믿는 사람들은, 때때로 일치하지 않는 습관과 구조를 가진 동물을 보고 놀라는 일이

있을 것이다. 오리와 거위의 발에 물갈퀴가 있는 것은 헤엄을 치기 위한 것
이라는 사실보다 명백한 것이 어디에 있겠는가 그런데 이러한 물갈퀴가 있
는 발을 갖고 있으면서도 좀처럼 물가를 찾지 않고 땅에서만 사는 거위도
있다. …… 이와 반대로 가마우지나 검정물오리는 다만 발가락이 막(膜)에
의해 테두리가 둘러쳐져 있을 뿐인데도 어디까지나 수생적이다. …… 그밖
에도 많은 예를 들 수 있으나 이러한 경우 습성이 거기에 따르는 구조상의
변화 없이 변화한 것이다. (『다윈, 2009, 190~191쪽)

　　다윈은 해부학적 구조와 전혀 조응하지 않는 동물들의 수많은 변칙적인
행동 가운데 나무를 오르지 못하는 딱따구리의 변칙적인 사례에 대해 주목
했다. 딱따구리의 나무 타기 본성은 "해부학적 구조가 본능적 행동을 결정
한다."는 관점에서 집필된 자연 신학자 앨저넌 웰스(Algernon Wells)의 『동물
의 본성에 관하여(On Animal Instinct)』에서 등장하는 대표적인 논거였다.[*] 다
윈은 해부학적 구조가 본능적 행동을 완벽하게 수행하도록 안성맞춤으로
짜 맞춰져 있다는 웰스의 주장이 지니고 있는 허점에 대해 아래와 같이 지적
했다.

　　그러나 꼭 그렇지 않을 수도 있다. 본능은 구조가 변하기 전에 변할 수도
　　있다. 왜냐하면 누구든 나무를 기어오르기에 적합한 사례로서 딱따구리
　　만을 생각하기 때문에, 우리의 명확한 변칙 사례로서 나무를 기어오르지
　　못하는 딱따구리 종을 발견할 때 그의 주장은 부분적으로 거짓이 된다.
　　(Gruber, 1974, 344쪽)

이 인용문은 『종의 기원』에 앞서, 1838~1839년 무렵에 다윈이 집필했던

---

[*]　딱따구리의 구조와 기능에 관한 웰스의 논증은 Richards (1987)의 134쪽을 참조하라.

미출판 노트에 기록된 것이다. 다윈은 시간이 흘러『종의 기원』을 집필할 때는 웰스의 주장을 반증하는 구체적인 사례로서 나무를 오르지 못하는 팜파스딱따구리를 증거 자료로 제시했다.* 아래와 같이『종의 기원』에는 해부학적 구조가 완벽히 일치함에도 나무를 기어오르지 못하고 평원을 걸어다니는 딱따구리의 변칙적인 사례가 소개돼 있다.

> 나무에 기어올라가 나무껍질 속에 있는 곤충을 잡아먹는 딱따구리만큼 발달된 적응의 예가 또 있을까? …… 거의 한 그루의 나무도 자라지 않는 라플라타 평원에는 …… 곧고 긴 부리를 가진 딱따구리(*Colaptes Campestis*)도 있다. …… 따라서 이 딱따구리는 구조상 중요한 모든 부분에서는 우리가 흔히 볼 수 있는 딱따구리와 같은 것이다. …… 온갖 작은 형질에 이르기까지 이 새는 일반적인 딱따구리와 밀접한 혈연 관계를 뚜렷이 보여 주고 있지만, …… 이 새는 어떤 큰 지방에서는 나무에 기어오르지 않고 제방에 있는 구멍 같은 곳에 집을 짓는다는 것이다. (다윈, 2009, 189쪽)

라플라스 평원에 서식하는 딱따구리의 해부학적 구조는 나무타기에 능숙한 일반적인 딱따구리의 그것과 동일했지만 나무를 오르지 못하고 걸어다니는 본성을 지니고 있었다. 이러한 사실은 해부학적 구조가 같은 종 내에서 나타나는 다양한 본능적 행동들에 완전한 제약을 가하지 못하고 있다는 것을 암시했다. 다윈은 동물 세계에서 쉽게 발견할 수 있는 변칙적인 행동들이 자연 신학자들이 주장하는 원형론에 전혀 부합하지 않는다고 보았다. 나무를 오르지 못하는 딱따구리가 일반적인 딱따구리의 해부학적 구조를 갖추고 있음에도 불구하고 나무를 오르는 대신 땅을 걸어다니는 본성을 지녀

---

* 다윈은『종의 기원』에서뿐만 아니라『인간의 유래』(1871년)를 집필하던 말년에도 이 문제에 천착하여「팜파스 딱따구리(*Colaptes Campestis*)의 습성에 관한 연구 노트」(1870년)라는 짧은 논문을 출판하기도 했다.

자연 신학자들의 논리를 반증했던 것처럼 반대로, 해부학적 구조가 다름에
도 불구하고 동일한 본성을 지닌 종들 역시 자연 신학의 주장을 뒷받침하지
않았다.

> 극히 근연 관계에 있지만 확실하게 구별할 수 있는 종이, 세계의 멀리 떨어
> 진 지점에서 뚜렷하게 다른 생활 조건하에 생활하면서도 거의 같은 본능
> 을 보존하고 있는 것을 종종 볼 수 있다는 것 등이다. 이를테면 남아메리카
> 의 개똥지빠귀가 영국의 개똥지빠귀처럼 특별한 방법으로 둥지에 진흙을
> 바르는 것과, 아프리카와 인도의 무소새가 나무구멍 속에 진흙을 발라 암
> 컷을 가두고 작은 구멍만 뚫어서 수컷이 먹이를 날라다 주어 암컷과 부화
> 한 새끼를 부양하는 이상한 본능을 가진 것이나 …… 우리는 유전의 원리
> 에 의거하여 이해할 수 있다. (다윈, 2009, 253쪽)

개똥지빠귀와 무소새는 같은 종으로 분류될 수 없는 상이한 해부학적 구
조를 지니고 있지만, 둥지에 진흙을 바르는 동일한 본성을 지니고 있었다. 이
는 각기 다른 원형에 의해 창조된 두 종이 동일한 본성을 지녔다는 점에서
설계론에 부합하지 않았다.

이러한 반증 사례들은 해부학적 구조와 본능적인 행동이 자연 신학자들
이 생각하듯 완벽한 조화나 안정적인 관계를 유지하지 않는다는 것을 뒷받
침했다. 부모 세대에서 물려받은 해부학적 구조가 이전 세대와 다른 환경에
서 살아가는 자손 세대의 본능적 행동을 완벽하게 결정할 수 없었기 때문이
었다. 다윈은 경험적 사료에 기초해서 동물의 본능적 행동이 해부학적 구조
의 변화와 무관하게 먼저 변화할 수 있으며 심지어 구조적 변화에 거꾸로 영
향을 미칠 수 있다고도 생각했다. (Gruber, 1974. 229쪽) 이와 같이 다윈은 자연
신학자들의 논리를 완전히 뒤집어서 사고했다.

5. 본성의 변화와 자연 선택설

5.1. 자연 선택설: 우연적인 '변이'와 필연적인 '선택'의 종합

본성이 변하는 메커니즘에 관한 다윈의 기본적인 전제는 본능적 행동들을 관장하는 기능들이 해부학적 구조의 구속력으로부터 상대적인 자율성을 지닌다는 데에 있다. 사실 본성이 변한다는 주장은 다윈 외에도 라마르크나 조르주 퀴비에(Georges Cuvier) 같은 당대의 많은 진화론자들도 받아들이고 있었기 때문에 특별히 새로울 것도 충격적인 것도 아니었다. 다윈의 독창성은 본성이 변하는 과정, 특히 본성을 변화시키는 원인인 '변이'에 대해 선배 진화론자들과 다른 관점에서 접근한 데 있었다.

본성의 변화와 관련해서, 다윈과 다른 진화론자들 사이의 차이는 변이의 원인이 어디서 비롯했는지를 설명하는 데 있었다. 다윈 이전에 진화론의 대가로 알려진 라마르크나 퀴비에는 본능적인 행동이 변하는 원인을 대개 후천적인 경험에서 찾았다. 이들은 '본능'을 경험과 학습을 통해 후천적으로 얻어진 습관의 누적된 결과인 '습성'과 동일시하여, 습성이 변하면 본능도 변한다고 생각했다.* 심지어 부모 세대의 경험과 학습을 통해 후천적으로 획득된 습성이 바로 다음 세대의 본성을 변화시킬 수 있다고도 믿었다.

그러나 다윈은 "본능이 습성에 의해 한 세대에서 획득되어 다음 세대로 유전된다는 생각은 중대한 잘못"(다윈, 2009, 220쪽)이라고 지적했다. 왜냐하면 일개미나 일벌처럼 자손을 낳지 못하는 중성 불임 곤충들의 본성은 후천적인 경험으로 획득된 습성이 유전된 것으로 전혀 설명되지 않았기 때문이었다. 다윈은 아래와 같이 중성 불임 곤충들의 본성이 후천적인 습성을 중시

* 획득 형질의 관점에서 본성의 변화를 이해한 라마르크와 퀴비에의 관점에 대한 자세한 설명은 Richards (1987)의 56, 67, 68쪽을 참고하라.

하는 라마르크의 주장을 결정적으로 반증한다고 보았다.

왜냐하면 일개미 또는 생식 불능인 암컷에 한정된 특수한 습성은 오랫동
안 아무리 계속된다 해도, 유일하게 자손을 남기는 수컷 또는 생식력이 있
는 암컷에게 영향을 미치는 것은 거의 불가능하기 때문이다. 나는 이 명확
한 중성 곤충의 예를, 유전된 습성에 관해 제출된 라마르크의 널리 알려진
학설에 대한 반증으로서 제시하는 자가 아무도 없었던 것은 이상한 일이
라고 생각한다. (다윈, 2009, 252쪽)

중성 불임 곤충의 사례는 습성이 본성의 변화를 설명하는 데 심각한 오류
가 있다는 것을 여실히 보여 주고 있다. 그러나 다윈은 습성이 본능적 행동의
변화를 이끄는 데 많은 한계를 지니고 있다는 것을 인식하고 있었지만, 습성
과 같은 후천적인 영향이 미치는 효과를 완전히 부정하지는 않았다. 즉 다윈
은 본능과 습성의 행동 양상이 비슷하고 둘 다 유전될 수 있다는 점에서 습
성이 본성을 변화시킬 수 있는 요인이라는 점도 인정했다. 가령 다윈은 개와
고양이에 대한 병아리의 공포 본능이 가축화된 환경에서 획득된 습성에 의
해 천적을 두려워하지 않는 본성으로 변할 수 있다고 생각했다. (다윈, 2009,
226쪽)

이처럼 다윈은 본성의 변화를 설명하는 도구로서 '획득 형질의 유전 이
론'을 완전히 배제하지 않았다. 그가 반대한 것은 일반적인 획득 형질 이론이
아니라 라마르크의 획득 형질 이론이었다. 다윈은 라마르크의 획득 형질 이
론의 가장 큰 문제점이 변화의 주된 동인을 습성으로 이해한 데 있다고 보았
다. 다윈은 습성과 같은 후천적인 요인은 본능적인 행동의 변화를 일으키는
여러 원인들 가운데 하나일 뿐, 결정적인 역할을 담당한다고 생각하지 않았
다. 오히려 본능적 행동의 변화를 일으키는 동력은 '알 수 없는 미지의 원인'
에 있으며, 이에 비하면 습성은 매우 부차적인 요인에 지나지 않았다. 즉 다

음에서 보는 바와 같이 본성을 변화시키는 주된 동인은 획득된 습성을 계속해서 '사용하느냐 안 하느냐(용불용)'와 같은 후천적인 경험으로 명확하게 규정될 수 없는 우발적인 '미지의 원인'에 있었다.

> 신체적 구조의 변화는 사용, 즉 습성에서 생기며 그것에 의해 증대하고 불용에 의해 감소 내지 소멸하는데, 본능에 대해서도 마찬가지라는 것을 나는 의심하지 않는다. 그러나 습성의 영향은, 본능의 자발적인 변이라고 할 수 있는 자연 선택이 미치는 영향에 비하면, 많은 경우 종속적인 중요성을 가질 뿐이라는 것도 나는 믿는다. 여기서 본능의 우발적인 변이라는 것은 신체적 구조의 사소한 편차를 낳는 것과 미지의 원인에 의한 것을 가리킨다. (다윈, 2009, 221쪽)

변이의 주된 원인을 후천적인 영향으로 볼 것인가, 아니면 미지의 원인으로 볼 것인가의 문제는 라마르크의 진화론과 다윈의 진화론을 결정적으로 구분하는 잣대였다. 즉 변이의 원인을 후천적인 경험에서 찾는 라마르크의 관점은 기본적으로 진화의 목적론과 필연성을 전제하고 있었다. 라마르크의 관점에 따르면 후천적인 습성은 유기체가 새로운 환경에서 요구받는 필요나 욕구에 대한 의식적인 반응의 누적된 결과였다. (라마르크, 2009, 50쪽) 라마르크주의에서 말하는 변이, 즉 습성은 이미 그 안에 미래의 목표나 목적 혹은 특정한 방향으로 적응하게 만드는 내적 힘이 존재한다는 것을 의미했기 때문에 궁극적으로 필연적이고 목적론적인 진화론을 뒷받침했다.

그러나 다윈은 본성을 이성적이거나 의식적인 행위와 대비되는 개념으로 보았다. 따라서 다윈이 생각하는 본성은 비록 습성과 유사하고 또 습성의 영향을 받아 변하기도 하지만 근본에서 습성과 다른 것이며 후천적이기보다는 선천적인 속성으로 보았다.* 다만 본성을 변화시키는 원인이 무엇인지 알 수 없다는 점에서 후천적인 습성을 엄격하게 배제시키지 않았을 뿐이었다.

다윈의 관점에서 본성을 변화시키는 변이는 무작위적이고 우발적이라는
점에서 어떤 방향성이나 목적성을 지니고 있지 않았다. 다윈은 변이의 문제
를 집중적으로 다룬 『사육 재배되는 동식물의 변이(*The Variation of Animals
and Plants under Domestication*)』(1868년)에서 변이의 우연적 속성을 사육 재
배, 이종 교배와 근친 교배 과정, 변화하는 생활 환경, 양성 생식 등과 같이
생식 체계의 불안정성에서 기인한 것으로 보았다. (재닛 브라운, 2010, 324쪽)

그러나 다윈은 진화라는 현상이 단지 우발적인 사건들의 누적만으로 일
어난다고는 생각하지 않았다. 즉 변이는 우연적이지만, 그러한 변이가 환경
에 적응하고 살아남는 이른바 자연 선택의 과정은 (무의식적이지만) 필연적이
라고 보았다. 가령 흰 눈이 뒤덮인 지역에 서식하는 곰의 흰 털은 우연적 변이
의 발현이지만, 설원 지대의 환경에서 흰 곰이 검은 곰에 비해 상대적으로 탁
월한 적응력을 보이고 생존에 유리한 것은 필연적인 현상이다. 다윈은 『사육
재배되는 동식물의 변이』에서 우연과 필연의 종합이라는 관점에서 자연 선
택을 건축 과정에 빗대어, 라마르크와 자연 신학자들의 목적론에 대해 아래
와 같이 비판했다.

> 어떤 건축가가 우아하면서 큰 건물을 짓고 있다고 가정해 보자. 그런데 이
> 건축가가 석재를 따로 다듬지 않고 절벽에서 아치에 쓸 쐐기의 모양의 돌
> …… 등을 선택해 온다면 …… 이제 건축가가 선택해 온 돌덩어리와 그가
> 지은 건물의 관계는 끊임없이 변화하는 유기체의 변이가 변화된 후손들
> 이 궁극적으로 습득한 다양하고 우수한 구조에 가지는 관계와 동일하다.
> …… 그렇다면 창조주가 어떤 바위는 건축가가 건물에 바로 쓸 수 있다고
> 생각할 수 있도록 의도적으로 명령했다고 주장하는 것이 관연 논리적인가.

---

*   다윈은 무의식적인 본능과 "의지와 이성에 의해 변할 수 있는 습성"을 구분하여 본능과 습성
을 동일시하는 라마르크나 퀴비에의 견해를 비판했다. (다윈, 2009, 219~220쪽)

(Darwin, 2010, 426~427쪽)

다원은 건축물을 유기체의 해부학적 구조나 본능적 행동을 관장하는 정신 능력에, 제각각인 돌덩어리의 모양은 변이에, 그리고 구조에 알맞게 필요한 모양을 선택하는 건축가는 자연 선택에 각각 대응시켜 자연 선택의 원리를 설명했다. 즉 석재의 모양이 제각각인 것은 우연적인 것이지만 건물 구조의 아치에 쓸 목적에서 아치 모양의 돌덩어리를 건축가가 선택하는 것은 필연적인 것이다. 변이 안에 내재된 목적론을 옹호했던 라마르크의 진화론과 달리, 변이에 해당하는 석재의 모양, 크기, 그리고 재질 등은 건축가의 의도적인 선택과는 어떤 식으로든 관계가 없다는 점에서 우연적인 것이었다. 요컨대 다원의 진화론은 우연적인 변이와 필연적인 선택의 종합이라는 자연 선택설로 정리될 수 있다.

5.2. '집단 선택'과 도덕의 자연사적 기원

우연과 필연의 종합으로 표현되는 '자연 선택설'과 도덕성과 같은 인간 정신의 기원 사이에 어떤 연관이 존재하며, 자연 선택설로 설명될 수 있는 동물의 정신 능력 혹은 심리 상태의 범주는 어디까지인가. 다원은 라마르크나 19세기의 도덕 철학자들이 주장하듯 동물의 정신 능력은 이성이나 도덕감과 같은 고등한 정신 능력과 원시적인 형태의 지능, 즉 감각 반응 사이에 단절이나 엄격한 위계적 질서가 존재한다고 생각하지 않았다. 고등한 포유동물들에게도 모방, 주의력, 기억, 상상력, 이성, 추리력, 연상 능력 등과 같은 고등한 지적 능력이 존재하며 낮은 수준이나마 도구와 언어를 사용하고 미적 감각이 존재한다는 것을 다양한 경험적 사례를 들어 뒷받침할 수 있었기 때문이다. (다원, 2006, 133~166쪽) 즉 다원은 인간과 고등한 포유류 사이의 지능이 근본적으로 다른 성질의 것이 아니며 단지 정도의 차이라고 생각했다.

다윈이 인간과 동물을 구분짓는 주요한 속성으로 꼽은 것은 인간의 도덕성이나 옳고 그름을 판단하는 능력인 양심에 있었다. 그는 애덤 스미스나 제임스 매킨토시와 같은 도덕 철학자들의 말을 빌려 "인간과 하등 동물의 모든 차이점 중에서 도덕감과 양심이 가장 중요하다고 주장하는 학자들의 판단에 전적으로 동의한다."라며 도덕감이 인간의 고유한 속성임을 인정했다. (다윈, 2006, 167쪽) 그러나 다윈은 도덕 철학자들과 달리 인간의 고유한 속성으로 알려진 도덕성마저도 자연사적 측면에서 다룰 수 있다고 보았다. 그리고 도덕성의 자연사적 토대가 바로 일벌이나 일개미와 같은 하등한 붙임 동물들에게서 발견할 수 있는 사회적 본능, 즉 목숨을 걸고 적과 맞서 싸우며 알을 돌보고 집을 짓는 등의 후천적인 경험으로 결코 획득될 수 없는 본능에서 비롯됐다고 생각했다. (다윈, 2006, 179쪽) 즉 곤충 사회에서 발견할 수 있는 사회적 본능은 도덕이나 양심과 같이 인간만이 지닌 고유한 정신 능력과는 다른 것이지만 도덕의 자연사적인 토대 내지 기원인 셈이었다.

다윈은 자연 선택설에 기초해서 도덕성의 자연사적 토대인 사회적 본능의 출현을 설명하고자 했다. 다윈은 붙임 곤충이 선천적으로 타고나는 사회적 본능을 설명하기 위해 일반적으로 개체를 대상으로 이루어지는 자연 선택의 범위를 확장하여 개체가 아닌 군집을 자연 선택의 단위로 삼았다.* 즉 '집단 선택' 개념은 자연 선택이 개체 차원의 이익만이 아니라 집단 차원의 이익을 보존하는 방식으로도 작동한다는 것을 의미했다.

언뜻 보기에 집단 선택 개념은 개체들이 공동체의 이익을 위해 생식과 생존의 전략을 포기한다는 점에서 자연 선택설에 위배되는 것처럼 보일 수도 있다. 그러나 다윈은 공동체를 위해 심지어 목숨을 거는 개체들의 사회적 본능이 결과적으로 집단에게 이익이 되어 종족 보존의 효과로 이어진다는 점

---

* 다윈은 협력과 우애로 뭉쳐진 호혜적인 사회적 본능만이 아니라 그것의 반대인 증오나 동족 살해와 같은 부정적인 본성도 자연 선택의 결과라고 보았다.

에서 자연 선택이 적용될 수 있다고 생각했다. 따라서 집단 선택 역시 우연
적인 변이와 필연적인 선택이라는 자연 선택의 일반적인 법칙 안에서 작동
하는 것이었다. 자연 선택설에 바탕을 둔 다윈의 설명에 따르면 개미 군집에
서 나타나는 사회적 본능은 여왕개미가 미지의 원인에 의해 그 집단에 이익
이 되는 행동을 하는 '중성자'를 낳게 되고 집단의 생존에 유리한 행동을 하
는 중성 불임 개미들이 많은 집단이 선택되는 과정에서 등장한 것으로 설명
됐다.

> 이 문제는 극복하기 어려운 것으로 보이지만 선택은 개체와 함께 그 종족
> 에게도 작용할 수 있으며 …… 경미하고 유익한 변화가 처음부터 같은 집
> 단 안의 중성 개체 모두에게 일어난 것이 아니라 단지 어떤 소수에게만 나
> 타난 것이다. 그리고 유리한 변화를 한 중성자를 가장 많이 낳은 암놈이 있
> 는 집단이 발생함에 따라 모든 중성자가 이러한 형질을 가지게 되었다는
> 결론을 내릴 수 있다. (다윈, 2009, 248~249쪽)

다윈에게 있어 '집단 선택' 개념은 곤충 사회만이 아니라 공동체를 위해
헌신하는 인간 사회의 사회적 본능을 설명하는 데도 유용했다. 즉 우리가 느
끼는 도덕심이나 양심은 곤충 군집에서 집단 선택의 결과로 출현한 사회적
본능의 자연사적 기원을 두는 것으로 설명될 수 있었다. 다윈은 『인간의 유
래』에서 집단 선택 개념을 인간 사회에 적용하여 사회적 본능에서 도덕이나
양심에 따른 행동이 출현할 수 있었다고 아래와 같이 설명했다.

> 결국 우리의 도덕심이나 양심은 아주 복합적인 감정이 되었다. 이것은 사회
> 적 본능에서 기원했으며 동료의 찬성으로 인도되고 이성과 이기주의에 이
> 끌렸다. 그리고 나중에는 깊은 종교적 느낌으로 지배되었으며 교육과 습성
> 으로 확립되었다. …… 좋은 품성을 갖춘 사람들이 늘어나고 도덕성의 기

준이 진보할수록 부족 전체는 다른 부족에 비해 막대한 이득을 얻게 된다
는 것을 잊어서는 안 된다. 높은 수준의 애국심, 충실성, 복종심, 용기, 동정
심이 있어서 남을 도울 준비가 항상 되어 있고 공동의 이익을 위해 자신을
희생할 준비가 되어 있는 사람들이 많은 부족은 다른 부족에 비해 성공을
거둘 것이다. 이것이 바로 자연 선택이다. (다윈, 2006, 215쪽)

다윈은 의지할 데 없는 사람들에게 제공되는 도움이나 부조(扶助) 행위는
본래 사회적 본능의 일부였던 본능적인 '동정심'에서 발현된 것이라고 보았
다. (다윈, 2006, 217쪽) 그러나 다윈은 곤충 사회에서 무의식적으로 발현된 사
회적 본능과 문명화된 인간 사회에서 발견할 수 있는 도덕적 행위의 출현을
동일시하지 않았다. 아래 인용문에서 보는 바와 같이 도덕률이나 양심적 판
단에 따른 행동은 자연 선택에 의해 출현한 사회적 본능이 동료의 인정이나
어렸을 때의 교육 및 종교적 가르침과 같은 문화적 요인에 의해 진보해 온 것
으로 자연 선택의 법칙이 엄격하게 적용되지 않는 문화적 산물이었다.

근본적인 사회적 본능이 자연 선택으로 획득된 것은 사실이다. 그러나 문
명 국가에서는 진보된 도덕성의 기준과 훌륭한 사람의 수가 증가하는 현
상이 자연 선택의 영향을 거의 받지 않는다는 사실은 분명하다. …… 즉 동
료의 인정, 습관에 따른 동정심의 강화, 모범과 모방, 사고력, 경험과 심지어
는 이기주의, 어렸을 때의 교육, 종교적 느낌 등이 도덕성의 진보를 이끄는
주요한 원인이 된다고 논의한 바 있다. (다윈, 2006, 222쪽)

다윈은 사회적 본능의 진화와 인간의 도덕적 행동의 진화를 상이한 메커
니즘에서 다루었다. 즉 사회적 본능은 확실히 자연 선택의 결과였지만, 그로
부터 파생된 도덕성의 진보는 자연 선택과 무관한 문화적 산물이었다. 그러
나 다윈은 문화적 산물인 도덕성이 사회적 본능이라는 자연사적인 토대로부

터 완전히 벗어나 독립적으로 존재할 수 있다고 생각하지 않았다. 이 부분이 바로 도덕의 기원에 대한 다윈의 분석과 애덤 스미스와 같은 도덕 철학자들의 분석이 갈라지는 지점이었다. 이처럼 다윈은 인간 본성(심리와 행동)의 기원을 자연 선택과 문화적 요인이라는 두 범주가 교차하는 지점을 논리적 토대로 삼아 인간과 동물 사이의 연속성이 존재하다는 입장을 고수하면서도 인간만이 지니고 있는 도덕성과 같은 고유한 속성에 대해 통찰할 수 있었다.

6. 에필로그: 본성의 변화에 관한 다윈 이론의 현재적 의의

다윈의 자연 선택설은 기본적으로 변화(변이)에 관한 이론이다. 다윈은 모든 피조물들이 변하지 않는 원형에 의해 창조됐다는 자연 신학자들의 설계론에 대해 "이러한 관념은 설명이 아니며, 자연의 법칙이라고 할 수도 없고", "전혀 쓸모없는 것"이며 "아이를 낳지 못하는 처녀와 같다."라고 강하게 비판했다. (포스터, 2009, 162쪽) 따라서 다윈은 자연 신학자들이 주장하는 "유기체의 해부학적 구조만이 아니라 본능적 행동도 고정된 원형에 의해 창조됐다." 라는 논리를 반박하기 위해서 신의 개입 없이 작동하는 변화의 메커니즘을 제시해야만 했다.

이를 위해 다윈은 크게 두 가지 문제를 해결해야 했다. 하나는 본능적 행동을 개선시킬 수 있는 지능적 판단이 동물에게는 존재하지 않는다는 자연 신학자들의 주장을 반박하는 것이었다. 다시 말해 다윈은 본성의 변화를 설명하는 토대로서 동물에게 지능이 존재한다는 것을 입증해야 했던 것이다. 다윈은 지능을 추상 수준이 높은 추리, 사고, 언어 등을 지칭하는 개념이 아닌 유기체들이 외부 자극에 대해 반응하는 감각 현상으로 보았다. 이른바 감각주의 인식론에 영향을 받은 다윈은 이러한 관점에 기초하여 지렁이나 운동성을 지닌 식물(식충식물이나 덩굴식물)을 대상으로 하등한 유기체의 지능을 입증하는 관측 실험을 수행했다.

　두 번째, 다윈은 동물의 본성이 학습과 경험이라는 후천적인 경험을 통해 변화한다는 라마르크의 진화론을 극복해야 했다. 다윈은 변이의 원인이 후천적인 경험에 있다는 라마르크의 획득 형질 이론이 본능의 선천적인 속성을 제대로 설명하지 못한다고 보았다. 무엇보다 라마르크의 이론의 중대한 오류는 의식적이고 의지적인 후천적인 경험이 변이의 주된 동력이라는 데 있었다. 즉 라마르크의 이론은 변이 안에 특정 방향으로 진화를 이끄는 목적론이 내재돼 있었던 것이다. 그러나 다윈은 변이는 후천적인 영향을 받기도 하지만 대체로 규명할 수 없는 미지의 원인에 의해 발생한다고 보았다. 즉 우연적으로 발생한 변이가 생식과 생존에 유리하게 작용한다면 필연적으로 선택된다는 것이었다. 아래 언급된 『종의 기원』 「본능」의 마지막 구절의 인용문에서처럼, 본성은 우연적인 변이와 필연적인(그러나 무의식적인) 선택의 종합이라는 자연 선택의 원리에 따라 변화하는 것으로 이해됐다.

　　나는 이 장에서 간단하게 가축의 심리적 능력은 변이하며, 또 그 변이는 유전한다는 것을 보여 주려고 시도했다. 그리고 더욱 간단하게, 본능은 자연 상태에서 경미한 변이를 한다는 것을 보여 주려고 노력했다. …… 나로서는 변화하는 생활 조건 속에서, 자연 선택이 본능의 경미한 변화를 일정한 범위에서, 또 어떤 유용한 방향으로 축적해 간다는 것에는 아무런 문제도 없다고 생각된다. …… 이러한 것은 모두 자연 선택의 학설을 확실히 해 주는 것들이다. (다윈, 2009, 252쪽)

　다윈은 변화하는 생활 조건에서 본성이 미미한 변이를 겪게 되고 그러한 것이 축적되어 궁극적으로 새로운 본능으로 진화한다고 보았다. 다윈에게 경미한 변화란 라마르크가 생각하듯 의식적인 행동의 결과가 아닌 알 수 없는 원인에 의해 우연적으로 발생하는 사건을 의미했다. 또한 그렇게 발생한

본능의 경미한 변화는 후천적인 학습과 목적에 부합하여 존속되는 것이 아
니라 아무리 미미할지라도 장구한 시간을 거쳐 개체에게 유리하게 작용한
다면 후대에 전달되는 자연 선택의 기본 법칙을 따르는 것으로 이해됐다.

흥미로운 사실은 본능의 변화를 설명하는 다윈의 자연 선택설이 오늘날
인간 본성의 고정성을 뒷받침하는 논거로서 사용된다는 데 있다. 1990년대
미국의 심리학자 데이비드 버스(David Buss)와 존 투비(John Tooby) 등이 체계
화한 진화 심리학은 다윈의 진화론에 기초하여 인간 본성의 가변적인 속성
보다는 고정성에 대해 조명해 왔다. 진화 심리학자들의 관점은 장구한 지질
학적인 시간을 거쳐 진화상의 변화가 일어난다는 이른바 다윈의 점진론적
인 진화론에 바탕하고 있다. 이러한 관점에 따르면 현생 인류의 본성은 지금
으로부터 약 180만 년 전과 1만 년 전(홍적세)인 신생대 말기 사이에 출현한
원시 인류의 본성에서 비롯된 것으로 유의미한 변화를 겪을 만한 진화상의
시간을 충족하지 못해 원시 인류의 본성이 그대로 남아 있는 것으로 이해되
고 있다.*

이런 설명은 부분적으로 다윈의 주장과 부합한다. 인간 본성의 자연사적
인 토대라 할 수 있는 사회적 본능은 진화 심리학자들이 주장하듯이 점진적
이고 장구한 진화의 시간을 거쳐 자연 선택, 더 정확한 개념으로는 집단 선택
의 결과로 출현한 것이다. 앞서 언급했던 것처럼 알을 돌보고 적과 맞서 싸우
는 일개미들의 사회적 본능은 알 수 없는 원인에 의해 발생한 미미한 변화들
이 군집의 생존에 유리한 결과를 초래하여 점진적인 변화의 과정으로서 출
현한 것이다. 즉 인간 본성의 토대가 되는 사회적 본능은 다윈과 진화 심리학
자들이 강조해 온 점진적인 진화의 산물이라 할 수 있다.

그러나 다윈은 인류의 본성을 사회적 본능의 직접적인 결과로만 설명하지
는 않았다. 다윈은 인류의 본성이 문화적 실천을 매개로 형성된다는 점을 강

---

* 진화 심리학에 대한 자세한 설명은 Jerome (1992)와 Buss (1999)을 참조하라.

조했다. 물론 문화적 존재로서의 인류의 특징은 점진적인 자연 선택의 결과로 형성된 사회적 본능에 바탕하고 있는 것이다. 그러나 이는 진화 심리학자들이 주장하듯 현대 인류의 본성은 원시 인류의 본성이라는 생물학적인 기원으로부터 직접적으로 형성됐다는 주장과는 다른 의미를 함축하고 있다.

다윈은 문명화된 인류의 행동 양식 가운데 도덕성과 같은 고등한 정신 능력은 자연 선택의 법칙을 따르기보다는 문화적 진보의 영향을 받는다고 주장했다. (다윈, 2009, 222쪽) 문화적 진보의 가능성에 주목하는 다윈의 관점에 따르면, 지질학적인 시간 척도로 볼 때는 비록 1만 년이라는 인류 문명의 역사가 찰나에 불과할지라도 원시인의 본성과 문명화된 인류의 본성 간에 질적으로 커다란 차이가 생길 수 있다는 것을 뜻한다. 때론 급격하게 변화하는 인류의 역사적, 문화적 환경과 같은 후천적인 요인들이 인간 본성의 변화에 영향을 미칠 수 있는 요인이 될 수 있다는 것이다.

다윈은 "자연은 비약하지 않는다."(다윈, 2009, 252쪽)라는 점진론적인 관점에서 집단 선택의 결과로서 사회적 본능의 출현을 설명함과 동시에 후천적인 경험에 해당되는 문화적 요인들 역시 본성 변화의 원인이라는 점을 조명했다. 즉 인간 본성에 대한 다윈의 철학적 접근 방식은 자연과 사회를 서로 무관하거나 이분적인 구도에서 대립하는 관계가 아닌 양자 사이에 존재하는 교차 영역 안에서 작동하는 메커니즘을 변증법적으로 사고한 데 있다. 결론적으로, 본성에 관한 다윈의 분석이 지니고 있는 현재적 의의는, 본성은 점진적인 진화의 산물로서 '사회적 본능'과 같은 자연사적인 토대를 갖고 있다는 점에서 자연 과학적인 설명이 가능함과 동시에, 자연 선택의 법칙으로부터 상대적으로 자유로운 문화적 요인에 영향을 받아 변화하는 인간 본성의 영역이 존재한다는 통찰을 제시한 데에 있다.

한선희(서울 대학교 의과 대학 인문 의학 교실 박사 과정)

3부

우리는 어디로 가는가

사회를 보는

통합 학문적 접근

5장 문학의 눈으로 본 다윈의 『종의 기원』

통합적인 학문을 향한 시론

1. 머리말

서구를 중심으로 시작된 근대는 500여 년이 지난 지금 과거에는 상상할 수 없었던 생산력의 발전을 통해 인간 사회뿐만 아니라 인간이 사는 지구의 모습을 완전히 바꾸고 있다. 그러나 인간이 누릴 수 있는 과학 기술의 혜택이 증대할수록 근대적 발전의 한계는 더욱 분명해지고 있으며, 전 지구적인 생태계 위기를 비롯한 온갖 문제들을 일으키며 인류의 생존마저 위협하고 있다. 그럴수록 근대의 위기에 적절하고도 전면적인 대응을 뒷받침할 수단, 즉 근대 학문의 분화와 분열을 극복하는 종합적이고 통합적인 학문에 대한 요청은 점점 더 절박해지고 있다고 생각된다.

다른 한편으로, 인터넷 시대의 도래나 SNS의 확산 등으로 적어도 정보와 지식은 특정한 지식 집단이나 사회 계급이 독점하기가 점점 어렵게 되어가

---

* 이 글의 일부는 「문학의 눈으로 본 다윈의 『종의 기원』」으로 《안과밖: 영미 문학 연구》 35호 (2013)에 게재되었다.

고 있다. 이러한 정보와 지식의 민주화 자체는 쌍수를 들어 환영할 일이지만, 그 자체가 근대의 모순을 극복하고 인간 해방을 이끌 지식을 생산하고 인간에게 깨달음과 행동의 원천이 될 것이라고 생각하기는 이르다. 디지털 시대의 민주적 가능성을 토양으로 삼되 지식과 학문의 문제에 대한 좀 더 발본적인 성찰과 실천이 필요한 것이다.

국내 학계의 논의에서도 근대 학문의 파편성을 극복하려는 노력은 적지 않았다. 대학과 제도권 학계에서 다양한 형태로 진행되는 학제간 연구도 그런 노력의 일환으로 인정해야겠지만, 그 외에도 다양한 지적 탐색이 존재했다. 그러나 진화 생물학자 에드워드 윌슨이 내세웠고 국내에서도 한때 유행했던 '통섭(consilience)'이라는 용어를 둘러싼 지적 모색을 제외하면, 찰스 다윈 이래의 진화 생물학의 성과를 바탕으로 근대적인 인문학과 자연 과학의 분리 현상, 소위 '두 문화(two cultures)'를 극복하려는 성찰은 생각보다 드문 것 같다.

이 글은 문학 연구, 문학 비평을 업으로 삼은 '문외한'의 시각에서 다원의 『종의 기원』과 그의 이론을 둘러싼 당대의 논의를 살펴봄으로써 소위 '두 문화'의 분열 현상을 재검토하려고 한다. 이 과정에서 우리가 뉴턴과 데카르트, 베이컨 등이 대변하는 근대적 과학주의의 결정론과 환원주의, 그리고 인간 중심주의 등을 벗어나 인문학과 자연 과학을 종합한 새로운 학문, 즉 근대의 한계를 극복할 통합적인 학문을 건설할 단초를 찾아볼 수 있지 않을까 한다.

2. 매슈 아널드와 토머스 헉슬리 논쟁의 재검토

논의의 진전을 위해 다원의 『종의 기원』이 발간된 후 19세기 후반 영국 사회에서 진행된 토론들을 살펴볼 필요가 있다. 그중에서도 대표적인 것이 19

세기 중후반 영국 지성계를 대표하는 인물로서 문학 평론가, 교육자이자 사회 비평가였던 매슈 아널드(Matthew Arnold)와 '다윈의 불도그'라는 별명까지 얻은 자연 과학자이자 사회 개혁가인 토머스 헨리 헉슬리(Thomas Henry Huxley) 간의 논쟁이다.

1880년대에 과학 교육의 위상을 둘러싸고 토머스 헉슬리와 매슈 아널드 사이에 벌어진 논쟁을 전통적인 인문학과 새로 등장하여 눈부시게 발전하는 자연 과학 간의 갈등의 출발점으로 보는 것은 상식처럼 되어 있다. 크게 보아 이런 평가는 별로 잘못된 것이 아니다. 그러나 헉슬리-아널드 논쟁을 80년 가까이 지난 후에 찰스 퍼시 스노(Charles Percy Snow)와 프랭크 레이먼드 리비스(Frank Raymond Leavis) 사이에서 벌어진 소위 스노-리비스 논전과 너무 쉽게 연결시키는 것은 곤란하다. 스노가 1959년의 강연 제목으로 택해 그 표현 자체가 이후 유행이 된 '두 문화'에 관한 논의에서 헉슬리-아널드 논쟁과 스노-리비스 논전은 대표적인 것이지만, 무엇보다도 두 논쟁은 사회적 맥락이 다를 뿐만 아니라 구체적인 내용에서도 큰 차이가 난다. 이를 제대로 따져보기 위해서 우선 헉슬리-아널드 논쟁의 역사적 맥락부터 세심하게 살펴볼 필요가 있다.

2.1. 논쟁의 역사적 맥락

헉슬리와 아널드 사이에는 일찍이 1867년에 처음 만난 뒤부터 긴밀한 친교와 협동 작업이 있었고(White, 2003, 139쪽), 1880년대에 과학 교육의 위상을 둘러싼 논쟁에도 불구하고 그들의 서신을 살펴보면 전혀 논적이라는 느낌을 받지 못할 정도로 친밀한 관계를 유지했다. (White, 2003, 157~158쪽) 그도 그럴 것이 흔히 생각하는 것과 달리 19세기 후반 영국에서 헉슬리와 아널드는 서로 적이 아니라 우군이었기 때문이다. 무엇보다도 두 사람은 프랑스나 독일 같은 이웃의 경쟁 국가와 비교할 때 낙후된 공교육을 개혁하고 발전시킨다는 공동의 목표를 공유하고 있었던 지식인들이었다. 아널드가 전통적인 인문주의의 입장에서 고전 교육의 중요성에 집착했지만 당대 영국의 교육 개혁, 사회 개혁을 위해 평생 노력했던 교육가이자 사상가였던 것과 마찬가지로, 헉슬리 역시 과학 교육의 개선을 통해 영국의 지적 풍토를 쇄신하는 데 헌신한 과학자이자 개혁 지식인이었던 것이다.

헉슬리는 자신의 학문적 입장을 밀고 나가는 과정에서 두 개의 전선과 맞서 싸워야 했다. 그것은 아널드와 논쟁을 주고받는 계기가 된 1880년 강연 '과학과 문화(Science and Culture)'의 첫 대목에서 분명하게 제시된다. 자수성가한 사업가인 조사이어 메이슨(Josiah Mason, 1795~1881년)의 기부로 설립된 버밍엄의 사이언티픽 칼리지(Scientific College)의 개교식에서 행한 강연 서두에서 그는 과학 교육의 주창자들이 실용성을 대표한다고 자부하는 사업가들로부터 백안시되는 동시에 교양 교육을 독점해 온 고전 학자들에 의해서도 파문당해 왔다고 지적한다. 즉 처음부터 헉슬리는 전통적인 고전 교육의 구태의연함과 맞서 싸웠을 뿐만 아니라 과학과 기술을 눈앞의 실용성으로만 판단하는 자본과도 대결해야 했던 것이다. 그 점에서 헉슬리가 당대의 일반적 분위기를 거슬러 "과학을 기술 교육이 아니라 교양 교육의 일부로 격상시키려는 노력"(White, 2003, 132쪽)을 했다는 것은 부인할 수 없다.

'과학과 문화' 강연에서 헉슬리는 자신의 두 가지 확신을 역설한다. 하나는 고전 교육이 자연 과학의 학생들에게 직접적인 가치를 지니지 못한다는 점이고, 다른 하나는 진정한 교양의 획득이라는 목적을 위해서 배타적인 과학 교육은 적어도 배타적인 문학 교육 못지않게 효율적이라는 것이다. (Huxley, 126쪽) 이 주장의 문구만 놓고 보면 헉슬리의 입장은 아널드와 정반대되는 것으로 보일 수 있다. 그러나 헉슬리와 아널드는 구태의연한 고전 교육 옹호자들, 정부의 교육 위원회 부위원장으로 재직하면서 일종의 성과주의를 주장했던 로버트 로(Robert Lowe), 기술 교육만을 주창한 이들, 교육 기관을 운영하며 종교와 교육을 일치시키려던 상당수 비국교도들에 모두 반대하면서 공립과 사립 교육 기관에서 단일한 문화 모델을 도입하려는 시도를 했다. 두 사람은 문화를 사회 계급, 종교 교단, 혹은 정치적, 경제적 이해와 얽히지 않게 분리하려고 노력했으며, 당대의 기득권층이 관심을 가지지 않거나 거부했지만 시대에 부응하는 교육 모델을 지향했던 것이다. (White, 2003, 86~89쪽)

특히 헉슬리는 "과학과 문화"에서 대학 설립자인 메이슨이 대학 운영에 대해 거의 완전한 재량권을 이사회에 주었지만, 학교 운영진과 교수진에게 세 가지만은 분명하게 금지했음을 강조한다. 그것은 "정파 정치의 개입, 신학의 개입, 그리고 '오로지 문학적인 훈육과 교육'에 대한 금지"(Huxley, 1964, 124쪽)였다. 이중에서 앞의 두 가지는 아널드 역시 평생에 걸쳐 맞서 싸웠던 것이라고 말할 수 있다. 실제 당대의 많은 교육 기관들은 비국교도인 중산 계급에 의해 운영되면서 매우 편협한 종교적 원리에 근거해 있었고, 이것이 아널드가 중산 계급을 '속물(Philistines)'이라고 공격한 근거가 되기도 했던 것임을 기억할 필요가 있다. 즉 교육에서 정파 정치의 부당한 개입, 여러 종교 교단의 종파주의적 간섭, 그리고 당대 자본주의의 자유 방임주의를 거부했다는 점에서 헉슬리와 아널드는 여러모로 일치하고 있는 것이다.

2.2. 문학의 위상과 인문 정신: 아널드와 헉슬리의 근본적 차이

하지만 헉슬리는 '과학과 문화' 강연에서 아널드의 핵심 명제인 "삶의 비평"으로서의 문학 개념을 비판하면서 고전 교육을 완벽하게 하더라도 (문화를 구성하는) 삶의 비평을 위한 충분히 폭넓고 깊이 있는 토대를 놓을 수 없다고 단언하면서 과학 교육이 전면적으로 도입되어야 할 필요성을 역설한다. (Huxley, 1964, 127~128쪽) 헉슬리가 볼 때 "과학적인 '삶의 비평'은 권위에 호소하지 않고, 누가 생각하거나 말한 것에 호소하지 않고, 자연에 호소할 뿐"(Huxley, 1964, 133쪽)이라는 점에서 낡은 고전 교육보다 훨씬 더 객관적인 것이다. 물론 헉슬리 역시 문학을 포함한 고전 교육의 필요성 자체를 부정하지 않는다. 그는 "배타적인 과학적 훈련은 배타적인 문학 교육과 마찬가지로 정신적 뒤틀림을 초래할 것이다. 화물의 가치가 그 화물을 실은 배가 기울어진 것을 보상해 줄 수는 없다. 그리고 사이언티픽 칼리지가 한쪽에 치우친 인간만을 길러 낸다면 나는 매우 유감일 것이다."(Huxley, 1964, 136쪽)라고 말하기도 한다.

그러나 헉슬리와 아널드 사이에는 문학에 대한 시각의 본질적인 차이가 있으며, 아널드의 반론, 즉 순회 강연을 위한 미국 여행 중에 이루어진 1883년 '문학과 과학(Literature and Science)' 강연을 헉슬리의 입장과 비교할 필요가 있다. 먼저 강조할 점은 헉슬리를 비판하는 아널드가 다윈의 진화론을 깊이 의식하고 있다는 점이다. 아널드는 다윈의 『인간의 유래』에 실린 유명한 구절, 즉 "우리의 선조는 꼬리와 뾰족한 귀를 가진 털에 덮힌 네발 짐승이었고, 아마도 숲속 생활을 하는 습성을 가지고 있었다."라는 다윈의 명제를 배우고 나면 "그것을 우리의 윤리 의식, 미의식과 연결시키려는 억누를 수 없는 욕망이 일어날 수밖에 없다."(Arnold, 1949, 418~419쪽)라고 주장한다. 흥미로운 것은 인간 선조에 대한 다윈의 (다분히 의도적으로 도발적인) 앞의 발언이 '문학과 과학' 강연에서 여러 차례 반복해서 인용된다는 사실이다. 그만큼 아널드로서는 다윈의 진화론에 대한 올바른 대처가 새로운 현실에 응전력을 발휘할 문학 교육, 고전 교육의 핵심을 이루는 것으로서 절박한 과제였다는 점이 드러난다. 아널드가 다윈을 얼마나 깊이 이해했는지는 미지수이지만, 『종의 기원』이나 『인간의 유래』에 담긴 혁명적 주장의 근원적인 문제 제기에 대해 헉슬리와는 또 다른 차원에서 절박하게 인식하고 있었던 것은 틀림없다.

아널드는 강연에서 자연 과학에 대한 자신의 소양 부족을 겸허히 인정하며 쟁점에 대해 조심스럽게 접근하는 태도를 취한다. 또한 암기식의 구태의연한 고전 교육의 문제점을 꼬집어 내면서 에르네스트 르낭(Ernenst Renan)이 말한 "피상적 휴머니즘" 비판에 동의하는 동시에, "모든 진정한 휴머니즘은 과학적인 것이다."(Arnold, 1949, 410쪽)라는 진술로까지 나아간다. 이런 입장의 연장선에서 아널드는 문학 개념의 확장을 시도한다. 헉슬리에게 문학이 그저 기성 대학의 고전 교육 교과 과정을 의미하는 것이었다면, 아널드는 순문예(belles-lettres)에 국한된 헉슬리의 문학보다 폭넓은 문학을 상정하면서 그러한 문학 범주에 코페르니쿠스, 갈릴레오, 뉴턴과 다윈의 저작까지도 포함시킨다.

이와 함께 아널드는 대다수 인류의 주된 교육 내용이 자연 과학이 되어야 한다는 주장에 이르면 동의하기 어렵다고 발언한다. 만약 그렇게 되는 경우에는 결정적인 한 가지, 즉 "인간 본성의 됨됨이(constitution of human nature)"를 배울 수 없게 된다는 것이다. (Arnold, 1949, 415쪽) 바꿔 말하면, 문학의 범주에 넣어 마땅한 자연 과학의 고전에서는 인간 본성의 됨됨이를 배울 수 있다는 뜻이 된다. 그렇다면 당연히 아널드가 다윈 저작의 어떤 대목에서 그런 면을 발견했는지 찾아볼 필요성이 제기된다. 아쉽게도 아널드의 글에는 더 이상 구체적인 얘기는 나오지 않지만, 우리는 그 문제 의식을 좀 더 파고들어야 한다.

물론 아널드는 희랍 고전 문학과 고전 교육에 명백히 집착한다. 희랍 문학이 인간 본성의 됨됨이에 대해 우리에게 알려주고, 우리의 미적 본능이 오로지 희랍 문학에 의해서만 제대로 드러나는 측면이 있다고 아널드는 믿는다. 바로 그렇기 때문에 "인류의 자기 보존의 본능(instinct of self-preservation in humanity)"이 희랍 문학을 버릴 수 없게 할 것이라고 잘라 말하기도 한다.

어쨌든 아널드는 종교와 시가 인간에게 보편적으로 필요한 것이라는 전제 위에서, 시(문학)가 어떻게 우리의 윤리적 본능, 미에 대한 본능과 현대 자연 과학의 성취를 연결시키는 힘을 발휘할 것인가라는 열린 질문을 던진다. 또 이 질문에 대한 해답을 자기 자신도 아직 잘 모르겠다는 개방적 자세를 보이되, 인류를 위해서는 자연 과학의 성과와 인간의 윤리와 예술이 상호 연결되어야 한다는 점에는 추호도 양보할 수 없다는 태도를 취한다. 그러면서

이 세 가지가 상호 연결된 온전한 교육이 없을 때 벌어질 수 있는 문제의 사
례로서 지질학에 정통한 한 영국 의회 의원이 미국 방문 후에 미국은 영국
왕족을 모셔다가 왕정을 수립해야 한다고 주장한 시대착오적인 발언을 든
다. (Arnold, 1949, 425쪽) 즉 아널드는 눈앞의 미국 청중들에게 매우 자극적일
사례를 일부러 들면서까지 자기 주장의 타당성을 선명하게 부각시키려 애쓰
는 것이다. 인간의 윤리와 예술, 자연 과학을 하나로 묶어 사고할 수 있는 능
력과 태도를 우리가 '인문 정신'이라고 부른다면, 아널드가 견지한 입장이
야말로 지금도 유효한 인문 정신의 정수라고 말할 수 있다. 또한 이러한 인문
정신에 입각할 때만이 근대의 한계와 위기를 극복할 수 있는 통합적인 학문
의 길을 모색할 수 있는 토대가 놓이는 것이다. 아널드와 논전이 있기 훨씬 이
전에 나온 글이지만, 헉슬리는 1868년의 강연인 '교양 교육: 어디서 찾을 수
있나(A Liberal Education: and Where to Find It)'에서 예술의 세계를 "순수한 즐
거움의 위대한 원천, 지친 인간 본성의 고요한 휴식처"(Huxley, 1964, 89쪽)라고
묘사하는가 하면, "문학은 세련된 즐거움의 원천들 중에서 가장 위대한 것
이고, 교양 교육의 커다란 쓸모 중의 하나는 그 즐거움을 우리가 즐길 수 있
도록 해 주는 것이다."(Huxley, 1964, 99쪽)라고 발언하기도 한다. 이러한 문학
관은 아널드가 지적했듯이 문학을 '순문예'로 축소해서 보는 것이고, 거시
적으로 볼 때는 근대 이후 자연 과학이 전통 학문에 대해 우위를 확고히 점
한 후에 후자가 수세적인 입장에서 자신을 재정비하면서 나온 문학 개념이
라고 할 수 있다. 따라서 헉슬리의 문학 개념은 그에게만 유별난 것이 아니라
당대의 전형적인 사고 방식을 대변한다. 예컨대, 존 스튜어트 밀이 자서전이
나「시란 무엇인가(What is Poetry)」(1833년)에서 시가 인간의 정서를 다루며 인
간에게 위안을 주는 것이라고 규정한 것과 궤를 같이한다. 물론 밀이 자신의
몸담고 있던 공리주의 철학에서 문학이나 예술을 무의미하고 무가치한 것으
로 철저히 배격한 것에 비해 문학의 가치와 중요성을 인식한 긍정적인 면을
무시해서는 곤란하다. 그러나 밀의 입장은 아널드가 볼 때 문학을 협소화했

다는 비판을 면하기 어려운 상투적인 문학관에 머무는 것이다.

당대의 주류적 사고 방식 위에 서 있기 때문에 헉슬리는 다음 대목처럼 자연 과학을 뿌리로, 문학과 예술을 잎과 열매로 보는 비유를 사용하면서도 과학과 윤리, 미의 문제를 아널드처럼 하나로 묶어 사고하는 차원의 성찰은 보여 주지 못한다.

요즘 내게 교육이라는 나무는 뿌리는 허공으로 나 있고 잎과 꽃은 땅에 박혀 있는 것으로 보인다. 그래서 실토하건대 나는 이 나무를 거꾸로 돌려 뿌리가 자연의 사실들에 단단히 뿌리박고 그에 따라 문학과 예술이라는 잎과 열매가 영양분을 충분히 흡수할 수 있게 만들고 싶다. 어떤 교육 체제도 교육이 다른 모든 것이 종속되어 마땅한 두 가지 큰 목적을 가지고 있다는 진실을 인식하지 못하는 한 지속될 명분을 주장할 수 없다. 이 목적 중 하나는 지식을 증대시키는 것이요, 다른 하나는 옳은 것에 대한 사랑과 그른 것에 대한 혐오를 키우는 것이다.

지혜와 정의로움 덕분에 한 나라는 자신의 길을 고귀하게 만들 수 있을 것이고, 아름다움은 특별히 초대받지 않을지라도 이 둘의 뒤를 따라올 것이다. ―「과학 교육: 만찬 후의 연설 노트」(Huxley, 1964, 116쪽)에서

나무의 뿌리, 잎, 열매에 빗댄 비유에도 불구하고, 헉슬리는 진·선·미를 병렬적으로 연결하지 아널드처럼 그 셋을 통일적으로 이해하려는 집요하고 실천적인 의지가 결여되어 있으며, 그 결과 인간 윤리의 객관적 근거는 모호하며 문학과 예술의 위상은 부차적인 장식물로 떨어질 염려가 크다. 결국, 헉슬리야말로 근대 자연 과학을 학문의 으뜸으로 삼으면서 그에 기반하여 윤리 의식과 미의식을 정립하려는 전형적인 자세를 보인다고 하겠다. 여기서 자세히 논할 수는 없지만, 헉슬리가 말년에 쓴 진화와 윤리에 관한 글들에서도 자연 과학과 윤리의 문제는 따로 놀지 제대로 통합되지 못하고 있다. 물론

진화 생물학이 밝혀낸 과학적 사실들과 인간 윤리 사이의 복잡한 문제가 오늘날에도 완전히 해결되지 않았으며, 서로 다른 입장에 따라 많은 논란을 낳고 있음을 지적하는 것이 공평할 것이다. 그러나 아널드에 비해서 헉슬리는 과학, 윤리, 문학과 예술의 상호 관계에 대해 별달리 깊이 있는 탐구를 보이지 않으며, 결과적으로 자연 과학의 우위라는 전형적인 근대적 태도로 귀결되면서 진·선·미를 하나로 묶어 사고하고 실천하는 토대로서의 인문 정신과 거리가 멀어지고 만다.

따라서 지금의 우리에게 더욱 흥미롭고 실천적인 문제 제기를 하는 측은 헉슬리가 아니라 아널드이다. 그렇다면 과연 어떤 측면에서 다윈의 저작이 아널드가 말하는 의미의 '문학'이라고 할 수 있는지를 구체적으로 텍스트를 살펴봄으로써 입증할 필요성이 제기된다.

3. 문학 작품으로서의 『종의 기원』

3.1. 『종의 기원』의 문체와 독자

과연 『종의 기원』은 현대인이 너무 익숙해져서 의심하지 않는 과학과 문학의 통상적인 이분법을 넘어선 사유의 성취일까? 만약 이 저작이 진·선·미의 통합을 지향하는 사유에 미달한다면, 아널드가 다윈의 업적을 자신이 정의한 문학의 범주에 포함시킨 것이 잘못이며 그가 당대 자연 과학의 눈부신 성과에 밀려 마음에도 없는 발언을 했다는 주장마저 가능해진다.

무엇보다도 과학의 역사에서 획기적인 도약을 이룬 고전적인 저작을 두고 문학이라고 규정하는 것은 일단 낯설다. 더구나 『종의 기원』을 문학 작품, 특히 소설과 비교한다면 의아하기 짝이 없는 일일 것이다. 철저한 관찰과 실험, 엄밀한 검증을 담은 자연 과학의 저작을 허구의 소설과 비교한다는 것은 어불성설로 보이기 십상이다. 그러나 다윈이 『종의 기원』을 써내려가는 과정에서 당대 빅토리아조 소설가와 유사한 과제에 부딪혔으며 유사한 방법과 문체를 구사했다는 지적을 음미해 볼 필요가 있다. 가령, 애덤 고프닉(Adam Gopnik)은 다윈의 문체에 대해 날카로운 통찰력을 보여 준다. 그는 다윈이 조지 엘리엇(George Eliot)이나 앤서니 트롤롭(Anthony Trollope) 같은 당대 소설가처럼 『종의 기원』을 썼다고 말한다. (Gopnik, 2006, 54~55쪽) 숱한 경험적 관찰과 증거를 치밀하게 배치하여 자신의 논리를 다지면서 빈틈없이 결론으로 몰고 가는 과정에서도, 순진한 서술자가 상식이나 통념에 벗어나는 발견들에 놀라 눈이 휘둥그레진다는 식의 어투를 자주 구사한다는 것이다. 그리하여 감정이 배제된 귀납적인 추론에 따른 서술 방식이 아니라 독자가 서술자의 논리에 감화되고 설복되도록 이끈다는 점에서 다분히 소설가적인 서술 방법을 활용했다는 주장이다. 이는 실제 『종의 기원』의 독서 실감에 부합하는 것이며, 그런 점에서는 당대 소설의 화자의 역할과 『종의 기원』의 서술자의 기능은 매우 유사하다.

다윈은 독자가 반발하지 않도록 교묘하게 설득력을 발휘할 문체와 서술 방식을 구사하기 위해 노력해야만 했다. 따라서 『종의 기원』의 혁명적인 내용은 그것을 담고 있는 구체적인 언어나 문체를 제대로 이해할 때만이 제대로 파악될 수 있는 것이다. 실제로 다윈이 『종의 기원』을 무려 6판에 걸쳐 개정하면서 학계나 독자들의 반응에 따라 끊임없이 자구와 문장을 수정하고 첨삭해 나갔던 것은 잘 알려진 사실이다.

질리언 비어(Gillian Beer)는 다윈 텍스트의 성격과 관련하여 당대의 지적 풍토에 대해 중요한 측면을 짚어낸다. 즉 "19세기 중엽에는 과학자들이 당대의 교육받은 다른 독자들이나 작가들과 공동의 언어를 공유하고 있었다. …… 그들은 과학적 훈련을 받지 않은 독자에게 쉽게 받아들여질 수 있는 문학적이고 비(非)수학적인 담론을 공유하고 있었다. 그들의 텍스트는 문학 텍스트로 읽힐 수가 있었다."(Beer, 1983, 4쪽)라는 것이다. 이 시점에서 스노의

'두 문화'는 존재하지 않았던 것이다.

> 과학적인 산문과 문학적인 산문 사이의 공통의 언어는 둘 사이에서 개념
> 들과 은유들의 신속한 이동이 일어날 수 있게 했다. 다윈이 『종의 기원』을
> 동료 과학자뿐 아니라 교육받은 독자라면 누구나 읽을 수 있어야 한다는
> 전제 위에서 썼다는 것은 분명하다. '교육받은 독자'는 문자 해독력의 수
> 준이 아니라 공유된 문화적 전제와 공유된 문화적 논쟁의 수준을 뜻한다.
> (Beer, 1983, 41)

나아가 다윈이 자연 선택을 중심으로 진화론을 전개할 수 있었던 중요한
자원 중의 하나는 그가 읽었던 문학 작품들이었다. 특히 비글 호를 타고 항
해하던 5년간 그가 손에서 놓지 않았던 작품이 『실락원(*Paradise Lost*)』이 수
록된 존 밀턴(John Milton)의 시집이었으며, 밀턴의 사유와 상상력, 그리고 밀
턴이 근거한 기독교 성서의 어휘를 교묘하게 빌어 자신의 진화론을 펼침으
로써 당대 독자들에게 충격적인 과학적 사실이 쉽게 받아들여질 수 있도록
했다. (Beer, 1983, 5쪽) 그 과정에서 "다윈은 이전의 신화 체계들을 우상 파괴
적으로 내던져 버리는 것이 아니라 그것들과 자신의 이미지들의 정합성을
애써 강조"(Beer, 1983, 32쪽)했다는 것이다.

물론 『종의 기원』이 지닌 이같은 문학적 특성이 곧바로 이 고전적 저작
을 아널드적인 의미의 문학에 속하게 하는 것은 아니다. 진·선·미의 종합적
인 인식에 대한 집념을 아널드적인 문학의 핵심으로 파악한다면, 다윈에게
과연 그런 측면이 어떻게 드러나는지를 밝혀내야 할 것이다. 잘 알려져 있듯
이 다윈은 『종의 기원』에서 인간에 대해 일부러 다루지 않으면서 조심스럽
게 자신의 이론이 인간에게도 적용될 수 있음을 암시하는 수준에서 그쳤고,
이후 『인간의 유래』에 가서야 본격적으로 인간이라는 동물 종을 자신의 진
화론적 관점에서 논했다. 따라서 아널드적인 관점으로 다윈을 읽는다면 당

연히『인간의 유래』에 대한 상세한 검토가 있어야 가능하고, 사실은 다윈의 방대한 저작 전체를 놓고 논의가 진행되어야 한다. 이런 수준의 탐구는 필자의 역량을 멀리 벗어나는 것이지만, 적어도『종의 기원』이 인간의 세계 인식과 자기 인식에서 어떻게 혁명을 이루었는지를 구체적으로 살피면서 다윈의 이론과 아널드의 문제 의식을 하나로 엮어 볼 발판을 마련하는 것은 긴요하다. 이를 위해서 우선 '생존 투쟁(Struggle for Existence)', '자연 선택(Natural Selection)'이라는 핵심 개념에 대한 다윈의 접근법을 자세히 들여다볼 필요가 있다.

3.2. 은유로서의 생존 투쟁과 자연 선택: 다윈의 탈플라톤적인 성취

『종의 기원』을 아널드적인 문제 의식으로 대할 때, 무엇보다도 먼저 다윈이 구사하는 은유나 비유, 그리고 그 은유나 비유에 대한 다윈의 예민한 자의식을 주목할 필요가 있다. 그럴 때만이 우리는 다윈이 그 이전의 통상적 사유와 관념에 물들어 있는 언어를 활용하여 어떻게 새로운 인식을 개진했는지 이해할 수 있다. 다윈의 사상은 언어 구사와 논리적 전개에서 당대의 주류적 관점들과 쉽게 분리될 수 없게 얽혀 있는 가운데에서도 그것을 넘어서는 혁명성을 성취해 냈던 것이다.

『종의 기원』의 어느 한 대목도 중요하지 않은 대목이 없지만, 3장「생존 투쟁」과 4장「자연 선택」이 특히 결정적으로 중요한 내용을 담고 있다. 생존 투쟁과 자연 선택이라는 두 핵심 개념은 상호 깊이 연관되어 있는 동시에, 둘다 은유적인 성격을 지닌 용어이다. 우선 3장에서 생물계의 참모습에 대한 다윈의 다음 서술은 우리에게 친숙한 내용이다.

보편적인 생존 투쟁이라는 진실을 말로 인정하는 것보다 쉬운 것은 없다. 혹은 이 결론을 항상 명심하는 것만큼 어려운 것은 없는데, 적어도 나는 그렇다는 것을 알게 되었다. 그러나 이 점이 철저하게 마음에 새겨져 있지 않으면, 분포, 희소성, 풍요성, 멸종, 그리고 변이의 모든 사실들과 함께 자연의 경제 전체가 제대로 파악되지 않거나 오해될 거라고 나는 확신한다. 우리는 자연의 얼굴이 기쁨으로 밝게 빛나는 것을 보며, 종종 먹을거리가 넘쳐남을 목도한다. 우리는 우리 주변에서 한가롭게 노래하는 새들이 주로 벌레나 씨를 먹으며, 따라서 끊임없이 생명을 파괴한다는 사실을 보지 못하거나 잊는다. 혹은 얼마나 광범위하게 이 노래꾼들, 혹은 이들의 알들, 혹은 갓 깐 새끼들이 새들과 육식동물들에 의해 파괴되는지를 잊는다. 우리는 현재 먹을거리가 넘쳐날지 몰라도 해마다 계절마다 그런 것은 아니라는 점도 항상 명심하지는 않는다. (Darwin, 1859, 52~53쪽)

그런데 바로 이어서 다윈은 '생존 투쟁'의 개념이 은유적임을 다음과 같이 정리하고 있다.

내가 **생존 투쟁**이라는 용어를 광범위하고 은유적인 의미로 사용한다는 점을 전제해야겠다. 그 의미는 한 존재가 다른 존재에 의존하는 것 또한 포함하며, (더 중요한 일로서) 개체의 생명만이 아니라 후손을 남기는 일의 성공 또한 포함한다. (Darwin, 1859, 53쪽, 강조는 필자)

다윈은 이어서 설명하기를, 만약 먹을 것이 없을 때 갯과에 속하는 두 마리의 동물이 먹이를 놓고 서로 싸우는 것이라면, 그것은 은유가 아니라 말 그대로의 생존 투쟁이라고 할 수 있다. 그러나 사막의 끝자락에 사는 식물은 건조한 기후에 저항하는 생존 투쟁을 벌이는데, 이때의 생존 투쟁은 엄밀히 말해 수분에 의존하는 식물의 상황을 지칭하는 것이다. 또 한 해에 1,000개의 씨앗을 뿌려 그중 평균적으로 하나가 성숙하는 식물은 이미 땅을 덮고 있는 동종 및 다른 종류의 식물과 말 그대로 생존 투쟁한다고 할 수 있다. 그러나 사과나무 등에 기생하는 겨우살이가 숙주인 나무와 생존 투쟁한다고 말하기는 억지스럽다. 왜냐하면 한 나무에 너무 많은 기생 식물이 자라면 나무가 말라 죽을 것이기 때문이다. 반면에 숙주의 큰 가지 하나에 여러 겨우살이가 싹을 틔운다면 그들은 서로 말 그대로 생존 투쟁한다고 말할 수 있다. 또 겨우살이가 새에 의해 번식한다는 점에서 생존을 새에 의존한다고 말할 수 있지만, 은유적으로는 겨우살이가 다른 식물의 씨가 아닌 자신의 씨를 삼켜 퍼뜨리도록 유혹하기 위해 새를 둘러싸고 다른 과일 나무들과 투쟁한다고 말할 수 있다. 다윈은 이 서로 중첩되는 다양한 의미를 편의상 '생존 투쟁'이라는 일반 용어로 줄여 말한다고 정리한다.

다윈은 생존 투쟁이 매우 다의적이며 은유적인 용어라는 사실에 대해 날카로운 자의식을 드러낸다. 이처럼 은유적 성격이 두드러지는 개념을 사용할 수밖에 없고 그에 대한 자의식이 동반된다는 사실 자체가 당시의 과학 수준과 문화적 전제로는 제대로 설명하기 어려운 내용을 독자가 납득하도록 서술하는 과정에서 불가피하게 벌어지는 일이다. 따라서 다윈은 동일한 생물 종 간에 말 그대로 가장 격하게 생존 투쟁이 벌어진다고 판단하지만(Darwin, 1859, 63쪽), 그럼에도 불구하고 생명체들 사이의 상호 의존 때문에 우리가 쉽게 판단할 수 없는 것이 너무 많다는 점, 즉 자연에 대한 인간의 무지를 강조한다. 3장 「생존 투쟁」의 마지막 대목은 다음과 같이 마무리된다.

그러므로 어떤 (생명) 형태가 다른 형태보다 유리한 어떤 점이 있을지 상상 속에서 찾아보려고 노력해 보는 것이 좋다. 아마 우리는 이런 상상에 성공하기 위해 무엇을 해야 할지 깨닫게 되는 경우가 단 한 번도 없을 것이다. **그래서 이 일이 모든 유기적 존재들 사이의 상호 관계에 대해 우리 자신이 무지함을 확신하게 해 줄 것이다. 이런 확신은 우리가 획득하기 힘들어 보이지만 힘든 만큼이나 반드시 필요한 것이다.** 우리가 할 수 있는 일은 개별 유기적 존재는 기하 급수적 비율로 증가하려고 애쓰고 있다는 것을 항상 명심하는 것일 뿐이다. 즉 개별 생물은 자신의 삶의 특정 시기, 혹은 한 해의 특정 계절, 각 세대가 지속되는 동안, 혹은 각 세대들 사이에서, 생존 투쟁을 해야 하며 큰 파괴를 겪어야 한다. 우리가 이 투쟁을 고찰할 때, 우리는 자연의 전쟁이 끊임없지는 않다는 것, 아무런 공포도 느껴지지 않는다는 것, 죽음은 일반적으로 신속하다는 것, 활기찬 존재들, 건강한 존재들, 행복한 존재들이 살아남아 번성한다는 것을 완전히 믿으며 스스로를 위안할 수 있을 것이다.
(Darwin, 1859, 65~66쪽, 강조는 필자)

앞의 대목을 보면 다윈의 생존 투쟁 개념은 말 그대로의 뜻보다는 다양한 동식물 종들 사이의 상호 관계, 즉 상호 의존과 상호 적응의 측면을 더 강조한다는 인상이 든다. 기하 급수적으로 늘어나는 동일한 생물 종 간의 생존 투쟁이라는 대중화된 이미지가 핵심적인 것이 아니고, (유기적 세계와 비유기적 세계의 상호 의존을 포함하여) 전체 생물계의 상호 연관이 더 중요하며 그것의 참모습에 대해 인간이 무지하다는 점을 부각시키고 있는 것이다. 더구나 이런 생존 투쟁이 끊임없는 전쟁이고 자연은 고통과 공포로 점철되어 있다는 인상을 제어하기 위해 다윈이 사용하는 "살아남아 번성한다(survive and multiply)."라는 표현은 다름 아닌 성경 창세기 1장의 구절을 연상하게 되어 있다.

다윈 이론의 핵심 중의 핵심이라 할 '자연 선택'의 개념 또한 은유적 성격을 지니기는 마찬가지이다.

은유적으로 말한다면 자연 선택은 매일 매시간 세계의 어디서나 가장 사소한 것일지라도 모든 변이를 남김없이 살펴보면서, 나쁜 것은 거절하고 좋은 것은 무엇이나 보존하고 축적하면서, 기회가 있을 때면 언제 어디서든 개별 유기체가 자신의 유기적이고 비유기적인 삶의 조건들과의 관계 속에서 개량이 되도록 우리가 알아볼 수 없는 가운데 말없이 작용하고 있다고 할수 있다. 우리는 이 느린 변화가 진행되는 것을 시간의 손길이 숱한 세월의

경과를 표시하기 전까지는 전혀 알아볼 수 없으며, 오랜 과거의 지질학적
시대에 관한 우리의 앎이 너무도 불완전하기 때문에 우리는 생명의 형태들
이 지금 과거와 다르다는 것만을 알 뿐이다. (Darwin, 1859, 70쪽, 강조는 필자)

　자연 선택의 이러한 은유적 성격 탓에 이 개념은 오해되기 쉽고 실제 역
사적으로 많은 논란과 곡해를 불러오기도 했다. 다른 대목에서도 마찬가지
인 경우가 잦지만, 앞의 인용구에서 자연 선택의 작용은 마치 의도와 의지를
가진 주체의 행위처럼 은유를 통하여 설명되고 있다. 물론 다윈 이론의 혁명
성은 일체의 자연사적 과정으로부터 의도와 목적을 배제한 것에 있으며, 그
점에서 창조론이나 지적 설계론을 결정적으로 배격한 사상이었다. 그럼에
도 불구하고 자연 선택을 설명하는 과정에서는 불가피한 언어의 한계 등으
로 인하여 마치 의도를 가진 자연이라는 주체가 변이들을 선택하는 것처럼
읽히게 된다. 바로 그렇기 때문에 다윈 당대에도 그의 자연 선택 개념이 결국
신의 자리를 대신한 것에 불과하여 창조론을 뒷문으로 끌어들일 수 있다는
비판과 불만도 있었으며, 실제로도 자연 선택과 창조론을 하나로 묶은 입장
이 실존했던 것은 이런 사정에서 비롯된다. 심지어 자연 선택이 변이들을 만
들어 내는 것이라고 간주하는 엉뚱한 생각들마저도 당대에 존재했던 것이
다. (Young, 1985, 79~125쪽)
　그런데 다윈은 자신이 사용하지 않을 수 없는 은유에 대해 다음과 같이
의미심장한 발언을 내놓는다.

　　자연사에 관한 여타의 더 일반적인 분야들에 큰 관심이 일어날 것이다.
　　자연학자들이 사용하는 친화력(affinity), 연관(relationship), 유형 집단
　　(community of type), 부계(paternity), 형태(morphology), 획득 형질(adaptive
　　characteristics), 흔적 기관과 소멸 기관(rudimentary and aborted organs) 등
　　이 더 이상 은유적이지 않고 분명한 의미를 지니게 될 것이다. 우리가 유기

체를 더 이상 야만인이 우리의 함선을 바라보듯이 자신의 이해력을 넘어서
는 어떤 것으로 바라보지 않게 될 때, 우리가 모든 자연의 산물을 역사를
가진 것으로 바라보게 될 때, 마치 우리가 어떤 큰 기계적 발명품을 수많
은 노동자의 노동, 경험, 이성, 그리고 심지어 실수들의 총합으로 볼 때처럼,
모든 복잡한 구조와 본능을 그 하나하나가 소유자에게 유용한 많은 발명
(contrivances)들의 총합으로서 성찰할 때, 바로 이렇게 우리가 개별 유기체
를 바라볼 때 — 내가 경험에 근거해 얘기하는 것이다. — 얼마나 자연사 연
구는 훨씬 더 흥미로운 것이 될 것인가! (Darwin, 1859, 392쪽)

이처럼 다윈은 친화력 등의 문학적인 은유가 과학 용어로 전화하는 과정
과 의의를 섬세하게 집어내고 있다. 사실 다윈 이론의 가설적인 성격으로 인
해 다음과 같은 유추(analogy, 유비 혹은 추정)가 『종의 기원』에 수없이 등장한
다. 이런 대목들에서는 자연 과학적 실험으로 입증되기 어렵거나 불가능하
지만 어디까지나 과학적인 차원을 벗어나지 않는 사유가 전개되며, 이런 '과
학적인 차원'에 인문학과 자연 과학의 양분법은 적용되기 쉽지 않다.

…… 따라서 나는 변이에 의한 유래(descent with modification) 이론이 동일
한 강(綱, class)의 모든 종류를 포괄한다는 사실을 의심할 수가 없다. 나는
동물들이 기껏해야 너댓 종류의 선조로부터 유래되었고, 식물들은 동일하
거나 더 적은 숫자의 선조로부터 유래되었다고 믿는다.
　…… 유추는 나로 하여금 한 발 더 나아가게 하는데, 즉 모든 동식물이
어떤 하나의 원형에서 유래되었다는 믿음으로 나아가게 한다. **그러나 유추
는 기만적인 안내자일 가능성도 있다.** 그럼에도 불구하고 모든 살아 있는 것
들은 그 화학적 구성, 배포(胚胞, germinal vesicles), 세포 구조, 그리고 성장
과 재생산의 법칙에서 많은 것을 공유하고 있다. …… 따라서 나는 **유추로
부터** 이제까지 지구상에 살아온 유기체들은 모두 아마도 어떤 단일한 원초

적 형태로부터 유래되었고, 그 형태에 창조주에 의해 처음 생명이 불어넣어졌을 것이라고 추정해 마땅할 것이다. (Darwin, 1859, 391쪽, 강조는 필자)

이 인상적인 대목에서 다윈은 유추나 추정이 '기만적인 안내자'일 가능성을 충분히 의식하면서도, 하나의 원시적 생명체로부터 인간을 포함한 지구상의 모든 동식물이 유래되었다는 (오늘날 과학적 타당성이 인정된) 대담한 주장을 펴는 것이다. (창조주 운운하는 마지막 표현은 여러 가지 부작용을 염려하여 초판 이후에 다윈이 추가한 것이다.)

물론 『종의 기원』이 유추를 남발하며 사변적 성찰로 일관하는 책이 아님은 말할 것도 없다. 다윈의 이론이 매우 추론적이고 가설적인 성격을 지닌 것은 틀림없지만, 비글 호를 타고 여러 해 항해하면서 엄청난 노력을 들인 관찰과 수집, 이후로도 이어진 실험과 연구 결과에 의존하여 방대한 증거를 동원한 책이라는 점을 잊어서는 안된다. 즉 다윈 이론이 오로지 베이컨적인 의미의 귀납법적인 과학적 성과는 결코 아니지만, 그렇다고 베이컨적인 주류 근대 과학과 별개의 과학적 탐구라고 할 수도 없다. 어쨌든 『종의 기원』에서 구사되는 은유를 포함한 문체와 서술 방식의 구체적 특징은 다윈이 앞서 말한 아널드적인 의미의 인문 정신을 겸한 근대 과학의 정신으로 자신의 주제를 탐구했으며, 그 점에서 인문학과 자연 과학의 이분법이 굳어지기 전의 학문적 탐구가 도달할 수 있었던 모범적 차원을 구현한다고 말할 수 있다.

여기서 한 발 더 나아가자면, 다윈 이론은 인문학과 자연 과학의 이분법을 초래하고 조장한 근대적 사유가 내장하고 있는 근본적 문제점을 뛰어넘는 성취를 달성했다. 그 성취는 서양 사상을 2,000년 이상 지배해 온 플라톤주의적 틀을 넘어선 것이었다. 스티븐 제이 굴드에 따를 때, 다윈의 진화론이 이룩한 혁명은 종교적인 창조론을 넘어선 것일 뿐 아니라 서양 사상을 뿌리 깊게 지배해 온 플라톤주의적 사유를 혁파한 것이다. 종과 변이의 구별은 실제로 불분명하며 사실은 변이가 정상적인 것이고 종은 인간의 눈으로 분류해 낸 인간의 관념일 뿐이라는 다윈의 혁신적 사상은 이데아의 세계에 이미 존재하는 것과 일대일로 대응하는 현상계의 고정된 사물이나 생물 종을 전제하는 플라톤적 사유, 즉 지금까지 서양 사상을 근저에서 지배해 온 사고 방식을 붕괴시킨다. 굴드는 자신의 저서『풀 하우스(*Full House*)』의 집필 의도가 바로 다윈의 탈플라톤적 성취를 밝히는 것이라고 하면서 다음과 같이 쓴다.

> 다윈의 탈플라톤적 세계에서는 변이가 근본적 현실이 되고 계산된 평균들은 추상이 된다. 그러나 우리는 더 낡고 대립되는 관점을 계속 선호하여, 변이를 사소하고 우연한 사건들의 풀로 간주하고, 그 사건들의 가치는 주로 본질에 접근하는 최선의 방법이라고 우리가 생각하는 평균을 계산하기 위해 그 사건들의 분포를 활용하는 데 있다고 본다. (Gould, 1996, 41쪽)

실제로『종의 기원』의 초반에 나오는 종, 아종(亞種), 변종 등에 대한 다윈의 발언만으로도 굴드의 날카로운 평가는 쉽게 납득할 수 있다.

> 분명히 종과 아종, 즉 어떤 자연학자들의 견해로는 종의 지위에 매우 가까이 접근했지만 아직 거기에 도달하지 못한 형태들 간의 분명한 경계선은 아직껏 그어진 적이 없다. 게다가 아종과 두드러진 특징을 가진 변종 사이의 경계선, 혹은 덜 두드러진 변종과 개체적인 차이 간의 경계선도 마찬가지이다. 이런 차이들은 지각할 수 없는 연속선상에서 서로 서로 섞이고 있다. 그리고 그런 연속선은 실제로 그들 간에 이행이 존재한다는 인상을 준다. (Darwin, 1859, 44쪽)

또 전체 내용을 정리하고 요약하는 마지막 14장에서 다윈은 이처럼 혁신적인 사유를 다시 간추리면서 서로 가까운 특정 생물 종에 대한 과학의 언어와 일상 언어의 용법이 일치할 가능성까지 열어놓는다.

현재는 일반적으로 변종으로만 인정되는 것들이 마치 앵초(primrose)나 카
우슬립(cowslip)처럼 나중에 종의 이름에 값하는 것으로 간주되는 일도
가능하다. 이 경우에 과학의 언어와 일상 언어가 일치하게 될 것이다. 요컨
대, 속(屬)이 단지 편의를 위해 만들어진 인위적 조합임을 인정하는 자연학
자들이 속을 다루는 것과 똑같은 방식으로 우리가 종을 다뤄야만 할 것이
다. 이것은 별로 신나는 전망이 아닐지도 모른다. 그러나 우리는 발견되지
않았고 발견될 수 없는 종이라는 용어의 **본질**에 대한 헛된 탐구로부터 해
방될 것이다. (Darwin, 1859, 392쪽, 강조는 필자)

　다윈이 자신의 저서에서 인간 언어의 특성에 대해 특별히 집중적인 성찰
을 행하지는 않지만, 그는 과학의 이름으로 행해지는 작업이 미처 감당하지
못할 생명계의 참모습과 인간 언어의 복잡한 관계를 드러내면서 플라톤적
틀에 갇힌 종의 '본질' 운운하는 사유를 정면으로 배격한다.
　다윈의 노트에서 우리는 플라톤에 대한 직접적인 언급도 찾아볼 수 있
는데, "플라톤은 『파이돈』에서 우리의 "상상의 이데아들"은 영혼의 선재
(preexistence)에서 생겨나는 것이지, 경험에서 유래하는 것이 아니라고 말한
다. 영혼의 선재를 원숭이로 바꿔 읽어라."(Gould, 1996, 42쪽에서 재인용)라는 대
목 역시 다윈의 수미일관되고 완강한 입장을 잘 드러낸다. 굴드에 따를 때,
다윈은 무척 조심스럽게 숨기긴 했지만 매우 혁명적인 철학적 유물론을 개
진했다. 가령, 다윈의 노트에 담긴 다음 구절은 놀라운 대목이다.

　신체 조직의 효과인 신을 향한 사랑, 아, 너 유물론자여! …… 왜 두뇌의 분
　비물인 사유가 물질의 속성인 중력보다 더 경이로울까. 그건 우리의 오만,
　우리의 자기 찬양에 불과하다. (Gould, 1996, 136~137쪽에서 재인용)

다시 한번 강조하지만, 다윈이 이처럼 급진적인 결론에 도달할 수 있었던 원

동력은 기성의 사유법과 세계관에 물들어 있을 수밖에 없는 은유나 유추에 불가피하게 의존하면서도 그 은유나 유추가 바로 자연 세계의 진실을 대체할 수 없음을 항상 기억했던 그의 '인문 정신'이자 '과학 정신'이었던 것이다.

이 대목에서 리처드 르원틴(Richard Lewontin)이 현대를 휩쓰는 유전자 결정론을 정면으로 비판하는 작업을 과학과 은유의 관계를 논하는 것으로 시작하는 이유도 음미할 만하다. 르원틴은 "은유로 가득찬 언어를 사용하지 않고는 과학의 작업을 한다는 것이 가능하지 않다."라고 서두를 떼면서, 물리학자들이 이동할 매질(媒質)이 없는데도 '파동'이라는 용어를 쓰고 부피가 없는데도 '입자'라는 용어를 쓸 때, 또 생물학자가 유전자를 '청사진', DNA를 '정보'로 부를 때 그것은 모두 은유라는 점을 지적한다. 그런데 이처럼 우리가 자연에 관해 사고하거나 설명할 때 은유를 배제할 길은 별로 없지만, 이 과정에서 은유를 실제의 관심 대상과 혼동할 위험이 커진다는 것이다. 즉 데카르트의 근대적 사유를 따라 이 우주를 하나의 기계처럼 인식하는 것이 어디까지나 은유임에도 불구하고 어느 순간엔가 우주를 실제 기계로 간주하게 되는 오류를 범할 염려가 높다. 그렇기 때문에 르원틴은 "은유의 댓가는 끝없는 경계심"이라는 과학자의 경고를 강조하면서 유전자와 환경 간의 관계에 대한 과학적 설명이 지닌 은유적 성격을 망각한 유전자 결정론을 맹공하는 것이다. (Lewontin, 1998, 3~4쪽)

3.3. 쐐기의 비유: 다윈의 시대적 한계

굴드는 다윈의 한계를 논하는 자리에서 자연 선택의 원리가 전제하는 것처럼 정말 개별 생명체가 무한한 생존 투쟁을 해야 할 만큼 자연계가 포화 상태를 이루고 있느냐는 점에 대해 의문을 제기한다. 그는 자연계가 포화 상태를 이루고 있다는 다윈의 전제는 잘못이라고 본다. (Gould, 1996, 144쪽) 다윈이 이런 오류에 빠진 이유는 지적으로는 급진주의자였지만 문화적으로는

보수주의인 다윈의 자기 모순 때문이었으며, 토머스 맬서스의 인구 이론
에서 큰 영향을 받기도 했기 때문에 당대의 주류적 사고 방식인 자유 방임
주의를 의심하지 못했다는 것이다. 굴드가 볼 때, 생물계의 충만함은 증명되
지 않은 것임에도 불구하고 이것을 전제한 다윈은 생물 간의 경쟁에서는 생
존 투쟁과 자연 선택을 통해 진보가 있을 수 있다고 판단했다. 이런 관점이
잘 드러나는 것이 3장에 나오는 '쐐기의 비유'라고 지적하면서, 굴드는 이 대
목의 1856년 초고를 제시한다.

> 자연은 여러 종을 대변하는 1만 개의 날카로운 쐐기가 빽빽이 박혀 있고
> 모두 부단한 망치질로 안으로 박혀 들어가고 있는 표면에 비유될 수 있는
> 데, 때로는 쐐기 하나가 깊이 망치질되어 박히면서 다른 것들을 뽑아내 버
> 리고, 그 갈등과 충격이 종종 여러 방향으로 다른 쐐기들에게까지 멀리 전
> 달된다. (Gould, 1996, 143쪽에서 재인용)

그런데 이 내용이 『종의 기원』의 초판본에서는 다음과 같이 그 표현의 강
도가 다소 완화되었다가 곧이어 나온 제2판에서는 쐐기의 비유가 아예 빠져
버리고 만다는 사실이 중요하다.

> 자연을 대함에 있어 앞선 고려들을 항상 염두에 두는 것이 아주 필수적이
> 다. 즉 우리 주변의 모든 개별적 유기체들은 개체수를 늘리려고 최대한 노
> 력하고 있다고 말할 수 있다는 점, 개체들은 그 생애의 특정 시기에 투쟁에
> 의해 생존할 수 있다는 것, 각 세대 동안에 혹은 반복되는 간격을 두고 어
> 린 것들이나 늙은 것들에게 심각한 파괴가 불가피하게 벌어진다는 점을 결
> 코 잊지 않는 것이 필수적이다. 어떤 장애물을 덜어 주고, 그 파괴를 가볍게
> 만들어 준다면 종의 개체수는 거의 순식간에 엄청난 숫자로 불어날 것이
> 다. **자연의 얼굴은 쐐기를 박기 쉬운 표면에 비유할 수가 있고, 이 표면에 빽빽이**

**박혀 있는 1만 개의 날카로운 쐐기가 부단한 망치질로 안으로 박혀 들어가고 있
는데, 때로 쐐기 하나에 망치질이 가해지면 다음 순간 또 다른 쐐기가 더 센 힘으
로 망치질이 되는 것이다.** (Darwin, 1859, 56쪽, 강조는 필자이며, 이 대목이 제2판
에서 삭제되었다.)

굴드의 주장이 설득력을 더하려면 이 쐐기의 비유를 다윈이 제2판부터
삭제하고 만 까닭을 설명해야 한다. 필자가 볼 때, 쐐기의 비유와 그 삭제를
모두 다윈이 '진보'를 신봉했던 당대의 지적 분위기에 구속된 시대적 한계
로 돌리기는 어렵다. 다윈이 초판에서만 쐐기의 비유를 넣은 이유는 일차적
으로 독자에게 충격적이거나 자극적인 표현을 신중하게 피하는(유복한 빅토리
아조 신사라는 계급적 한계와 무관하지 않은) 개인적 습성 탓이 클 것이다. 그러나 정
말 결정적인 이유는 다윈이 이 비유가 생존 투쟁이나 자연 선택 개념의 복잡
한 성격을 제대로 감당하지 못한다고 생각했기 때문이 아닐까?

앞 절에서 살펴보았듯이 생존 투쟁은 말 그대로의 뜻보다는 생물계의 상
호 적응과 상호 의존을 뜻하는 측면이 크다. 따라서 개별 종이나 개체가 자
연에서 생존 투쟁을 하는 과정에서 그 생존과 관련된 주변 환경이 포화 상태
인 경우도 있지만, 생존 투쟁과 자연 선택이 생존의 공간을 넓혀 주는 면도
분명히 있다. 가령 『종의 기원』의 다음 대목에서 그런 역동적인 측면이 생생
하다.

넓고 개방된 지역에서는 전체적으로 거기서 유지되는 같은 종의 개체가 많
으므로 유리한 변이가 나타날 기회가 많을 뿐 아니라, 기존의 종이 많기 때
문에 생활 조건이 무한히 복잡하다. 만약 그렇게 많은 종 가운데 어떤 종들
에 변이가 일어나거나 개량이 되면, 다른 종들도 그에 상응하는 정도로 개
량되어야 한다. 그렇지 않으면 모두 멸종하고 말 것이다. 새로운 각각의 생
물들도 역시 크게 개량되자마자 개방되어 있고 연이어 있는 지역으로 퍼

질 수 있게 되므로 다른 많은 것들과 새로운 경쟁에 들어가게 될 것이다. 따라서 작고 고립된 지역보다도 큰 지역이 새로운 장소가 한층 많이 형성되고 그런 장소들을 차지하기 위한 경쟁이 더 격렬해질 것이다. (Darwin, 1859, 87~88쪽)

다시 말해 무한히 복잡한 생존 환경에서 유리한 점을 가지게 된 생물들은 큰 지역에 퍼져 다른 생물들과 또다시 경쟁하게 되는데, 이때 단순히 고정된 환경에서 경쟁이 격렬해지는 것이 아니다. 즉 "새로운 장소가 한층 많이 형성되고 그런 장소들을 차지하기 위한 경쟁이 더 격렬해질 것"이라는 구절에서처럼 경쟁이 치열해지는 만큼이나 생존 공간이 더 넓어지고 그 역도 성립하는 상호 역동성이 동시에 지적되고 있다. 다음 대목 또한 동일한 차원에서 주목할 만하다.

구조가 크게 다양화됨으로써 최대량의 생명을 부양할 수 있다는 원칙이 옳다는 것은 많은 자연 환경에서 볼 수 있다. 극도로 좁은 지역에서, 특히 이입이 자유롭고 개체 간의 경쟁이 격렬한 곳에서 우리는 항상 그곳에 사는 생물들이 아주 다양하다는 것을 보게 된다. …… 농부들은 크게 다른 목(目)에 속하는 작물들을 윤작함으로써 식량 수확을 최대화할 수 있다는 것을 안다. 자연은 동시적 윤작이라고 할 만한 일을 한다. 어떤 좁은 땅에서 밀집하여 살고 있는 동식물들은 (그 본성이 특이하지 않다고 가정하면) 그 땅에 살 능력이 있으며, 또 그곳에 살기 위해 최대한의 노력을 하고 있다고 말할 수 있다. 그러나 그런 동식물들이 서로 아주 백중한 경쟁을 하는 곳에서는 구조의 다양화라는 유리한 점들(및 그에 수반하는 습성과 체질의 다채로움)이 일반적으로 상호간에 격렬하게 밀어내려고 하는 거주자들이 다른 속이나 목에 속하도록 하는 조건으로 작용한다는 것을 발견할 수 있다(Darwin, 1859, 94쪽).

다윈이 격렬하고 쉴 새 없는 생존 투쟁을 대전제로 삼고 있는 것은 사실이지만, 바로 그런 생존 투쟁의 성격 때문에 결과적으로 서로 다른 속이나 목에 속하는 다양한 생물 종들이 번성하게 된다. 이처럼 자연의 실상이 지닌 양면성을 고루 살핀 다윈 사유의 복합성을 본다면 다윈의 한계에 대한 굴드의 비판은 재고의 여지가 많다.

굴드는 『종의 기원』의 다음 두 대목을 들어 지적 급진파인 다윈이 사회적 보수파인 다윈에게 양보한 측면이 있으며, 당대 주류 이데올로기의 핵심인 '진보'의 관념을 받아들였다는 증거로 삼는다(굴드, 2002, 195~203쪽; 굴드, 2004, 392쪽)

> 세계의 역사에서 이어지는 각 지질 시대의 거주자들은 생명의 경주에서 자신의 선조들을 물리쳤고, 그만큼은 자연의 등급에서 고등한 단계에 속한다. 그리고 이것이 많은 고생물학자들이 느낀 막연하지만 잘 정의되지 못하는 느낌, 즉 유기체는 전체적으로 지금까지 진보했다는 느낌을 설명해 줄지도 모른다. (Darwin, 1859, 278쪽)

> 자연 선택이 오로지 각 개별 존재의 이익에 의해, 또 그 이익을 위해 작용하기 때문에, 모든 신체적이고 정신적인 자질들은 완전성을 향해 진보하는 경향이 있을 것이다. (Darwin, 1859, 359쪽)

그러나 이 대목들 자체도 다시 살펴보면 굴드의 주장을 뒷받침하기에는 다소 미흡하다. 우선, (『종의 기원』 10장의 뒷부분에 나오는) 첫번째 인용문은 앞선 지질 시대의 생물의 변이를 통한 후손이 이후 지질 시대의 생물임을 강조하면서 지구상의 생물이 창조가 아니라 자연 선택에 따라 진화했음을 확언하는 데 초점이 있으며, 시간의 진행에 따라 필연적으로 하등 동물이 고등 동물로 진화한다는 주장이라고 단언하기 어렵다. 또 "막연하지만 잘 정의되지 못하는 느낌"이라고 조심스럽게 표현할뿐더러 "전체적으로"라는 수식어를 붙임으로써 생물이 국지적 적응 과정에서 '퇴화'할 가능성도 어김없이 열어 놓고 있다. 두 번째 인용구 역시 "반드시 진보한다."가 아니라 "진보하는 경향이 있다."는 것임을 유의해야 한다.

물론 굴드가 흥미롭게 밝히고 있듯이, 지구상의 가장 번성한 생물은 여전히 '하등한' 박테리아들이며 다윈에게 이런 인식이 없었던 것은 분명하다. 또 굴드가 표트르 알렉세이비치 크로포트킨(Pyotr Alexeyevich Kropotkin)의 다윈 비판을 인용하거나 먼 과거인 페름기의 대멸종 등을 들면서 다윈의 약점을 꼬집는 것도 타당하다. (Gould, 1996, 144쪽) 다윈이 생존 투쟁이나 진보와 관련하여 자신이 속한 사회로부터 완전히 벗어날 수 없는 시대적 한계가 틀림없이 있었던 것이다.

그러나 다윈의 핵심적인 성취를 놓쳐서는 곤란하다. 다윈은 '진보의 경향'을 인정하되 결코 진보에 어떤 특정한 방향을 상정한 것은 아니었다. 그 점이 굴드 자신이 강조하듯이 다윈이 라마르크의 진화 이론이나 진보에 대한 당대의 일반적 통념과 결정적으로 결별한 대목이다. 또 크로포트킨의 다윈 비판과 관련해서도, 생존 투쟁에 투쟁 말고도 상호 의존과 협력의 측면이 있다는 점에서 크로포트킨적인 상호 협조가 과연 다윈의 생존 투쟁과 그렇게 모순되는 개념인가도 생각해 볼 여지가 많다고 생각된다.

어쨌든 문학 연구자의 입장에서 볼 때에도, 『종의 기원』의 유명한 마지막 대목은 편협한 인간 중심주의를 벗어나 21세기에 걸맞은 생태적 사유와 부합하는 놀라운 내용이 아닐까 한다.

> 수많은 종류의 숱한 식물들로 덮여 있고 풀숲에서 노래하는 새들과 이리저리 날아다니는 곤충들, 축축한 흙 속을 기어 다니는 지렁이들로 뒤엉킨 강둑을 주의깊게 지켜보면서, 이 정교하게 만들어진 형태들, 서로 간에 아주 다르고 또 서로에게 아주 복잡한 방식으로 의존하고 있는 형태들이 모

두 우리 주변에 작동하고 있는 법칙들에 의해 생겨났다는 것을 성찰하는 일은 흥미롭다. 이 법칙들은 가장 폭넓게 말하자면, 첫째, 재생산이 동반되는 성장, 둘째, 재생산에 거의 함축되었다고 할 유전, 셋째, 생명의 외적 조건들의 직간접적 행위와 기관의 사용 여부에 의해 생기는 변이성, 넷째, 생존 투쟁으로 이어질 만큼 높은 개체의 증가율(이것은 결과적으로 자연 선택으로 이끌고 형질 분기와 덜 개량된 형태들의 멸종을 수반한다.)이다. 따라서 자연의 전쟁으로부터, 기근과 죽음으로부터, 우리가 생각할 수 있는 최고의 고양된 대상, 즉 고등 동물들의 탄생이 직접적으로 귀결된다. 이러한 생명관에는 장엄함이 있다. 여러 가지 힘을 지닌 생명은 시초에 창조주에 의해 소수의 형태 혹은 하나의 형태에 불어넣어졌던 것이다. 그리고 이 지구가 고정된 중력의 법칙에 따라 공전하는 동안에, 그처럼 단순하기 그지없는 시초로부터 극히 아름답고 극히 경이로운 형태들이 끝이 없이 진화되어 왔고 또 진화 중인 것이다. (Darwin, 1859, 395~396쪽)

3.4. 자연사의 법칙과 인간 역사의 '논리'

다윈의 혁명적인 이론이 만약 인간의 역사를 다루는 역사학과 서로 주고받는 측면이 있다면, 그것은 통합적인 학문을 모색하는 데 시사적인 통찰을 제공할 것이 틀림없다. 『종의 기원』을 읽고 카를 마르크스(Karl Marx)가 했던 논평의 취지도 바로 그런 맥락에 놓여 있었던 것은 널리 알려져 있다. 이와 관련하여 흥미로운 논의거리는 『종의 기원』 전체를 놓고 볼 때 다윈이 자연 선택에 대해 '법칙'이나 '자연 법칙(law of nature)'라는 표현을 사용하지 않았다는 사실이다. 앞에 인용한 『종의 기원』의 마지막 대목에서도 몇 가지 법칙들을 언급하지만, 자연 선택에 대해서는 전혀 법칙이라는 용어를 쓰지 않는다. 다만 『인간의 유래』에서는 "자연 선택의 엄격한 법칙(rigid law of natural selection)"이라는 표현을 다음과 같이 단 한 번 사용한다.

인간의 초기 조상들은 다른 동물들과 마찬가지로 생존 수단 이상으로 번식하는 경향이 있었음에 틀림없다. 따라서 그들은 가끔씩 생존 투쟁에 노출되었음에 틀림없고, 따라서 자연 선택의 엄격한 법칙에 노출되었을 것이다. 그럼으로써 온갖 종류의 유리한 변이들은 가끔씩 혹은 부단히 보존되었을 것이고 해로운 변이들은 제거되었을 것이다. (Darwin, 1859, 67쪽)

그런데 이 인용문의 맥락은 주의를 요한다. 다윈은 인간도 여타 동물들과 마찬가지로 자연 선택을 통해 진화했다는 점을 기술하고 있다. 그는 인간과 다른 동물들이 모두 동일한 진화 과정을 겪었다는 사실에 거부감을 느낄 당대 독자들을 향해 발언하는 과정에서 자신이 이미 10여 년 전에 쓴 『종의 기원』에서 입증한 자연 선택이 인간에게도 예외가 없다는 점을 설득하려고 하는 참이다. 따라서 이때의 "엄격한 법칙"이라는 표현은 인간도 진화의 과정에서 예외가 될 수 없다는 점을 힘주어 강조하느라 나온 것이다. 이외의 경우 다윈은 자신의 핵심 개념인 자연 선택에 법칙이라는 수식어를 붙이는 것을 삼갔던 것이다. 그 이유는 대체 무엇일까.

앞서도 인용했지만, 다윈은 과학적 입증은 못했지만 태초에 어떤 원초적인 하나 혹은 소수의 생명 형태로부터 오늘날의 모든 동식물이 유래되었다는 점에 대한 확신을 반복하여 밝힌다. 그런데, 오늘의 최신 연구 성과에 비추어볼 때 이런 원시적인 최초 생명체의 탄생 자체는 자연 선택이 작용한 결과가 아니며, 다윈도 그것을 충분히 짐작하고 있었을 것이다. 다시 말해, 자연 선택은 특정한 자연적 조건에서 작동하는 '법칙'이고 수십억 년에 걸친 지구 생명의 역사에서 언제나 작동해 온 초시간적인 보편적인 법칙은 아닌 것이다.

마찬가지로, 지금의 문명을 건설한 현생 인류(Homo sapiens)에게 자연 선택이 현생 인류 발생 이전의 유인원 등에게 작용했던 것과 동일한 수준으로 작용했다고 말하기는 어렵다. 앞선 인용문처럼 현생 인류의 선조들의 변이나 멸종을 포함한 진화 과정에 자연 선택은 어김없이 작용했지만, 적어도 현생 인류가 자리를 잡은 이후 성 선택이 더 결정적인 변화를 초래한 경우도 있을 것이며, 생물학적 과정인 자연 선택보다는 문화적인 요인이 더 큰 변화를 가져오기도 했다. 이 주제를 다윈 나름으로 고찰한 것이 다름 아닌 『인간의 유래』이기도 하다.

한 걸음 더 나아가자면, 오늘의 과학 기술 문명은 한편으로 전 지구적 생태계를 교란시키면서 동식물의 대량 멸종과 생태계 위기를 초래하고 있으며, 다른 한편으로 생명 과학에 근거한 첨단 기술의 눈부신 발달로 자연 선택 아닌 인위 선택의 길을 넓히며 무한한 가능성과 위험성을 동시에 열어 놓고 있다. 즉 인간이라는 독특한 생물 종이 지구에 탄생한 이후 지금의 시점에 이르러서는 인간 문명으로 인해 지구 생태계는 자연 선택이 작동하지 않는 영역이 넓어지고 있는 것이다. 다윈이 이런 현실까지 예측할 수는 없는 노릇이었지만, 어쨌든 다윈으로서는 자연 선택이 당대 과학이 이해하는 고전 역학의 법칙(이 법칙조차 현대 물리학에서는 의심받는다.)과 같은 차원의 것이 아님을 이해하고 있었다고 본다. 즉 자연 선택은 진화의 가장 강력하고 중요한 메커니즘일지언정, 진화 과정 전반을 완전히 설명할 포괄적이고 보편적인 법칙일 수는 없었던 것이다.

바로 여기에 다윈의 진화론과 인문학으로서의 역사학이 생산적으로 만나는 접점이 생겨난다고 생각된다. 다윈이 자연의 역사에 신의 섭리나 정해진 진보의 방향, 법칙 따위가 없다고 생각할 때, 그것은 자연이 마치 주사위를 던질 때처럼 임의성에 내맡겨져 있다는 뜻은 결코 아니다. 자연의 역사는 우연성(contingency)에 의해 좌우되지만, 그것은 "역사적인 연쇄의 극도의 복잡함에 기인한 예견 불가능성을 뜻하는 것"이며, "우연성은 처음부터 확실한 예측이 가능하다는 생각은 부정하면서도 특정한 역사가 전개된 이후의 설명 가능성은 인정"(굴드, 2008, 373쪽)하는 것이다.

그런 점에서 본다면 헤겔류의 관념적인 역사관이나 속류 마르크스주의

의 역사 법칙은 궁극적으로 다윈이 배격한 윌리엄 페일리류의 지적 설계론
이나 라마르크의 진화 이론과 흡사한 오류를 범하는 것이다. 다윈의 복합적
이고 변증법적인 사유는 오히려 영국 마르크스주의 역사가인 에드워드 파
머 톰슨(Edward Palmer Thompson)이 말하는 "역사학적 논리"와 일치한다. 즉
"역사적 진실이 자연 과학적 실험의 검증 대상은 결코 될 수 없지만, 그렇다
고 역사가의 주관적 해석만도 아닌 그 나름의 객관성을 지니도록 해 주는 역
사학(및 인문학) 특유의 '논리' 개념"(백낙청 2008, 26쪽)이 존재하는 것이다. 다
윈의 생존 투쟁, 자연 선택, 성 선택의 개념도 바로 이러한 논리를 바탕으로
성립하는 것이라고 말할 수 있으며, 다윈 스스로가 의식하고 있듯이 이 개념
들이 엄밀하게 논리적이며 자연 과학적인 용어로 부족함이 없으면서도 근
본적으로 은유적인 성격을 띠기도 하는 이유가 된다. 이것이 다윈의 진화론
이 단순히 자연 과학에 국한된 것이 아니라 역사학, 인종 이론, 심리학, 문학
등을 포괄하는 동시대의 지적 작업들과 깊이 연관되어 있으며, 인간과 세계
에 대해 총괄적인 설명 능력(Beer, 1983, 8쪽; 12쪽)을 가지게 되는 배경이기도
하다. 다시 돌아가자면, 아널드적인 의미에서 진·선·미가 통일되는 차원의
학문에 대한 문제 의식이 다윈의 저작에 분명하게 깔려 있는 것이며, 다윈
이론은, 아널드의 문제 의식이 여전히 갇혀 있는 시대적 한계를 넘어서는 전
망을 열어젖혔다고 말할 수 있을 것이다. 그 점에서 다윈 이후 가속화된 '두
문화'의 분리는 탈플라톤적 성취를 핵심으로 하는 다윈 이론의 참모습과는
거리가 먼 것이라고 하겠다.

4. 결론을 대신하여: '두 문화' 극복을 위한 인문학의 임무

　적어도 다윈 당대에는 스노가 말한 '두 문화'는 아직 없었고, 다윈은 자신
의 과학적 연구가 교양 있는 일반 독자들에게 이해되고 받아들여지는 것을

당연히 여겼다. 그러나 다윈이 사망한 직후에 벌어진 헉슬리와 아널드의 논쟁에서도 이미 '두 문화'라고 부를 만한 현상이 발생하고 있음은 분명히 감지된다. 심지어 다윈 자신도 자서전에서 만년에 자신의 과학 연구와 문학이나 예술적 소양 사이의 연결 고리가 끊어지는 현상을 토로한다.

> 서른의 나이, 혹은 그 넘어서까지 밀턴, 그레이, 바이런, 워즈워스, 코울리지, 셸리 같은 이들의 시가 내게 큰 기쁨을 주었다. 심지어 학생 시절에는 셰익스피어에 강렬한 희열을 느꼈는데, 특히 역사극에 대해 그러했다. 과거에는 회화가 상당한 기쁨을 주었고, 음악은 아주 큰 즐거움이었음은 이미 말한 대로이다. 그러나 이제 여러 해 동안 단 한 줄의 시도 읽기가 힘들어졌다. 최근에 셰익스피어를 읽어 보려고 시도했지만, 너무 지루해서 역겨울 정도였다. 또한 회화나 음악에 대한 취향을 거의 잃어버렸다. 일반적으로 음악은 기쁨을 주는 대신에 내가 작업하고 있는 일을 더 열정적으로 생각하도록 만든다. 좋은 경치를 즐기는 취미는 아직 약간 지니고 있지만, 과거처럼 강렬한 쾌락을 주지는 못한다. 반면에 상상력의 산물인 소설들은 아주 고급의 예술은 아니지만 여러 해 동안 내게 멋진 위안과 즐거움을 주었다. 놀랄 만큼 많은 소설 낭독을 들었고, 약간만 훌륭하고 불행하게 끝나지만 않으면 나는 다 좋아했다. 불행한 결말은 그것을 금지하는 법을 통과시켜야 한다. 소설은, 내 취향에 따르면, 그것이 독자가 완전히 사랑할 수 있는 인물을 포함하지 않으면 일급에 들 수가 없으며, 그 인물이 예쁜 여성이면 더더욱 좋다. …… 내 정신은 사실들의 거대한 수집에서 일반 법칙을 갈아내는 일종의 기계가 되어 버린 것 같다. 하지만 왜 그것이 고상한 취미가 의존하는 뇌의 부분만을 퇴화시켰는지는 알 수 없다. (Barett, 1989, 158쪽)

다윈이 느낀 지적, 정서적 분열이 한 개인의 견지에서 혹은 집단적인 지적 공동체의 차원에서 과연 불가피한 것이었는지, 아니면 근대 특유의 현상으

로서 극복해야 하며 또 정말 극복 가능한 것인지는 별도의 심도 있는 고찰이
필요할 것이다. 그러나 다윈이 진화론을 완성해 가는 과정에서 그가 즐겨 읽
고 익숙했던 문학, 특히 소설에 크게 힘입었던 것은 앞의 인용에서도 비록 간
접적이지만 또다시 확인된다. 또한 앞 절에서 다룬 대로 자연사를 다루는 그
의 진화론과 인간의 역사를 연구하는 역사학이 동일한 차원의 과학적 탐구
를 수행하는 것이라고 한다면, '두 문화'라는 바람직하지 못한 분열 현상을
극복해야만 새로운 종합 학문의 길을 개척할 수 있다는 강력한 시사 또한 감
지된다.

'두 문화'라는 표현을 유행하게 한 스노의 논리와 스노-리비스 논쟁 역시
이 글에서 자세히 다룰 여유는 없지만, 새로운 종합 학문의 시각에서 한두
가지는 짚고 넘어가야 한다. 첫째, 스노의 입장은 과학 기술의 발전과 혜택이
인류 문명의 모든 문제를 다 해결해 줄 것이라는 천박하고 무반성적인 근대
주의적 면모를 지니고 있다는 사실이다. 따라서 그의 입장에는 전형적인 근
대주의의 폐해인 과학주의, 서구 중심주의 등 온갖 문제점이 그대로 따라 나
온다. 둘째, 헉슬리-아널드 논쟁에 임한 헉슬리의 경우는 논적인 아널드와
교육 개혁에 관해 연대하면서 자연 과학(교육)의 발전을 위해 당대로서 꼭 필
요한 역할을 했다. 반면에 스노는 자신이 과학자이자 소설가로서 두 문화에
모두 정통한 지식인 행세를 했지만, 실제로는 진정한 과학자도 제대로 된 소
설가도 되지 못한 채 정부의 정책 결정에 간여하면서 당대 주류 지식인의 중
심을 자처하는 데 머물렀다는 점이다. 바로 이런 점들 때문에 문학 평론가인
리비스가 그의 입장을 그토록 철저하고 격렬하게 비난했던 것이다.

문학이나 인문학 분야에서만이 아니라 인간 사회의 모든 면에서 다윈 이
론은 인간과 세계를 새롭게 바라볼 수 있는 근거를 제공했지만, 그 못지않게
심하게 왜곡되고 오해되거나 부정적인 영향을 끼쳤다. 다윈의 동시대인이자
사촌인 프랜시스 골턴(Francis Galton, 1822~1911년)의 우생학(eugenics)이 단적
으로 드러내듯이 다윈 이론은 훗날 파시즘의 유태인 대학살로 이어지는 부

당한 인종 차별주의의 과학적 근거로 오용되기도 했다. 또 사회 다윈주의는 19세기 말 20세기 초의 제국주의 시대를 풍미하면서 우승 열패, 약육 강식의 이데올로기를 식민 지배자와 피식민지인 모두에게 깊이 각인시키기도 했다. 사실 사회 다윈주의나 우생학을 내세운 인종 차별주의는 북아메리카와 서유럽에서 맹위를 떨치다가 20세기 중엽 파시즘의 엄청난 역사적 범죄가 저질러진 후에야 역사의 뒤편으로 후퇴했고, 어느 면에서는 21세기에도 시장 만능주의의 무한 경쟁 구도 속에서 새로이 탈바꿈하여 강력한 영향력을 발휘하고 있다.

당대의 서양 문학에 다윈이 미친 영향 역시 착잡한 것이었다. 무엇보다도 19세기 말에 들어서면서 계속되는 진보에 대한 낙관주의가 의심받기 시작하자, 일직선적인 진화의 정점에 이른 서구 사회가 쇠퇴할 것이라는 식의 사고 방식이 유행하기 시작했다. 대중적으로 잘 알려진 사례로는 H. G. 웰스 (H. G. Wells)의 소설 『타임 머신(*Time Machine*)』(1895년)이 인류가 야만적인 지하 세계의 몰록(Morlocks)과 지상의 유약한 엘로이(Eloi)로 양분된 먼 미래의 모습을 그렸다. 그 외에도 불워 리튼(Bulwer Lytton)의 『등장하는 인종 (*The Coming Race*)』(1871년), 새뮤얼 버틀러(Samuel Butler)의 『에러혼(*Erewhon*)』 (1872년), 아서 코난 도일(Arthur Conan Doyle)의 『잃어버린 세계(*The Lost World*)』(1912년) 등이 유사한 주제를 다뤘다. (Browne, 2006, 122~123쪽)

좀 더 고전적인 문학의 경우에도 진화론의 영향은 매우 복잡한 것이었다. 무엇보다도 실험 소설론을 내세워 당대 자연주의 문학의 태두로 군림했던 프랑스의 에밀 졸라(Émile Zola)를 가장 먼저 거론해야 할 것이다. 그러나 그의 문학론은 환경과 유전의 결정론에 물들어 있는 것으로서 다윈 이론과는 거리가 멀었으며, 졸라 개인의 진보적인 정치적 입지와도 달리 구체적인 작품들은 부분적으로 뛰어난 성과에도 불구하고 근본적으로는 퇴영적인 측면이 두드러졌다. 영국의 경우, 다윈을 읽고 깊은 영향을 받았던 대표적인 작가로 조지 엘리엇, 토머스 하디(Thomas Hardy) 등을 들 수 있다. 특히 토머스 하디의 경우 역시 다윈에 깊은 관심을 가졌지만 그것이 작품에 진정한 활력을 불어넣지 못하고 오히려 비관주의적이고 부정적인 흠을 남기는 수가 많았다. 조지 엘리엇처럼 당대 최고의 지식인으로 꼽혔던 작가를 제외한다면, 하디를 비롯한 적지 않은 문인들은 다윈 이론의 정수를 제대로 흡수했다기보다는 다분히 곡해되거나 속류화된 진화론을 자연 과학적 진리로 받아들이곤 했다.

이 같은 문제는 21세기에 들어선 지금도 여전히 사라지지 않고 다른 형태로 재생산되기도 하는 듯하다. 특히 한국에서는 이 문제가 다른 변수들과 중첩되면서 더욱 심각한 면도 있다고 본다. 우선, 인문 사회 과학과 자연 과학의 심각한 분리 현상에는 독특한 한국적 맥락이 존재한다. 근대 교육이 일본 식민주의자들에 의해 시작된 탓에 일본 특유의 제도가 이식되어 지금도 의연히 지속되고 있는 문과와 이과의 거의 절대적인 구분이 그것이다. (김영식, 2007, 125~148쪽) 더불어 대학의 체제에서도 문리대 체제는 1975년 서울대 종합화 당시의 인문대학, 사회과학대학, 자연과학대학의 분리 이후로는 인문 사회 과학과 자연 과학이 단과 대학 체제로도 분리되는 경향이 가속화되어 지금은 어디서나 인문 사회 과학과 자연 과학의 절연을 학문적으로나 제도적으로 당연시하는 풍조가 뿌리를 내리고 말았다.

구체적으로 진화론 교육과 관련해서도 한국 중등 교육의 살인적인 입시 경쟁 체제에 덧붙여 과학 교육 정책의 부재와 구태의연함 탓에 중고등학교나 심지어 대학에서도 제대로 된 진화론 교육이 이루어지지 않는다. 이명박 정부에서 두드러진 각종 퇴행 현상의 하나였지만 창조론을 신봉하는 국내 '과학자'들의 단체인 진화론 교과서 개정 추진 위원회가 현행 중등 교과서 내용의 허술함을 빌미로 진화론에 관한 내용을 삭제하려고 청원 운동을 벌인 일이 네이처에 보도되어 물의를 일으키는 해프닝마저도 있었다.

또한 다윈 저작들은 초보적인 자연 과학적 훈련밖에 없는 독자로서도 충분히 소화해 낼 수 있지만, 종의 기원은 아직 질적으로 추천할 만한 우리말 번역본이 나와 있지 않으며 전집의 번역 출간도 요원한 실정이다. 이런 현실이 한국적 맥락에서 '두 문화'의 분열을 고착화시키면서 우리 학문의 현실 응전력을 떨어뜨리고 있다. 물론 우리 독서계에서 뜻있는 학자들과 번역가들의 노력으로 진화론에 관한 최근의 연구 성과들이 우리말로 번역되어 널리 읽히고 있다. 이런 활력을 소중한 자양분으로 삼아 제도 교육을 개혁하고 학문 간의 대화와 소통을 좀 더 높은 차원에 올려놓는 일이 시급하다고 하겠다. 특히 현대 진화론에서 사회 생물학과 진화 심리학을 대변하는 이론적 흐름과 그에 반대하는 흐름 사이의 치밀하고 생산적인 논전은 아직 국내 학계에 희귀하다는 점에서 더욱 절실한 학문적 과제가 존재한다고 하겠다.

김명환(서울 대학교 영어영문학과 교수)

6장 __ **권력의 DNA**

정치 행태에 대한 바이오폴리틱스적 접근

정치 행태의 생물학적 접근

정치와 윤리에 대한 동서양의 성찰들은 고대로부터 인간 본성에 대한 탐구의 문제와 직접적으로 결부되어 왔다. 성리학적 사유의 기초에는 맹자의 사단칠정론(四端七情論)이 놓여 있었고, 플라톤은 『국가론』에서 인간이 국가와 사회를 건설하고 그 안에서 살 수 밖에 없는 이유를 개인의 경제적 욕구에서 찾고 있다. 이렇게 인간이 태어날 때부터 갖고 있는 본성의 관점에서 정치의 가장 근본적인 문제들을 연구하려 했던 시도들은 정치학의 역사 그 자체만큼이나 오래된 전통을 갖고 있지만, 진화론적 시각을 본격적으로 도입하고 실증적 데이터를 통해 과학적으로 연구되기 시작한 것은 비교적 최근의 일이다. 정치적 주제에 대한 생물학적 접근의 역사는 사실 1960년대 정치행태론의 연구가 획기적 진전을 이루기 시작한 직후부터 시작된다고 볼 수 있다. 그러나 정치학 연구에서 초기 생물학적 접근은 대개 이론 중심적이고 서술적, 혹은 사변적인 접근에 머무르면서 구체적인 경험적 증거를 제시하지 못하는 한계가 있었다. 그러나 2000년대 들어 사회 과학 전반에 통섭적 접근 방법에 대한 관심이 일어나고, 진화 심리학의 눈부신 발전이 학계 전반의 관심을 끌게 됨에 따라 정치학에서도 본격적으로 생물학적 접근법에 대한 관심이 부활하고 있다. 이에 따라 근래에는 이론적 접근뿐 아니라 경험적 데이터에 입각한 실증적 연구 또한 활발히 진행되고 있는데, 2000년대 후반의 연구들에서는 정치적 정향성에 직간접적으로 영향을 주는 인간 유전자들이 발견되는 등 정치학계의 뜨거운 관심을 받는 가장 첨단의 주제로 많은 학자들이 경쟁적으로 이 연구 경향에 참여하고 있다. 이 글에서는 생물학과 정치학을 접목시킨 이러한 새로운 연구 경향을 소개하고, 그 대표적 연구 방법론들과 최근 주목받고 있는 주요 연구들의 내용을 요약할 것이다.

정치 행태의 유전적 특징을 연구하기 위해서 정치학자들은 여러 가지 다른 학문의 이론과 방법론을 받아들여 왔다. 진화 심리학, 뇌 신경 의학(neurology), 내분비학(endocrinology), 생리학(physiology), 형질 인류학(physical anthropology), 동물학 등의 도움을 받고 있는 이 생물학적 정치학을 어떻게 통칭해야 할 것인지에 대해서는 아직 학자들 사이의 공감대가 뚜렷하게 형성되어 있지는 않으나, 흔히 바이오폴리틱스(biopolitics, '생물 정치학'이라는 번역어가 쓰이기도 한다.)라는 명칭이 많이 쓰이고 있다. 바이오폴리틱스의 연구 주제는 정치 참여, 서열(hierarchy), 전쟁, 리더십, 윤리, 성 정치학 등의 문제에 집중하는 경향이 있었다. 그런데 이런 주제는 주로 인간적 보편성(human universals)에 대한 연구이기 때문에, 실증적 연구의 대상으로 삼기에는 종속 변수의 변이가 불충분하다는 한계가 있었다. 즉 개인 간의 정치 행태의 차이가 발생하는 이유를 찾아내는 것보다, 대부분의 개인들이 공통적으로 갖고 있는 일반적 정치 행태의 원인을 탐구하는 것에 치중하는 경향이 있었다. 이러한 한계가 바로 최근에 이르기까지 바이오폴리틱스에서 실증적 연구가 힘들었던 근본적인 원인이라고 지적된다. (Alford and Hibbing, 2008, 184쪽)

부연하자면, 진화 심리학과 심리학에서는 일반적으로 개체 간의 차이보다는 종의 보편적 특질에 주목하는 경향이 있다. 예를 들어 리더십 연구의 경우, 전통적으로 정치학에서는 정치적 리더가 되는 사람들에게 어떤 특징이 있으며 일반인과 리더를 구분 짓는 차이가 무엇인지를 규명하는 데 집중해 왔다. 그러나 진화 심리학의 경우, 그런 차이점보다는 왜 보편적으로 모든 인간 집단에서 리더십이 중요하며, 기본적으로 모든 개인들이 리더의 명령에 복종하고 특히 외부로부터의 위협이 있을 때 리더에게 절대적 권력을 부여하려는 경향이 강한지 등을 설명하는 데 관심을 가져 왔다. 이런 관점의 차이는 그동안 정치학에서 생물학적 접근을 도입하는 데 있어 결정적인 한계로 작용해 왔다. 그러나 21세기의 바이오폴리틱스의 연구에서는 이러한 일반적 행태 특질을 연구하는 차원을 벗어나서 개인 간 정치 참여 정도의 차이, 정당 일체감의 유무, 혹은 정치 이데올로기의 차이 등을 설명하려는 다양한 시도들이 매우 왕성하게 벌어지고 있다.

바이오폴리틱스에서 다양한 정치적 행태들이 유전되는 현상을 연구하는 것은 지금까지의 전통적인 정치학 연구 전반에 큰 함의를 지닌다. 예를 들어 개인 수준의 정치 행태 연구에서 어떤 정치 행태가 환경보다는 유전에 의해 결정되는 부분이 더 크다는 것은 정치에 대한 우리의 이해를 근본적으로 바꾸어 놓을 수 있다. 유전의 영향을 받은 태도는 좀처럼 쉽게 변화하지 않고, 더 강한 신념으로 유지되며, 의사 결정에 더 큰 영향을 미친다(Tesser, 1993)는 연구가 있기도 하다. 따라서 유전과 관련된 태도를 불러일으킬 수 있는 종류의 이슈가 무엇인지를 밝혀내는 것은 정치 연구에 매우 중요한 함의를 가질 것이다. 또, 바이오폴리틱스는 이전의 사회화 과정에 대한 연구들에 대해서도 비판적인 질문을 던지는데, 지금까지 사회화를 통해 습득된다고 전제되었던 많은 정치 행태들이 사실은 상당 부분 유전을 통해 결정되는 것이었다면, 지금까지의 정치 행태 연구에 근본적인 사고 전환이 요구될 것이기 때문이다.

그 통섭적 성격 때문에 바이오폴리틱스에는 기존의 정치학 연구에는 사용되지 않았던 매우 다양하고 흥미로운 연구 방법이 사용되고 있다. 아래 이어지는 절에서는 이 연구 방법론을 중심으로 바이오폴리틱스 연구가 어떻게 정치학 연구에 응용되고 있는지를 소개할 것이다. 그리고 그다음으로는 이러한 연구 방법들을 통해 바이오폴리틱스 연구에서 주요하게 분석되고 있는 정치학의 주제들—이념과 정당 일체감, 권력과 복종, 그리고 국제 정치에서의 갈등—을 중심으로 중요한 연구 사례와 그 의의를 설명하는 순서로 이 글을 구성하였다.

뇌, 쌍둥이, 그리고 시뮬레이션

　바이오폴리틱스에 대한 연구가 본격화되기 시작한 것은 1980년대부터이다. 더글러스 매드슨(Douglas Madsen)은 《미국 정치학회보(*American Political Science Review*)》에 1986년에 발표한 논문에서 권력 추구 성향과 세로토닌(serotonin) 수준의 상관성을 밝혀 바이오폴리틱스 연구의 중요한 전환점을 이루었다고 평가된다. 또한 비슷한 시기에 니콜라스 마틴(Nicholas Martin)과 그의 동료들은 정치적, 사회적 태도 조사 설문지를 오스트레일리아와 영국의 쌍둥이 및 그 가족들에게 보내 그 결과를 분석하였다. (Martin et al., 1986) 이들은 사회적 태도(social attitudes) 차이의 상당 부분이 유전자로 설명될 수 있다는 결론을 내렸다. 동시에 이 연구는 사회적 태도의 수직적인 문화적 계승의 증거는 발견하지 못했다고 주장한다. 이 마틴의 연구는 방법론적으로 현재 바이오폴리틱스 연구에서 매우 중요한 부분을 차지하고 있는 쌍둥이 연구의 선구적 역할을 하였다. 매드슨의 세로토닌 연구와 마틴 및 동료들의 쌍둥이 연구가 발표된 1980년대 중반 이후 바이오폴리틱스는 정치학자들의 관심에서 멀어지는 듯했지만, 2000년대 중반 이후부터 바이오폴리틱스에 대한 관심이 급증하면서 오늘날에는 정치학의 가장 급속히 성장하고 있는 분야로 꼽히고 있다.

매드슨의 실험, 그리고 마틴과 동료들이 사용한 쌍둥이 연구는 이후 바이오폴리틱스 연구의 중요한 두 연구 경향을 예시한 것이기도 했다. 현실적 제약과 윤리적 문제 등으로 인해 바이오폴리틱스 연구에 실제로 사용될 수 있는 연구 기법은 그 범위가 한정되어 있다. 자기 공명 영상(MRI) 촬영 등을 이용해 뇌의 활동을 직접 관찰하거나 혹은 매드슨의 연구와 같이 신경 전달 물질 혹은 호르몬의 작용과 정치 행태 사이의 관계를 연구하는 방법은 신경 정치학(neuropolitics) 등에서 매우 활발하게 쓰이고 있는 방법이다. 마틴이 개척한 쌍둥이 연구는 이후 유전병 연구를 위한 쌍둥이 데이터베이스가 계속 축적되면서 유전자와 정치 행태 사이의 관계를 연구하는 가장 중요한 연구 방법으로 자리 잡았다.

이중 쌍둥이 연구는 개인 행태의 특질을 형성하는 두 요소, 즉 유전적 요소(heredity)와 환경적 요소(environment)를 분리하여 측정할 수 있는 거의 유일한 방법이다. 같은 부모 밑에서 양육되는 일란성 쌍둥이의 경우 유전적 요소뿐만 아니라 환경적 요소도 거의 같다고 볼 수 있는 반면, 이란성 쌍둥이는 유전적으로는 차이가 있지만 환경적 요소는 공유한다. 이 점을 이용하면 다양한 정치 행태의 차이에 미치는 환경 및 유전적 요소들의 상대적 영향력을 비교적 정확하게 측정할 수 있다는 것이 쌍둥이 연구의 장점이다. 반면 쌍둥이 연구는 비용이 많이 들고, 쌍둥이 데이터베이스의 사용을 허가받는 것이 까다롭다는 한계가 있다. 최근의 쌍둥이 연구는 좀 더 방대한 데이터베이스를 사용하여 다양한 유전 모델을 테스트하고 있다. 일례로 이브스와 그 동료들의 연구(Eaves et al., 2011)는 오스트레일리아와 미국의 쌍둥이 데이터베이스를 사용하였는데, 쌍둥이와 그 가족을 포함하여 5만 명이라는 엄청난 표본의 정보를 분석하는 것이 가능했다.

뇌 신경 의학은 최근 매우 빠른 속도로 발전하고 있으며, 경제학, 경영학, 정치학 등 사회 과학 전반과 다학제적 협력을 통해 인간의 행태를 설명하는데 동원되고 있다. 일반에게도 널리 알려진 것으로는 안토니오 다마지오

(Antonio Damasio)의 연구가 대표적이다. (Damasio, 1994) 다마지오의 연구는 피니어스 게이지(Phineas Gage)라는 유명한 19세기의 환자 사례에서 출발한다. 철도 건설 노동자로 일하던 피니어스 게이지는 1848년 폭발 사고로 쇠막대기에 두개골이 완전히 관통당하는 치명적인 부상을 당했다. 그러나 그는 심각한 전두엽 손상에도 불구하고 기적적으로 살아남았으며, 사고 후에도 12년을 더 생존하다가 1860년 사망한다. 피니어스 게이지는 뇌손상에도 불구하고 기억력이나 사고력, 언어 능력 등 전반적인 인지 능력은 손상되지 않았으나 극단적인 성격 변화로 사고 후에 사회 생활에 큰 불편을 겪은 것으로 알려져 있다. 다마지오는 우선 현재까지 남아 있는 피니어스 게이지의 두개골을 바탕으로 정확히 뇌의 어떤 부분이 손상당했는지를 파악했다. 그리고 그 정보를 바탕으로 뇌종양이나 뇌출혈 등으로 피니어스 게이지와 같은 부분이 손상당한 현대의 환자들을 관찰해서 피니어스 게이지가 겪었던 성격 변화의 원인을 추적했다. 다마지오는 이 연구에서 의사 결정을 위해서는 이성적 계산 능력보다도 감정 인지 능력이 오히려 더 중요하다는 결론을 내렸으며, 이것이 피니어스 게이지 및 유사 뇌손상 환자들의 성격 변화를 가져온 주요 변인이라고 주장한다.

그러나 최근 스캔(SCAN, social cognition and affective neuroscience), 혹은 신경 정치학의 급속한 발전을 주도하고 있는 연구 방법론은 기능성 자기 공명 영상(functional magnetic resonance imaging, fMRI) 기술을 이용한 두뇌 활동 관찰 실험이다. (Schreiber, 2011) fMRI는 강력한 자기장을 사용하여 혈중 헤모글로빈 산소 농도의 미세한 변화를 측정하는 방법이다. 뇌의 특정 영역이 활발히 작동할 때 혈류가 그 영역으로 집중되는데, fMRI는 자기장을 이용해 혈류의 흐름을 영상으로 촬영하여 뇌의 어떤 영역이 활성화되는가를 추적할 수 있게 해 준다. 따라서 fMRI를 이용한 신경 정치학 연구는 대개 피실험자에게 사진이나 동영상, 음향 등의 자극을 주고 그 자극에 뇌의 어떤 영역이 반응하는지를 fMRI로 추적하는 방식으로 진행된다.

fMRI를 사용한 연구의 최근 사례를 꼽아 보면 슈라이버와 아이아코보니 (Schreiber & Iacoboni, 2012)는 미국 대학교에 재학 중인 19명의 백인 학생을 대상으로 이들의 편도체(amygdala)의 변화를 관찰하여 타인종에 대한 고정 관념이 작동되는 방식을 연구한 바 있다. 편도체는 인간의 가장 원초적이면서 부정적인 감정, 예를 들어 공포나 혐오 등을 관장하는 영역으로 알려져 있다. (Costafreda et al., 2008) 이 연구에서는 피실험자들이 몇 장의 연속적인 사진을 보고 있을 때 그들의 편도체가 활성화되는지를 관찰하였는데, 이 사진들은 흑인 혹은 백인이 사회적 규범에 어긋나는 행동을 하는 사진들과 흑인 혹은 백인이 사회적 규범에 맞는 행동을 하는 사진들로 구성되어 있었다. fMRI 분석 결과, 피실험자들은 단순히 흑인의 사진을 볼 때가 아니라 사회적 규범에 어긋나는 행동과 관련된 사진을 볼 때 편도체가 활성화되는 것으로 드러났다. 이에 따라 슈라이버와 아이아코보니는 다른 인종에 대한 경험 그 자체가 부정적인 감정을 불러일으킨다기보다는 다른 인종과 결부된 고정 관념(stereotype)이 인종주의의 원인이 된다는 결론을 내렸다.

호르몬이나 신경 전달 물질의 연구, 또는 뇌 신경학적 접근은 쌍둥이 연구에 비해 유전적 변수와 환경적 변수를 구분하여 분석하는 것에는 한계가 있다. 이를 보완할 수 있는 컴퓨터 시뮬레이션은 좀 더 값싸고 안전한 전자적 연구 방법으로, 다양한 인간 행동의 진화를 실험해 볼 수 있는 기회를 제공한다. 앞의 두 생물학적 연구 방법은 실제 인간을 대상으로 이루어지기 때문에 모두 상당한 시간과 비용, 그리고 연구 윤리의 문제가 제기될 가능성이 있다. 전통적인 실험 방법은 피실험자들에 대한 보상 및 실험기기 운영 등에 큰 비용이 들어가고, 특히 피실험자의 건강이나 안전에 위험이 제기될 수 있는 실험은 실시 자체가 불가능하다. 이렇게 큰 노력과 자원이 투입되어야 하기 때문에 실험자가 예측한 실험 결과가 도출되지 않았다거나 실험 중 예기치 못한 사고나 오류가 발생하였을 시 투입한 모든 자원이 한순간에 날아가 버릴 위험성이 존재한다. 또 재실험을 하기도 쉽지 않다. 이에 반해 컴퓨터 시뮬레이션 기법은 특정 행태의 진화 가능성을 컴퓨터 프로그래밍으로 창조한 인공 환경 내에서 실험하는 방법이다. 흔히 '행위자 중심(agent-based) 모델'이라고 불리는 이 시뮬레이션 방법은 최근 컴퓨터의 급속한 발달로 인해 비교적 적은 비용과 시간으로 시행할 수 있는 장점이 있으나, 역시 복잡다기하고 수많은 변수들이 영향을 끼치는 현실의 정치 행태를 설명하기에는 한계가 있을 수 있다.

특정한 정치 행태가 진화 과정을 통해 형성되는 수리 모델을 만들어 컴퓨터 시뮬레이션으로 증명하는 이러한 접근법을 형식 진화 모델링(formal evolutionary modeling)이라고 부른다. (Smirnov & Johnson, 2011) 스미르노프와 존슨에 따르면, 진화 과정이 일어나기 위한 조건은 크게 네 가지로 나뉜다. (Smirnov & Johnson, 2011) 첫째 특정 개체들이 모인 "집단(population)"이 존재하고, 둘째, 이 집단에 속한 개체들 간에 "변이(variation)"가 발생하며, 셋째, 이 변이를 중심으로 특정 개체가 살아남는 "선택(selection)"이 뒤따르고, 넷째, 특정한 변이를 덕분에 살아남은 개체들이 그 집단에서 차지하는 비율이 높아지는 "보유(retention)"가 일어난다. 따라서 이 네 가지 조건을 만족하는 어떠한 정치 현상이나 정치 행태가 있다면 이는 형식 진화 모델링의 틀 안에서 연구하는 것이 가능해진다.

그런데 이 형식 진화 모델링은 전통적인 합리적 선택 이론 학자들이 즐겨쓰는 형식 모델링과는 구별되어야 한다. (Smirnov & Johnson, 2011) 우선 합리적 선택 이론에서는 개인 혹은 집단의 합리성(rationality)를 전제하지만, 형식 진화 모델링에서는 이러한 전제가 필요치 않다. 오히려 형식 진화 모델링은 인간의 비합리성을 진화의 시각에서 바라보는 기회를 제공한다. 또 합리적 선택 이론의 목적은 게임 참여자들의 전략(strategy) 사이에서 평형점(equilibrium)을 찾는 것을 목적으로 하는데, 실제 현실에서는 평형점이 형성되는 일이 극히 드물며 실제로 평형점이 달성된 경우에도 룰의 변화라든가 게임 참여자들의 실수 등에 의해 오래가지 못하고 쉽게 깨지게 마련이다. 또한 전통적 형식 모델들의 약점으로 자주 지적되는 것이 정적(static)인 분석으로 흐르기 쉽다는 점인데, 분석 목적 자체가 변화의 발생과 과정을 보여 주는 것인 형식 진화 모델링에서는 훨씬 더 동적(dynamic)인 분석이 가능하다는 것이다.

최근의 바이오폴리틱스 연구들은 하나의 연구 방법론이 주류적 위치를 차지하고 있기보다는, 지금까지 소개한 다양한 연구 방법들이 서로 경쟁하면서 그야말로 제자백가를 방불케 하는 흥미롭고 논쟁적인 연구 결과들을 생산해 내고 있다. 이중 몇 가지를 소개하면, 최근 가장 많은 주목을 끈 중요한 연구로 앨퍼드, 펑크, 히빙(Alford et al., 2005)의 쌍둥이 연구를 꼽을 수 있다. 앞에서 언급한 마틴의 쌍둥이 연구 방식을 따르고 있는 이 연구는 정당 일체감을 비롯하여 정치적 정향성(political orientation)이 유전의 영향을 받는다는 것을 보여 주어서 학계의 큰 반향을 불러왔다. 또 파울러와 다위스 (Fowler & Dawes, 2008)의 연구는 역시 쌍둥이 데이터를 사용, 정치 참여에 있어서의 차이가 유전적 차이로부터 설명될 수 있음을 보여 주었다. 이 밖에도 하테미와 동료들(Hatemi et al., 2007)의 연구는 투표 선택에 있어서의 차이를 유전자의 차이를 통해 설명하였고, 맥더멋(McDermott)의 연구팀(Johnson et al., 2006)은 시뮬레이션 게임에서의 행태에 미치는 신경 전달 물질의 영향을 연구하기도 했다. 스탠튼과 동료들(Stanton et al., 2009)의 연구에서는 선호하는 후보가 선거에서 패배했을 때 남성 유권자들의 테스토스테론 수준이 낮아진다는 결과를 발표한 바 있다. 즉 2008년 미국 대통령 선거에서 오바마가 승리하자 오바마를 지지한 남성 유권자들의 테스토스테론 수준은 높아진 반면, 패배한 매케인의 지지자들은 테스토스테론 수준이 낮아지는 현상이 관찰되었다. 컴퓨터 시뮬레이션을 사용한 연구로는 해먼드와 액설로드 (Hammond & Axelrod, 2006)의 연구를 들 수 있다. 그들은 정치학의 오랜 화두 중 하나인 협동의 발생을 컴퓨터 시뮬레이션 기법을 이용하여 분석했는데, 이 연구에서는 팃포탯(tit-for-tat, '눈에는 눈, 이에는 이') 전략을 사용하는 개체들

이 진화 과정에서 생존할 확률이 더 높다는 것을 시뮬레이션을 통해 보여 줌
으로써, 액설로드의 유명한 협동의 진화 이론을 더욱 심화시킨 것으로 평가
된다.

이념과 유전자

　최근 바이오폴리틱스의 중요 관심사 중 하나는 정치 이념(ideology)과 정
당 일체감(party identification) 등 정치 태도의 문제를 유전적 요인의 관점에서
설명하는 것이다. 정치적 정향 혹은 태도의 형성에 대한 전통적인 시각은 정
치적 이념이나 태도는 개인의 유년기 사회화 과정에서 형성되며 부모의 영
향을 강하게 받는다는 것이었다. 따라서 정치적 이념과 태도, 정당 일체감에
대한 논의의 중요 쟁점은 유년기에 형성된 이 태도가 과연 변하지 않고 지속
되는지, 혹은 특정한 정치적 이슈나 개인적 상황 등에 영향 받고 변화하는지
등이었다. 미국 정치의 정량적 선거 연구의 전범으로 일컬어지는 『미국의 유
권자(*The American Voter*)』(Campbell et al., 1960)에서는 정당 일체감을 투표를
결정짓는 가장 중요한 장기적 요인으로 보면서도 정치적 이슈 등과 같은 단
기적 요소들 또한 투표에 영향을 줄 수 있다고 보았다. 이른바 "미시건 모델"
로 일컬어지는 이 선거 연구에서 정당 일체감은 개인의 투표를 결정하는 가
장 핵심적인 변수로, 매우 이른 시기에 부모와 가족의 영향으로 형성된다고
보았다. 정당 일체감에 비해 추상적 이념에 대한 추종이나 정책 어젠다에 대
한 호불호는 선거에 상대적으로 크게 영향을 주지 못하는 변수라는 것이 이
미시건 모델의 주장인데, 그 후 반세기 이상에 걸쳐 이에 대한 반론이 제기되
었지만 아직도 그 영향력은 건재한 것으로 평가된다. (Bartels, 2008)
　그러나 앨퍼드와 히빙이 2005년에 발표한 논문은 이러한 기존의 논의에
근본적인 문제를 제기했다는 점에서 매우 중요한 연구로 평가받는다. 미국

과 오스트레일리아의 쌍둥이 데이터베이스를 분석하고 있는 이 연구에 따르면, 정치적 태도와 이념 형성에 부모로 인한 사회화 과정보다 유전적 요인이 훨씬 더 강력한 영향을 발휘하며, 심지어 어떤 정당을 지지하는가(정당 일체감) 또한 상당 부분 유전적 요인에 의해 결정된다는 것이다. 예를 들어 정치적 보수주의의 경우 유전적 요인이 개인들의 정치적 보수주의의 변이의 거의 절반을 설명하는 데 비해, 환경적 요인은 변이의 11퍼센트만을 설명한다. 또 정치적 견해를 갖고 있느냐의 여부를 결정하는 것 또한 유전적 변수가 약 3분의 1의 변이를 설명하는 반면 환경적 요인은 아무런 영향을 주지 못한다는 것이 밝혀졌다. 이러한 앨퍼드와 히빙의 연구는 다른 후속 연구들에 의해 계속 재확인되고 있다.

예를 들어 전통적인 선거 연구가 보수적인 집안에서 자란 미국인들은 보수적인 공화당의 이념이나 정책에 찬성하는 태도를 갖게 되고, 이에 따라 공화당을 지지한다는 식으로 미국에서의 정치 이념과 정당 일체감을 설명했다면, 앨퍼드와 히빙은 공화당이나 민주당을 지지하는 이유의 상당 부분은 우리가 애초에 유전적으로 부모로부터 그런 성향을 물려받아 태어났기 때문이라는 매우 파격적인 반론을 제공하고 있다. 앨퍼드와 히빙은 기존의 정치적 정향성 연구가 주로 부모와 자녀 간의 태도의 유사성에 집중되어 있었지만, 자녀가 부모로부터 유전자를 물려받기 때문에 자녀들의 정치적 태도가 유전된 것인지 아니면 환경의 영향—부모의 교육과 영향을 포함하는—에 의해 형성된 것인지 구별하기가 쉽지 않다는 점을 지적한다. 따라서 환경과 유전의 영향을 구분하기 위해서는 부모와 자녀를 비교하는 것이 아니라 유전적으로 동일한 일란성 쌍둥이와 유전적으로 50퍼센트만 동일한 이란성 쌍둥이를 비교하는 방식을 사용해야 한다는 것이 그들의 주장이다. 일란성과 이란성 쌍둥이들이 함께 자라나는 환경은 거의 동일하다고 볼 수 있기 때문에, 쌍둥이 연구는 환경의 영향력을 통제하면서 유전자가 정치적 정향성에 어떤 영향을 미치는지를 관찰할 수 있게 해 준다.

앨퍼드와 히빙의 주장을 이은 하테미의 연구는 역시 쌍둥이 데이터베이스를 분석하여 투표 선택에 유전적 요소가 작용하긴 하지만, 직접적으로 영향을 주기보다는 이슈에 대한 태도를 통해 간접적으로 영향을 미친다는 결론을 내렸다. (Hatemi, 2007) 또 맥코트(McCourt, 1999)의 연구에 따르면 우파적 권위주의 성향(right-wing authoritarianism)은 상당 부분 유전되는 것으로 드러났다. 또 세틀과 동료들 (Settle et al., 2009)은 쌍둥이 연구를 통해 소속 정당에 대한 지지의 강도(partisan intensity)와 유전자 사이에 상당한 정도의 상관관계가 있음을 밝혔다.

이렇게 유전과 환경의 상대적 영향력을 비교하는 연구들에서 한 발 더 나아가 최근에는 유전자 분석 기법을 이용, 아예 어떤 유전자가 특정 정치적 태도에 영향을 주는지를 특정해 내는 연구들마저 등장하고 있다. 예를 들어 MAOA 유전자의 다형성(polymorphism)을 가진 사람의 경우 투표에 참여할 확률이 높아진다는 것이 최근 연구에서 발견되었다. (Fowler & Dawes, 2008) 같은 연구에서 5HTT 유전자 또한 투표 참가율에 영향을 준다는 것도 발견되었다. 이밖에 DRD2 유전자는 정당 소속 여부와 이념에 영향을 준다고 주장하는 연구도 발표되었다. (Settle et al., 2009)

이렇게 정치 행태와 관련된 구체적 유전자가 속속 밝혀지고 있는 가운데, 최근 가장 화제가 되고 언론의 주목도 받은 것은 이른바 '진보 유전자(liberal gene)'라는 별명이 붙은 DRD4 유전자에 대한 연구였다. 이 유전자는 정치적으로 진보적인 이념과 연관되는 것으로 밝혀져서 화제가 되었다. (Settle et al., 2009; Settle et al., 2010) 이 연구에 따르면 도파민 분비 조절과 관계있는 DRD4 유전자는 친구와의 관계라는 환경적 변수와 같이 작용하는 것으로 드러났다. 즉 이 DRD4 유전자가 활성화되어 있으면서 환경적으로 친구가 많은 개인들은 진보적 이데올로기를 가질 확률이 높았다.

유전자에 대한 연구 성과가 쌓여 가면서 새롭게 알려진 것은 인간의 행동이나 태도에 미치는 유전자의 영향은 이전에 생각한 것보다 매우 복잡하며,

환경과 유전은 서로 복합적 영향을 주면서 개인의 행동을 결정한다는 것이다. 특정 유전자를 가지고 태어났다고 해도 어떤 환경에서는 그 유전자의 영향력이 미미할 수도 있고 오히려 증폭될 수도 있다. 그리고 환경에 따라 유전자는 정반대의 효과를 갖는 경우도 발견되고 있다. 예를 들면 앞에서도 언급한 DRD4 유전자 중 특정한 종류를 갖고 태어난 아이들은 부모의 양육 방식에 따라 다른 행동 양태를 보인다. 부모가 아이들에게 무관심했을 경우, 이 아이들은 상대적으로 높은 문제적 행동을 보였다. 그러나 같은 DRD4 유전자를 갖고 태어났다고 해도 부모의 관심이 높고 적절한 사회화 과정을 겪은 아이들은 다른 아이들과 차이가 없거나 오히려 문제적 행동을 덜 일으키는 경향이 있었다. (Belsky et al., 2007; Boomsma et al., 1999)

본성이냐, 양육이냐 하는 논쟁의 역사는 진화론의 역사와 같이 시작되었다고 할 수 있을 정도로 오래된 것이지만, 정치학에서 유전자의 역할을 찾아내고 환경과 유전자의 영향력을 비교하는 연구들은 사실 이제 막 시작된 것이나 다름없다. 유전자의 영향을 강조하는 학자들은 정치 이념과 태도, 성격 등이 사회화에 의해 형성된다는 기존의 정치 심리학적 주류 이론들이 틀린 것은 아니지만 불완전한 것이었다고 주장한다. (Smith et al., 2012) 앞으로 이 주제에 대한 논쟁이 어떻게 진행될지는 좀 더 지켜봐야 할 필요가 있겠으나, 분명한 것은 이 새로운 흐름이 정치와 정치학에 대한 이해를 풍부하게 만들 것이라는 사실이다.

권위와 위계, 그리고 리더십

바이오폴리틱스의 선구적 연구로 평가받는 매드슨의 연구는 UCLA의 맥과이어(McGuire)가 버빗원숭이들의 행태를 연구한 결과에 영향을 받은 것이다. (McGuire, 1982; McGuire, Raleigh, & Johnson, 1983) 버빗원숭이 집단 내의 수컷들이 지배적 위치를 차지하려고 경쟁하는 것을 관찰한 이 연구에서 맥과 이어 등은 지배적 수컷(dominant male)과 피지배적 수컷(nondominant male) 사이에 혈중 세로토닌 함량이 다르다는 것을 발견했다. 이 세로토닌 함량은 지배/피지배 성향뿐만 아니라 다른 원숭이들에 접근하는 방식, 다가오는 원숭이들을 피하지 않는 태도, 공격 유발적 성향 등과도 통계적으로 유의미한 상관 관계를 보였다. 특히 흥미로운 점은, 지배적 위치에 있던 버빗원숭이가 경쟁에서 진 후 피지배적 위치로 전락했을 때는 혈중 세로토닌 함량이 하락하고, 경쟁에 이겨 피지배에서 지배적 위치로 올라선 원숭이들에선 반대로 세로토닌 함량이 상승하는 경향이 발견된 것이었다.

매드슨은 맥과이어의 발견을 인간 집단에서 반복할 수 있는가를 알아보기 위해 실험을 실시했다. 이 실험에서 매드슨은 각 6명의 남성 대학생으로 구성된 소집단 12개를 구성한 후, 각 집단에 매우 어려운 10개의 논리 문제를 풀도록 지시했다. 순차적으로 제시된 각 문제를 풀기 위해 주어진 시간은 10분뿐이었다. 각 집단은 투표를 통해 답을 결정해야 했는데, 6명 중 최소 5명이 동의할 때만 답으로 인정될 수 있었다. 매드슨은 20분마다 한 번씩 피실험자들의 피를 채취해서 세로토닌 함량을 측정했다. 매드슨은 이 세로토닌 함량과 각 피실험자의 타입 A 행동 유형의 상관 관계를 분석하였다. 프리드먼과 로젠만이 관찰한 타입 A 행동 유형은 네 가지 특징을 가지고 있는데, 이 행동 유형군에 속하는 사람들은 극단적인 공격성을 보이고, 쉽게 적대감을 드러내며, 성격이 조급하고, 경쟁적으로 목표를 성취하려고 한다. (Friedman and Rosenman, 1974) 매드슨은 이 타입 A 행동 유형이 묘사하고 있는 성격을 마키아벨리즘(Machiavellianism)과 유사하다고 주장한다. 이 연구에서 매드슨은 실제로 타입 A 성격과 혈중 세로토닌 함량이 상관 관계에 있음을 발견했다. 매드슨은 이것으로부터 권력 추구적인 행태가 생리적 차이에서 기원한다고 주장하였다. 이것은 최초로 라스웰이 제시한 "정치적 성격(political personality)"의 생리적 증거를 찾아낸 연구로 평가받고 있다.

권위에 대한 태도 및 권력의 정당성에 대한 질문은 정치학의 매우 핵심적
인 물음 중 하나이다. 사람들은 권위적 지도자를 추대하고 그 명령에 복종하
려는 경향이 있다. (Milgram [1974]2004; Sherif 1937; Sherif et al. 1961) 그러나 동시
에 특정한 상황에서 사람들은 정치적 지도자에게 불복하고 반항하려는 반
대되는 경향 또한 동시에 지닌다. 이러한 권위에 대한 이율배반적인 태도를
설명하는 데 있어 최근 연구 결과들은 진화 심리학적 접근이 그 해답을 줄
수 있음을 시사하고 있다. 집단 간 경쟁에 있어 유능한 지도자가 있는 집단
은 결정적 우위를 차지할 수 있다. 또한 동시에 권력을 남용하는 나쁜 지도
자는 위험한 적만큼이나 집단의 생존에 치명적일 수 있다. 따라서 진화 심리
학적 측면에서 인간들은 지도자와 위계적 집단 질서에 대한 욕구와 동시에
집단 전체의 생존을 위협할 수 있는 이기적 지도자들에 대한 경계의 본능을
동시에 갖추고 있어야 할 필요가 있다. 따라서 모든 사람이 지도자에게 충
성하는 사회나 모든 이들이 지도자를 의심하는 사회보다는, 적절한 비율로
지도자에 대한 충성과 견제가 이루어지는 사회가 생존에 더 유리할 것이다.
사회 심리학과 인류학 연구들은 지금까지 알려진 모든 사회적 관계에서 이
두 가지 상충되는 경향이 공존하고 있음을 보여 주고 있다. (Smith et al., 2007;
Smith et al., 2011)

모든 인간 집단들은 예측하기 힘든 외부 환경과 경쟁에 적응하고 생존해
야 한다. 이런 조건에서 권위에 기반한 리더십과 위계 질서는 필요불가결하
다. 자연 재해에 대한 대응, 집단 내부 불화의 해결, 외부의 위협에 대한 방어
등은 신속하고 효과적인 결정을 필요로 하기 때문이다. 효율적 리더십이 결
여된 집단은 결국 권위와 위계 질서를 효과적으로 구축한 집단과의 경쟁에
서 도태될 것이다.

그러나 이 권위와 위계 질서는 동시에 다른 위험성을 내포하게 된다. 집단
의 지도자가 항상 유능할 것이라는 보장은 없다. 더욱 심각하게는 집단의 공
동 목표를 추구하는 대신 자기 자신과 측근의 이익을 우선할 가능성이 생긴

다. 이러한 나쁜 리더십은 집단의 생존에 마찬가지로 매우 위협적이다. 이 두 가지 위험성을 배제하기 위해서 성공적인 집단의 구성원들은 위계 질서를 구축하고 리더에 복종해야 하며 동시에 그 리더와 리더 주변부의 권력 집단을 항상 감시하고 그들이 부패했을 경우 맞서 싸울 준비가 되어 있어야 한다.

왜 어떤 사람들은 권력에 거부 반응을 보이는가? 이 반골들의 존재는 정당한 권력에 대한 요구, 또 비윤리적인 권력에 대한 보편적 거부감 등의 이론으로 설명될 수 있다. 아무리 효율적으로 집단이 목표한 바를 성취할 수 있는 권력자들이라고 해도, 집단의 구성원들에게 그 권력의 윤리적, 정치적 정당성을 인정받지 못하면 권력의 유지는 힘들어진다. 마키아벨리는 정치 지도자는 국민들 앞에서 최소한 윤리적인 것으로 "보여질" 필요가 있다고 주장하였는데, 이는 권력의 효율적 사용뿐 아니라 그 정당성이 정치의 핵심임을 지적한 것으로 해석할 수 있다.

권력에 대한 복종 성향에 대한 연구는 이미 무자퍼 셰리프(Muzafer Sherif), 스탠리 밀그램(Stanley Milgram), 헨리 타이펠(Henri Tajfel) 등의 사회 심리학의 고전으로 꼽히는 유명한 실험들에 의해 밝혀진 바 있다. 그런데 위에서 제기한 두 번째 성향, 즉 권력에 대한 불신과 감시 성향에 대한 증거는 인류학에서도 찾아낸 바 있다. (Boehm, 1999; Diamond & Ordunio, 1997) '반(反)빅맨 행동(anti-big-man behavior)'라고 명명된 이런 성향은 소규모 수렵 채집 사회에서 현대 대중 사회에 이르기까지 모든 사회 집단에서 관찰되고 있다.

최근의 한 연구는 현대인들이 지도자를 인식하는 방식이 문명 이전의 인간들과 크게 다르지 않음을 보여 준다. 미국의 대학생들을 대상으로 실험한 이 연구에서, 연구자들은 대학생들에게 그들이 생각하는 '전형적인 일반 시민'과 '이상적인 국가 지도자'가 같이 만나고 있는 장면을 그림으로 그리게 했다. 그 결과 학생들은 지도자의 키를 일반 시민들의 키보다 크게 그리고 있다는 사실이 발견되었다. (Murray & Schmitz, 2011) 이 연구에서는 또한 키가 큰 학생들일수록 자신이 지도자의 자격이 있다고 생각하는 경향이 있으며, 자신의 능력에 대해 자신감을 갖고 있을 가능성이 크다는 것도 밝혀졌다. 이러한 연구는 셰리프의 유명한 로버스 동굴 실험의 결과와도 유사하다. 이 실험에서는 10대 소년들을 대상으로 게임을 하게 한 뒤, 각 소년들에게 자기 소속 집단의 지도자들이 그 게임에서 어떠한 성적을 올렸는지를 사후에 물어보았는데, 실제로 지도자들이 올린 성적보다도 좀 더 잘했다는 답변을 하는 경우가 많았다. (Sherif et al., 1961) 즉 우리는 정치 지도자들이 신체적으로도 우월하고 여러 능력에 있어서도 일반인을 능가하는 자질을 가지고 있다고 믿는 경향이 있다.

사회 심리학의 중요한 연구들은 집단 간의 경쟁과 갈등이 매우 쉽게 일어날 수 있음을 보여 주고 있다. 타이펠과 동료들의 연구에 따르면, 완전히 무작위적인 기준으로 사람들을 두 집단으로 나누어 놓는 것만으로도 자집단 선호(ingroup favoritism) 현상이 일어나는 것이 관찰되었다. (Tajfel et al., 1971) 여기서 권위에 대한 복종 및 집단 간 갈등 현상을 종합해 보면 인간의 정치 행태에 대해 매우 흥미로운 결론을 얻을 수 있다. 즉 다른 집단과의 싸움에서 이기기 위해 인간들은 집단 내 권력 서열 구조를 추구하는 경향이 있다는 것이다. 정치를 기본적으로 권력의 획득·행사·유지와 관련된 인간의 행태라고 정의해 볼 때, 이런 시각에서 보면 정치와 법, 그리고 집단의 윤리는 기본적으로 다른 집단과의 갈등에서 살아남을 확률을 높이기 위한 방향으로 결정되는 경향이 있을 것이라는 가설을 세울 수 있다.

권위와 위계 질서를 구축하는 집단에서 동시에 그 권위와 위계에 대한 감시와 견제까지를 동시에 요구하는 현상은 지금까지 사회 심리학 연구에서 이미 그 다양한 측면이 밝혀진 바 있다. 바이오폴리틱스는 여기에 진화론적 관점을 접목시켜 그러한 현상이 일어나는 원인까지를 설명하려 시도하고 있다. 내부 규율이 강력하면서도 권력에 대한 견제가 유지될 수 있는 집단은 효율적이고 신속한 정책 결정이 가능하면서도 권력자의 이익에 집단 전체의 생존이 희생당하지 않을 수 있을 것이다. 따라서 이러한 집단은 위계 질서를 구축하지 못하는 집단과의 경쟁에서 승리할 확률이 높으면서 동시에 지나친 권위주의 때문에 집단 효율성을 상실한 집단과의 경쟁에서도 유리할 것이다. 이는 현대의 민주주의 국가를 이해하는 데도 그대로 적용될 수 있는 교훈이다. 그리고 이 집단 간의 갈등에서 생존해야 한다는 요구가 우리의 인식과 행태에 영향을 주었다는 진화 심리학적인 이해는 다음에 이어지는 국제 정치에 대한 바이오폴리틱스의 적용에 직접적으로 연관되는 내용이다.

국제 정치와 바이오폴리틱스

전쟁은 왜 발생하는가? 투키디데스나 마키아벨리, 혹은 토머스 홉스로 대표되는 고전적 현실주의에서는 인간 본성에 내재한 폭력적 성향을 국가 간 갈등의 근본 원인으로 보고 있다. 최초로 이 문제를 진지하게 고민했던 아테네의 역사가 투키디데스는, 펠로폰네소스 전쟁이 발발한 원인을 제국으로 급속히 성장하고 있는 아테네의 힘을 스파르타가 두려워했기 때문이라고 간명하게 요약한다. 영원한 친구도 적도 없는 무정부주의적 국제 질서 속에서 각국은 항상 생존을 위해 힘을 추구해야 하며, 이것의 근본적인 원인은 인간의 폭력적인 본성이라고 본 이 현실주의적 시각은 현대에 이르기까지 우리가 국제 정치를 이해하는 방식을 근본적으로 규정짓고 있는 이론이다.

그러나 폭력 성향을 보편적 인간 특질로 본 현실주의적 시각과는 차별되게, 바이오폴리틱스는 이 인간의 폭력성에 대한 태도를 좀 더 세분화하여 연구해 오고 있다. 바이오폴리틱스의 연구 성과에 따르면, 폭력에 대한 선호 등의 성향은 개인별, 상황별, 유전자 풀(pool)별로 매우 극적인 차이가 존재한다. (Sapolsky, 2006) 어떤 개인들은 다른 이들보다 좀 더 폭력적이면서, 또 동시에 폭력적 개인들은 외부 집단에 대한 집합적 갈등을 좀 더 선호한다는 연구 결과도 나와 있다.

현실주의 시각에서는 국제 정치를 기본적으로 무정부 상태이고, 항시적으로 외국의 침입으로부터 자국의 안보를 걱정해야 하는 위기 상황으로 파악한다. 따라서 위기 상황을 맞이한 개인들이 어떠한 선택을 하는지, 그리고 개인마다 위기에 대처하는 방법에 있어 어떠한 차이를 보이는지의 문제는 국제 정치를 이해하는 데 매우 중요한 주제 중 하나이다. 사람들이 위기 상황을 객관적으로 인지하고 대책을 세운다기보다는, 위기 회피적(risk-averse) 혹은 위기 추구적(risk-taking) 성향에 있어서의 개인 편차가 존재한다는 것은 이미 오래전부터 알려진 사실이었다. 즉 어떤 사람들은 위기가 닥쳤을 때 보수적이고 확실한 선택을 선호하지만, 이와는 달리 위험하지만 더 큰 이익을 가져다줄 수 있는 선택을 선호하는 개인들도 존재한다. (Kahneman & Tversky, 1984) 또 새로운 것에 대한 경험을 추구한다거나, 타인에 대한 설득력, 외부 집단에 대한 편견이나 적대감, 혹은 전통적 가치에 대한 집착 등에서도 개인 차가 존재한다는 것도 바이오폴리틱스의 본격적인 등장 이전에 이미 오래전부터 알려진 사실이었다.

합리적 선택 이론의 기본 전제는 각 개인들은 그들이 처한 상황에서 가장 타산적이고 합리적인 계산을 바탕으로 전략을 선택한다는 것인데, 이 전제는 바이오폴리틱스 관점에서 보면 상당히 실제와 동떨어진 것이다. 단순히 합리적인 계산뿐 아니라 유전적으로 영향을 받는 여러 다양한 변인들까지 고려할 때만 인간의 선택에 영향을 끼치는 요소들의 상호 관계를 종합적으로 파악할 수 있을 것이다. 최근 경제학 관련 유전자 연구에서는 DRD4 유전자가 금융 거래에 있어서의 위기 추구 성향과 관련이 있는 것으로 밝혀지기도 했다. (Dreber et al., 2009)

국제 정치의 본질을 갈등으로 이해하는 이 현실주의적 시각과 대비되는 이론은 자유주의(liberalism) 이론이다. 이 자유주의적 시각에서는 전쟁과 갈등을 국제 정치의 예외적 상황이라고 규정하며, 국가 간 협력의 가능성을 인정하고 자유로운 교역을 통해 각 국가들은 더 큰 이익을 볼 수 있을 것이라고

주장한다. 이 현실주의와 자유주의는 최근 새롭게 부상하고 있는 구성주의
(constructivism)와 함께 국제 정치를 이해하는 세 가지 핵심 이론으로 꼽히고
있다.

현실주의와 자유주의 논쟁에서 핵심을 차지하는 이슈 중 하나가 상대
적 이익(relative gain)과 절대적 이익(absolutely gain)의 문제이다. 케네스 월츠
(Kenneth Waltz)로 대표되는 신현실주의 이론 진영에서는 국제 협력의 가능
성을 낮게 보는데, 그 이유를 각 정부는 절대적 이익이 아닌 상대적 이익의 관
점에서 행동하기 때문이라고 주장한다. 즉 다른 나라와의 관계를 통해 내가
이익을 얻을 수 있다고 해도, 상대적으로 나와 경쟁 상대에 있는 나라가 더
큰 상대적 이익을 얻는다면 이는 우리나라의 안보를 위협할 수 있다는 의미
이다. 예를 들어, 개성 공단을 통한 남북 경제 협력이 남한의 중소 기업들에게
상당한 이익을 준다고 하더라도(남한의 절대적 이익), 이 개성 공단을 통해 얻는
달러 수입으로 북한이 핵무기 개발을 계속한다면(북한의 상대적 이익) 결국 남
북 경제 협력은 남한의 안보를 약화시킬 것이라는 논리다. 반면 자유주의 이
론가들은 국제 관계가 반드시 제로섬 게임일 필요는 없으며, 국제 협력을 통
한 상호 의존으로 협력 국가들 모두가 절대적 이익을 얻는 것이 가능하다고
주장한다. 대개 정치학자들은 현실주의적 시각에, 세계화(globalization)를 옹
호하는 경제학자들은 자유주의적 시각에 기울어져 있는 양상을 보인다.

이 상대적 이익과 절대적 이익의 논쟁에서 일종의 타협점을 제공하는 설
명이 최근 바이오폴리틱스 연구에서 제시된 바 있다. 로페즈와 그 동료들에
따르면(Lopez et al., 2011), 상대 국가를 '적'으로 인식하는 경우에는 상대적 이
익의 개념이 중요해지지만, '동맹국'과의 관계에서는 절대적 이익에 따라 각
국이 행동하는 경향이 있다. 이 주장의 근거로는 인류학과 고고학의 연구에
따르면 선사 이전 부족 사회에서도 전쟁이나 갈등뿐만 아니라 장기간 지속
되는 교역 관계가 존재했다는 것을 들고 있다. 즉 갈등과 협력은 어느 하나
만으로는 국제 정치 질서를 설명할 수 없으며, 환경과 상황에 따라 두 가지

관계가 공존해 왔다는 것을 지적한다. 외부 집단과 계속 전쟁을 벌인다면 그 집단이 생존하는 것은 불가능할 것이며, 교역과 협력 또한 진화의 불가피한 결과라는 주장이다. 이러한 주장에는 내분비학적 증거 또한 제시된 바 있다. 바그너와 그 동료들(Wagner et al., 2002)은 남성 피실험자들로 하여금 도미노 게임을 벌여 경쟁을 시키고 남성 호르몬인 테스토스테론과 스트레스 호르몬인 코르티솔의 분비량을 측정했다. 그 결과, 경쟁 상대가 같은 마을에 사는 친숙한 사람들일 때보다 개인적으로 알지 못하는 다른 마을 사람들과 경쟁할 때 이 두 호르몬의 분비량이 더 높은 것으로 판명되었다. 이 연구는 경쟁 그 자체가 아니라 누구와 경쟁하느냐에 따라 우리의 신체가 다르게 반응한다는 증거라고 할 수 있다.

결론

바이오폴리틱스 연구가 개인 수준에서의 정치학 연구에 갖는 함의는 매우 직접적이다. 개인이 정치를 이해하는 방식, 그리고 정치에 참여하는 방식의 상당 부분은 유전적으로 결정된다. 그러나 상대적으로 그 중요성이 덜 확연한 분야에서도 바이오폴리틱스가 갖는 함의는 결코 작지 않다. 특히 정치 제도 연구, 합리적 선택 이론, 국제 정치 및 비교 정치학 분야의 연구에서도 바이오폴리틱스는 앞으로 많은 변화를 가져올 것이다. 예를 들어 제도 (institution)의 경우, 바이오폴리틱스는 정치 제도가 필요한 근본적 이유가 환경을 변화시켜 생존 확률을 높이려는 의도에서 비롯된 것이라는 시각을 제공한다. 또 유전적 경향(predisposition)에 있어서의 개인차의 존재는 제도에 대한 개개인의 반응이 다양할 수 있음을 뜻하며, 따라서 제도를 설계할 때는 이 다양한 반응 차이를 미리 예견하여 조절 가능성을 염두에 두어야 한다. 성공적인 정치 제도의 설계는 따라서 개인의 유전적 차이에 대한 이해와, 또한 그 유전적 차이가 불러올 여러 다양한 가능성을 심도 있게 통찰할 수 있을 때에만 가능할 것이다.

앞에서 밝혔듯이, 바이오폴리틱스는 현재 정치학에서 가장 빠르게 성장하고 있는 영역이다. 아직 정치학자들의 인식 부족과 통합적 시각을 지닌 학자들의 절대적 숫자가 많지 않은 상황이지만, 빠른 시간 내에 기술적인 어려움이 해결되면 앞으로 정치학의 근본적인 방향 전환을 가져올 가능성이 있는 학문 방향이라는 것에 대부분의 정치학자들이 동의하고 있다. 아직 이 부분의 연구가 매우 일천한 수준에 머무르고 있는 한국의 정치학계에서도 바이오폴리틱스의 연구 방법론과 문제 의식이 시급히 도입되어야 할 필요가 바로 이 점에 있다고 하겠다.

김세균(서울 대학교 정치외교학부 교수)

이상신(숭실 대학교 정치외교학과 교수)

7장 인간 협동의 특성과 진화적 기원

1. 들어가며

사회적 동물이 한 종 내의 다른 개체들과 맺는 관계는 크게 경쟁과 협동 두 가지로 나뉜다. 인간도 역시 다른 인간들과 다양한 양상의 경쟁과 협동 관계를 맺으면서 복잡한 사회 생활을 영위하는데, 그 근원을 인간의 본성에 서 찾고자 하는 노력이 동서고금을 막론하고 지속되어 왔다. 특히 유럽의 많은 철학자들과 사회 과학자들은 인간이 협동이라는 이타적 본성을 가졌는지, 경쟁이라는 이기적 본성을 가졌는지에 대해 수백 년 동안 치열한 이분법 적 논쟁을 해왔다.

이들 중 일부 학자들은 원래 이기적 존재인 인간이 시장 메커니즘을 따라 각 개인의 사적 이익을 추구하면 결과적으로 사회 전체에 이익이 된다고 주 장했다. 이러한 관점은 현대 신고전주의 경제학자들에게로 이어졌다. 이 경 제학자들은 모든 인간이 이기적 선호를 가진 '경제적 인간'이며, 또한 자신 외의 다른 모든 사람도 그러한 경제적 존재라는 것을 알고 있다는 가정 하에 그들의 이론을 발전시켜 왔다. (보울스 외, 2009) 따라서 이러한 행위자의 모델에 기반한 지금까지의 사회 정책은 자신의 이득을 최우선으로 추구하는 행위자들이 공공선에 기여하도록 물질적 보상을 제공하는 방향으로 발전해 왔다. 이러한 관점에서 범죄와 부패는 당연한 결과로 간주되었다.

그런데 인간은 과연 그러한 이기적 존재인가? 최근 학계에서는 인간이 사실 다른 이의 협동에 대응하여 협동하는 조건부 협력자일 뿐만 아니라 때로는 자신의 손해를 감수하면서까지 이타적 행동을 하는 존재라는 연구가 늘어나고 있다. 인간을 이기적이고 합리적인 행위자로 간주하는 경제학의 기존 패러다임의 오류에 대한 증거들이 축적되고 있는데, 이 연구들은 인류학, 심리학, 정치학, 경제학, 생물학 등 다양한 학문 영역을 포괄한다.

이러한 주제를 연구하는 인류학자들은 다양한 사회에서 인간에게 고유한 문화가 어떻게 협동에 영향을 주어 왔는지에 대해 실증적 증거를 수집하고 연구한다. 영장류 학자들은 인간과 공동 조상을 가진 침팬지, 보노보 등의 영장류를 대상으로 이러한 작업을 수행한다. 기존의 경제학자들은 개체 간 또는 종 간 상호 작용의 행태를 시장 경제의 원리로 사고할 수 있도록 영향을 미쳤다. 한편, 최근의 경제학자들은 이를 바탕으로 사회적 규범이나 여러 전략들이 어떤 상황에서 안정적으로 작동하는지에 대한 모델을 만들고 이를 시뮬레이션을 통해 입증하고 있다. 진화 심리학자들은 인간의 심리가 협동에 어떤 기능을 하며 어떠한 조건에서 진화해 왔는지를 밝혀내고, 행동 경제학자들은 인지와 감정이 협동에 어떠한 역할을 하는지를 연구한다. 인간 행동 생태학자들은 복합적인 행동 변이의 패턴을 설명하기 위해 환경적 조건과 그에 따른 결과에 맞추어 모델을 만들고 이를 검증한다. 신경 과학자들은 사람들이 협동할 때 일어나는 두뇌의 반응을 기능적 자기 공명 영상(fMRI)과 같은 첨단 기술을 이용하여 실시간으로 확인하며 생리적 기초를 밝혀낸다. 요컨대, 인간의 협동은 가장 활발한 학제간 연구의 대상이자 통섭의 주제라고 할 수 있다.

이러한 연구들이 중요한 이유 중 하나는 인간이 기본적으로 이기적이라는 과거의 패러다임이 가진 한계를 극복할 수 있다는 점이다. 사람들의 이기적인 동기에 대한 규제를 넘어서서 협동하고자 하는 동기를 잘 이용한 정책을 만들면 더 저렴한 비용으로 더 효율적인 공공선을 구축할 수 있을 것이다. 이렇게 인간의 협동적 본능에 대한 이해를 통해 기존 패러다임의 전환을 추구하려면, 인간 혹은 다른 동물의 협동 양상, 협동과 관련된 감정과 인지 특성, 그리고 협동의 진화적 기원에 대한 총체적인 접근이 필요하다. 이 글은 인간의 협동에 대한 종합적인 이해를 돕기 위해 지금까지 이루어진 다양한 연구들을 간략하게 소개하고 앞으로의 연구 과제를 전망하는 것을 목표로 한다.

2. 인간 협동 행위의 특성과 양상

모든 사회적 동물은 협동을 한다. 예를 들어 암사자는 서로 힘을 합쳐 사냥을 하고, 미어캣(meerkat, 몽구스과의 포유동물)은 천적이 나타났을 때 자신이 먼저 발견되어 잡아 먹힐 위험을 무릅쓰고 경고 신호를 보내어 동료가 도망갈 수 있도록 하며, 원숭이는 서로 털을 고르고 기생충을 잡아 주면서 협동한다. 이 외에도 꿀벌, 흰개미, 구피(guppy, 포에킬리아과 어류), 큰가시고기, 흡혈박쥐 등 다양한 종에서 협동 행위가 관찰된다.

동물의 협동 행위의 범위와 원리는 다음의 두 가지 이론으로 잘 설명된다. 먼저 진화 생물학자 윌리엄 해밀턴(Hamilton, 1964)은 협동 행동이 유전자를 공유한 친족 사이에서 많이 일어난다는 사실을 알아냈다. 이를 해밀턴의 법칙(Hamilton's rule)이라고 하는데, 그 식은 $rb > c$로 표현된다. 여기서 r는 두 개체 간의 유전적 연관도(degree of relatedness), b는 이타적 행위를 수혜한 자의 번식 이득, c는 이타적 행위자의 비용을 가리킨다. 이는 개체 간에는 이타적으로 보이는 행위라 할지라도 유전자의 관점에서 보면 자신과 동일한 유

전자에게 이득을 주기 위한 행위, 즉 이기적인 행위일 뿐이라는 점을 설명한
공식이다.

해밀턴의 법칙이 적용되지 않는 비친족 간의 협동 행위는 로버트 트리버
스(Robert Trivers)가 호혜적 이타주의(reciprocal altruism) 이론으로 설명하였
다. (Trivers, 1971) 비친족 간의 협동 행위는 심지어 다른 종 간에도 일어날 수
있는데, 청소놀래기(cleaner wrasse, 농어목에 속하는 작은 해양어류)의 경우가 대
표적이다. 청소놀래기는 큰 물고기의 피부와 아가미 등에서 기생충이나 죽
은 피부를 뜯어 먹고 사는데, 큰 물고기는 입이나 아가미를 벌려서 청소놀래
기가 자유롭게 드나들도록 해 준다. 심지어 큰 물고기는 청소놀래기가 자신
의 몸 속에 있지 않으면 청소놀래기에게 다가가 청소를 하라는 신호를 주며,
청소놀래기에게 닥친 위험을 쫓아 주기도 한다. (Randall, 1958; 1962) 청소놀래
기가 없어지면 기생충에 의해 고통을 겪기 때문에(Feder, 1996) 청소놀래기의
청소는 큰 물고기의 생존에 필수적이다. 청소놀래기 입장에서도 큰 물고기
의 협조는 먹이를 구하는데 중요하다고 할 수 있다. 큰 물고기와 청소놀래기
는 유전자를 많이 공유하지 않으므로, 이러한 협동 행동은 해밀턴의 법칙으
로는 설명하기 어렵다. 이러한 행동 양식이 호혜적 이타주의의 한 예가 될 수
있는 가장 중요한 이유는 큰 물고기 한 개체와 청소놀래기 한 개체가 지속적
이고 반복적인 상호 작용을 한다는 충분한 증거가 있기 때문이다. (Randall,
1958; Feder, 1996; Limbaugh, 1961)

이와 같은 다른 종 간, 또한 같은 종 내의 비친족 간의 협동 행위는 몇몇 동
물 종에서 발견되었다. 이러한 행위들을 자세히 평가한 결과 서로서로 도움
을 주고 받는 패턴이 알려졌다. 이렇게 내가 도와준 상대가 미래에 나를 도와
줄 가능성이 높기 때문에 이타적 행위를 하는 것을 호혜적 이타주의라고 한
다. 조상으로부터 공동 유전자를 물려받은 개체들 간의 협동은 진화 요건이
상대적으로 단순하여 실제로 많은 종에서 친족 간의 협동을 발견할 수 있다.
그러나 호혜적 이타주의에 기반한 협동 행위는 속임수의 문제를 해결하고

성공적인 교환을 달성할 수 있는 능력을 가진 사회적 동물들에게서 주로 발견된다. 레다 코스미디스(Leda Cosmides)와 존 투비(Cosmides and Tooby, 1989)는 호혜적 이타주의에 필요한 능력에 대해서 개체들을 분별하고 인식할 수 있는 능력, 다양한 개체들과 교류했던 과거의 역사를 기억할 수 있는 능력, 타자에게 자신의 가치, 욕구 및 필요를 전달하고 타자의 가치, 욕구, 필요를 인식할 수 있는 의사 소통 능력, 손해와 이득을 계산할 수 있는 회계 능력 등으로 구분한 바 있다.

　인간 또한 유전자를 공유한 친족끼리 돕고 호혜적으로 이타적 행동을 한다는 점에서 다른 동물 종들과 유사하지만, 다른 종에서는 찾아볼 수 없는 독특한 협동 행위도 보여 준다. 즉 유전적으로 관련이 없는 개인들이 대규모로 협동하며, 미래에 되돌려 받지 못할 상황에서도 이타적 행위를 한다. 이는 생물학에서 협동을 설명하는 기본 이론인 해밀턴의 법칙과 호혜적 이타주의로는 설명되지 않으므로 새로운 접근이 필요하다. 그렇다면 인간의 협동이 어떠한 양상을 띠는지 자세히 살펴보고, 이를 설명하기 위해 어떤 시도들이 있었는지, 또한 이 가설들이 인간의 협동을 얼마나 잘 설명하는지를 살펴보도록 하자.

　리처슨 등(Richerson et al., 2003)은 인간의 협동 패턴을 다섯 가지 특징으로 나누어 설명했는데, 이는 다음과 같다. (1) 이방인과도 협동하기 쉽다. (2) 똑같은 환경 조건에서도 사람들이 협동하고자 하는 의지는 아주 다르다. (3) 공유재를 성공적으로 관리하도록 하는 전략이 일반적으로 제도화되어 있으며, 가족, 지역 공동체, 고용주, 국가, 정부는 모두 상과 벌로 우리의 충성심을 자극하고 우리의 행동에 지대한 영향을 미친다. (4) 제도들은 문화적 진화의 산물이므로, 같은 환경을 경험하고 같은 기술을 쓰는 여러 개체군들이 각각 아주 다른 제도를 가지는 경우가 많다. (5) 여러 요인들이 다양한 진화적 평형점을 생성하며 결과적으로 제도들의 변이가 크다.

　한편 스미스(Smith, 2003)는 인간 협동의 형태를 자원 공유, 협동적 생산, 도움주기, 연대의 네 가지 형태로 나누어 다음과 같이 설명하였다. (1) 자원 공유: 사람들은 땅, 아직 수확되지 않은 자원, 우물, 여타 내구재, 노동 등의 다양한 자원을 공유한다. 다른 영장류와는 달리 인간은 커다란 사이즈의 음식을 종종 얻는데 그것을 타인에게 나누어 주기도 한다. (2) 협동적 생산: 사람들은 집단 사냥이나 집단 생선잡이에서 건물 건축 등에 이르기까지 다양한 협동을 통해 생산 활동을 하며 이를 통해 자원 수확률을 증가시킨다. 사냥의 경우, 여러 명이 협동하면 그 효율이 높아지는데, 실제로 이러한 형태의 집단 수렵이 전 세계적으로 관찰된다. (3) 도움 주기: 친족이 아닌 타인이라 할지라도 심각하게 아프거나 장애를 입은 경우에는 종종 도와준다. (4) 연대와 갈등: 소규모 사회에서의 연대 행동은 친족에 기반하는 경우도 있지만, 모든 사회에서 공동체 내, 공동체 간 활동의 중요한 단위는 비친족 연대이다. 인간 사회는 문화적으로만 정의될 수 있는 종족성 등의 집단 정체성 혹은 은폐된 집단 규범 등에 의해서 연대를 유지한다. 이러한 연대에 기반한 행동 중 가장 독특한 것은 전쟁과 같은 폭력적 갈등이다.

인간의 협동이 이렇게 독특한 양상을 띠는 것은 인간이라는 종 특유의 능력에 기인한다. 특히 인간이 음식을 공유하는 양상은 6절에서 따로 자세히 살펴보도록 하고, 다음 절에서는 이러한 협동을 가능하게 하는 인간 고유의 능력부터 살펴보기로 하자.

3. 협동 유지에 기여하는 인간의 능력

보울스와 긴티스(Bowles and Gintis, 2003)는 인간의 협동을 가능하게 하는 인간 고유의 능력을 (1) 사회적 행동에 적용되는 일반적인 규범을 만드는 능력, (2) 행동을 규제하는 사회적 제도를 만들고 규범을 내재화하는 능력, (3) 종족성 및 언어 행동과 같은 비친족 특성에 기반하여 집단을 형성하는 인지적, 언어적, 신체적 능력으로 정리하였다. 이러한 능력은 분노, 부끄러움을 비롯한 여러 친사회적 감정과 깊이 연관되어 있다. 친사회적 감정은 당사자의 적합도를 높이고 집단이 경쟁하는 상황에서 비사회적 행동에 대한 처벌을 더욱 효율적으로 할 수 있게 함으로써 집단 내에서 높은 수준의 협동을 효율적으로 유지하게 해 준다. 규범을 내면화할 수 있는 능력 또한 유사한 기능을 한다. 이러한 감정적 능력은 그 중요성 때문에 관련 연구가 점점 늘어나고 있으므로, 4절에서 따로 더 자세히 다루도록 하겠다.

카플란과 거번(Kaplan and Gurven, 2005)은 특히 협동에서 얻는 이득과 무임 승차의 가능성을 계산할 수 있는 인간의 능력을 좀 더 세분화하여, 인간의 심리가 다음과 같은 특질을 갖도록 진화되었다고 하였다. (1) 협동으로부터 얻는 잠재적 이득에 대한 인지적 민감성, (2) 이러한 이득들을 이용하고자 하는 동기, (3) 무임 승차의 기회에 대한 인지적 민감성, (4) 무임 승차의 피해자가 되는 것을 피하고자 하는 동기, (5) 무임 승차의 기회를 이용하고자 하는 동기, (6) 협동 행위에 대한 사회적 규범의 장단기적 개인 비용과 이득에 대한 인지적 민감성, (7) 협동과 무임 승차에서 오는 개인적 이득이 최대화되도록 사회적 규범을 협상하려는 동기, (8) 본인의 처벌을 피하고 규범을 지키지 않거나 그것을 고양시키는 데 실패한 자들이 처벌받도록 사회적 규범을 지키고 강화하고자 하는 동기 등이다.

한편, 스미스(Smith, 2003)는 인간의 협동을 가능하게 하는 핵심적인 능력은 언어적 의사 소통과 이로 인한 기술 발전, 노동 분업이라고 설명하였다. 그에 의하면 언어는 다음과 같은 최소한 세 가지 방식으로 협동의 가능성을 높일 수 있다. (1) 무임 승차나 다른 이기적 행동에 대한 감시 비용의 감소, (2) 누군가의 정직성과 협동의 역사에 대한 정보 제공, (3) 배반자 처벌의 비용 감소 등이 그것이다. 그리고 많은 종류의 협동이 약속 실행에 기반한다는 것을 생각해 볼 때, 언어는 계약서나 약속, 명예 코드 등을 만드는 데 쓰임으로써 약속 실행을 가능하게 할 뿐 아니라 개인의 약속 실행 정도를 홍보하는 간접적 기능도 수행한다. 또한 언어는 기술을 만들고, 노동의 복합적 분업을 만드는 데 결정적 역할도 한다. 기술과 노동의 복잡한 분담은 개인들 사이의 상호 의존성을 높이는데, 이는 결과적으로 집합 행동의 문제를 해결하기 위한 규범과 제도의 발전에 기여한다.

4. 협동 유지에 작용하는 인간의 감정적 특성

인간이 협동하도록 하는 가장 중요한 원동력은 감정이라 할 수 있다. 감정은 직접적으로는 행동에 동기를 줌으로써, 간접적으로는 행위자가 다른 행위자의 감정적 반응을 기대하게 함으로써 행동에 영향을 준다. 페슬러와 해일리(Fessler and Haley, 2003)는 협동에 가장 큰 영향을 주는 감정을 낭만적 사랑, 감사, 분노, 부러움, 죄책감, 정의감, 경멸, 부끄러움, 자긍심, 도덕적 분노, 도덕적 찬동, 감탄과 고양, 즐거움 등으로 나누어 그 기능을 다음과 같이 설명하였다.

(1) 낭만적 사랑: 짝이 관계를 배반하는 것을 막기 위해 디자인된 메커니즘의 일부로 상대에게 자신이 헌신하고 있음을 신호한다. (2) 감사: 행위자에게 가치 있는 상호 작용 상대를 알아차리고 미래에 되갚을 의지를 신호하도록 한다. 이는 새로운 관계를 위한 바탕이 되며, 장기적 파트너에게는 그의 행위가 기억되었음을 알려준다. (3) 분노: 자신에게 피해를 주는 자들을 공격하도록 하여 그들이 미래에 또 그런 행동을 할 가능성을 감소시키도록 한다. 한편, 상대방이 분노할 수 있다는 것을 아는 것은 그를 착취하고자 하는 유혹을 줄임으로써 협동을 촉진시키기도 한다. (4) 부러움: 부러움은 가치 있는 물건이나 기회를 덜 가진 자에게는 더 많이 가진 자를 보면서 자신도 갖고 싶도록 하는 욕망을 일으키는 감정이되, 더 운이 좋은 자에 대한 적개심도 일부 포함한 감정이다. 한편, 자원을 더 가진 자에게는 그것을 부러워하는 자에게

나눠주지 않으면 미래에 큰 비용을 물게 될 것임을 알려준다. (5) 죄책감: 분노와 같은 감정은 행위자로 하여금 이기적인 개인들에게 비용을 가하게 하여 협동을 증진시킬 수 있지만, 이기적이지 않은 개인에게 분노의 행동을 하는 것은 협동의 생성과 유지 양쪽에 해로우므로 이를 방지할 수 있는 감정이 필요하다. 죄책감은 잘못된 행동을 했을 경우 행위자에게 주관적 불편함을 가하여 희생자에게 그에 대한 보상을 하도록 한다. 즉 협동 관계에 가해진 피해를 규명하고 반전시키는 기능을 한다. 그리고 타인의 죄책감에 대한 예상은 의도적인 나쁜 행동을 미리 막아 협동을 증진시키기도 한다. 단, 죄책감이 인류 보편적인 성향이라는 증거는 빈약하다. (6) 정의감: 행위자가 사회적 관계의 형성과 유지를 촉진하는 방식으로 행동했을 때 경험되는 주관적 경험이다. 행위자가 타인에게 가치 있다거나 사회적 신뢰를 얻었다는 인식을 반영하며, 일반적인 규범을 지키도록 한다. (7) 경멸: 협동의 가치가 거의 없는 사람들과의 관계를 피하고, 아주 불평등한 관계를 맺거나 현재 관계를 배반하게 함으로써 배반이 협동보다 이득이라는 평가를 표시한다. 지금까지 설명한 일곱 가지 감정은 양자 관계에서 주로 경험되는 감정들이며, 다음 여섯 가지 감정들은 다자 간 관계, 즉 집합적 맥락에서 주로 경험되는 감정들이다. (8) 부끄러움: 규범을 어긴 것에 대한 주관적인 벌칙이다. (9) 자긍심: 규범 준수에 대한 주관적인 보상이다. 부끄러움과 자긍심은 규범 준수를 촉진하는 감정 시스템이다. (10) 도덕적 분노: 단순한 분노와 비슷하며, 사기꾼을 처벌하고 싶은 감정이다. (11) 도덕적 찬동: 협력자에게 보상을 하고 싶은 감정이다. 집합적 협동이 유지되려면 사기꾼에게는 처벌을, 협력자에게는 보상을 해야 하는데, 도덕적 분노와 찬동은 처벌과 보상을 자동적으로 하게 만드는 동기 시스템이다. 이 감정들은 규범에 대한 지지와 행위자 자신이 미래에 규범을 준수할 가능성을 표시하며, 잠재적 협동 파트너로서의 매력도를 증가시키는 기능까지 한다. (12) 감탄과 고양(elevation): 도덕적 찬동과 겹치는 부분이 있지만 감탄과 고양은 상대의 자질을 갖고 싶다는 감정까지 포함한다. 고양은 좋은 행동을 보았을 때 경험되는 긍정적 감정으로 도덕적 찬동을 통해 상대에게 보상하는 것이다. 고양은 비슷한 행동을 자신이 행하도록 하는 것이 핵심으로, 자신이 상을 받을 만한 행동을 하도록 동기를 부여하며, 친사회적 행동을 경쟁적으로 하도록 만든다. (13) 즐거움: 행위자의 행동을 평가하는 주관적인 느낌인 부끄러움, 자긍심, 도덕적 분노, 도덕적 찬동, 감탄, 고양은 이득이 되는 연대에 자신이 포함될 가능성을 높이는 행동을 하게 만든다. 이때 개인이 연대에 포함되면 관계의 가치를 표시하고 그 가치를 전달함으로써 관계를 강화시키는 신호를 보내도록 하는 이차적 감정들이 작동하는데, 즐거움과 웃음이 바로 그것이다. 즐거움은 다자 간 연대에서 연대감 형성의 상당 부분을 차지한다. 즐거움의 핵심은 연대를 알아채고 신호하는 것이다.

페슬러와 해일리는 앞에서 설명한 감정이 집단적으로 경험되어 협동 형성에 중요한 역할을 한다고 주장하였다. 집단적 감정을 경험하고, 그것을 홍보하고, 그런 경험에 기초하여 활동하는 것은 잠재적인 협동적 파트너로서의 자질을 과시하는 기능을 가진다. 이 때문에 우리는 자신의 소속을 알리고, 집단적인 감정에 휩쓸리는 것이다. 집단적 감정은 개인이 집단의 이득을 위해 봉사하도록 하고, 동료와 좋은 관계를 유지하여 각 개인에게도 이득을 주는 역할을 한다.

이렇게 감정의 기능에 주목하는 접근이 중요한 이유는 다음과 같다. (1) 감정은 어떤 행동에 대한 비용과 이득의 주관적 중요성을 바꾸며, (2) 행위자는 타인이 감정의 영향을 받아 특정 행동을 할 것을 예상하기 때문이다. 따라서 감정은 주관적 유용성을 최대화하도록 한다는 점에서 합리적이며, 궁극적 유용성인 생물학적 적합도를 최대화하기 위한 행동을 이끌어내기 위해 자연 선택된 심리 과정이라 볼 수 있다. 따라서 인간의 동물성의 일부이자 비합리성의 근원으로서 오랫동안 폄하되어 온 감정은 실제로는 정반대로 우리가 가진 복잡성, 효율성, 그리고 협동할 수 있는 능력의 핵심이라고 보아야 한다고 페슬러와 해일리는 역설하고 있는 것이다. (Fessler and Haley, 2003)

5. 인간에게서만 나타나는 강한 호혜성의 양상

2절에서 살펴본 것처럼, 인간 협동의 가장 큰 특징은 미래에 되돌려 받지 못할 상황에서도 이타적 행위를 할 수 있다는 점이다. 타인과 협동하려고 하는 성향, 심지어 나중에 그 비용을 되찾을 가능성이 없을 때에도 협동의 규범을 어긴 자를 개인의 비용을 들여 처벌하고자 하는 성향을 '강한 호혜성 (strong reciprocity)'이라 한다. 강한 호혜성을 가진 사람은 남들도 그렇게 하는 한 이타적으로 행동하는 조건부 협력자이자 협동의 규범에 불공정하게 행동하는 자에게 제재를 가하는 이타적 처벌자이다. (Gintis et al., 2005) 이러한 강한 호혜성은 현대 산업 사회에서는 물론 매우 고립된 수렵 채집 사회에서도 관찰되는 보편적인 인간 특성이라는 것을 지지하는 연구 결과들이 보고되고 있다. 그런데 강한 호혜성은 앞에서 설명한 해밀턴의 법칙이나 호혜적 이타주의로는 잘 설명되지 않는다. 그렇다면 인간의 강한 호혜성은 어떠한 양상으로 나타나며 어떻게 진화해 온 것인지 알아보자. 3절에서 살펴본 인간 고유의 협동 관련 능력과 4절에서 살펴본 협동과 관련된 감정은 강한 호혜성에 어떠한 영향을 미치며, 강한 호혜성의 진화 과정에서 어떠한 작용을 했을까?

5.1. 실험실에서의 이타적 처벌, 이타적 포상의 양상과 한계

강한 호혜성의 패턴을 자세히 밝혀내기 위해 가장 많이 이용되는 방법은 경제적 게임(economic game)이다. 강한 호혜성은 여러 행위자 간의 상호 작용의 결과이기 때문이다. 게임은 행위자 간에 전략적 상호 의존성이 존재할 때, 즉 게임의 결과가 자신뿐 아니라 다른 사람의 행동에 의해서도 영향을 받는 갈등 상황일 때 각 행위자가 어떻게 의사 결정을 내릴 것인지, 각 행위자가 내린 의사 결정으로부터 어떤 결과가 나올지를 분석하고 예측하는 데 이용된다. 게임 이론은 잠재적으로 사기성이 있는 적수들 사이에서 일어나는 갈등을 연구하는 수리 논리학의 분과로 출발했지만, 지금은 경제학, 정치학 등 사회 과학의 다양한 분과 학문에서 인간의 상호 작용을 측정하기 위한 실험으로 폭넓게 쓰이고 있다. 인간의 협동 및 경제 행위와 관련된 심리를 밝히는 게임은 다양한데, 최후 통첩 게임(ultimatum game), 독재자 게임(dictator game), 제3자 처벌 게임(the third party punishment game), 공공재 게임(public goods game) 등이 가장 많이 이용된다.

독일의 경제학자 귀트와 동료들(Güth al., 1982)은 인간의 행동 심리를 밝히는 실험의 근간이 된 최후 통첩 게임을 고안했다. 참가자 A는 처음에 일정한 금액을 받고서 참가자 B에게 자신이 가진 금액의 일부를 나눠 줄 수 있다. 이 때 B는 A의 제안을 수락하거나 거부할 수 있다. B가 제안을 수락할 경우 두 참가자 모두 A의 제안대로 금액을 나눠 갖게 되며, 거부할 경우 두 참가자 모두 0원을 받는다. 고전 경제학에서 가정하듯 인간이 합리적이라면 A는 자신의 이익을 극대화하기 위해 1원만 제안할 것이고, B는 아무리 작은 액수일지라도 무조건 받아들일 것이다. 그러나 실험 결과, 평균적으로 A는 총 금액의 30~40퍼센트나 되는 금액을 제안하였으며, B는 20퍼센트 이하의 금액을 제안받았을 때에는 이를 거부하는 경우가 많았다. (Camerer and Thaler, 1995)

역시 두 명이 참가하는 독재자 게임은 처벌의 위험이 없을 때 사람들이 실제로 얼마나 나누려는 의지를 가졌는지 측정하는 데 쓰인다. A는 처음에 일정한 금액을 받고서 B에게 자신이 가진 일정 부분을 나눠 줄 수 있다. 그러나 최후 통첩 게임과 달리 B는 A의 제안을 거부할 수 없다. 돈의 분배는 일방적으로 결정되기 때문에 결과는 최후 통첩 실험에 비해 낮은 분배율을 보인다. 따라서 많은 참가자들은 0에 가까운 수를 제안하지만, 흥미롭게도 상대방이 의사 결정권이 없음에도 불구하고 공평하게 몫을 나누는 사람들이 의외로 많았다. A가 제안한 평균 금액은 25퍼센트였다. (Cason and Mui, 1997)

제3자 처벌 게임은 무임 승차자나 공정한 분배를 하지 않는 비협조자에 대한 제3자들의 처벌 정서를 측정하기 위해 이용된다. 게임은 독재자 게임, 죄수의 딜레마 게임 혹은 공공재 게임을 하는 참여자 A, 참여자 B와 이 둘의 게임 과정을 지켜보는 참여자 C로 구성된다. A와 B가 독재자 게임을 진행할 경우 독재자 A는 처음에 일정한 금액을 받고서 B에게 자신이 가진 일정 부분을 나눠 줄 수 있다. B는 A의 제안을 거부할 수 없다. C는 A보다 적은 일정 금액을 받고 그 돈으로 A를 처벌할 수 있다. 게임 참여자들의 최종 보수는 C의 처벌 여부와 정도에 달려 있다. 실험 결과, 대부분의 경우, 제3자 C는 B가 합당한 대우를 받지 못했다고 느끼면 자신에게 다른 이익이 없고 오히려 자신의 비용이 드는데도 A를 처벌했다. 자신의 비용을 지불하면서까지 남을 처벌하는 것은 전통적 경제학에서 전제하는 이기적 인간은 할 수 없는 행동이다.

공공재 게임은 세 명 이상이 참가하는 게임으로, 각 경기자는 A라는 금액을 전체를 위해 기부하도록 요구된다. 총 인원 B명 중 C명이 기부한다면 총 AC라는 금액이 모이고, 각 인원에게는 이 금액의 2배인 2AC/B라는 혜택이 돌아온다. 더 많은 금액이 모일수록 모든 사람이 더 큰 혜택을 입지만, 개인적으로는 돈을 내지 않고 혜택만 누리는 무임 승차 전략이 더 이득이 된다. 공공재 게임은 대부분 여러 회 반복해서 진행되는데, 실험 결과 대부분의 사람은 반복되지 않는 공공재 게임에서도 자신이 가진 돈의 40~60퍼센트나 기부하는 것으로 밝혀졌다. (Marwell and Ames, 1981)

최후 통첩 게임, 독재자 게임, 제3자 처벌 게임, 공공재 게임 등 다양한 실험의 결과, 대부분의 사람은 공평하고 협동적인 행동을 하며, 공평하지 않은 제안은 자신의 비용을 들여서라도 처벌하고자 하는 경향을 보였다. 즉 사람들은 이기적 행위자들의 표준 모델이 예측하는 것보다 훨씬 더 높은 수준의 협동과 강한 호혜성을 보여 주었다. 그러나 이러한 실험 결과에 대한 반론도 만만치 않다. 사실 게임 이론과 관련된 연구는 대부분 미국 대학에서 진행되

며, 실험의 대상은 주로 강의를 듣는 대학생이다. 이들이 전 인류에 대한 대
표성을 가진다고 할 수는 없다. 이런 점을 보완하기 위해서 미국의 피츠버그,
슬로베니아의 루블랴냐, 이스라엘의 예루살렘, 일본의 도쿄, 인도네시아의
족자카르타 등 여러 문화권의 대학생들을 대상으로 최후 통첩 게임을 실시
하여 비교하였는데, 결과적으로 이들 그룹 사이에서는 큰 차이가 나타나지
않았다. (Roth et al., 1991)

그러나 이러한 결과에 대해서도 역시 반론이 제기되었다. 대학생은 대부
분의 국가에서 서구화된 교육을 받고 있으며, 대개 20대 초반이므로 이상주
의적이라는 공통점을 가지고 있다. 그러므로 대학생 이외에도 다양한 집단
을 대표하는 대상을 선정하고, 문화권도 더 다양화할 필요가 있을 것이다.
그리고 연구 방법에 대한 논란도 있다. 실험에서 받는 돈은 사실상 불로 소득
이며, 그 액수도 아주 적은 편이다. 사람들은 과연 자신이 피땀 흘려 번 큰 돈
도 남에게 공정하게 배분할 것이며, 그 돈을 무임 승차자를 벌하는 데 아낌없
이 쓸 것인가? 실제로 연구 대상자가 번 돈으로 비슷한 실험을 하는 것은 불
가능하지만, 러시아, 인도네시아 등지에서 월 평균 임금의 세 배라는 큰 금액
으로 시행한 실험에 의하면 금액의 차이가 실험 결과에는 큰 영향을 주지 않
는다는 것이 밝혀졌다. (Cameron, 1999) 즉 사람들은 금액의 크기에 상관없이
공정한 몫을 제안하고, 불공평하다고 판단되는 제안은 거부하며, 불이익을
당하더라도 그런 제안을 한 사람을 처벌하고자 하는 경향을 갖고 있다.

그러나 이러한 게임 실험만으로 '이기적 인간' 모델을 폐기하고 '강한 호
혜성을 가진 인간', '이타주의적 인간'이라는 모델로 대체하는 것은 너무 성
급하다. 사람들이 이러한 따뜻한 인간형을 믿고 싶어하는 경향이 강할수록
이러한 실험들이 현실의 인간을 제대로 반영하고 있는지 엄밀하게 검토해 보
아야 한다. 사람들이 공공선을 위해 이타적으로 행동하는 것처럼 보여도 실
제로는 개인적인 동기를 위해 행동할 가능성은 없는지, 예를 들면 사회 생활
에서 가장 중요한 자원 중 하나인 평판을 획득하기 위한 것은 아닌지 등에

대한 연구도 진행되고 있다. 이와 관련하여 간접적 호혜주의 이론과 비싼 신호론을 6절에서 살펴볼 것이다. 방법론적인 면에서도 경제적 보상 외에 다른 보상 체계를 도입하고, 보다 현실을 잘 반영할 수 있는 요소들을 도입하여 모델링하는 등의 개선이 필요할 것이다.

5.2. 강한 호혜성의 문화적 차이

앞에서 지적한 학생 대상 실험의 한계를 극복하기 위한 한 가지 방법으로 대규모의 통문화적 비교 실험이 실시되었다. 15개 사회 비교 연구(Henrich et al., 2004)에서 12명의 연구자들은 네 개 대륙의 15개 사회에서 게임 실험과 민족지적 조사를 수행하였다. 15개 사회 중 세 곳은 채집 사회(동아프리카의 핫자(Hadza), 파푸아뉴기니의 오(Au)와 노(Gnau), 인도네시아의 라말레라(Lamalera)), 여섯 곳은 화전 원예 농업 사회(남아메리카의 아체(Ache), 마치겡가(Machiguenga), 키추아(Quichua), 치마네(Tsimane), 아추아르(Achuar), 동아시아의 오르마(Orma)), 네 곳은 유목 집단(중앙아시아의 투르구(Turguud), 몽골(Mongols), 카작스(Kazakhs), 동아프리카의 상구(Sangu)), 두 곳은 소규모 농업 사회(남아메리카의 마푸체(Mapuche), 남아프리카의 쇼나(Shona))로, 폭넓은 경제적, 문화적 조건을 가진 곳들을 포괄하였다. 연구자들은 현지인을 대상으로 현지에서 하루, 이틀간의 임금 노동으로 벌 수 있는 수준의 실제 화폐를 이용하여 익명의 실험을 하였다. 연구 결과는 다음과 같이 다섯 가지로 요약된다. (Henrich et al., 2004)

(1) 실험 결과가 경제학 교과서의 이기적 행위자 표준 모델과 부합되는 곳은 한 곳도 없었다. 자신의 이익만을 생각하는 행위자라는 모델은 어디에서도 지지되지 않았다. 최후 통첩 게임, 독재자 게임, 공공재 게임의 결과는 모두 마찬가지였다. 독재자 게임에서 독재자들은 자신이 받은 돈의 20~30퍼센트를 내놓았다. 이기적인 표준 행위자 모델에서 예측하는 것처럼 0원에 해당하는 금액을 내놓은 사람은 거의 없었다. 공공재 게임에서도 사람들은 받

은 돈의 22~65퍼센트를 내놓았다. 마치겡가와 산업 사회의 학생 그룹에서만 0원을 내놓은 사람이 5퍼센트 이상 나왔다.

(2) 집단들 간의 변이는 지금까지 연구된 것보다 더 컸다. 15개 사회에서의 최후 통첩 게임의 결과는 지금까지 알려진 모든 실험보다 변이가 훨씬 컸다. 이전까지의 대학생들 실험에서는 그룹별 차이가 거의 없었다. 학생들의 최후 통첩 게임의 평균 제안액은 42~48퍼센트였지만, 이 실험에서는 26~58퍼센트였다. 응답의 범위도 넓었는데, 어떤 그룹에서는 제안액이 낮아도 거절이 극히 드물었던 반면, 다른 그룹에서는 아주 높은 제안에도 번번히 거절할 정도로 거절율이 높았다. 이 양상도 범위가 넓어, 카작스에선 10퍼센트, 키추아에서는 14퍼센트, 아체에서는 51퍼센트, 치마네에서는 70퍼센트의 제안액에 대해 거절이 전혀 없었다. 마치겡가에서는 75퍼센트의 제안이 30퍼센트 이하의 금액이었는데, 대부분 받아들이고 단 한 명만 거절했다. 핫자에서는 응답자들이 모든 제안의 24퍼센트를 거절했고, 20퍼센트 이하의 제안에 대해 43퍼센트가 거절했다. 낮은 제안액을 거절한 핫자와 다른 그룹과는 달리, 파푸아뉴기니의 오와 노는 불공평한 제안액과 오히려 너무 높은 제안액을 거의 같은 빈도로 거절했다. 최후 통첩 게임뿐 아니라 공공재 게임에서도 아주 큰 변이가 발견되었다. 다른 여러 요인을 통제했기에, 이러한 변이는 문화적 차이 때문이라 할 수 있다.

(3) 시장 통합의 정도는 집단별 행위 변이의 상당 부분을 설명해 준다. 시장 활동의 정도가 크고 협동의 대가가 높은 곳일수록 협동과 나눔의 수준이 높았다. 이 연구에서는 연구 대상 사회를 다음 여섯 개의 범주로 나누어 집단 간의 행위 변이의 원인을 규명하고자 하였다. (a) 시장 통합도: 거래의 정도 및 임금 노동 여부로, 시장 교환에 사람들이 얼마나 자주 참여하는지의 척도이다. 핫자는 시장 활동을 거의 하지 않는 반면, 오르마는 시장 활동이 일상화되어 있다. (b) 생산 협동도: 생산이 집합적인지 개인적인지의 여부이다. 마치겡가와 치마네는 가족 단위로 경제적으로 독립된 생활을 하며 비친

족과의 협동은 거의 없다. 반대로 고래 사냥을 하는 라말레라는 비친족 간의 대규모 협동에 많이 의존한다. (c) 익명성: 익명의 역할이 얼마나 중요한지의 척도이다. 아추아르는 이방인과 상호 작용할 일이 거의 없지만, 쇼나는 처음 본 이방인과도 활발하게 상호 작용한다. (d) 개인성: 얼마나 쉽게 자신의 행위를 비밀로 유지할 수 있는지의 정도이다. 오, 노, 핫자는 무엇을 먹건 무엇을 가지건 모든 것이 모든 사람에게 공개되지만, 가족별로 떨어져서 사는 마푸체는 거의 모든 것을 비밀로 지킬 수 있다. (e) 사회 경제적 복합도: 중앙에서 내려진 의사 결정이 가정 단위까지 얼마나 영향을 끼치는지의 정도이다. (f) 정착 규모: 핫자는 100명 이하, 라말레라는 1000명 이상이 모여 산다. 헨리히 등의 분석에 의하면 앞의 요소들 중에서 (a)와 (b) 항목만으로 문화 간 변이를 상당 부분 설명할 수 있었으며 여타 항목은 설명력이 약한 것으로 드러났다. (Henrich et al., 2004)

(4) 개인 수준의 경제적, 인구학적 변이는 집단 내, 혹은 집단 간의 행동 차이를 설명하지 못한다. 개인의 성별, 나이, 재산의 규모 등과 실험 결과는 특별한 상관 관계가 없었다.

(5) 실험 게임은 일상 생활에서 나타나는 상호 작용의 패턴을 잘 반영한다. 최후 통첩 게임에서 관대한 제안들이 거절당한 곳은 지위를 추구하는 문화가 있는 곳이었다. 오, 노 마을에서 50퍼센트가 넘는 제안액이 거절당한 이유는 해당 문화에서는 선물을 받는 행위가 강한 보답의 의무를 지는 것을 의미하기 때문이었다. 즉 빚을 지고 갚지 못한다면 사회적 지위의 하락이 있을 수 있기 때문에 제안액이 클수록 심리적 부담이 커졌던 것이다. 한편 라말레라의 고래 사냥꾼들 중 63퍼센트의 제안자가 절반을 제안했으며 전체 제안액 평균은 57퍼센트였다. 이는 고래 사냥 때 고기를 나누는 관습 때문이다. 아체 족도 고기를 관대하게 나누는 편이었는데, 고기를 잡아 온 사냥꾼의 가족이라고 해서 특별히 많은 고기를 차지하는 것은 아니었다. 오히려 성공적인 사냥꾼들은 남들이 발견하고 가져가라고 자기 몫을 캠프 바깥에

두기도 하였다. 이러한 고기 공유 관습이 있기에 79퍼센트의 제안자가 받은 돈의 40~50퍼센트를 제안했고 응답자들은 거절하지 않았던 것으로 보인다. 한편 핫자는 실험의 결과가 민족지적 보고와 깜짝 놀랄 만큼 차이를 보였다. 핫자의 제안액은 특히 낮았고 거절율은 높았다. 이들은 겉보기에는 아주 평등하게 고기를 나누지만, 섬세한 관찰 결과 실제로는 나눔을 피할 기회를 찾는 것으로 밝혀졌다. 사냥꾼들은 종종 캠프 바깥에서 밤이 되기를 기다려 고기를 숨겨 가져오기도 한다. 이들은 음식을 나누지 않을 경우 사회적 제재, 험담, 외면 등의 사회적 처벌을 받을까 두려워하여 나누는 것으로 보인다. 아체와 핫자가 최후 통첩 게임에서 정반대의 모습을 보이는 것은 이러한 일상 생활을 잘 반영한다. 한편, 마치겡가와 치마네는 가족 바깥의 협동, 교환, 나눔이 거의 없는 곳이다. 민족지적 연구에 의하면, 이들은 사회적 제재에 대한 두려움이 거의 없으며 공공의 의견에도 거의 신경을 쓰지 않는다. 당연히 최후 통첩 게임에서 이들의 제안액은 낮았다. 마푸체의 이웃 관계에는 여러 소규모 농업 사회에서와 마찬가지로 의심, 부러움, 그리고 부러움의 대상이 되는 것에 대한 두려움이 만연하다. 이들은 좋은 운이 오는 것은 남들을 이용할 때나 영혼과 거래할 때라고 믿으며, 이 사회의 많은 규범들은 사회적 제재에 대한 두려움 때문에 유지된다. 이러한 사회적 상호 작용과 문화적 믿음은 최후 통첩 게임 이후 실시한 인터뷰의 결과와 일치한다. 캘리포니아의 대학생들과 반대로 마푸체의 최후 통첩 게임의 제안자들은 공정함이라는 느낌에 영향을 받았다고 말한 경우가 거의 없었다. 대신 대부분의 제안자들은 거절의 공포에 기반하여 제안액을 결정했다고 하였다. 아주 공정한 제안을 한 제안자조차 응답자의 거절을 두려워하였다.

왜 어떤 집단의 구성원들은 다르게 행동하는가? 다른 종이나 대부분의 대학생들 사이에서의 변이의 정도와는 달리 소규모 단순 사회의 실제 인간 집단들 사이에는 왜 그렇게 큰 변이가 있을까? 연구자들은 이러한 그룹 간 행동 차이는 일상 생활을 틀 짓는 사회 경제적 상호 작용의 패턴의 차이에서 기인한 산물이라고 결론지었다.

5.3. 강한 호혜성과 다자 간 협동

이제 협동의 규모를 집단으로 넓혀 보자. 실제로 수렵 채집 사회의 협동은 양자 간 상호 작용에만 국한된 것이 아니다. 음식 공유, 협동적 사냥, 전쟁은 수십에서 수백 명 단위의 대규모 협동으로 발생하며, 이러한 협동의 결과물은 공공재의 성격을 띤다. 그렇다면 강한 호혜성은 어느 정도로 공공재를 위한 협동에 기여하는가? 공공재는 각 구성원이 공공재에 기여한 양에 상관 없이 소비할 수 있다는 특성을 갖는다. 그러므로 개인의 전략에서 보자면 공공재에 기여하지 않고 무임 승차하는 것이 낫다. 이러한 상황에서는 공공재에 기여하는 사람에게 보상을 해 준다면 개인의 기여도가 증가할 것이다. 보통 공공재 게임을 한 번만 실행하면 사람들은 그들이 받은 금액의 40~60퍼센트를 내놓는데, 타인이 기여할 것이라는 기대가 높을수록 더 많이 내놓는다. 그러나 이러한 협동은 안정적이지 않으며 익명의 게임이 반복될수록 협동은 점점 낮은 수준으로 붕괴한다. 협동의 붕괴에 대한 가장 설득력 있는 해석은, 기꺼이 협동하고자 하며 공공재에 많은 기여를 하는 호혜주의자들이 많지만 전혀 기여하지 않는 완전한 무임 승차자 또한 많기 때문이라는 것이다. 호혜주의자들의 존재 덕분에 평균적인 사람들은 다른 사람들의 평균적인 기여를 기대하고 자신의 기여 수준을 증가시킨다. 그러나 이기적 행위자들 때문에 높은 협동 평형은 결국 유지되지 못한다. 호혜주의자가 많이 있어도 이러한 환경에서 협동의 붕괴를 막을 수는 없다. 호혜주의자가 대다수인 집단에서도 소수의 이기적 개인들이 집단 전체의 협동을 붕괴시킬 수 있음이 이론적으로 밝혀졌다. (Camerer and Fehr, 2006)

따라서 다수의 상호 작용에서 협동 관계가 지속되려면 거의 모든 집단 구성원이 서로 협동할 것이라는 믿음을 유지하는 것이 필수적이다. 그러한 믿

음을 만드는 메커니즘을 형성시키기 위해서는 이기적 개인들마저 협동하도
록 인센티브를 제공해야 한다. 반복된 상호 작용에서 비협력자를 처벌하는
것, 즉 이타적 처벌이 이에 대한 해답이 될 수 있을 것이다. 강한 호혜자들은
처벌을 통해 잠재적 비협력자를 협동하도록 함으로써 광범위한 협동을 고양
시킬 수 있다. (Fehr and Fishbacher, 2003) 협동의 규모가 커질수록 이타적 처벌
이 반드시 필요하므로 자연 선택은 처벌을 위한 심리적 기구를 진화시켰을
것으로 보인다.

5.4. 반복되는 상호 작용과 평판의 형성

앞에서 인간의 상호 작용을 측정하기 위한 실험으로 가장 많이 쓰이는 것
이 게임이라고 소개하였다. 지금까지 소개한 게임들은 1회 내지는 기껏해야
10회 정도로 상호 작용의 기간이 짧다고 볼 수 있다. 그러나 현실은 사람들
의 상호 작용이 계속 이어지는 게임인 경우가 많다. 이렇게 계속되는 게임은
어떻게 분석할 수 있을까? 게임 이론에 진화론적 동역학을 도입한 진화적 게
임 이론을 이용할 수 있다. 이 이론은 메이너드스미스와 프라이스(Maynard-
Smith and Price, 1973)에 의해 처음 소개되었으며, 1980년대에 진화 생물학 분
야에서 동물들의 행동 분석에 쓰이면서 발전되기 시작했다. 이후 사회 과학
에서도 개인들 간의 상호 작용 및 사회적 제도의 발현 등을 규명하려는 방법
으로 이용되어 왔다.

진화적 게임 이론에서는 각 참가자들이 '프로그램화된' 전략에 따라 행
동한다. 각 참가자들은 부모들의 전략을 그대로 물려받는데, 평균적으로 더
나은 결과를 가져다 주는 전략은 그 전략을 갖고 있는 참가자들로 하여금 평
균적으로 더 많은 자손들을 갖게 한다. 이 자손들은 동일한 전략을 그대로
물려받으므로 세대가 거듭될수록 보다 나은 전략을 가진 참가자들이 전체
인구에서 차지하는 비중이 늘어날 것이다. 이러한 방법은 문화의 전파에 대

한 연구에도 적용된다. 다른 전략에 비해 상대적으로 높은 보수를 가져다주는 전략이라면 다른 참가자들에 의해 모방, 학습될 확률이 높으며, 시간이 흐름에 따라 더 빠른 속도로 집단 내에 퍼져나가게 된다. 이는 경제 주체들의 합리적인 계산에 의해서가 아니라 '자연 선택'되는 과정을 수학적으로 표현한 것이다. (최정규, 2004)

이타적 행위의 진화가 일어나기 힘들다는 것은 수학적 시뮬레이션으로도 증명된다. 이를 가장 잘 보여 주는 것이 죄수의 딜레마 게임이다. 죄수의 딜레마는 게임 이론의 대표적 모델인데, 죄수 두 명이 구치소에 갇힌 상황을 통해 게임의 구조를 이해할 수 있다. 두 죄수는 각각 독방에 갇혔으므로 다른 죄수와 의견을 교환할 수 없다. 모두 범행을 부인할 경우 완전한 혐의를 입증하기 어려워 경미한 처벌을 받게 되지만, 둘 다 자백할 경우 혐의가 모두 드러남으로써 무거운 처벌을 받게 된다. 경찰은 각 죄수에게 협상안을 제시한다. 만일 동료의 죄를 증언하면 자신은 석방되는 반면, 동료는 3년형을 받을 것이다. 만일 두 죄수 모두 동료의 죄를 증언한다면, 둘 다 2년형을 받을 것이다. 각 죄수에게 최적의 행동은 자백이다. 죄수 A는 죄수 B가 자백하는 경우와 범행을 부인하는 경우 등 두 가지 가능성을 생각할 것이다. 우선 B가 자백을 할 가능성이 있는 경우 A도 자백을 하는 것이 유리하다. 괜히 혼자 범행을 부인하다가 더욱 무거운 처벌을 받을 수 있기 때문이다. 그리고 죄수 B가 범행을 부인할 가능성이 있는 경우, A는 B를 배신하고 범행을 자백하여 풀려나는 것이 이득이다. 따라서 A는 B에 관계없이 자백을 하는 것이 최적의 전략이다. 이 상황은 B에게도 마찬가지이므로, 조사를 받기 전에는 둘 다 자백을 하지 말자고 약속했더라도 결국 둘 다 자백을 할 수밖에 없게 된다. 죄수의 딜레마 상황에서 각 참여자는 배반이라는 전략을 선택함으로써 상대가 어떤 선택을 하든 상관없이 항상 보다 유리해질 수 있다. 하지만 개인의 합리적인 전략 선택은 집단적으로는 비합리적 결말에 이르게 된다. 이것은 합리적 인간들 사이에 협동이 불가능하다는 것을 보여 준다. 그렇다면 협동을 가능하게 하는 인간의 능력과 감정은 대체 어떻게 진화해 온 것일까?

1981년 액설로드와 해밀턴(Axelrod and Hamilton, 1981)이 《사이언스 (Science)》에 「협동의 진화(The evolution of cooperation)」라는 논문을 발표하면 서 이 문제에 대한 해결의 실마리가 나타났다. 이 논문에서는 죄수의 딜레마 게임이 반복된다면 팃포탯(Tit-for-Tat, TFT), 즉 '눈에는 눈' 전략이 그 딜레마 에서 빠져나올 수 있는 방법이 될 수 있음을 보여 주었다. 액설로드와 해밀턴 은 전 세계의 경제학자, 수학자, 과학자, 컴퓨터 프로그래머들에게 최대한의 전략을 활용하여 죄수의 딜레마 게임을 200회 하도록 했다. 여기서 가장 높 은 점수를 얻은 승리자는 팃포탯이라는 단순한 전략이었다. 이에 따르면 처 음에는 협력하고, 그다음부터는 상대가 하는 대로 따라 하는데, 먼저 배신 하지는 않되 상대의 배신에는 즉각 보복한다. 두 번째 토너먼트에서 액설로 드는 62개 팀을 참여시켜 무한정 게임을 시켰는데 역시 팃포탯이 승리하였 다. 이것은 팃포탯이 진화적으로 안정된 전략이 될 수 있으며 이 전략을 통해 협동이 자연 발생적으로 진화할 수 있음을 보여 준다. 미래에 상대와 다시 만 날 확률이 어느 정도 이상이면 팃포탯 전략이 항상 배신하는 전략보다 더 이 득이 되므로 협력 전략인 팃포탯 전략이 진화할 수 있는 것이다. 이후 다양한 조건을 주어 시뮬레이션을 해 본 결과, 협동은 (1) 보복의 대가가 클 때, (2) 협 동이 전파되어 착취자가 약탈할 대상이 점점 더 적어질 때, (3) 공평성을 강 조할 때, (4) 도발에는 재빨리 보복할 때, (5) 호혜적인 존재로서의 평판을 쌓 을 수 있는 조건이 있을 때 더 빨리 진화할 수 있음이 밝혀졌다.

이제 이타적으로 행동한다는 평판을 쌓을 수 있을 때 협동이 어떻게 진화 할 수 있는지 집중적으로 살펴보기로 하자. 평판은 공공재에 대한 협동을 고 양시킬 수 있는 하나의 강력한 메커니즘이다. 여러 명이 공공재를 생산하는 상호 작용을 할 뿐 아니라 양자 간 상호 작용도 하는 상황을 가정해 보자. 만 약 A가 공공재에 기여하지 않은 사실이 남들에게 알려진다면 A는 양자 간 상호 작용에서도 협동의 상대로 고려되기 힘들다. 이것을 게임으로 만들어 공공재 게임의 각 라운드 뒤에 평판 게임을 한다고 가정해 보자. 한 개인의 평판은 그 이전 공공재 라운드에서의 행위 및 그의 지금까지의 행위의 역사에 의해 만들어지는데, 이 평판을 바탕으로 다른 게임 참가자들은 그 상대를 도울지 결정한다. 실험 결과, 공공재 게임에서의 평판은 이러한 판단에 중요한 결정 인자임이 밝혀졌다. 공공재에 기여하는 자는 수혜 대상자가 이전 공공재 게임에서 배반했을 때 이번 라운드에서는 돕지 않으려 함으로써 처벌한다. 이것은 수혜 대상자가 이후의 공공재 게임에서 협동을 하게끔 만드는 강력한 효과를 갖는다. 이 실험은 명성의 추구가 공공재에 기여하도록 하는 강력한 결정 인자가 될 수 있다는 것을 보여 준다. 인간은 평판 형성의 가능성, 즉 같은 개인들과의 반복된 상호 작용의 가능성에 주목한다는 것이다. (Fehr and Fischbacher, 2003)

이러한 결과를 통해 볼 때, 사람들은 미래에 만날 가능성이 아주 낮아서 배반이 적합도를 최대화하는 전략인 만남과 미래에 만날 확률이 아주 높아서 협동이 적합도를 최적화하는 전략인 만남을 구별한다고 할 수 있다. 만약 초기 인류가 최적 전략이 배반인 상황과 최적 전략이 협동인 상황의 혼합에 직면했다면, 이러한 두 상황을 구별하는 방법이 인류 진화 과정에서 발달되어 왔을 것이라고 추론할 수 있다. 평판을 쌓을 기회가 사람을 더 협동적으로 만든다는 사실은, 인간에게는 자주 만나지 않을 사람과 자주 만날 사람을 구분할 수 있는 특수한 인지적 기구가 있음을 말해 준다. 즉 인간의 이타성에도 조건에 따른 한계가 있다.

5.5. 인간 이타성의 한계

강한 호혜성을 가진 개인들은 익명으로 이루어지는 단 한 번의 상호 작용 게임에서도 보상과 처벌을 한다. 그런데 반복되는 상호 작용이나 그들의 평판이 걸려 있는 상황이라면 더 크게 보상과 처벌을 하게 된다. 이것은 이타적이고 이기적인 본성의 결합이 사람들의 행동 동기라는 사실을 알려준다. 그렇다면 행동의 비용이 증가함에 따라서 이타적 행동은 점점 줄어들어야 할 것이다. 실제로 독재자 게임과 공공재 게임 연구에 의하면 이러한 예측은 들어맞는다. 공공재를 더 생산하기 위한 비용이 증가하면 사람들은 공공재에 덜 투자했다. (Isaac and Walker, 1988) 이 논의들을 종합하면, 비록 인간이 강한 호혜자의 속성을 보여 주고 있다고 할지라도 이타적 행동이 무조건 유지되는 것은 아니라고 할 수 있다. 사람들은 비록 주관적인 판단이라 할지라도 어느 정도 이상의 보상이 예상될 때만 이타적인 행동을 지속하는 것으로 보인다. 즉 강한 호혜성도 결과적으로는 장기적으로 개체에게 이득을 주는 행위라고도 볼 수 있겠다. 이 점에 대해서는 6절의 비싼 신호론에서 더 자세히 살펴보도록 한다.

6. 협동의 진화적 기원

지금까지 살펴본 것처럼, 동물과 인간의 협동은 그 특성과 양상이 서로 다르다. 그렇다면 인간의 협동에서만 나타나는 행동과 심리의 진화는 어떻게 이루어졌을까? 이를 설명하려면, 앞서 2절에서 설명한 해밀턴의 법칙이나 호혜적 이타주의와는 다른 수준의 이론이 필요하다. 여기서는 왜 호혜적 이타주의 이론이 인간 협동의 진화를 설명하기에 부족한지 실증적, 이론적 증거를 살펴보고, 지금까지 어떠한 대안 이론들이 제시되었는지 살펴보고자 한다. 먼저 호혜적 이타주의 이론과 그 한계에 대해 검토해 보자.

6.1. 호혜적 이타주의 이론

친족이 아닌 사람에게 음식 나눠 주기, 선물 주기, 공공 이벤트 주최, 이웃

돕기 등 개인적 비용이 드는 관대한 행위는 모든 문화권에서 발견되는 인간의 보편적인 행동이다. 그러한 행동들이 일어나는 맥락, 관대한 행위자와 수혜자의 성격에는 패턴이 있다. 이러한 패턴 중 일부는 적응적이며, 진화 생태학에서 나온 이론으로 설명이 가능하다. 진화 생태학적 설명 중 가장 잘 알려진 것은 바로 조건부 호혜주의(conditional reciprocity)로, 이 틀은 지금까지 살펴본 호혜적 이타주의(reciprocal altruism), 팃포탯, 반복된 죄수의 딜레마와 같은 개념을 포함한다. (Trivers, 1997; Axelrod and Hamilton, 1981; Cosmides and Tooby, 1989)

호혜적 이타주의 이론을 처음으로 제시한 트리버스는 언젠가 보답을 받을 것이라는 기대를 할 수 있는 상황에서는 남을 돕는 것이 이득이 되고 그런 행동이 진화할 수 있다고 설명하였다. (Trivers, 1971) 멧돼지 한 마리를 사냥했다고 가정해 보자. 배불리 먹고 남은 고기는 계속 갖고 있어 봐야 썩을 뿐이고, 배부른 상태에서 더 먹어 보았자 더 이상 만족도가 높아지지도 않는다. 그러나 남은 고기를 배고픈 동료에게 준다면, 그의 만족도는 나의 만족도보다 훨씬 크다. 다음에 내가 배고플 때 그는 고기 한 조각을 기꺼이 줄 것이다. 이 경우 두 사람 모두의 만족도는 커지고, 거래를 통해 둘 다 굶주림의 위험을 감소시킬 수 있는 이득을 얻으므로 호혜적으로 이타주의가 진화해 왔다는 것이 이 이론의 핵심이다.

수렵 채집 사회에서 사람들이 음식을 나누는 행위를 연구한 결과, 위험 감소 효과가 실제로 존재한다는 것이 입증되었지만(Cashdan, 1985; Kaplan et al., 1990), 이 효과는 음식 공유를 하게 만드는 이유라기보다는 그 결과일 수도 있다. 위험 감소 효과를 위해 음식을 공유하는 행위는 한쪽이 음식을 받아먹기만 하고 되갚지 않을 수 있기 때문에 진화하기 힘들다. 이 이론은 죄수의 딜레마와 비슷한 문제점을 가지고 있으며, 무임 승차자 문제를 해결하기 어렵다는 단점이 있다.

호혜적 이타주의 이론이 인간의 상호 작용을 잘 설명할 수 없다는 사실은

파라과이의 아체 족의 음식 공유 패턴에서 가장 잘 살펴볼 수 있다. 인류학
자 호크스(Hawkes, 1992)는 아체 족을 수 년간 연구한 끝에, 사냥한 고기를 분
배하는 사람은 늘 일정하다는 것을 발견했다. 아체 족의 고기 생산량과 소비
량 사이에는 큰 관계가 없었는데, 많은 양을 사냥해 온 노련한 사냥꾼도, 아
파서 사냥을 전혀 해 오지 않는 사람도 비슷한 양의 고기를 먹었다. 음식을
나누는 패턴은 주고 받는 양자 간 호혜성에 기반하지 않았으며 상대가 얼마
나 열심히 생산하려 노력했는지도 관계가 없었다. 음식은 무조건적으로 공
동체의 대부분, 혹은 전체 인원들과 공유되며, 어떤 사냥꾼들은 지속적으로
더 많이 제공하고 돌려받지 않았다. 카플란과 힐(Kaplan and Hill, 1985)은 사냥
꾼들이 오히려 남들보다 더 적게 소비하기도 하는데, 이는 자신의 이득을 줄
이면서까지 남에게 음식을 나누어 주는 것을 뜻한다고 하였다. 버드와 동료
들은(Bird et al., 2002) 오스트레일리아 미리암(Meriam) 섬의 사냥꾼들이 거북
을 사냥하여 마을에 나누어 주는 행동에서도 이와 같은 패턴이 가장 잘 나
타난다고 하였다. 이들 중에는 받기만 하고 한 번도 주지 않은 사람들도 있지
만 어떠한 보복이나 비난도 받지 않았다.

이러한 패턴은 멜라네시아의 정치적 지도자인 빅 맨(Big Man)의 연회, 미
국 북서 해안 인디언의 과시적 연회인 포틀래치(potlatch), 자본주의 사회에
서의 자선 행사에 모두 적용된다. 공공재에 크게 기여하는 개인들은 그의
관대한 행위의 수혜자들이 호의를 되갚을지 확신할 수 없다. 관대한 행위자
가 수혜자의 과거사 및 수혜자가 미래에 호혜적으로 돌려줄 가능성에 관심
이 없다는 것은 파라과이의 아체(Kaplan and Hill, 1985), 동아프리카의 핫자
(Hawkes, 1993) 등 많은 수렵 채집 사회의 음식 공유 패턴에서 확인되었다. 이
러한 결과는 음식 공유의 원인이 호혜적 이타주의라는 가설과 부합하지 않
는다.

또한 시뮬레이션 연구에 의하면, 호혜적 이타주의 전략은 진화하기 힘들
다는 점이 밝혀졌다. 먼저, 조건부 협동에 대한 팃포탯과 같은 전략의 진화

적 성공은 소수의 인원으로 이루어진 작은 집단에서만 가능했다. 또한 몇몇 이기적인 개인들이 쉽게 조건부 협력자들의 협동을 약화시킬 수 있었다. 그리고 상호 작용하는 개인들이 여러 회에 걸쳐 함께 상호 작용하도록 가정한 호혜적 이타주의 전략의 시뮬레이션 조건이 현실과는 다르다는 점도 문제점이다. 긴 진화적 기간 동안 비친족과의 상호 작용을 늘 지속할 이유는 없기 때문이다. 마지막으로, 호혜적 이타주의는 이타적 행동이 미래에 어떤 이득을 가져온다는 가정에 기반하고 있는데, 따라서 이를 가정하지 않는 강한 호혜적 행동은 잘 설명하기 어렵다. 즉 인간이 어떤 이타적 행동을 할 때 미래의 이득을 크게 고려하여 결정한다는 가정은 의문시될 수 있다. (Fehr and Fischbacher, 2003)

6.2. 평판 추구와 간접적 호혜주의, 비싼 신호론

힘들게 사냥해 온 고기를 관대하게 나누어 주는 이타적 제공자들은 고기를 주고 지위나 배우자를 산다는 조건부적 교환이 없음에도 불구하고 다른 사람들보다 더 높은 사회적 지위와 번식 성공을 누리는 것으로 밝혀졌다 (Smith, 2004; Bird et al., 2001). 즉 높아진 평판, 사회적 지위, 그에 따른 짝짓기 이득은 사람들이 공공재를 제공하도록 동기를 부여한다고 볼 수 있는데, 이것은 다른 형태의 호혜주의에 불과한 것이 아닐까?

행동 생물학자들은 베풂과 관련된 평판 향상과 지위 이득을 설명하기 위해 호혜적 이타주의의 모델을 수정하기 시작했는데, 알렉산더(Alexander, 1987)는 이것을 간접적 호혜주의(indirect reciprocity)라 이름 붙였다. 간접적 호혜주의는 행위자로 인해 이득을 얻은 원래의 수혜자가 아닌 다른 누군가가 행위자에게 보상해 주는 것으로, 이득을 얻은 수혜자가 원래의 행위자에게 보상해 주는 직접적 호혜주의(direct reciprocity)와는 다르다. 노왁과 지그문트 (Nowak and Sigmund, 1998)는 비용이 드는 이타적인 행위를 통해 자신의 협동

적 성향을 홍보하면 나중에 다른 사람이 이타주의적 행동을 할 때 그 수혜
자가 될 가능성이 늘어난다고 보고 이 아이디어를 컴퓨터로 시뮬레이션해
보았다. 또한 이들은 실험에서 게임 참가자들이 상대가 과거에 다른 사람들
과 상호 작용한 역사를 이미지 점수로 측정하도록 했다. 게임의 참가자들은
상대의 이미지 점수에 기반하여 상대에게 기부할 것인지 말 것인지를 결정
할 수 있다. 결과적으로, 실험 대상은 파트너 선정 시 이전의 행위에 의해 쌓
인 평판을 중요하게 고려했다. 남을 도와서 이미지 점수가 높아진, 즉 좋은
평판을 쌓은 사람들은 새로 만난 파트너에게 더 도움을 받을 확률이 크다는
것이 밝혀진 것이다.

　보이드와 리처슨(Boyd and Richerson, 1989)도 간접적 호혜주의를 모델화하
였다. 그 결과는 '남에게 잘하는 사람들에게 잘하라.'라는 원칙에 기반한 전
략의 성공률이 높다는 것이다. 그러나 이러한 간접적 호혜주의는 비교적 작
은 집단에서만 진화적 안정성을 유지할 수 있는 것으로 확인되었다. 작은 집
단에서는 누군가가 도움을 주고 받은 이미지 점수를 기록하는 것과 호혜적
인 사람만을 대상으로 조건부적으로 협동하는 것이 상대적으로 쉽기 때문
이다. 이외에도 간접적 호혜주의는 몇 가지 이론적 문제점을 가지고 있다. 예
를 들면 좋은 명성의 개념을 어떻게 모델화할 것인가? 나쁜 평판을 가진 사
람을 돕지 않는 개인은 그의 좋은 평판을 잃어야 하는가? 그리고 인간의 평
판 형성은 언어 능력에 기반하는데, 거짓말이 가능하다는 것을 생각한다면
인간의 평판이 과거의 행동에 대한 정확한 정보를 제공한다는 것을 어떻게
확신할 수 있는가? 이러한 비판들을 비롯하여 간접적 호혜주의에 기반한 접
근은 양자 간 협동에만 국한된다는 점 등이 현재까지 주로 제기되는 이론상
의 한계점이다.

　이러한 간접적 조건부 이타주의의 한계에 대한 대안으로 로버츠(Roberts,
1998)는 상호 작용을 두 단계로 모델화할 것을 제안했다. 만약 상호 작용이
두 단계로 모델화된다면 평판은 이타적 행동의 간접적 이득이 될 수 있다는

것인데, 첫 번째 단계에서는 개인이 공공적이고 비호혜적인 전시를 통해 관대하다는 평판을 수립하고, 두 번째 단계에서는 개인이 양자 간 관계를 비롯한 상호 작용의 협동 파트너를 이전에 세워진 평판에 기반하여 선택한다. 로버츠가 주장한 내용의 핵심은, 비싼 비용을 들여 이타성을 대중 앞에 전시하여 평판을 수립하는 행위는 양자 간 파트너십에서 신뢰를 구축하는 기능을 한다는 것이다. 이는 결국 비싼 신호론의 기본 아이디어와 크게 다르지 않다.

비싼 신호론은 비싸고 낭비로 보이는 행동이나 형태적 특질이 사실은 신호를 보내는 자와 신호를 받는 자 양쪽에게 이득이 되는 정직한 신호를 전달하기 위해 설계되었다고 보는 이론이다. (Zahavi, 1975) 이러한 신호는 신호를 보내는 개인의 내재된 자질을 드러낸다. '자질'은 병에 대한 내성이나 경쟁 능력, 자원 제공 의사, 진행 중인 사회적 관계에 대한 헌신 등 직접적으로 관찰이 가능하고 신호를 받는 자에게 중요한 정보이다. 그러한 신호를 주는 행위가 진화적 안정에 이르려면 두 가지 조건이 필요하다. (1) 신호를 보내는 자와 받는 자 양쪽이 내재된 자질에 대한 정보로부터 이득을 얻을 것, (2) 홍보되는 자질과 연관된 비용이 신호를 보내는 자에게 전가되어야 할 것이 그것이다.

중요한 것은 비싼 신호론의 논리는 표준적인 조건부적 호혜성에 기반하지 않는다는 점이다. 신호를 받는 자가 누군가를 동맹으로 선택하기 위해 그 정보를 이용했더라도 그것은 신호를 준 자에게 호혜적으로 갚는 것이 아니다. 값비싼 연회를 여는 등 비용이 비싼 행위를 함으로써 이익을 얻는 것은 조건부적 호혜성과는 관련이 없다. 비싼 신호론에 의하면 관대함이나 이타성도 궁극적으로는 물질적인 적합도를 높이기 위한 한 가지 수단이다. 사람들은 정치적 권력, 짝, 경제적 자원처럼 지위와 관련된 자원을 얻기 위해 공공재를 생산하는 비용을 써가며 자신을 홍보한다. 공공재를 생산하는 것은 자원 통제, 리더십 능력, 친족 집단 연대, 경제적 생산성, 좋은 건강, 강건함 등과 같은 신호자의 자질을 정직하게 홍보하며, 신호자가 잠재적 짝, 연맹, 경쟁자일 수 있다는 유용한 정보를 제공하기 때문이다. 스미스와 버드(Smith and Bird, 2005)는 비싼 신호론을 통해 강한 호혜성 및 다른 형태의 협동 행동을 설명하는 방법을 제시하였다. 강한 호혜성으로 분류된 많은 현상들이 적합도 순이익을 생산하는 등 결국에는 개인적으로 최적화된 행동이라는 것이다. 공공재를 제공하여 무조건적인 관대함을 보이는 사람은 호혜성을 바라고 행동하는 것도, 집단이나 파트너의 이익을 위해 희생하는 것도 아니며, 사실은 지위와 그에 따른 특전을 위해 경쟁하는 것일 뿐이다.

스미스와 버드(Smith and Bird, 2000)가 조사한 오스트레일리아 미리암 섬의 거북이 사냥 사례는 비싼 신호론을 지지하는 대표적인 연구 결과로 꼽힌다. 미리암에서 거북이 고기를 나누어주는 것은 (1) 힘, 위험을 감수하는 능력, 기술, 리더십 같은 내적 자질을 과시하기 위한 정직한 신호이며, (2) 호혜성에 기반하지 않은 비싼 행위이다. 또한 (3) 거북이 고기는 많은 청중을 끌어 모으므로 효율적인 광고 신호이며, (4) 신호를 발신하는 거북이 사냥꾼들 및 신호를 수신하는 청중에게 이득을 제공하는 역할을 한다. 거번(Gurven et al., 2000) 등은 파라과이 아체 족에서도 음식 공유는 과시를 통한 지위 향상의 목적을 가진 비싼 신호로 기능한다고 하였다. 거번은 이들의 음식 공유는 짝짓기와 같은 단기적인 이득보다는 아플 때 더 많은 음식을 얻는 등의 장기적인 보험과 같은 역할을 한다고 보았다.

비싼 신호론은 앞에서 설명한 간접적 호혜주의의 이론적 문제들이 없으므로 이타적 행동에 대한 더 나은 설명을 제공하며, 인간 협동의 기원을 더 잘 설명한다고 볼 수 있다. 긴티스와 동료들(Gintis et al., 2001)이 개발한 다자간 공공재 게임(multi-player public goods game)도 이를 뒷받침한다. 이 실험에서 조건부적 호혜성은 출현하기도 힘들며 무임 승차에도 취약하지만, 집단에 이득을 제공하는 협동적 전략은 제공자의 내재된 자질에 대한 정직한 신호로 기능할 수 있음이 확인되었다. 이 이론의 최대 장점은 별도의 이론적 장치

없이도 다자 간에 공공재 생산에 기여하는 행동을 설명할 수 있다는 것이다.

그러나 비싼 신호론은 협동적 신호뿐 아니라 비협동적 신호, 사회적으로 중립적이거나 해로운 신호에도 똑같이 적용된다는 문제점이 있다. 그러므로 이 모델 단독으로는 왜 집단에 이득을 주는 신호가 다른 신호에 비해 진화적으로 선호되는지를 설명할 수 없다는 비판을 받고 있다. 이러한 비판에 대해, 스미스와 버드(Smith and Bird, 2005)는 문화적 집단 선택 과정이 작용할 수 있는 가능성, 즉 신호가 이타적 행동으로 일어나는 그룹이 다른 그룹들에 비해 자연 선택될 수 있는 가능성도 인정한다. 하지만 그들은 그보다는 수신자에게 혜택을 제공하는 신호의 홍보 효율성이 높다는 것과 발신자의 협동적 자질이 신호로서 수신자들에게 더 선호될 가능성에 방점을 둔다. 즉 관찰자들은 자신들에게 부가적인 이득을 제공하는 신호에 더 끌릴 것이므로 협동적인 신호가 중립적이거나 해로운 신호에 비해 홍보 효율성이 더 크다는 것이다. 또한 집단의 구성원들이 발신자의 협동 신호에 의해 직접적인 이득을 얻을 수 있을 때 그러한 신호들이 선호된다는 것이다. 잠재적 동맹자가 중립적 신호보다는 자신에게 부가적인 이득을 줄 수 있는 자질의 신호를 선호한다는 것은 설득력이 있으며, 많은 경우 집단에 이득을 주는 신호가 그런 신호일 확률이 높다. 즉 이타주의라기보다는 상호주의라고 할 수 있으며, 이러한 설명은 호혜적 이타주의와 강항 호혜성 이론에 대한 대안이 될 수 있을 것이다.

6.3. 문화적 집단 선택론과 유전자–문화 공진화론

호혜적 이타주의 이론과 비싼 신호론만으로는 인간만의 협동 패턴이 진화해 온 모습을 충분히 설명하지 못한다는 생각을 가진 일군의 학자들은 문화를 중요한 변수로 채택한 이론을 발전시키고 있다. 앞의 두 이론은 협동의 진화에 있어 자연 선택이 개체 단위에서 이루어진다고 보는 개체 선택론에 기반하는 데 반해, 문화적 집단 선택론은 문화 때문에 집단 단위의 선택에 의한 협동의 진화가 가능하다는 점에 주목하는 대안적 이론이다. 문화적 집단 선택론에는 유전자-문화 공진화론이 수반되는데 이는 인간의 협동 행동을 유전적 진화와 문화적 진화의 상호 작용의 산물로서 설명하는 이론이다. 여기서는 먼저 문화적 집단 선택론을 전체적으로 살펴본 후, 유전자-문화 공진화론을 따로 떼어내어 검토해 보겠다.

문화적 집단 선택론을 살펴보기 전에 유전적 집단 선택론부터 알아보기로 하자. 자연 선택의 단위가 집단이라는 생각은 진화론의 창시자인 다윈으로 거슬러 올라간다. 기본적으로 다윈은 개체주의자였지만, 자연에서 종종 관찰되는 자기 희생적인 이타 행위에 대해서는 집단주의적 해석을 부여하기도 했다. 예를 들면 다윈(Darwin, 1871)은 『인간의 유래』에서 "애국심, 충성심, 복종심, 용기, 동정심 등을 소유하여 부족 내의 다른 이들을 돕고 공동의 선을 위해 자신을 희생하는 사람들이 많은 부족일수록 다른 부족을 압도하게 될 것이다."라고 하였다. 이는 한마디로 집단을 위해 개인이 희생하는 방식으로 도덕성이 진화한다는 유전적 집단 선택론이다. 유전적 집단 선택론은 '이기적 유전자'(Dawkins, 1976)의 냉철한 논리보다 감정적 호소력이 있어 지금도 수많은 일반인들이 '종의 보존을 위하여'라는 논리를 쉽게 받아들인다. 심지어 노벨 생리 및 의학상을 받은 대학자 콘라트 로렌츠도 집단 선택론에 입각한 관점을 가졌다. 그는 저서 『공격성에 대하여(On Aggression)』(Lorenz, 1966)에서 맹수들이 목숨을 빼앗을 정도로 싸우지는 않는 이유는 그렇게 싸우는 개체들의 집단이 살아남을 수 없기 때문에 스스로 자제하는 방향으로 진화했기 때문이라는 설명을 제시한 바 있다.

그러나 이러한 유전적 집단 선택론은 1960년대 이후 강력한 비판을 받았다. 비판받은 이론적 오류의 핵심은 자연 선택에 의한 진화 과정에서, 자신의 비용을 들여 타 개체의 적합도를 향상시키는 유전적 특질은 집단 내에서 그 빈도가 감소한다는 것이다. 다른 개체를 위해 이타적 행위를 하는 개체는 그

비용 때문에 생존과 번식이 힘들어 적합도가 낮아지고, 이타적 행위를 받기
만 한 이기적 개체는 생존과 번식을 더 잘 할 수 있어 적합도가 높아진다. 또
한 집단을 위해 존재하는 형질들은 이기적인 형질을 가진 돌연변이가 나타
나거나 이기적인 외부 개체가 침입하면 아주 빠른 속도로 대체되므로 진화
가 불가능하다는 문제점이 있다. (Williams, 1972; Maynard-Smith, 1964; Dawkins,
1976). 유전적 집단 선택론에 관한 1960년대의 논쟁이 일단락지어진 이후, 집
단 선택이 이론적으로 불가능한 것은 아닐 수 있어도 그 발생 조건이 매우 제
한적이므로 유전자 진화의 주요 단위는 집단이 아니라 개체라는 '개체 선택
론'이 주도권을 잡았다.

　　그러나 윌슨과 소버(Wilson and Sober, 1994)는 유전적 집단 선택이 이론적
으로 가능하다면서 업그레이드된 이론인 다중 수준 선택(multiselection) 이
론을 주장하였다. 그 이후 유전적 집단 선택론은 '개체들이 자원의 과도
한 이용을 막기 위해 스스로 개체군의 크기를 조절한다.'는 윈-에드워즈
(Wynne-Edwards, 1962)의 '순진한' 집단 선택론 수준을 탈피하여 점점 더 정
교한 이론으로 발전하고 있다. 진화론에서의 이러한 전환은 개개의 유기체
가 오랜 옛날에는 사회적 집단이었다는 사실(Maynard-Smith and Szathmáry,
1995)의 발견과 유사한 시기에 일어났다. 이 발견은 완전히 통합되어 그들끼
리 더 높은 수준의 조직을 이루는 집단 및 공생 공동체들에 의해서도 진화가
일어날 수 있다는 것을 말해 준다. 즉 자연 선택은 집단 내에서, 그리고 집단
사이에서도 일어난다는 것이다. 또한 자연 선택의 층위들 사이의 균형 또한
스스로 진화하며, 집단 내에서의 자연 선택이 억압되고 집단 사이의 선택이
변화의 지배적인 힘이 될 때에는 아주 큰 진화적 변화가 일어난다. (Wilson,
2007) 다중 수준 선택론을 주창한 데이비드 윌슨과 사회 생물학의 창시자이
자 『통섭』의 저자인 에드워드 윌슨은 「사회 생물학의 이론적 기초를 다시 생
각한다(Rethinking the theoretical foundation of sociobiology)」(Wilson and Wilson,
2007)라는 논문에서 "다윈에 따르면 자연 선택은 생물학적 위계의 한 수준

이상에서 일어난다. 이기적인 개인은 집단 내에서 이타주의자들과의 경쟁에서 이기지만, 이타적인 집단은 이기적인 집단과의 경쟁에서 이긴다."라고 썼다. 이들은 진화, 적어도 사회성의 진화에는 유전자나 개체보다 집단 수준의 선택이 훨씬 더 중요했다고 주장하였다. 하지만 이들의 이론이 인간 이타주의의 진화 연구에 아직은 중요한 영향을 미치고 있다고 보기는 어렵다. 일단 다중 수준 선택 이론에서는 선택의 단위 논쟁에서 핵심이 되는 '집단'의 정의를 크게 변경시켰기 때문에, 이 이론을 집단 간 적합도 차이에 의해 선택이 발생했을 때 집단이 선택 단위가 되었다고 보는 전통적인 의미의 집단 선택론이라고 하기 어렵게 되었다. 또한 매우 이론적인 논의로서 실제 경험적 협동 연구에서의 적용 가능성도 몹시 의문시되고 있는 상황이다.

실제로 집단 선택에 의한 이타주의의 진화는 몹시 제한적인 조건에서만 가능하다. 즉 이주가 제한된 소규모의 집단이 서로 경쟁하는 상황에서만 이론적으로 가능한데, 이는 실제 자연에서는 구현되기 어렵다. 이러한 난관을 극복하기 위해 최근 일부 학자들은 새로운 형태의 집단 선택론인 문화적 집단 선택론을 통해 소위 강한 호혜성과 대규모 협동의 진화를 설명하고자 시도하고 있다. 이들은 진화된 인간의 사회적 학습 능력의 산물인 문화가 집단 내에서는 세대 간에 안정적으로 전달되는 한편, 집단 간의 차이는 유지시키므로 집단을 선택의 단위로 만들 수 있다고 주장하면서 새로운 형태의 집단 선택론인 문화적 집단 선택론을 주장하였다. (Fehr et al., 2002) 문화적 집단 선택론자들은 인간의 강한 호혜성은 수렵 채집기인 홍적세 말기에서 농경을 시작한 충적세 초기에 높은 수준에 달했던 집단 간 경쟁에 의해서 발생하고 널리 퍼지게 되어 지금은 보편적인 인간의 특질로서 자리 잡게 되었다고 본다. (Bowles, 2009)

이러한 문화적 집단 선택론은 유전자-문화 공진화론과 밀접하게 관련되어 있다. 강한 호혜성을 장려하는 규범이 한 사회의 문화로서 자리 잡게 되면 이타주의적 유전자가 그 집단 내에서 선택될 수 있는 조건이 만들어지기 때문이다. 유전자-문화 공진화론은 원래 캠벨(Campbell, 1965), 펠드멘과 카발리스포르차(Feldman and Cavalli-Sjorza, 1976; Cavalli-Sjorza and Feldman, 1981), 럼스던과 에드워드 윌슨(Lumsden and Wilson, 1981) 등에 의해 제기되었지만 이후에 공진화론을 인간의 협동 진화 연구에 적용하여 발전시킨 사람들은 문화적 집단 선택론자들이다. (Boyd and Richerdson, 1985) 특히 보이드와 리처슨은 문화적 진화와 유전적 진화의 관계에 대한 이론과 사회적 학습의 진화에 대한 수학적 모델을 제시하였다. 유전자-문화 공진화론에서 문화는 사회적 학습을 통해 획득되는 정보와 행동으로 정의되며, 자연 선택 과정을 통해 진화한다. 인간은 문화로 인해 복잡한 적응을 빠르게 축적하며 이것이 유전자의 진화 방향에도 영향을 줄 수 있다. 이렇게 유전자와 문화가 공진화하기 때문에 집단 간의 문화적 변이의 양이 급진적으로 증가했으며, 특히 집단 간의 경쟁에서 성공을 증진시키는 문화적 특질이 누적적으로 진화했다고 볼 수 있다. 상대적으로 크고 협동적이며 결속력이 강한 집단은 다른 집단과의 경쟁에서 승리하므로, 협동적이고 집단을 우선시하는 규범 및 그러한 규범이 잘 지켜지도록 하는 보상과 처벌의 체계는 선택되고 다른 집단으로 전달될 것이다.

이렇게 보상과 처벌의 체계에 의해 친사회적인 규범이 강요되는 사회 환경에서는 각 개인들이 보상을 얻고 처벌은 회피하도록 하는 심리적 성향이 선택될 수 있다. 따라서 사람들은 충성심을 요구하고, 결속력이 강하며, 문화적으로 독특하고, 상징적으로 구분된 집단에 소속되려는 심리를 선호할 것이다. 이 심리를 '부족 본능(tribal instinct)'이라 할 수 있는데, 이 덕분에 상징적인 표지를 공유하는 사람들 혹은 부족과 같은 큰 단위로 협동하게 되었을 것이다. 그 결과 인간은 혈연 관계가 없는 사람들로 이루어진 상당한 크기의 문화적으로 정의된 집단에서 긴밀하게 협동할 수 있다는 것이 이 이론의 핵심이다. (리처슨, 보이드, 2009) 이 이론은 아직 시작 단계에 있으므로 거시적인 설명만 제공할 수 있지만, 지금까지 인간의 특질을 문화 또는 유전자로만 설명하려던 이분법에서 벗어나 통합적인 설명을 제공한다는 이점을 갖고 있다. 그러나 음식 공유에서 나타나는 것과 같은 구체적인 현상들을 설명하기 위해서는 더 세부적인 이론적 발전이 필요하다.

문화적 집단 선택론과 이에 따르는 유전자-문화 공진화론은 다른 동물들에서는 찾아볼 수 없는 문화라는 요인이 개체 선택의 속도를 낮추고 집단 선택의 효과를 크게 해 주었으며, 결국에는 인간만의 특질을 만들어 냈다고 설명한다는 점에서 설득력이 있다. 이 이론은 수학적으로도 증명되었는데, 보울스(Bowles, 2000)는 인간의 관습, 제도 등이 자연 선택의 압력을 줄임으로써 일종의 틈새(niche)를 만들고 따라서 이타적인 집단을 만드는 역할을 해 왔을 수도 있음을 밝혀냈다. 관습, 제도 등 문화에 기반한 접근은 사회적 학습을 통해 행동 규범을 만들고 전파하는 인간의 능력을 적극 이용한다. 문화적 집단 선택에 대한 최근의 이론적 모델(Boyd et al., 2003)과 앞에서 살펴본 유전자-문화 공진화 모델은 규범과 제도가 처벌에 의해 유지되었으며 결정적으로 이타적 특질에 반하는 집단 내 선택을 약화시켰다는 생각에 기반한다. 비협력자, 그리고 규범을 어긴 자를 처벌하지 않은 자에 대한 처벌이 가능하다면 처벌은 진화하고 더 큰 집단에서의 협동이 유지될 수 있다. 협동은 모방되며, 집단 내에서 협동이 널리 퍼져 있다면 이타적 처벌자는 처벌하지 않는 순수한 협력자에 비해 집단 내 불이익이 아주 작거나 거의 없다. 이런 식으로 어떤 특성이 집단 전체에 혜택을 줄 때 그 특성을 가진 개인을 더 많이 둔 집단이 그렇지 않은 집단보다 더 성공적이라면 집단 선택이 가능하다. 단, 집단 선택이 유효하려면 집단 내 차이보다 집단 간 차이가 더 크고 이 전략이 계속 다른 집단으로 전파되어 나갈 수 있어야 한다.

게임 실험 결과, 이전 게임에 참가했던 경기자로부터 충고를 받을 경우 이타적 처벌과 이타적 보상이 증가하는 것으로 밝혀졌다. (Schotter, 2003) 이러한 충고를 문화적 규범으로 볼 수 있는데, 문화적 규범의 역할에 대한 가장 강력한 증거는 역시 15개 소규모 사회에서의 실험에서 얻을 수 있다. 이 실험은 최후 통첩 게임에서 제안자와 응답자의 행동이 사회마다 차이가 있다는 사실을 결정적으로 보여 준다. 탄자니아의 핫자와 같은 몇몇 부족은 상당한 양의 이타적 처벌을 보여 주는 반면, 페루의 마치겡가는 공정한 나눔에 대해 거의 신경 쓰지 않았다. 이런 점들을 고려하면 문화적 힘이 인간의 이타성에 상당한 영향을 준다는 결론을 내릴 수 있다.

문화적 집단 선택에 대한 실증적 증거도 있다. 이타적 협동과 이타적 처벌 양쪽을 지지하는 강한 문화적 요소는 인간 사회 모든 곳에서 다양하게 발견된다. 소규모 채집 사회에는 집단 간 갈등과 전쟁이 널리 퍼져 있는데, 이긴 집단은 그 집단의 문화적 규범과 제도를 진 집단에 강요함으로써 진 집단을 문화적으로 멸종시킨다. (Fehr and Ficshbacher, 2003) 즉 협동을 증진시키는 사회는 다른 사회들과의 경쟁에서 이기고 개개인은 성공적인 집단의 행동을 모방함으로써 이긴 집단의 규범과 제도가 선택된다고 볼 수 있다. 이것은 집단에 이득을 주는 문화적 실천이 전파되는 현상을 설명한다. 협동을 증진시키는 제도들이 없는 사회에서는 개인의 타고난 자질, 즉 표현형의 변이에 의해 개개인의 성공 여부가 좌우되지만, 협동 제도가 있는 사회에서는 협동을 통해 상대적으로 비슷하게 성공할 수 있다. 다시 말하면, 집단 내의 유전자적 선택이 약화된다고 할 수 있다. 예를 들어 일부일처제라는 제도가 없는 사회에서는 가장 강하거나 가장 부유한 남자가 가장 많은 아내를 맞아들임으로써 가장 많은 자손을 남기게 되며, 약하거나 가난한 남자는 자손을 남기지 못하게 되어 개개인의 번식 성공도 차이가 커진다. 그러나 일부일처제라는 협동 제도가 있으면 가장 강한 남자와 약한 남자 사이의 번식 성공도는 큰 차이가 나지 않고 따라서 이 집단 내의 유전자적 선택이 약화된다. 수많은 수렵 채집 사회에서 발견되는 음식 공유 규범을 비롯한 다양한 협동 제도들도 마찬가지 역할을 한다. 따라서 이러한 제도들은 생물학적 진화와 문화적 변화 과정의 방향과 속도를 바꿀 수 있는 환경이 된다. 즉 집단 내 표현형 변이를 줄이는 사회 제도가 진화적 성공을 거둔 것은 이러한 장치가 집단 전체에 이득을 가져오는 개인적 특질을 가진 소수 개체를 자연 선택에 의한 도태에서 보호해 주었기 때문으로 설명할 수 있을 것이다. (Gintis et al., 2005)

보이드와 동료들(Boyd et al., 2003)은 시뮬레이션을 통해 이러한 집단 선택은 이타적 협동을 훨씬 더 넓은 범위의 조건에서 유지시킴을 보여 준다. 특히 처벌을 첨가하면 상당한 수준의 협동을 더 큰 집단에서 유지시킬 수 있으며 집단 선택이 대규모 그룹에서 이타주의적 처벌의 진화를 이끌 수 있다는 것을 보여 준다. 이타적 처벌이 흔한 집단에서는 배반자들이 배제되며 이것은 그렇지 않은 집단과 협동 수준의 차이를 유발한다. 게다가 이런 집단에서 처벌자는 비용이 크게 들지 않으므로 이타적 처벌자는 아주 천천히 감소하게 된다.

지금까지의 논의들을 살펴보면 문화적 집단 선택이 인간의 이타주의의 진화에 중요한 역할을 했을 가능성을 알 수 있다. 그럼에도 불구하고 문화적 집단 선택 이론은 그것이 실제로 입증한 것보다 더 큰 주목을 받아 왔는데, 그 이유는 집단 선택론적 요소를 도입해야 인간 협동의 양상을 보다 쉽게 설명할 수 있다는 현실적 요구, 그리고 집단 선택적 사고에 쉽게 빠지는 심리적 속성 때문으로 보인다. 요즘은 과연 인간이 일부 학자들이 주장하는 만큼 강한 호혜자인지 또는 관찰된 소위 강한 호혜적 행동이 특별한 설명을 필요로 하는 현상인지에 대한 근본적인 의문도 제기되고 있다. (Sterelny, 2012) 문화적 집단 선택론은 내부에 유전자-문화 공진화론의 요소를 포괄하고 있으므로, 이 이론에 따르면 강한 호혜성의 진화 과정에는 문화적 선택뿐만이 아니라 유전적 선택도 발생했다고 보아야 한다. 그렇다면 현생 집단 간에 관찰되는 강한 호혜성의 변이는 어느 정도는 집단 간 유전적 차이에 의해 발생하고 있다는 것이 된다. 이런 입장에는 상당한 논쟁을 불러일으킬 소지가 있으므로 장차 제기될 수 있는 이러한 논쟁에 대해 대응할 수 있어야 할 것으로 보인다.

7. 나가며: 인간 협동성에 대한 진화적 이해의 적용

2009년도 노벨 경제학상을 수상한 엘리노어 오스트롬(Elinor Ostrom)의 가장 큰 업적은 인간의 본성을 무시해 온 학자들과 행정가들에게 도전했다는 점이다. 그는 지금까지 인간이 만든 현실을 '공유재의 비극'이나 '죄수의 딜레마' 등으로 지나치게 일반화시키고 중앙 집권화와 사유화라는 정책을 처방해 온 것이 문제라고 생각했다. 오스트롬은 공공재를 관리하는 프로그램 중 지역 공동체의 관리와 정부의 규제가 균형 잡힌 방안들은 자원을 효율적으로 보존하고 평등하게 분배를 해 왔지만, 인센티브 모델에 기반한 공공 우물 자원 정책은 종종 실패해 왔음을 보여 주었다. 국가가 공유재 자원을 보존하기 위해 벌금과 보조금을 이용하면 공공재의 과용은 오히려 증가한다. 이것은 자발적으로 공동체가 규제하는 체제가 상대적으로 비효율적인 공식적인 정부 제재 앞에서 붕괴되기 때문이다. (오스트롬, 2010) 사람들이 자발적으로 어떤 활동에 참가할 때 활동의 수준을 증가시키기 위해 경제적 인센티브가 더해지면 활동 수준이 실제로는 낮아져 버리는 경우가 많은데, 이 현상을 '밀어내기(crowding out)'라고 한다. 자발적 협동과 이타적 처벌이 밀려나는 현상은 명백한 물질적 인센티브가 적용되어 강한 호혜성의 작동될 수 있는 조건이 제거될 때 일어난다. 경제적 인센티브에 반응하는 기부자의 수가 실망한 자발적 기부자들의 수를 상쇄한 것보다 더 크기 때문이다.

따라서 특권과 물질적 보상이라는 구조로 뒷받침되고 있는 현재의 제도들은 질적인 상호 작용을 가능하게 하는 공동체의 통치력을 제한하고 있다고 볼 수 있다. 그러므로 안정적으로 공공재를 공급하기 위해서는 법과 공공 정책에 강한 호혜성을 도입하는 것이 필요하다. 사람들은 타인들도 그렇게 할 것이라고 믿을 때에만 공공재에 자발적으로 기여하기 때문이다. 과시적 벌금과 보조금은 사람들에게 다른 사람들이 사회적 공공재에 자발적으로 기여하는지를 의심하게 함으로써 집합 행동의 문제를 개선하기보다는 오히려 악화시키는 경우가 많다. 동료 시민들도 공정한 분량만큼 기여할 것이라고 믿는 신뢰를 증진시키는 것은 집합 행동의 문제를 풀 수 있는 잠재적 대안일 것이다. (Kahan, 2005)

인간 관계에는 타인을 희생시키고 자신의 이득만 추구하는 배타적 이기주의 전략, 서로의 이득을 추구하는 윈윈(win-win) 전략, 남의 이득만을 추구하는 이타주의 전략 세 가지가 있다고 볼 때, 강한 호혜성을 현명하게 이용하는 것은 윈윈 전략을 제도화하여 더 살기 좋은 세상을 만드는 한 가지 방법이다. 또한 우리가 반복적으로 상호 작용하여 평판이 만들어지는 상황에서 조건부 협력자이자 이타적 처벌자라는 것은 더 나은 세상을 만들 수 있는 법과 정책의 단단한 기반이 될 수 있다. 인간의 협동 심리의 진화적 기원에 관한 연구는 여러 학문들이 참여하는 학제간 연구로서 사회 과학의 기초를 다시 쌓아 올리는 시각을 제공할 뿐 아니라 현실 세계를 바꾸는 실천의 기초가 될 수도 있다는 점에서 아주 흥미롭고 중요하다고 하겠다.

이민영(서울 대학교 인류학과 박사 과정)

박순영(서울 대학교 인류학과 교수)

8장 문화의 자율성을 넘어서

진화 심리학과 행위자 연결망 이론의 관점에서 본 문화

1. 서론

자연과 문화, 과학과 사회, 사실과 가치의 이분법과 분할은 이론적으로나 실천적으로 설득력을 상실하고 있다. 학문적으로 '통섭', '통합' 및 '융합'과 같은 용어들의 범람은 자연과 문화에 대한 이분법적 사고의 이론적 정당성의 유효 기간이 만료되었음을 알리고 있는 것처럼 보인다. 다른 한편으로 생태 위기와 '인류세(anthropocene)'에 관한 논의는 사회로부터 분리된 자연, 그리고 자연과 무관한 사회 및 문화라는 생각 모두의 현실적이고 실천적인 한계를 여실히 보여 준다고 하겠다. 문제는 우리가 살고 있는 시대와 세계에서 이와 같은 이분법이 더 이상 유효하지 않다는 점을 부정하기는 힘들어 보이지만, 자연과 문화 사이의 분할을 대체할 수 있는 대안에 관해서는 명확한 합의가 존재하지는 않는다는 점이다. 이 글에서는 이와 같은 분할과 이분법의 모델에 대한 대안으로 제시되고 있는 진화 심리학과 행위자 연결망 이론(Actor-Network-Theory)을 비교할 것이다. 양자는 각각 자연 과학과 사회 과학을 이론적인 배경으로 삼으면서 자연과 문화에 대한 이분법적 접근에 대한 설득력 있는 대안을 제시하고 있는 학문적 입장이라고 평가할 수 있다. 특히 여기서는 두 이론의 여러 가지 특징들 중에서 '문화'를 다루는 방식을 비교하고 분석하려 한다. 왜냐하면 자연과 문화의 분할 및 이분법을 둘러싼 중요한 쟁점들은 바로 문화 개념의 재정의와 재구성 과정에서 보다 명확하게 드러나기 때문이다. 이와 같은 비교는 우선적으로 진화 심리학과 행위자 연결망 이론이 어떻게 문화의 내용을 정의하는가 하는 질문에서 출발할 수밖에 없다. 그러나 문화에 대한 이 이론들의 개념 정의 자체가 자연과 문화를 분할하는 기존의 단절과 경계의 면을 가로지르는 지적 활동이기 때문에 자연과 문화 양자의 관계라는 형식적 측면에 대한 논의는 불가피하다.

이 글은 우선 진화 심리학의 문화 개념에 대해 검토한다. 다만 진화 심리학은 문화의 내용 자체보다는 문화의 생성의 진화론적 토대의 문제에 상대적으로 집중을 하기 때문에 여타의 진화 과학과 통섭의 관점에서 문화와 사회 및 사회 과학을 규정하는 방식 또한 폭넓은 의미에서의 진화 심리학의 문화 개념에 포함시킬 것이다. 본문의 후반부에서는 행위자 연결망 이론이 자연과 문화의 관계를 설명하고 묘사하는 방식을 다룬다. 사실 행위자 연결망 이론은 진화 심리학과 같은 정도의 주목을 받거나 공식적인 학문 분과로 제도화되었다고 할 수 없다. 행위자 연결망 이론 진영 내부에서조차 행위자 연결망 이론의 정의에 관한 합의가 이루어져 있다고 보기도 어려운 것이 사실이다. (홍성욱, 2010) 따라서 이 글에서는 행위자 연결망 이론 진영의 대표적 이론가인 프랑스 사회 과학자 브뤼노 라투르(Bruno Latour)의 이론을 주로 참조할 것이다. 진화 심리학과 행위자 연결망 이론은 공히 자연-문화의 분할, 혹은 자연적 인과율로부터 자율적인 문화라는 생각을 문제시하지만 그 대안과 결론에서는 매우 다른 입장을 표명한다. 이러한 입장 차이는 어느 한쪽이 다른 쪽을 비판하고 대체할 수 있는 근거로 이해되기보다는 양자 사이의 보다 생산적인 논의와 논쟁을 위한 토대로 받아들여지는 것이 보다 바람직할 것이다.

2. 진화 심리학의 관점에서 본 문화

2.1. 문화의 생성과 그 진화론적 토대

물리학과 화학, 그리고 생물학적 인과 관계와는 무관하거나 이로부터 자율적인 문화라는 근대 사회 과학의 핵심 전제에 대한 공격은 진화 과학의 문화 영역으로의 영토 확장의 출발점이며, 특히 진화 심리학의 가장 중요한 목표이다. 진화 심리학은 인지 과학과 진화 생물학의 종합으로서, 인간의 마음은 적응, 혹은 선택이라는 진화의 원리에 따라 특정하게 구조화된 컴퓨터라고 본다. (Cosmides & Tooby, 1992) 진화에 의해 특정한 구조로 설계된 인간의 마음은 문화나 사회와 같이 자연으로부터 분리된 것으로 인식되어 온 인간에 고유한 현상을 그 진정한 토대인 생물학적 인과 관계와 연결시켜 주는 고리의 역할을 한다. 그리고 이러한 관점에서 볼 때, 자연으로부터 자율적인 문화 개념과 이를 전제로 한 사회 과학 및 문화 인류학 등은 다음의 이유에서 기각되거나 최소한 근본적인 수준에서 재검토되어야 한다는 것이다.

첫째, 적응은 특정한 문제를 해결하기 위한 기제를 선택하기 때문에 이른바 표준 사회 과학 모델(Standard Social Science Model, SSSM)이나 '빈 서판(blank slate)'과 같이 어떤 문제에든 적용될 수 있는 일반 목적(범용)의 기제는 진화론의 가정과 양립할 수 없다. 이런 점에서 진화 심리학은 진화 생물학의 설명 방식을 기계적으로 문화에 적용하려는 생물학적인 결정주의적이고 환원주의적 설명 방식을 피하려 한다. 오히려 진화 생물학의 가정과 양립할 수 있고, 이 가정과 일관된 문화의 개념과 인과 관계를 정립하려는 시도라고 할수 있다. 이런 관점에서 인간 문화의 다양성은 무시되는 것이 아니라 진화 과학의 토대 위에서 설명될 수 있다는 것이다. 인간의 문화적이고 사회적인 행태의 다양성은 "인간의 마음이 진화된 구조의 풍부한 내용을 결여한 사회적 산물이고 빈 서판이며 외부로부터 프로그래밍된 범용(general-purpose) 컴퓨

터"라는 사실에서 기인하는 것이 아니라 "다른 사람들로부터 의도적으로든
그렇지 않든 간에 제공된 정보를 포함한 세계로부터의 정보를 사용하고 처
리하는 기능적 프로그램들의 극도로 복잡하고 우연적인 집합"이기 때문이
라는 것이다. (Cosmides & Tooby, 1992, 24쪽)

둘째, 인간의 마음은 특정한 문제 해결을 위한 기제들의 집합이기 때문에
문화란 이러한 마음의 구조를 토대로 하여 생성되며, 따라서 인간의 문화나
사회가 인간의 사고 방식이나 행동의 유의미한 모든 내용을 제공한다고 주
장하는 사회화와 학습의 우선성이라는 가설은 기각되어야 한다. 스티븐 핑
커(Steven Pinker)의 말을 빌리면, "학습에 의해 마음의 복잡성이 생겨나는 것
이 아니라 마음의 복잡성에 의해 학습이 생겨났다."는 것이다. (Pinker, 1994)

셋째, 진화 심리학이 토대로 삼고 있는 진화론의 엄격하게 적응주의적인
해석에 따르면 적응과 선택의 단위와 수준은 모두 개체이므로 개인으로부
터 자율적인 집단적이고 공동체 수준에서의 문화라는 추상적인 존재는 인
정될 수 없다. (Cosmides & Tooby, 1992)

마지막으로 이와 같은 문화의 내적 동질성과 외적 차이에 기반한 문화 상
대주의 또한 진화 심리학의 문화 개념의 주된 비판의 대상이 된다. 진화 심리
학이 문화 상대주의를 비판하고 기각할 때, 문화적 차이나 다양성 자체를 부
정하지는 않는다는 점에 유의할 필요가 있다. 입장의 차이가 있겠지만 진화
심리학의 진영은 공통적으로 보편적 자연과는 무관하게 무한정으로 허용되
는 상대주의에 대해서는 근거가 없다고 기각하면서도 일정 정도의 문화적
차이는 보편적 자연, 특히 적응의 결과인 인간 마음의 특정한 구조를 토대로
충분히 인정되고 설명될 수 있다는 입장을 견지한다. 코스미디스와 투비는
잘 알려진 주크박스(jukebox)의 비유를 통해 이를 설명하려 한다.

> 외계인들이 지구상의 모든 인간을 수천 곡의 노래를 재생할 수 있는 최신
> 식 CD 주크박스로 대체했다고 상상해 보라. 모든 주크박스는 동일하다. 더

구나 각각의 주크박스에는 시계가 있고, 위도와 경도를 측정할 수 있는 자동 항법 장치, 그리고 자신의 위치, 시간, 날짜에 따라 재생할 노래를 선택할 수 있는 회로가 장착되어 있다. 우리의 외계인이 관찰하게 될 것은 인간들 사이에서 볼 수 있는 집단 내 유사성과 집단 간의 차이의 동일한 종류의 패턴일 것이다. …… 이와 같이 분명하게 문화와 유사한 패턴의 생성은 어떤 종류의 사회적 학습과 전달 없이 일어난다. 이러한 패턴이 초래되는 이유는 이 주크박스가 인간과 마찬가지로 (1) 보편적이고 고도로 조직화된 구조를 공유하며 (2) 지역적 상황(예를 들어 날짜, 시간, 위치)으로부터의 입력에 반응하도록 설계되었기 때문이다. (Cosmides & Tooby, 1992, 115~116쪽)

다시 말해서 인간 본성이 진화의 과정에서 특정하게 구조화("최신식 CD 주크박스")되었고, 이러한 구조가 인간에게 있어서 보편적인 마음의 구조라고 하더라도 구체적인 환경과의 관계("날짜, 시간, 위치")에 따라 이 마음은 특정 문화 집단 내의 유사성(패턴)과 문화 집단 간의 차이 모두를 생성시킬 수 있다는 것이다. 핑커는 이러한 입장에서 더 나아가 단지 문화적 다양성을 보편적인 인간 마음의 특정한 구조에 의해 설명하는 데 그치지 않고, 문화적 상대주의가 전제하는 문화 간의 동등성의 전제 또한 공격한다. (핑커, 2004) 말하자면 근대 서구 문명과 같이 "문명을 이룩한 문화"와 그렇지 못한 문화를 동등하다고 간주하는 것은 문화 상대주의의 심각한 병폐의 결과이며 이는 어떤 방식으로든 정당화될 수 없다는 것이다.

진화 심리학의 문화에 대한 설명은 주로 문화 자체보다는 문화의 생성과 기원의 진화론적 토대에 그 설명의 초점이 맞춰진 경향을 보여 준다. 그러다 보니 문화가 변화하고 진화한다는 사실을 부정하거나 거부하지는 않지만 이러한 측면을 설명하는 데 충분한 노력을 기울이지는 않았던 것처럼 보인다. 따라서 문화의 기원이 아닌 문화의 진화 자체는 진화 과학의 다른 분야가 설명해야 하는 과제로 남겨진다.

2.2. 문화의 진화

진화 심리학이 주로 문화의 생성과 기원의 진화 과학적 토대를 제공하고
자 했다면 여기서 검토할 진화 과학의 문화 이론들은 주로 문화의 전파·전
달의 문제, 그리고 문화적 표상(cultural representation)의 선택과 증식의 문제
를 설명하는 데 주력한다. 즉 '어떻게 특정한 문화적 표상은 다른 문화적 표
상보다 더 많은 인구로 전파될 수 있는가?' 하는 질문이 핵심적이다. 문화의
진화에 관한 이론은 크게 윌슨을 중심으로 구축된 공진화 이론과 도킨스의
밈(meme) 가설을 출발점으로 삼는 진영으로 크게 나눠 볼 수 있다.

사실 문화에 대한 진화론적 설명은 진화 심리학만의 고유 영역은 아니다.
특히 앞서 보았듯이 문화 자체의 진화, 즉 문화적 표상의 전달과 선택의 문제
는 진화 심리학에서 중심적인 관심사는 아니다. 진화 과학을 사회와 문화의
영역으로 확장하려는 선구적인 시도인 사회 생물학뿐만 아니라 다윈의 진
화론에서 직간접적으로 영향을 받은 사회 진화론이나 우생학도 그 정치적
결과에도 불구하고 진화론과 생물학을 문화에까지 확장하고 적용한 중요
사례들로 간주되어야만 한다. 사회 생물학의 창시자 에드워드 윌슨은 진화
론을 자연과 사회의 칸막이 너머로 확장하려 한 최초의 정교한 사례일 것이
다. 특히 그는 찰스 럼스던(Charles J. Lumsden)과 함께 "문화 진화에서의 기본
전달 단위"로서의 "문화 유전자" 개념을 고안함으로써 유전자-문화 공진화
이론을 구축하였다. (Lumsden & Wilson, 1981) 그러나 럼스던과 윌슨의 유전
자-문화 공진화 이론은 "유전자가 문화에게 목줄을 채워 잡고 있다."라는 유
명한 표현에서 드러나듯이 결국 최종심에서 유전자가 결정하게 하는 생물학
적 결정론 내지는 환원주의라는 비판을 피해 가기 힘들게 되었다.

유전자-문화 공진화 이론의 또 다른 대표적인 사례는 카발리-스포르차
와 펠드먼의 '문화 적응도' 개념이다. (Cavalli-Sforza & Feldman, 1981) 이른바
'문화 형질'을 단위로 한 정교한 문화 전달 모형으로서의 '문화 적응도' 이론

은 세대 간의 통시적 문화 전달을 설명하는 수직적 전달뿐만 아니라 공시적 전달을 의미하는 수평적 전달의 구분을 제안하는 등의 중요한 공헌을 하였으나 문화의 전달을 다윈주의적 적응도의 연장으로 이해했다는 점에서 월슨과 럼스던의 한계를 벗어나지 못했다는 평가를 받는다. (Blackmore, 1999)

공진화 이론이 결국 생물학적 결정론과 환원주의의 한계를 벗어나지 못했다면, 리처드 도킨스의 밈 가설은 진화 과학의 입장에서 문화를 설명하려 하면서도, 다시 말해 문화의 고유성을 한편으로는 자연주의적 설명으로 환원하면서도, 다른 한편으로는 이러한 단순한 자연주의적 설명의 나머지로 남겨두는 이중의 방식을 극복하려 한 최초의 시도라고 할 수 있다. 도킨스는 자신의 대표 저작인 『이기적 유전자(The Selfish Gene)』의 후반부에서 이 가설을 처음으로 제시한다.

> 새로이 등장한 자기 복제자에게도 이름이 필요한데, 그 이름으로는 문화 전달의 단위 또는 모방의 단위라는 개념을 담고 있는 명사가 적당할 것이다. 이에 알맞은 그리스 어 어근으로부터 'mimeme'이라는 말을 만들 수 있는데, 내가 원하는 것은 'gene(유전자)'이라는 단어와 발음이 유사한 단음절의 단어다. 그러기 위해서는 위의 단어를 meme으로 줄이고자 하는데, 이 단어가 'memory', 또는 프랑스 어 'même'이라는 단어와 관련 있는 것으로 생각할 수도 있다. 이 단어의 모음은 'cream'의 모음과 같이 발음해야 한다. …… 밈의 예에는 곡조, 사상, 표어, 의복의 유행, 단지 만드는 법, 아치 건조법 등이 있다. (도킨스, 2010, 322~323쪽)

도킨스가 밈 가설을 제기한 동기에는 한편으로는 인간이 보편적인 진화의 법칙에 지배를 받는 '생존 기계'인 동시에 특수한 종으로서의 고유성을 지닌다는 이중성을 이해하고자 하는 목적이 있었다. 다시 말해서 도킨스는 다윈주의가 생물학과 유전자에만 한정되기에는 너무 큰 이론이라고 생각하면서도 다른 다윈주의자들이 이른바 '생물학적 이점'을 근거로만 하여 인간 행동과 문명을 직접 설명하려는 시도에 불만을 표했다.

이러한 불만에 대한 도킨스 자신의 해결책이 바로 유전자와 동일한 원리에 의해 지배받으면서도 유전자 자체로는 환원될 수 없는 자기 복제자의 가설적 개념의 형태로 제시된 것인데, 그것이 바로 밈이다. 한편으로 유전자와 밈 모두는 동일한 원리의 지배를 받는데 그것은 바로 '모든 생명체가 자기 복제를 하는 실체의 생존율의 차이에 의해 진화한다는 법칙'이다. 하지만 밈은 결코 유전자와 동일하지 않고 구분될 수밖에 없으며 심지어 유전자와는 대립할 수도 있다는 점에서, 예를 들어 신이나 종교, 혹은 독신주의는 밈 중에서도 진화에 관해서는 부정적인 측면을 갖고 있다. 요컨대 "종교, 음식, 제식 춤 등에 생물학적인 생존 가치가 있는지는 몰라도 이들에게서 전통적인 생물학적 생존 가치를 찾을 필요는 없다. 일단 유전자가 재빠른 모방 능력을 가진 뇌를 그 생존 기계에게 만들어 주면, 밈은 자동적으로 세력을 얻을 것이다. 모방이 유전자에게 이득을 준다고 가정할 필요조차 없다. 만약 그렇다면 확실히 도움이 되기는 하겠지만 말이다. 필요한 것은 단 한 가지, 뇌가 모방할 수 있어야 된다는 것뿐이다. 그러기만 하면 밈은 그 능력을 십분 이용하면서 진화해 나갈 것이다."(도킨스, 2010, 334쪽).

그러나 도킨스 자신은 실제로 밈 가설을 제시하고 나서 이를 스스로 발전시키지는 않았다. 오히려 밈 이론은 그 이후 다른 학자들에 의해 발전되고 정교화되었다. (Blackmore, 1999; Brodie, 1995; Dennett, 1991, 1995; Dawkins, 1999; Distin, 2005) 이와 같이 전개된 밈 이론의 중요한 특징은 다음과 같이 요약할 수 있다.

첫째, 밈은 문화의 복제자인 동시에 복제의 단위이기도 하다. 그리고 이러한 복제의 단위로서 밈은 또한 서로 다른 밈들의 복합체이기도 하다. 예를 들어 대니얼 데닛(Daniel C. Dennett)이 제기하는 밈 이론의 난점을 예로 든다면 야구 모자를 쓰는 밈이 복제의 단위일 수도 있고, 또한 야구 모자를 거꾸로 쓰는 밈도 복제의 단위일 수 있는 것이며, 두 단어로 이루어진 하나의 의미의 단위가 하나의 밈일 수도 있고, 두 가지의 밈의 복합체일 수도 있는 것이다. (데닛, 2010, 122쪽)

둘째, 밈은 이기적 유전자를 위해 문화 복제의 역할을 대신하는 것이 아니며 따라서 유전자의 문화적 연장이 아니라 밈 자신을 위해 일종의 "이기적 밈(selfish meme)"으로서, '제2의 복제자'이다. (Distin, 2005) 물론 여기에는 반론도 있다. 밈은 그 자체로 이기적 유전자 이론을 전면화하고 보편화하려는 의도로 이해되면서 다른 학자들에 의해 대중화되었고 이 과정에서 다시 '생물학적 이점'에 기초한 설명으로 회귀하게 되었는데, 이는 사실은 도킨스 자신이 밈이라는 사유 실험의 장치이자 은유를 통해 방지하고자 했던 점이라는 것이다. (Burman, 2012) 따라서 도킨스의 원래의 의도와 그것이 일종의 밈으로서 복제된 결과 사이에는 중대한 간극 내지는 모순이 존재한다고 말할 수 있을지 모른다.

마지막으로 밈에 의한 복제와 전달은 세대 간에 수직적으로 전달되기도 하지만 주로 수평적으로, 즉 공시적으로 전달된다. 따라서 밈의 개념은 한 세대, 혹은 짧은 시간의 경과 동안 특정한 문화적 표상이 전달되는 방식을 연구하는 데 적용될 수 있을 것이다.

2.3. 문화의 자연주의적 설명의 문화적 차원

진화 과학, 특히 진화 심리학이 기존의 문화 개념을 비판하고 문화를 생물학의 인과론과 일관되게 설명하려는 광의의 '통섭'을 시도하게 될 때, 이 기획은 더 이상 순수하게 자연 과학의 영역에만 머물 수 없게 된다. 문화에 대한 자연주의적 설명의 시도는 환원주의와 같이 보다 일반적인 의미에서의 과학 연구 방법론의 쟁점에서부터 '통일된 지식'을 통해 진화 과학이 어떤 방식으로든 문화의 역할─가치와 믿음의 문제에서부터 궁극적으로는 학문과 문명의 진보에 이르기까지—을 대신하고 이를 직접 담당하는 문제에 이르기까지 여러 차원과 수준에서 그 고유한 문화적이고 혼합적인 성격을 드러낸다. 이 때문에 진화 과학과 진화 심리학이 시도하는 '문화에 대한 자연주의적 설명'의 문화적 차원을 이해하는 일은 어떤 의미에서는 이들이 제시하는 문화의 자연주의적 개념을 이해하는 일만큼 중요하며 결국에는 그 보다 더 중요하다고까지 말할 수 있을지 모른다.

이는 크게 두 가지 이유에서 그러한데, 우선 자연 과학이 문화에 대한 설명을 시도하게 될 때, 더 이상 학문, 혹은 과학의 외부가 남아 있지 않게 되기 때문이다. 지식의 외부의 소멸은 과학과 학문에 대해 재귀성의 원칙을 강제하게 된다. 어떤 방향에서든 자연에 관한 지식과 사회에 관한 지식의 경계를 횡단하거나 이 경계를 허물어뜨리는 일은 해당 과학에게는 분명 성취이지만 동시에 부담이기도 하다. 왜냐하면 과학 — 자연 과학이든, 사회 과학이든 — 이 자신의 구획된 영역을 넘어서 타자의 영역에 대한 지배력을 행사하게 될 때, 이 지배력, 혹은 설명력을 정당화하는 동일한 기준을 자기 자신에게도 적용하여 설명해야 하는 어려움 혹은 불확실성을 피할 수 없게 되기 때문이다. 이론의 재귀성은 사실 자연 과학의 엄격한 객관주의적 인식론의 정반대편에 있는 것으로 간주되는 과학 지식 사회학(Sociology of Scientific Knowledge, SSK)과 과학에 대한 사회학적 연구의 타당성을 강하게 주장하는 이른바 스트롱 프로그램(strong program)의 주창자인 데이비드 블루어(David Bloor)가 자연과 사회학 사이를 나누고 있는 비대칭성을 극복하기 위해 제안한 원칙들 중 하나다. 그에 따르면 재귀성의 원칙이 의미하는 바란 "과학 지식 사회학의 설명 형태는 사회학 그 자체에도 적용할 수 있어야 한다."라는 것이다. "그렇지 않으면 사회학은 자기 이론을 언제나 반박해야만 할 것"이기 때문이다.* (블루어, 2000, 58쪽)

---

*   재귀성은 흔히 '성찰성'으로 번역된다. 그러나 성찰성이라는 번역어는 반성 내지는 성찰

말하자면 과학에 대한 사회학적 연구는 이미 '이론에 관한 이론'이며 '과학에 관한 과학'이기 때문에 다른 이론과 과학을 연구하고 설명하는 방법 자체가 사실은 자기 자신에도 적용될 수 있어야만 한다는 것이며, 이것이 바로 '이론에 관한 이론'의 타당성의 기준이 된다는 것이다. 이는 주로 과학 사회학과 탈근대주의에 대해 합리주의와 계몽주의를 고수하는 측에서 과학 사회학에 대해 상대주의라는 혐의를 두고 따라서 에피메니데스의 역설, 혹은 이른바 "자기 반박성"(블루어, 2000, 72~75쪽)을 벗어날 수 없다는 비판에 대한 대응이라고 이해할 수 있을 것이다. 하지만 이와 같은 과학 사회학의 재귀성 테제는 단순히 상대주의라는 비판에 대한 대응으로만 그 의미가 한정될 수 없다. 비록 인과율의 방향이 사회학에서 과학을 향하는 과학 사회학과는 반대로 설정되고 있지만 진화 과학과 진화 심리학이 자연 과학을 토대 문화를 설명하기 시작했기 때문에 그 결과로 산출될 '통일된 지식'의 경우에서 그 지식을 산출하는 이론도 예외 없이 동일한 재귀성의 검증이라는 시험대에 올랐다고 할 수 있다.

게다가 진화 심리학에서부터 진화 과학과 사회 생물학에 이르기까지 통섭의 동맹은 이미 스스로를 지식의 통합을 순수하게 학문적인 기획으로 한정하지 않고 이를 통한 '문명의 진보의 회복'이라는 명시적으로 이데올로기적이고 문화적인 역할을 천명하고 있다. 물론 그렇다고 해서 이러한 기획을 역으로 다시 순수하게 문화적이고 이데올로기적인 어떤 것으로만 환원하는

(reflection)과 구분되는 재귀성(reflexivity)의 특정한 의미, 즉 자기와 타자 사이의 순환적 관계라는 측면을 직접적으로 나타내는 데 불충분하다고 판단된다. 재귀성은 특히 근대성의 문제와 관련하여 '재귀적 근대화(reflexive modernization)'로 개념화된다. 즉 근대화에서 관건이 되는 것은 더 이상 전근대적 과거와의 분리 및 단절이 아니라 근대화 자체의 불확실한 결과들에 대응하는 문제가 되었다는 것이다(Beck, Giddens & Lash 1994). 이제 근대화의 대상은 근대화 자신이라는 것이다. 이는 또한 산업 사회와 구분되는 '위험 사회(risk society)'의 핵심적 쟁점이기도 하다. (Beck, 1992)

오류를 범해서는 안 될 것이다. 오히려 통섭의 과학적 측면과 문화적 측면에 대한 균형 잡힌 이해와 평가가 필요할 것이다. 이런 관점에서 봤을 때 통섭의 기획 자체의 다양한 문화적 수준과 차원은 다음과 같이 요약·평가할 수 있을 것이다.

첫째, 진화 심리학의 문화 개념에 관한 정의는 기존의 문화에 대한 사회 과학적이고 인문학적인 설명이 전제로 하는 '문화의 자율성', 특히 자연 현상으로부터의 문화의 인과적 자율성에 대한 비판을 제기하는 데서 출발한다. "문화란 문화에 의해서만 설명될 수 있고, 그렇게 되어야 한다."라는 문장으로 요약될 수 있는, 자연과 문화 사이의 인과론적 단절에 대한 비판이 곧 진화 심리학의 문화 개념의 조건이 된다. 스티븐 핑커의 이른바 '빈 서판' 가설에 대한 비판도 동일한 맥락에서 이해될 수 있는데, 인간의 마음이 백지 상태라는 로크의 가설이나 그와 유사한 다른 판본인 루소의 "고귀한 야만인", 데카르트의 "기계 속의 유령" 모두는 자연과 사회의 인과론적 단절이 인간의 사회와 문화를 이해하는 데 전제가 되어야 한다는 생각을 표현하고 있다는 것이다. (핑커, 2004)

둘째, 진화 심리학과 진화 과학이 문화를 설명하려는 시도는 이른바 자연주의적 입장에 있어서는 매우 당연하게 생각할 수 있는 자연 과학의 영역의 확장, 그리고 기존의 자연과 사회에 대한 이분법적 사고에 대한 도전을 함축한다. 나아가 이러한 이분법은 자연과 문화, 비인간과 인간, 자연 과학과 사회 과학, 사실과 가치 등의 다른 판본으로 표현되어 왔지만, 본질적으로는 자연 세계와 인간 세계 사이에 연속된 인과 관계가 존재하지 않는다는 가정으로 환원될 수 있다. 에드워드 윌슨은 이러한 이분법을 극복하는 통섭의 기획이 자연과 사회 사이의 분할을 전혀 염두에 두지 않고, 특히 수학을 통해 양자가 무리 없이 통합될 수 있을 것이라고 생각한 근대 계몽주의자들의 기획의 연장선상에 있다고 본다. (윌슨, 2005) 진화 심리학 또한 진화 과학의 성과를 바탕으로 더 이상 이와 같은 칸막이가 유효하지 않다는 점을 보이려 한다는 점에서 유사한 입장을 견지한다. 지적 세계의 이분법적 질서에 대한 이러한 불만은 도킨스의 종교 비판에서도 동일하게 표출된다는 사실에 주목할 필요가 있다. 그는 지적 설계론자들보다 오히려 같은 진화 생물학자인 스티븐 제이 굴드의 이른바 NOMA(Non-overlaping magisteria, 겹치지 않는 교도권) 원칙에 보다 신랄한 비판을 가한다. 굴드의 NOMA 원칙에 따르면 과학과 종교는 각자가 관장하는 영역이 서로 전혀 중첩되지 않기 때문에 과학과 종교 간의 분쟁은 불필요한 것이다. 그러나 도킨스 등은 이와 같은 원칙이 자연과 무관한 문화라는 허구를 강화시킨다고 보면서 이를 공격한다. (Gould, 1997; 도킨스, 2007; 데닛, 2010) 결국 진화 심리학과 진화 과학은 문화가 자연으로부터 자율적이라는 생각에 대해서뿐만 아니라 자연과 문화가 분할되어 있다는 생각 자체에 맞서고 있다.

셋째, 자연과 문화 사이에 존재한다고 생각되어 온 인과 관계의 칸막이를 허물어 버리려는 진화 심리학의 관점에는 '통합적 지식(unity of knowledge)'이 가능하며 또한 바람직하다는 전제가 포함되어 있다. 즉 학문의 세계가 단일한 원리와 방법으로 통일될 수 있다는 목표가 진화 심리학과 진화 과학의 문화 영역으로의 확장 운동을 추동하고 있다고 볼 수 있다. 그런 의미에서 코스미디스와 투비는 표준 사회 과학 모델이 '통합 인과 모델(Integrated Causal Model)'로 대체되어야 한다고 주장한다. (Cosmides & Tooby, 1992) 마찬가지로 윌슨은 표준 사회 과학 모델과 유전자 결정론 사이에 버려진 "넓은 중간 지역"을 매개할 "인지 뇌과학", "인간 행동 유전학", "진화 생물학", "환경 과학"에 의해 통섭의 교량이 놓인다면 과학적 지식의 통합이 가능해질 것이라 본다. 그리고 이러한 통합의 결과는 사회 과학에 있어서의 "더 큰 예측력"의 실현이 된다. (윌슨, 2005, 335쪽)

넷째, 진화 심리학과 진화 과학의 '문화의 자율성'에 대한 비판은 또한 인류학을 비롯한 사회 과학에서 오랜 기간 지배적 담론의 위치를 유지해 온 문화 상대주의나 문화적 다양성에 대한 비판과 직결되어 있다. 요컨대, 문화적 차이를 부정하지는 않지만, 문화적 차이가 완전한 상대주의에 의해서 설명될 수 있다는 입장에 대한 공격은 진화 심리학과 진화 과학의 문화 개념의 핵심이다. 인간의 마음은 백지 상태와 같이 무한하게 유연한 어떤 것이 아니라 서로 다른 특정한 내용에 맞춰진 기능을 갖는 기제들의 집합이기 때문에 그 결과 적용된 인간의 마음이 만들어 내는 문화 또한 어떤 일관되고 보편적인 조건과 무관하게 서로 고립된 무한한 차이를 만들 수 있는 문화적 상대주의로는 결코 설명될 수 없다는 것이다. 따라서 통합적인 과학의 관건은 문화의 조건이 되는 인간의 보편적 속성에 대한 발견과 합의에 있다.

이렇게 볼 때, 문화적 상대주의에 대한 비판은 한편으로는 문명, 예를 들어 근대 과학 문명과 여타의 문화들 사이의 동등성을 인정하려는 문화 인류학에 대한 비판이자, 다른 한편으로는 사회 과학 내의 지나친 파편화와 통합성의 부재에 대한 질타이기도 하다. 전자의 측면에 관해서는 대표적으로 핑커의 언급을 살펴보는 것으로 충분하다. 그는 문화적 상대주의가 특정한 문화, 혹은 문명이 다른 문화나 문명을 정복한 역사적 사실에 대해 설명하기를 거부한다고 비판하면서 그러한 거부의 기저에는 "어떤 문화는 다른 문화보다 기술적으로 정교하다는 말이, 진보한 사회는 원시 사회보다는 낫다는 일종의 도덕적 판단으로 해석될" 것에 대한 두려움이 있다고 지적한다. 하지만 그가 보기에 "어떤 문화가 다른 문화보다 만인이 원하는 것들(가령 건강이나 안락함)을 더 잘 성취한다는 사실을 외면하기는 불가능하다." (핑커, 2004, 131쪽)

이와 같은 문화적 상대주의에 대한 비판은 윌슨의 통섭의 경우처럼 학문 간의 상대주의와 파편화에 대한 비판으로 연결되기도 한다. 그는 의학과 사회 과학의 경우를 비교하면서 의학이 통합과 협력을 통해 진보할 수 있었던 반면, 사회 과학은 그렇지 못했다는 점을 지적한다. "의학계에는 풍족한 연구비를 지원받는 수많은 연구 집단들이 있다. 그들은 전 세계에 흩어져 있는 수많은 다른 연구진들과 정보를 공유하며 지적으로 흥분하고 있다. 신경 생물학자, 미생물학자 그리고 분자 유전학자는 서로 경쟁에 몰입해 있을 때에도 서로를 이해하고 격려한다." 반면에 사회 과학에서의 협력은 여전히 미진하다. 따라서 사회 과학에서의 진보는 "정보 공유와 낙관적 전망이 부족한 상태에서 훨씬 더 천천히 진행된다. …… 심지어 진짜 발견이 이뤄져도 비정한 이데올로기 싸움 때문에 빛이 바래는 경우가 종종 있다. 대개의 경우 인류학자, 경제학자, 사회학자 그리고 정치학자는 서로를 이해하지도 격려하지도 못한다." 그리고 이러한 차이의 결정적인 원인은 해당 분야에서의 "통섭"의 유무다. "즉 의학은 통섭을 행하고 있지만 사회 과학은 그렇지 않다."는 것이다. (윌슨, 2005, 318쪽)

그럼에도 불구하고 이와 같은 진화 심리학과 진화 과학의 기획은 곧바로 환원주의로 귀결되지는 않는다. 우생학이나 사회 생물학을 둘러싸고 벌어진 생물학적 결정론과 환원주의 논쟁을 의식하지 않을 수 없기 때문에, 진화 과학을 바탕으로 문화를 재개념화해야 한다고 주장하는 과학자들은 정도의 차이는 있지만 문화의 모든 속성이 곧바로 생물의 진화를 설명하는 이론에 의해서 마찬가지 방식으로 설명될 수 있다고 주장하지는 않는다. 그들은 최소한 가장 단순하고 순진한 방식의 결정론적 환원주의를 되풀이하지 않는다는 특징을 공유하는 것처럼 보인다. 핑커는 결정론적 환원주의를 "탐욕스런" 환원주의, 혹은 "나쁜" 환원주의로 규정하고 이를 결정론적이지 않고 오히려 지식 체계의 통합을 목표로 하는 좋은 환원주의인 "계층적 환원주의"로 구분하면서 환원주의 자체를 포기하지 않아도 되는 대안을 제시하려 노력한다. 즉 바람직한 환원주의란 "한 분야의 지식을 다른 것으로 대체하는 것이 아니라, 두 분야의 지식을 연결 또는 통합한다."는 것이다. (핑커, 2005, 136쪽) 그러나 핑커와 같은 진화 심리학자들과 달리 도킨스의 밈 가설은 문화 영역에 속하는 인간의 고유성을 보다 적극적으로 받아들이는 것으로 평가되기도 한다. (Blackmore, 1999)

학문의 통합과 인간의 고유성에 대한 인정을 동시에 이루려는 진화 심리학과 진화 과학은 근대적 문화 개념이 전제로 하는 진보의 개념 또한 공세적으로 전유한다. 역사적 관점에서 봤을 때 근대적 문화 개념은 인류의 진보에 대한 신념과 불가분의 관계에 있다. (피쉬, 2010) 여기에는 진화 자체를 진보로 보는 관점에서부터 통합된 학문을 구축함으로써 지식의 진보를 가져올 수 있다는 등의 여러 입장이 포함된다. 예를 들어 도킨스는 "이 지구에서는 우리 인간만이 유일하게 이기적인 자기 복제자의 폭정에 반역할 수 있다."라고 말하면서 진화 과학의 결론과 인간의 고유성으로서의 진보의 가능성 사이에 놓인 역설을 인정하면서도 후자의 가능성("자기 복제자의 폭정에 맞선 반역")에 무게를 두는 입장을 표명한 바 있다. (도킨스, 2010, 335쪽) 이러한 논리의 연장선상에서 코스미디스와 투비는 자연과의 인과적 단절을 강조하는 기존 사회 과학의 표준 사회 과학 모델이 근대 학문의 정체 현상, 혹은 "진보의 결여"를 가져온 중요한 원인이라고 지적한다. (Cosmides & Tooby, 1992, 23쪽)

지금까지 살펴본 측면들 때문에 진화 심리학은 그것이 포함된 이른바 '제3의 문화'의 학문적, 정치적 헤게모니에 대한 추구와 결코 동떨어져 있다고 볼 수 없다. 따라서 진화 심리학과 진화 과학의 문화에 대한 재개념화는 '문화의 자율성'을 지키는 최후의 보루인 문화 연구(cultural studies)에 대한 과학자들의 공격과 밀접하게 연관되어 있다. (Zizek, 2002) 물론 그렇다고 해서 이와 같은 이데올로기적이고 정치적인 측면으로 진화 심리학과 통섭의 기획이 모두 환원될 수 있는 것은 아니다. 이러한 측면을 지적하는 것은 통섭과 같은 기획이 지닌 장점과 약점, 가능성과 한계를 재귀성이라는 보다 큰 그림에서 균형 잡힌 시각으로 보기 위함이다.

3. 행위자 연결망 이론의 관점에서 본 문화

진화 과학과 진화 심리학, 그리고 넓게 봤을 때는 통섭의 기획에 이르기까지를 자연 과학의 방향에서 문화와 사회로의 방향으로의 확장이자 이와 같은 방향으로 인과 관계를 수립하려는 시도라고 요약할 수 있을 것이다. 이와 달리 이제부터 살펴볼 행위자 연결망 이론과 이 이론의 등장 배경이 되는 과학 사회학은 자연 과학에 입각한 계몽주의적 시각에서 봤을 때에는 극단적인 상대주의, 내지는 사회 구성주의로 간주되지만, 그럼에도 불구하고 진화 심리학과 통섭의 반대 방향에서 과학에 대한 사회학적 설명을 통해 자연과 사회 사이에 어떤 인과 관계를 수립하려는 시도라고 할 수 있다. 특히 그중에서도 행위자 연결망 이론은 과학 사회학과 과학 기술 사회학의 연장선상에서 출발하여 이를 비판적으로 계승하면서 자연과 문화의 분할 문제에 관한 대안적인 해법을 제공하려 한다고 평가할 수 있다.

3.1. 자연-문화의 비대칭적 분할과 대칭성의 원리

행위자 연결망 이론은 앞서 살펴본 진화 심리학 및 진화 과학과 마찬가지로 학문 방법론에 있어서 사회 과학이 자연 과학 및 과학 기술과 분리되어 있고, 또한 자연 과학이 사회 과학과 분리되어 있는 자연-문화 사이의 분할의 문제에 대한 대안적인 해법을 구축하려는 중요한 사례다. 행위자 연결망 이론의 대표적 이론가인 브뤼노 라투르는 최근에 쓴 책에서 과학 기술의 문제를 다루지 않는 학문 분과들은 "개코원숭이를 다루지 인간을 다루지 않는다."라고 말한 바 있다. (라투르, 2012, 70쪽) 자연 과학에서 출발하여 사회 과학을 통합된 인과율의 지배 아래 놓으려는 통섭의 동맹과 달리 행위자 연결망 이론은 단순하게 분할의 극복을 지상 과제로 삼지 않는다. 오히려 행위자 연결망 이론은 자연과 사회 사이의 복합적인 관계를 재설정함으로써 과학과 문화 사이의 분쟁을 완화시킬 수 있는 다원적인 통로를 구축하려 한다. (Latour, 2004; 라투르, 2010) 라투르와 그 동료들에게 과학 기술은 바로 순수한 자연(과학)과 순수한 사회(과학) 모두로부터 체계적으로 배제된 중간 영역이자 분할선 양쪽을 매개할 수 있는 가능성의 영역이다. 따라서 행위자 연결망 이론의 관점에서 문제는 분할 자체라기보다는 이 분할이 이와 같은 중간 영역을 인식할 수 없도록 비대칭적이며 재귀적이지 않은 방식으로 조직되어 있다는 점에 있다. 그리고 이러한 관점에서 보자면 비대칭성의 문제를 고려하지 않는 한 자연 과학도 인간이 아닌 개코원숭이를 다루기는 마찬가지인 것이다.

행위자 연결망 이론의 관점에서 문제가 되는 자연-문화의 비대칭적 분할이란 우선 세계를 자연과 문화, 자연과 사회라는 두 부분을 분할하면서 동시에 양쪽 영역을 각각 다른 방법으로 다룬다는 것을 의미한다. 예를 들어 이러한 비대칭성의 가장 기본적인 형태는 자연의 영역은 진리와 사실의 영역으로 실재론에 입각하려 다루고, 사회의 영역은 가치와 믿음, 이익 등의 영역으로서 구성주의에 입각하여 다루는 분할로 나타난다. 이러한 비대칭성을 비판의 대상으로 삼는다는 점에서 행위자 연결망 이론은 과학 지식 사회학을 어떤 의미에서는 충실히 계승한다고 할 수 있는데, 사실 비대칭성에 대한 비판은 방법론적으로 과학 지식 사회학에 의해 처음 제기되었으며 행위자 연결망 이론은 이를 과학 지식 사회학이 제기했던 수준을 넘어서 보다 근본적으로 추구하고 있기 때문이다.

데이비드 블루어에 따르면 과학 지식 사회학의 핵심적인 네 가지 원칙이란 인과성, 공평성, 대칭성, (그리고 앞서 살펴보았듯이) 재귀성이다. 첫째, 인과성이란 과학 지식 사회학이 "믿음이나 지식 상태를 낳은 조건"과 인과적 관계에 있어야 함을 의미한다. 둘째, 공평성이란 과학 지식 사회학이 "참과 거짓, 합리 혹은 비합리성, 성공 혹은 실패에 대하여 공평해야" 함을 의미한다. 과학적 지식의 산출에 있어서 성공과 실패에 대해 과학 지식 사회학은 공평하게 설명할 수 있어야 한다는 것이다. 셋째, 대칭성이란 "설명 양식이 대칭적이어야" 한다는 것을 의미한다. "같은 유형의 원인이 이를테면 참된 믿음과 거짓된 믿음을 설명해야 한다."는 것이다. 마지막으로 재귀성이란 이와 같은 모든 설명의 원칙들이 사회학 자신에도 재귀적으로 적용될 수 있어야 한다는 것이다. (블루어, 2000, 57~59쪽) 말하자면 과학 지식 사회학의 원칙에서 볼 때, 과학적 지식의 산출에 있어서 참과 거짓, 성공과 실패 중에서 참과 성공만을 설명할 수 있는 학문은 엄밀하게 말해 합리적인 방법론에 입각한 학문(사회학)이라고 말할 수 없으며, 이 모두를 공평하게 설명할 수 있기 위해서는 반드시 동일한 유형의 원인에 입각해야 한다는 것, 즉 대칭적 설명이어야 한다는 것이다.

행위자 연결망 이론은 이러한 과학 지식 사회학의 방법론의 핵심을 대칭성에 있다고 보았으며, 이러한 대칭성의 원칙을 보다 철저하게 추구하려 하였다. 과학 지식 사회학의 발전 초기 단계에서부터 대칭성의 원리는 핵심적인 역할을 하게 되는데, 이때 과학 지식 사회학 학자들은 자신들의 대칭성 원리를 "일반화된 대칭성"의 원리라고 명명함으로써 과학 지식 사회학의 대칭성의 원리와 구분하려 했다. (칼롱, 2010) 과학 지식 사회학의 관점에서 봤을 때, 과학 지식 사회학은 자연과 문화를 극복하는 과제와 관련하여 대칭성의 결여라는 문제를 처음 제기하였다는 공헌을 하였으며, 이는 특히 참과 거짓, 성공과 실패 사이에 대칭적 설명을 시도해야 한다는 원칙에서 특히 중요성을 갖는다. 과학 지식 사회학 이전의 지식 사회학은 "오류나 믿음은 사회적으로 설명이 가능하였으나 진리는 언제나 자명한 것으로" 간주했다. 말하자면 "비행 접시에 대한 믿음은 얼마든지 분석 가능하였으나 블랙홀에 관한 지식은 분석할 수 없었다. 심령학은 분석할 수 있었지만 심리학자들의 지식은 분석할 수 없었다. 스펜서의 오류들은 분석 가능했지만 다윈의 확실성은 분석이 불가능했다. 동일한 사회 변수들이 오류와 진리에 공평하게 적용될 수 없었다." 다시 말해서 참인 지식의 산출은 인식론의 영역이었기 때문에, 사회학이 제공할 수 있는 설명은 인식론에 의해 정당화되지 않는 믿음이나 오류에 관한 것이었다는 것이다. 그리고 이는 과학 지식 사회학을 통해 극복되어야 할 이중적 태도인 것이다.

하지만 행위자 연결망 이론 학자들이 봤을 때, 과학 지식 사회학은 여전히 이러한 비대칭적 분할 자체를 전제로 세워진 사회학에 대한 지나친 신뢰와 배타성을 극복하지 못하고 있다. 이런 점에서 과학 지식 사회학의 대칭성의 원리는 "대칭성의 제1원칙"으로서 출발점이지 종착지는 아니다. (라투르, 2009, 235쪽) 특히 라투르가 보기에 과학 지식 사회학 전체는 기존의 인식론과 지식 사회학이 전제로 하는 '과학'과 '이데올로기'를 통해 각각 자연을 실재론적으로 다루고 사회를 구성주의적으로 다룬다는 것, 다시 말해서 자연을 '설명'할 때는 사회를 개입시키지 말아야 하며, 사회를 '해석'할 때에는 자연을 개입시키지 말아야 한다는 보다 근본적인 분할의 비대칭성의 모순을 극복하기보다는 이를 보다 명백하게 드러내는 역할을 하였다. 이러한 모순이란 "우리가 한쪽에서 실재론자여야 한다면 다른 쪽에서도 실재론자여야" 하며 "하나의 사례에 대해 구성주의적으로 접근한다면, 양쪽 모두에 대해 구성주의적이어야 한다."라는 것이다. (라투르, 2009, 242쪽) 하지만 이것으로는 충분치 않은데, 단순히 실재론과 구성주의 사이를 왕복할 수는 없기 때문이다.

비대칭성에 대한 보다 근본적 대안인, 즉 '일반화된 대칭성'을 구현하기 위해 행위자 연결망 이론은 특히 인간과 비인간(nonhuman) 사이의 비대칭성을 문제 제기의 중심에 놓는데, 바로 여기서 행위자 연결망 이론은 과학 사회학이나 과학 기술 사회학과 구분된다. 행위자 연결망 이론은 사회학의 행위자(agency) 개념을 확장하여 인간 존재자뿐만 아니라 비인간 존재자도 행위자라고 간주한다. 이와 같은 확장은 일견 인간 이외의 존재자에 대한 의인화로 비춰질 수 있다. 하지만 이는 행위와 행위자라는 개념 자체를 인간 행위자에만 배타적으로 적용하도록 허용하는 일종의 신인 동형론적 논리로부터 분리시키려는 시도라고 이해하는 편이 보다 정확할 것이다. 다시 말해서 사회학과 철학의 행위자 및 행위의 개념을 단순히 인간 이외의 자연물이나 인공물과 같은 사물에 그대로 확장하여 적용하는 것이 아니라 자연물이나 인공물, 즉 통상적으로 인간 행위자와는 도구나 객체로서만 관계를 맺는 비인간 존재자들에까지 적용할 수 있는 형태로 전환시키고 변형하려는 것이 행위자 연결망 이론의 목표라고 할 수 있다. 예를 들어 미셸 칼롱(Michel Callon)은 행위자 연결망 이론의 고전이 된 한 연구는 가리비 수확량 감소에 대응하기 위해 일본에서 행해지던 가리비 양식법을 프랑스에 적용하려 하였으나 결과적으로 실패했던 기술 혁신 시도의 사례를 다루면서 이 혁신을 제안하는 세 명의 연구자와 그 배후의 과학자 공동체 및 어부들, 그리고 심지어 가리비까지를 동등한 행위자로 놓는다. 칼롱이 보기에 이 모든 행위자는 자신들의 이익과 목표가 실제로 기술 혁신, 즉 프랑스에서의 가리비 양식의 성공을 위해 어떤 방식으로 연계되어서 최종적으로 어떤 결과로 번역될지를 알지 못한다는 점에서 차별성이 없다는 것이다. 이런 점에서 행위자와 행위를 분석하는 데 전제되어야 하는 것은 "불가지론"의 원칙이다. (칼롱, 2010; Latour, 1999a) 다시 말해서 인간과 비인간 행위자 사이의 연결망의 대칭적 구성(예를 들어 성공적인 '기술 혁신'이나 '과학적 발견')의 불확실성(성공 유무 및 그에 직결된 불확정적 지식의 집합)에 대해 인간과 비인간 행위자 모두 선험적으로 정확하게 알고 있지 못하다는 것이다.*

분명 엄밀하게 말해서 진화 과학이나 진화 심리학도 행위자 연결망 이론이 비판하는 비대칭성의 문제를 전혀 인식하지 못한다고 말할 수는 없다. 하지만 여기서 차이란 행위자 연결망 이론은 비록 완전히 성공적이라고 할 수는 없을지라도 최소한 비대칭성 자체를 대칭성으로 대체하려 한다고 말할 수 있겠지만, 진화 과학과 진화 심리학은 자연 과학과 생물학의 관점에서 비대칭성의 칸막이를 사회 과학과 인문학, 종교와 문화의 영역 안으로 밀어 넣으면서도 결국에는 사회 과학 안에서 과학과 이데올로기, 객관성에 대한 신념과 상대주의를 구분하는 분할을 제도입함으로써 사회 과학에서의 과학주

---

* 이러한 관점의 연장선상에서 라투르는 자신의 철학적 관점과 방법을 "경험적 형이상학 (empirical metaphysics)" 내지는 "실험적 형이상학(experimental metaphysics)"으로 정의한다. (Latour, 2004; Latour, Harman, Erdélyi, 2011)

의의 시행착오를 새롭게 되풀이하고 있지 않은가 하는 의문을 갖게 만든다. 한편(자연 과학)의 비대칭적인 방법을 다른 편(사회 과학)으로 연장하고 확장하면서도 윌슨의 통섭의 기획의 경우에서 볼 수 있듯이 나머지 영역을 단순히 상대주의로 남겨두거나 데닛의 경우처럼 믿을 만한 전문가와 과학자 사이의 분업에 기초하여 과학에서의 "믿음에 대한 믿음"을 정당화하는 반면 종교에서의 "믿음에 대한 믿음"을 기각하는 한계를 갖는다. (데닛, 2010)

3.2. 비환원주의: 실재론 대 구성주의의 대립을 넘어서

자연과 문화의 비대칭적 분할의 문제와 관련하여 특히 학문 방법론상에서 가장 첨예한 쟁점 중 하나는 결정론과 환원주의와 관련되어 있다. 행위자 연결망 이론 학자 중에서도 특히 라투르는 환원주의의 문제와 관련하여 매우 흥미로운 입장을 견지한다. 그의 입장은 기본적으로는 환원주의에 대해 비판적이기 때문에 진화 심리학이 생각하는 것과 같은 완화된 형태의 환원주의를 택하는 것은 대안이 아니다. 하지만 그렇다고 해서 반환원주의(anti-reductionism)나 방법론적 전일주의(methodological holism)를 택하는 것도 아니다. 그는 한때 이 같은 자신의 입장을 "비환원주의적(irreductionist)" 입장이라고 불렀다. 비환원주의의 입장, 혹은 "비환원성(irreducibility)의 원칙"이란 "아무것도 그 자체로는 다른 어떤 것으로 환원되지도 않지만 환원되지 않는 것도 아니다."라는 매우 모호하고 불확정적인 명제로 표현된다. (Latour, 1988, 158쪽)

라투르의 비환원주의적 입장에서는 환원주의('모든 것은 다른 어떤 것으로 환원된다.')뿐만 아니라 반환원주의('어떤 것도 다른 어떤 것으로 환원되지 않는다.')도 비판의 대상이 된다. 다시 말해서 반환원주의도 결국은 다른 형태의 환원주의라는 것이다. 사회 생물학 논쟁의 역사에 관한 한 연구는 생물학적 결정론과 환원주의의 혐의로 비난을 받은 사회 생물학 자신뿐만 아니라 이를 환원주의라고 비판한 사회 과학의 입장 또한 다른 생물학과는 다른 설명의 레퍼토리를 동원할 뿐 설명의 방식 자체는 자신이 속한 학문의 설명의 레퍼토리를 배타적으로 적용해야 한다고 본다는 점에서는 여전히 환원주의적이라는 점을 지적하고 있다. (Segerstrle, 2000) 마찬가지로 라투르는 자신이 사회과학에서 받은 방법론적 훈련이 "환원주의의 과다 복용"이었다고 회고한다. (Latour, 1988, 162쪽) 다시 말해서 반환원주의란 하나의 환원주의가 자신의 정당한 영역을 넘어서 다른 환원주의의 영역을 침범할 때 이러한 공세적 환원주의에 반하여 자신을 부르는 이름에 불과한 것이라는 말이다. 이런 의미에서 비환원주의의 입장이란 정확하게 "생물학적 환원주의와 사회학적 환원주의를 넘어서"라고 요약할 수 있다. (김환석, 2009)

이와 같은 비환원주의의 비판적이며 소극적인 측면이 바로 환원이라는 개념 자체에 대한 반대다. 라투르는 "아무것도 어떤 다른 것으로 환원될 수 없고, 아무것도 다른 어떤 것으로부터 연역될 수 없으며, (다만) 모든 것은 다른 모든 것과 동맹을 맺을 수 있을 것"이라고 말하고 있다. (Latour 1988, 163쪽) 환원에 대한 거부가 바로 이 명제의 전반부('환원도 연역도 불가능하다.')에 속한다면 후반부('모든 것은 다른 모든 것과 동맹을 맺는다.')는 비환원주의의 구성적 측면을 나타낸다.

행위자 연결망 이론의 두 가지 환원주의에 대한 비판은 앞서 언급했던 행위자와 행위의 비(非)-신인동형론적 개념으로의 전환과 직결되어 있다. 특히 사용된다고 간주되는 기술적 도구(비인간 행위자)와 그것을 단지 사용할 뿐이라고 간주되는 인간 주체(인간 행위자) 사이의 관계에서 행위는 전적으로 도구와 객체 덕분에 완수된다고 할 수도 없지만 그렇다고 해서 주체가 완전한 통제권을 갖고 순수하게 자신의 의도를 실현하는 것도 아니라는 점에서 그렇다. 그런 점에서 인간 주체가 도구를 사용한다는 것은 단순히 객체의 효과의 발현도 주체의 의도의 반영도 아닌 비인간 행위자와 인간 행위자의 연계된 행위에 가깝다. 이런 이유에서 환원 혹은 정화(purification)는 애초에 이러한 사태를 서술하는 정확한 언어가 아니다. 오히려 이질적인 행위자들이 연계된 행위, 혹은 '행위자들 사이의 동맹'을 서술하는 정확한 말은 번역 혹은 매개(mediation)이다.

미국에서 총기를 둘러싸고 되풀이되는 사회적 논란은 환원의 두 가지 양상이 번역 및 매개와 어떻게 구분되는지를 매우 잘 보여 주는 사례이다. 어느 정도 논란의 구도를 단순화해 보자. 총기 소유의 자유를 옹호하는 전미 총기 협회(National Rifle Association, NRA)는 총기 사고의 원인이 총기(도구)에 있는 것이 아니라 그것을 사용하는 인간 주체의 윤리적 판단력에 있다('총이 아니라 사람이 살인한다.')고 주장한다. 반면 NRA에 반대하는 자유주의적 입장은 인간 주체의 윤리적 판단력과 무관하게 총기 사고는 바로 총기라는 도구 때문에 일어난다는 관점을 대변한다. 라투르가 보기에 두 진영은 행위자와 행위를 객체(자연)로 환원하는 입장과 주체(문화)로 환원하는 환원주의의 두 입장을 대변하고 있다. 하지만 실제로 행위란, 총기라는 도구와 그것을 단순히 사용한다고 가정되는 주체 사이에서 벌어진다. 총기 사고를 일으키는 행위는 총기라는 (비인간) 행위자와 총을 쏘는 인간 행위자의 일시적인 동맹을 통해 실행되는 연계된 행위라는 것이다. 총기는 보관될 때와 인간 행위자의 손에 들릴 때 다른 행위자이며, 마찬가지로 칼을 든 인간 행위자와 총을 든 인간 행위자는 행동의 범위와 목표 등에서 서로 다른 행위자라는 것이며 이러한 차이를 만드는 것은 환원이 아니라 번역이자 매개라는 것이다. (Latour, 1999b)

이 같은 행위자 연결망 이론의 입장은 실재론과 구성주의의 관계를 이해하는 데에도 마찬가지로 적용된다. 행위자 연결망 이론은 환원주의와 반환원주의 중 어느 한쪽을 택하지 않듯이 실재론과 구성주의 사이에서도 마찬가지의 선택을 한다. 즉 양자 사이에서 양자와 구분되지만 아직 그 확실성이 보장되지 않는 중간적 입장을 취하려 한다. 행위자 연결망 이론은 기존의 실재론에서 자연을 '주체 외부에 존재하는(out there)' 어떤 것으로 보는 전제를 포기하려는 동시에 구성주의를 사회 구성주의로부터 분리시키는 이중의 전략을 취함으로써 양쪽 입장을 변형시키는 동시에 서로 접근시키려 하는데, 자연과 문화 사이의 비대칭성의 핵심 요소 중 하나가 바로 주체 내부 세계와 그 외부의 객체의 세계를 나누는 분할이라고 보기 때문이다.

이는 이중의 과정으로 이루어진다. 한편으로는 실재론을 '실재에 대한 믿음'으로 떨어지지 않도록 해야 한다. 라투르는 자신과 행위자 연결망 이론의 입장에 대한 '상대주의'라는 비판이 결국은 주체 '밖으로' 분리되고 밀려나간 '실재에 대한 믿음'의 부족에 대한 비난의 형태를 띤다고 지적한다. 그래서 한 심리학자가 그에게 던졌다는 "당신은 실재를 믿는가?"라는 질문은 징후적이다. 그는 이를 해결하기 위해서 사회로부터 지나치게 분리된 실재와의 거리를 좁혀야 한다고 주장한다. (Latour, 1999c) 다른 한편에서 구성주의는 무엇보다 사회 구성주의와 구분되어야 하는데, 이는 사람의 손으로 만들어진 인공물은 실재하지 않고 인간의 손으로 만들어지지 않은 자연물만이 실재한다는 비대칭적 분할의 전제를 극복하기 위함이다. 건축물, 혹은 구조물(construction)만큼이나 구성주의의 대상은 실재적이며, 따라서 이러한 구성주의의 관점에서 던져야 할 질문은 '어떤 대상이 구성되었는가?'의 여부가 아니라 '잘 구성되었는가?' 여부라는 것이다. (Latour, 2005) 그리고 그는 구성이라는 말과의 보다 분명한 대조를 보이기 위해 최근에는 이질적이고 다원적인 행위자들의 연결을 통한 공통 세계의 '조성(composition)'이라는 말을 선호한다. (Latour, 2010)

3.3. 자연-문화의 다원성과 진보의 불가능성

진화 심리학에게 문화 상대주의는 일종의 도전 과제이다. 문화의 다원성과 다양성은 실재의 부정할 수 없는 일부분이다. 모든 문화들이 하나의 보편성 아래에서 하나의 문화로 통일될 수 있거나, 통일되어야 한다는 생각이야

말로 극히 비현실적인 문화 제국주의적 발상이기 때문이다. 이러한 상대적
이고 다양하게 존재하는 문화들의 관계를 보편성과의 관련 속에서 설명해야
하는 것은 바로 진화 심리학의 몫이다. 마찬가지로 행위자 연결망 이론에게
도 문화의 다양성과 문화 상대주의는 하나의 관문이며 또한 비판과 극복의
대상이다. 문화 상대주의가 자연과 문화의 관계를 설명하려는 모든 현대 이
론이 반드시 통과할 수밖에 없는 관문인 이유는 문화 상대주의의 등장 이전
에 "문화라는 생각 자체가 바로 자연을 고려하지 않음으로써만 창조될 수 있
는 인공물"로서 존재하였기 때문이다. (라투르, 2009, 262쪽) 라투르의 이와 같
은 지적은 정확히 진화 심리학이 전개하는 표준 사회 과학 모델 및 '빈 서판'
에 대한 비판과 일치한다.

　하지만 라투르의 관점에서 볼 때, 문화 상대주의는 자연으로부터 분리
된 하나의 보편적 문화가 아닌 '문화들(cultures)'을 고려한다는 점에서 문제
인 것은 아니다. 오히려 그가 보기에 문화 상대주의는 여전히 "유일한 자연"
을 전제한다는 점에서 비판받아야 한다. 문화 상대주의가 가정하는 문화들
이란 단순히 자연과 무관하게 존재하는 고립된 여러 문화들이라기보다는
라투르는 이를 절대적 상대주의라 명명하고 아예 분석의 대상에서 제외한
다 근대적 계몽주의가 전제로 하는 하나의 유일한 자연과의 모종의 관계에
서만 존재한다는 것이다. 이들 문화는 자연과 분리되어 있으면서 각자 고유
한 방식으로(혹은 상대주의적으로) "자연에 관해 어느 정도 정확한 관점을 갖는
다." 다시 말해서 하나의 통일된 문화, 특히 근대인의 문화란 자연과 문화의
분할처럼 자연을 고려하지 않을 때에만 존재했으나, 문화 상대주의의 문화
들은 자연에 관한 다양하고 동등한 해석의 형태로 존재한다는 것이다. 문제
가 되는 것은 이러한 문화 상대주의의 숨은 전제가 바로 라투르가 "특수한
보편주의"라고 부르는 어떤 것인데, 특수한 보편주의란 문화 상대주의의 숨
은 이면으로써 여러 다원적인 문화들 중에서 근대인의 문화만이 자연에 대
한 "특권적인 접근권"을 독점하고 있다는 것이다. (라투르, 2009, 264쪽). 문화 상

대주의와 특수 보편주의 사이에 존재하는 이와 같은 일종의 이면 계약은 그 실체가 잘 드러나지 않았지만, 20세기 내내 문화 상대주의의 전위 역할을 해 온 인류학, 특히 그중에서도 문화 인류학이 특수 보편주의의 조건이 되는 근대 과학과 기술을 연구 대상으로 삼지 않거나 그렇게 하지 못하면서 비대칭적 실천을 극복하지 못했다는 사실을 통해서만 부정적 방식으로 확인될 수 있었다는 것이다.

　라투르에게 있어서 문화 상대주의의 극복이란 따라서 문화와 자연 사이의 새로운 관계 설정의 문제와 직결된다. 게다가 문화 상대주의를 비판하고 극복하는 과제는 문화 상대주의만큼이나 특수 보편주의에 대한 비판과도 무관할 수 없다. 그가 보기에 "자연을 문화적 상대주의의 편협한 틀에 가두는 것만큼이나 자연을 보편화하는 것은 불가능"하기 때문이다. (라투르, 2009, 266쪽). 이를 위해 그는 문화들에 상응하는 "자연들(natures)"이라는 개념을 도입하여 이를 다문화주의(multiculturalism)에 빗대어 "다자연주의(multinaturalism)"라고 부르고 전자(문화 상대주의)로부터 후자(자연 상대주의)로 전환해야 한다고 주장한다. (Latour 2011) 이는 또한 순수한 문화, 사회, 정치를 전제로 했던 "현실 정치(Realpolitik)"에서 자연과 문화의 비대칭적 분할을 필요로 하지 않는 "물정치(Dingpolitik)"으로의 전환이기도 하다. (라투르, 2010) 여기서 라투르의 다자연주의를 단순한 통약 불가능성을 전제로 한 상대주의적 자연관으로 축소하는 것은 적절하지 않은데, 그가 제안한 비환원주의의 원칙으로부터 짐작할 수 있듯이 그는 통약 가능성과 불가능성 모두를 고려할 수 있는 복합적인 관점을 구축하는 것을 목표로 삼고 있기 때문이다. 다자연주의의 입장으로부터 우리는 자연과 문화의 분할을 극복하는 문제와 관련하여 다음의 함의를 해석해 낼 수 있다.

　우선 다자연주의의 관점에서 자연들이란 문화 상대주의에서의 문화와는 달리 통약 가능한 어떤 것인데, 이를 통해 우리는 문화들이라기보다는 자연들-문화들의 결합체들 사이에서 그 규모의 차이를 비교할 수 있기 때문이

다. 진화 심리학 및 진화 과학과 행위자 연결망 이론은 공히 문화 상대주의
가 문화들을 비교 불가능하고 형식적으로(혹은 순수하게 권리 상으로) 동등한 어
떤 것으로만 정의한다는 사실에 불만을 갖는다. 그리고 이러한 통약 불가능
성을 극복하기 위해서는 문화가 자연과의 관계에서만 설명되어야 할 것이다.
그러나 이러한 관계에서 자연을 보편성의 원천으로 보는 진화 심리학 및 통
섭의 기획과는 달리 행위자 연결망 이론은 자연을 다원적인 방식으로 정의
해야 한다고 본다. 라투르의 용어를 빌면, 진화 심리학은 특수 보편주의에 입
각하여 자연의 보편주의의 관점에서 문화의 상대주의를 설명하려 함으로써
양자 사이의 이면의 관계를 공공연하고 이론의 여지가 없는 사실로 만들었
다고 할 수 있다.

　이와 달리 행위자 연결망 이론은 자연들-문화들을 동시에 고려함으로써
문화들과 문명들 사이에 존재하는 규모의 차이를 확인하고 비교할 수 있어
야만 한다고 주장한다. 남아메리카 열대 우림에서 사는 부족의 문화와 서구
근대 문명 사이에 존재하는 차이는 분명히 존재하며 이는 문화 상대주의가
주장하는 문화의 동등성으로 환의될 수 없다. 하지만 마찬가지로 서구 근대
문명만이 자연적 사실에 대한 지식을 산출할 수 있는 독점적인 지위를 갖고
있으며 그렇지 않은 비서구 전근대 문화들은 단순히 자연에 대한 자의적인
표상과 믿음 속에서 살고 있는 것 또한 아니다. 만일 이를 부정하면 최소한
부분적으로 문명과 문화 사이에 통약 불가능성이 재도입된다고 볼 수 있다.
양자 사이에 존재하는 차이란 자연과 문화가 결합된 행위자를 동원하고 연
결망을 연장할 수 있는 규모의 차이이며 이는 비교 가능한 차이다. 대칭성의
관점에서 봤을 때, 원시 부족의 제례 의식과 근대 문명의 합리적인 거대 관
료제 사이에는 연결망의 규모의 차이가 존재하며, 이는 문화 상대주의(와 특
수 보편주의)의 관점에서 생각하는 것과 달리 비교 가능하다는 것이다. (라투르,
2009, 268~277쪽)

　둘째, 라투르가 다자연주의로 명명한 행위자 연결망 이론의 대칭성 원칙

은 학문 분과 사이의 관계에 관한 중요한 함의를 담고 있다. 다문화주의로부터 다자연주의로의 전환과 이에 전제된 대칭성 및 재귀성은 단순히 자연 과학과 사회 과학의 협력을 통한 이분법을 보편적이고 통합된 학문으로 전환하는 것으로는 부족하다는 판단을 전제로 하고 있다. 행위자 연결망 이론의 관점에서는 과학적 지식 산출과 기술 혁신, 그리고 사회와 문화의 창출의 성공과 실패를 설명하기 위한 레퍼토리는 결코 자연 과학과 사회 과학이라는 이분법으로 분할되고 환원될 수도 없지만, 그렇다고 해서 통합된 보편적인 인과 관계로 설명될 수도 없는 것이다. 오히려 학문 분과의 수만큼 다양하고 다원적인 레퍼토리를 대칭적으로 동원할 수 있을 때, 자연들-문화들이 설명될 수 있으며, 또한 창출되고 유지될 수 있을 것이다. 예를 들어 근대적인 사회 구성주의의 선구자 토머스 홉스와의 논쟁 속에서 근대 실험 과학의 방법을 수립한 로버트 보일(Robert Boyle)은 공기의 탄성에 관한 자연 과학 지식만으로 자신의 방법의 정당성을 입증한 것이 아니다. 그는 공기 펌프에 관한 기술과 함께 이 펌프의 기술적 결함에도 불구하고 이를 작동시킬 수 있는 인력 및 동시에 이러한 결함 때문에 완전한 진공 상태를 실현하기보다는 펌프 안에서 작은 동물을 질식시키는 것을 청중에 보이는 연극적 기법, 그리고 청중에게 믿을 만한 증인으로서 자격을 부여하는 법적 장치에 유사한 절차 등 모두를 필요로 했다. (라투르, 2009, 55~62쪽) 말하자면 실험실은 이미 근대 자연 과학과 기술의 영역에서 비대칭성에 구애받지 않고 다원적인 영역들로부터 복수의 레퍼토리를 동원하여 지식을 산출하는 장소이자 기구의 역할을 해온 것이며, 자연 과학과 사회 과학 사이의 비대칭성의 극복 또한 바로 이러한 방법으로 돌아간다는 의미가 있다는 것이다.

셋째, 이렇듯 다자연주의는 단순히 설명에 있어서의 레퍼토리의 다원성만을 의미하지는 않는다. 라투르는 현재의 생태 위기에 직면하여 생태주의 정치학이야말로 바로 하나의 자연이라는 관념을 포기해야 한다고 주장한다. (Latour, 2004) 자연에 대한 다양한 자의적인 표상과 믿음이라는 문화 상대주의의 전제만큼이나 이러한 표상과 믿음이 단 하나의 자연으로부터 비롯되었다는 생각이야말로 자연과 문화의 분할 및 양자 사이의 비대칭성을 견고하게 지탱하는 사고와 실천의 방식이라는 것이다. 생태 위기란 이제는 기후 변화에서부터 유전자 조작 식품, 그리고 원전 사고에 이르기까지 자연과 문화의 분할과는 무관하게 그 경계선을 넘나들면서 일어나는 어떤 것인 만큼 이에 대한 대응 또한 마찬가지여야 한다는 주장으로 이해할 수 있다.

마지막으로 다문화주의로부터 다자연주의로의 전환은 학문과 문명의 진보에 관한 중요한 함의를 갖는다. 사실 진화 심리학을 중심으로 한, 자연과학과 생물학을 출발점으로 삼아서 자연과 문화 사이의 분할을 극복하려는 관점과 행위자 연결망 이론의 자연과 문화 모두에 관한 다원주의적 관점은 바로 여기서 가장 극명한 입장의 차이를 보인다. 진화 심리학을 비롯한 진화 과학의 통섭적 관점은 자연과 문화의 분할을 학문과 문명의 진보의 장애물이라고 간주하면서 이러한 장애물을 극복할 때 진보는 다시 진행될 수 있을 것이라고 낙관하는 반면, 행위자 연결망 이론은 자연과 문화의 비대칭적 분할이야말로 학문과 문명의 진보라는 관념의 조건을 이룬다고 보기 때문에 이러한 비대칭성을 극복하게 되면, 더 이상 문명을 진보의 관점에서 보게 되지 않을 것이며, 실제로 근대 문명이 진보했던 것이 아니라는 점을 확인하게 될 것이라고 주장한다. 라투르는 이를 "우리는 결코 근대인이었던 적이 없다."라는 매우 도발적인 문장으로 요약한다. (라투르, 2009)

앞서 살펴보았듯이 라투르는 근대 문명과 다른 문명 및 문화들 사이에 규모의 차이가 존재한다는 사실을 근거로 문화적 상대주의를 비판한다. 따라서 근대인이 자신을 규정하는 진보라는 것이 존재한 적도 없다는 라투르의 주장은 단순한 상대주의의 극단화를 옹호하기 위함이라고 쉽게 오인될 수 있다. 그가 보기에 행위자 연결망들 사이의 차이는 규모의 관점에서 정의되며 이 규모의 증대가 곧장 진보와 동일시될 수는 없다. 연결망의 규모가 커져서 국지성을 벗어난다고 해서 특정 시공간에만 제약되었던 과거로부터의 시간적 단절이 일어나지는 않는다는 것이다. 왜냐하면 진보란 자연과 문화, 지식과 믿음, 사실과 가치에 대한 비대칭적 분할이 시간적으로 실현되는 것이기 때문이다. 다시 말해서 진보란 자연과 문화를 뒤섞는 과거로부터의 단절이며 보다 순수하게 과학과 종교, 지식과 믿음을 분명하게 분할할 수 있는 가능성을 향해 전진하는 것이라는 의미다. (라투르, 2009, 175~192쪽) 근대인이 스스로의 문명을 이러한 방식으로 인식하고 믿게 되는 것과는 달리 보다 큰 규모의 행위자 연결망을 동원하고 창출할 수 있기 위해서는 로버트 보일의 공기 펌프 시연이나 프랑스에서의 가리비 양식법을 적용하기 위한 기술 혁신의 경우처럼 인간과 비인간 행위자를 더 밀접하게 연관시키고 동맹을 만들어 낼 수 있어야 한다. 따라서 근대 문명이 진보한다는 믿음은 비대칭성을 보다 심화시키는 반면, 이 문명을 다른 문화들과 구분시켜 주는 규모의 차이 때문에 더욱더 대칭성에 의존해야 하는 모순을 초래한다.

이러한 모순과 위기, 혹은 불일치를 극복하기 위해서 우리는 스스로가 "결코 근대인이었던 적이 없다."라는 점을 인식하고 인정해야 한다. 하지만 이러한 라투르의 주장은 단순히 탈근대주의적인 극단적 상대주의의 관점을 반영하고 있지 않은 이유는 그가 탈근대주의나 반근대주의도 근대성과 마찬가지의 비대칭적 분할로부터 자유롭지 않다고 보기 때문이다. 탈근대주의와 반근대주의는 모두 근대성이 스스로를 표면적으로 정의하는 방식인 '진보에 대한 믿음'을 어떤 방식으로든 공유하고 있다. 따라서 양자는 근대인이 만들어 낸 규모의 차이를 인식하지 못한 채 진보 자체만을 문제 삼는다. (라투르, 2009, 35~45쪽) 더 이상 진보를 믿을 수도 없지만, 동시에 진보를 부정할 수도 없는 근대성의 교착 상태를 탈근대주의가 나타내고 있다면, 반근대주의란 보다 근본적으로 진보는 바람직하지 않은 것이었고, 진보를 통해 극복한다고 생각했던 과거로 되돌아가야 한다는 입장을 지칭한다. 라투르가 보기에 이 두 가지 입장은 결코 자연과 문화 사이의 비대칭적 분할을 극복하기 위한 대안이 될 수 없는데, 공히 양자는 비대칭성의 심화와 연결망의 규모의 증대 사이의 간극과 불일치의 의미를 이해하지 못하기 때문이다.

4. 결론

진화 심리학의 대상인 '마음'은 물리학이나 사회학의 배타적인 연구 영역이 아니라는 점에서 행위자 연결망 이론이 말하는 것과 같은 '하이브리드(hybrid)'라고 할 수 있다. 마음이란 순수한 자연의 영역에 속하지 않기 때문에 완전히 생물학적인 연구의 대상도 아니면서도 순수한 사회, 혹은 문화의 산물도 아니기 때문이다. 마음은 자연과 문화 모두의 순수성과 자연-문화 이분법의 불가능성을 나타내는 지점으로 이해될 수 있다. 그러나 문제는 진화 심리학이 마음을 다루는 방식의 한계에 있다. 진화 심리학은 마음으로 존재자들의 다른 모든 다원적 방식들을 환원할 수 있다고 생각한다. 자연에 대한 문화와 사회의 자율성에 근거를 두고 있는 '빈 서판'의 환원주의에 대한 효과적 비판에도 불구하고 진화 심리학은 그와 같은 자율성을 지탱하는 가장 주요한 방법인 '환원'과 '비판'으로부터 유효한 거리를 두는 데 실패하고 있는 것처럼 보인다.* 우리에게 행위자 연결망 이론의 논의가 유용해질 수 있는 것은 바로 여기서부터다. 행위자 연결망 이론은 진화 심리학과 달리 그 자체로 과학적 대상에 대한 객관적 지식을 산출하기보다는 과학 지식 및 실천에 관한 지식, 혹은 보다 정확하게 말하면 자연과 사회, 자연 과학과 사회 과학의 관계에 관한 지식을 산출하는 재귀적인 기획이라고 할 수 있다. 기존의

---

* 행위자 연결망 이론 중에서도 라투르의 이론적 판본에서는 환원만큼 비판이 문제시된다. 라투르가 보기에 특정한 의미의 '비판'이란 환원만큼이나 자연과 문화의 분할과 이분법을 유지시키고 재생산시키는 데 결정적인 역할을 하며, 바로 그런 이유에서 이러한 분할과 이분법으로 포착되지 않는 대칭성과 재귀성의 영역을 이론화하는 데 적합하지 않은 방법이 된다. (Latour, 1999d; 2003; 2010)

과학 철학이나 비판적 인식론이 불변하는 실재에 대한 지식을 산출하는 방법과 절차 ─ 해킹의 용어를 빌면 "개입하기(intervening)"가 배제된 "표상하기(representing)" ─ 만을 배타적으로 다루었다면 행위자 연결망 이론은 그와 같은 지식 및 지식의 대상 자체의 산출의 조건, 즉 "표상하기"와 함께 "개입하기"의 과정 전체에 대한 지식을 산출하는 데 그 목표가 있다고 할 수 있다. (해킹, 2005) 그런 점에서 행위자 연결망 이론, 특히 라투르의 이론은 과학적 지식과 실천의 산출 과정을 인식론이 아닌 형이상학, 혹은 존재론 '경험적' 혹은 '실험적' 형이상학의 관점에서 묘사하고 설명하려 한다. 게다가 이러한 존재론적 관점은 권력에 입각한 사회학적 관점이나 해체에 입각한 탈근대주의와도 분명히 구분된다. 하지만 지식과 실천의 산출 과정 및 그 조건에 대한 존재론적 설명, 혹은 묘사는 하먼(Harman, 2009; 2010)이 생각하듯이 단지 객체들로만 이루어진 실재에 관한 이론 ─ 비록 전통적 실재론과는 구분되는 매우 정교하고 매력적인 새로운 실재론의 형이상학이라고 할지라도 ─ 에서 멈추지 않는다. 오히려 행위자 연결망 이론은 과학적 지식과 실천, 제도 등을 모두 포괄하고 관통하는 인간 및 비인간 행위자의 수행적 번역 행위의 비가역성에 관한 이론을 제공하는 데 그 목표가 있다.

지금까지 살펴본 진화 심리학과 행위자 연결망 이론의 문화 개념의 특징을 비교하면 다음과 같이 정리할 수 있다.

첫째, 자연 과학 특히 생물학에서 출발하여 문화를 설명하려는 진화 심리학 및 진화 과학과 과학 기술에 대한 사회 과학적 연구로부터 출발하여 문화와 사회로 그 설명의 대상을 확장하는 행위자 연결망 이론 사이에는 자연과 문화 사이의 분할이라는 공통의 비판 대상이 존재한다. 자연과 문화 사이의 분할을 극복하려는 진화 과학은 '통합적 인과론'과 '지식의 통일'을 대안으로 제시한다. 반면에 행위자 연결망 이론은 자신의 이론적 선구자인 과학 지식 사회학을 계승하여 대칭성과 재귀성의 원리에 입각한 학문을 제안한다. 전자는 진화에 관한 생물학적 연구의 성과를 바탕으로 이러한 인과론을 문

화의 영역으로 확장하여 자연과 문화 사이의 간극에 단일한 가교를 놓으려
한다면 후자는 자연 과학과 사회 과학 사이의 이질성을 전제로 하여 대칭성
과 재귀성 원리에 따라서 다원적 가교들, 혹은 가교들의 연쇄를 수립하고 재
구성하려 한다.

둘째, 진화 심리학과 행위자 연결망 이론 모두가 자연과 문화 사이의 분할
을 문제시하지만 이를 통해 도달하려는 학문 및 세계의 상에서는 극명한 차
이를 보인다. 진화 심리학은 생물학과 진화 과학의 성과를 보편성의 관점에
서 이해하고 이러한 보편성 아래에서 자연 과학과 사회 과학의 통합, 그리고
사회 과학 내부의 다원화되고 파편화된 분과들 사이에 통합과 통일을 이룰
수 있다고 본다. 이에 반해 행위자 연결망 이론은 보편성보다는 다원성의 편
에 서 있다. 비대칭성으로부터 멀어지기 위해서라면 모든 다양한 학문 분과
와 그 분과의 접근 방식은 다양한 도구들처럼 인과적 설명과 사태의 묘사를
위한 다양한 레퍼토리로 사용될 수 있다고 본다.

셋째, 자연-문화의 분할을 극복한 문화의 개념을 재정의하기 위해 진화
심리학과 행위자 연결망 이론은 공통적으로 문화 상대주의를 비판의 대상
으로 삼는다. 각각의 문화가 단순히 동등하다거나 서로 비교 불가능하다는
생각은 모두 문화를 자연으로부터 분리해서 정의하려는 시도에서 비롯되었
다. 진화 심리학이 문화 상대주의에 대한 비판을 통해 보편적이고 통일된 문
화의 개념을 정립하려 한다면 행위자 연결망 이론은 문화 상대주의와 다문
화주의의 숨은 전제인 자연에 관한 '특수 보편주의'로부터 완전히 자유로운
다자연주의로의 확장이 필요하다고 본다는 점에서 입장의 명확한 차이를
보여 준다.

넷째, 진화 심리학과 행위자 연결망 이론은 환원주의에 관해서도 서로 다
른 해법을 제시한다. 양자는 모두 환원주의에 대한 어느 정도 비판적 견지를
유지한다는 특징을 공유한다. 그러나 전자가 보다 완화된 환원주의를 선택
하는 데 반해서, 후자는 환원주의와 반환원주의 모두가 사실은 환원주의의

서로 다른 판본이라는 점을 지적하면서 이들 모두와 구분되는 비환원주의를 대안으로 제시한다. 따라서 전자는 서로 다른 방향을 향해 동원되는 환원주의 사이의 충돌을 어느 정도 불가피한 것으로 보는 반면에 후자는 환원주의 자체에 대한 대안을 제시하고자 한다. 이는 대칭성과 재귀성에 관한 양자의 입장 차이에서 보자면 당연한 귀결이라고 볼 수도 있다.

　마지막으로 학문과 문명의 진보에 관해서도 양자는 상반된 입장을 취한다. 진화 심리학과 진화 과학, 그리고 통섭의 기획은 공히 자연과 문화 사이의 분할이 진보를 가로막는 장애물이라고 이해하면서 이를 극복할 때 당연히 근대 문명과 학문의 진보가 재개될 것이라는 낙관적인 전망을 보여 준다. 이에 반해 행위자 연결망 이론의 관점을 대표하는 라투르에 따르면 자연과 문화 사이의 분할이 바로 단선적인 시간성에 입각한 진보가 가능하다는 믿음의 토대이기 때문에 이러한 분할을 극복한 대칭적이고 재귀적인 학문과 그 세계에서는 근대성의 역사 자체가 다르게 보일 것이며, 진보와 계몽주의 또한 새로운 관점에서 재정의할 수 있게 될 것이라고 본다.

홍철기(서울 대학교 정치학과 박사 과정)

9장 사회 생물학과 진화 심리학의 젠더 관념 비교

가족에서 개인으로

1. 들어가며

20세기 후반을 지나면서 학문 간 경계를 넘어서는 '월경(越境) 현상'이 가속화되고 있다. 이런 월경 현상은 다학제적(multidisciplinary) 연구, 학제간 (interdisciplinary) 연구, 초학제간(transdisciplinary) 연구, 통섭(consilience), 통합 (integration), 컨버전스(convergence), 융합 등의 다양한 명칭과 양상으로 나타 났다. (홍성욱, 2012: 13, 21~22쪽) 학문 간 경계를 넘어서려는 이런 시도는 20세 기 동안 지배적이었던 분과 학문 중심의 발전이 일정한 한계에 직면한 것과 무관하지 않다. 이런 이유로 사회 과학 내에서도 여러 분과 학문 사이의 경 계를 넘어서려는 시도뿐 아니라 자연 과학과 사회 과학 사이의 두 문화의 장 벽조차 넘어서려는 시도들이 증가하고 있다. 이매뉴얼 월러스틴(Immanuel Wallerstein)은 자연과 인간이라는 존재론적 구분을 약화시키는 자연 과학과 사회 과학 내부의 움직임을 언급하면서 사회 과학의 재구조화를 촉구하기 도 하였다. (월러스틴, 1994; 월러스틴 외, 1996)

20세기 후반 자연 과학과 사회 과학의 경계를 넘어서려는 대표적인 사례로서 에드워드 윌슨의 사회 생물학을 들 수 있다. 그는 1975년『사회 생물학: 새로운 종합』이란 책을 통해 자연 과학인 생물학, 진화론과 사회 과학의 결합을 시도하였다. 사회 생물학은 두 문화의 분리를 넘어서려는 과정에서 두 문화 간의 충돌을 낳기도 하였다. 당시 페미니스트와 진보주의자, 사회 과학자들은 사회 생물학이 현상 유지를 정당화하는 보수적 이데올로기라고 보았고 가부장제 이데올로기를 자연화하려는 성차별적 학문이라고 강하게 비판하였던 것이다.

1990년대를 경과하면서 사회 생물학은 진화 심리학이라는 새로운 기획으로 '진화'하였다. 바코우와 코스미디스 그리고 투비는 1992년에『적응된 마음(The Adapted Mind)』을, 버스는 1994년에『욕망의 진화(The Evolution of Desire)』를 출간하였다. 이는 진화 심리학을 대표하는 책들로서 이 새로운 분야가 다루는 연구 관심과 학문적 견해를 잘 보여 준다.

과거 사회 생물학에 대한 부정적 반응과 달리 1990년대 이후 오늘날까지 진화 심리학은 하나의 지적 유행이 되고 있다. 버스의 책은 세계 각국에 번역되어 베스트셀러가 되었으며, 국내에서도 진화 심리학과 관련된 수많은 대중서들이 출간되었다. 진화 심리학에 대한 언론의 반응도 호의적인데, BBC, KBS 등 각국의 공영 방송들은 진화 심리학의 견해를 따르는 여러 다큐멘터리들을 제작, 방영하고 있다. 특히 진화 심리학의 주된 관심사는 남녀의 성, 가족, 아동 발달 등에 두어져 있는데, 진화 심리학의 유행으로 인간 심리, 아동 발달, 남녀 관계와 성차, 가족에 대한 이들의 견해는 하나의 상식이 되고 있다. 그 결과 대중의 생활세계에서 이 주제들에 대한 진화 심리학의 목소리는 페미니즘이나 사회 과학의 목소리를 압도하는 것이 현실이다.

상황이 이러함에도 불구하고 흥미롭게도 페미니스트들과 사회 과학 진영은 진화 심리학의 확산에 대해 과거와 같은 강한 반대를 공공연히 표명하고 있지 않다. 왜 이들은 과거 사회 생물학에 대해 보였던 강한 거부와 저항의 움직임을 보이지 않는가? 이 침묵은 암묵적 긍정을 의미하는 것인가 심지어 미국과 한국의 경험을 살펴보면 페미니스트들은 20세기 후반 진화론의 흐름에 대해 호의적인 태도를 보이기까지 한다. 미국에서는 1990년대 이후 '진화론적 페미니즘(Evolutionary Feminism)'처럼 진화론과 페미니즘을 결합하려는 기획이 등장하기도 하였다. (Gowaty, 1997; 허디, 1994; Hrdy, 1999; Vandermessen, 2004; 2005; 피셔, 2005) 진화 심리학자인 버스도 진화론이 페미니즘의 대의에 주요한 공헌을 할 수 있다고 주장해 왔다. (Buss, 1996; Buss and Schmitt, 2011)

한국에서도 진화론과 페미니즘은 갈등보다는 동맹을 맺곤 한다. 일례로 지난 2005년 호주제 폐지의 과정에서 최재천(2003)은 생물학에 근거해서 부계 혈통주의를 반박하여 호주제 폐지를 주장하는 페미니즘에 힘을 실어 주었다. 그는 호주제 폐지에 기여한 공로로 남성 최초로 '올해의 여성 운동상'을 받았다. 이는 페미니즘과 생물학 혹은 진화론 간의 연대가 현실화될 수 있음을 보여 주는 사례이다.

1990년대 이후 페미니스트들이 보여 주는 진화 심리학에 대한 침묵 혹은 연대라는 현상은 1970년대 사회 생물학 논쟁 때와는 극명히 대조적이다. 이런 태도 변화의 이유는 과연 무엇인가 그것은 페미니즘 운동이 1970년대의 전성기를 지나 힘이 약화되었기 때문인가? 물론 이것도 일정한 이유가 될 수 있다. 그러나 근본적으로는 이들의 젠더 관념이 더 이상 충돌하지 않기 때문은 아닐까? 사회 생물학은 1970년대 제2물결 페미니스트들이 비판하던 가족, 즉 남성 생계 부양자/여성 전업 주부라는 가족 형태와 성별 분업을 긍정하고 이를 자연스러운 것으로 받아들였다. 그렇다면 진화 심리학의 젠더 관념은 여전히 가족, 가부장제를 자연화하고 있는가? 만약 그렇지 않다면 진화론 진영과 페미니스트 간의 갈등은 불필요할 것이다. 요컨대 진화 심리학은 핵가족을 상대화하여 남녀 결합의 여러 형태 중 하나로 그 위치를 재조정하였다. 여기서 여성은 주체화된 개체로서 다양한 남녀 관계를 선택하는 전략적 행위자가 된다. 또한 진화 심리학은 남녀 관계에서 조화뿐 아니라 갈등에 주목하고 그 이유를 남녀의 진화된 성 심리와 전략의 차이를 통해 설명한 다. 이제 진화 심리학은 핵가족을 보편적이고 자연적인 것으로 보지 않으며 남녀 관계의 다양성과 갈등의 진화적 원인을 설명하는 데로 초점을 이동한 것이다.

진화론적 사회 과학의 이러한 진화는 한편으로 페미니즘과 같은 과거 비 판 진영의 입장을 누그러뜨렸고, 다른 한편으로 관련 주제의 새로운 사회 이 론들과의 친화력을 강화시켰다. 예컨대 진화 심리학의 관점은 사실상 동시 대 사회학자인 울리히 벡의 개인화 논의와 많은 부분 공통점을 갖는다. 진화 심리학과 벡의 개인화론 사이에 존재하는 이러한 공통점은 진화론적 사회 과학의 발전이 당대의 지배적 사회·정치적 분위기와 사회 과학적 맥락을 체 계적으로 반영한다는 점을 함의한다.

그런데 최근 개인화 현상이 서구 이상으로 가속화되고 있는 동아시아 지 역에서 일군의 학자들이 밝히는 바에 따르면, 이 지역의 개인화는 벡이 설명 하는 서구 상황과는 달리 주체화된 개인들의 선택이라기보다는 여전히 가 족 지향적 혹은 가족 종속적인 개인들의 가족적 책무와 위험에 대한 조절 노 력의 반영이다. (Chang and Song, 2010; 장경섭, 2011) 개인화를 둘러싼 이러한 사 회적 맥락의 차이를 감안할 때, 진화 심리학과 벡의 개인화론의 이론적 공통 점은 기본적으로 서구의 후기 근대라는 특정한 역사·사회적 맥락, 특히 시 대의 지배적 가족-개인 관계 및 젠더 관념에 기초한 것으로 볼 수 있다. 이는 진화 심리학적 논의가 비서구적 상황에 적용될 때 개인-젠더-가족-사회 관 계에 대해 내용적으로 훨씬 복잡하고 정교한 발전을 거쳐야 할 필요성을 암 시한다. 이 글은 사회 생물학, 진화 심리학으로 이어지는 흐름을 진화 사회 과학이란 맥락에서 이해하면서 이들의 가족에 대한 관념의 변화를 추적한 다. 그런 후 가족보다 개인을 강조하는 진화 심리학의 가족에 대한 태도가 사회 생물학보다는 동시대의 사회학자인 울리히 벡과 더 가까움을 보일 것 이다. 그리고 이렇게 가족보다 개인화를 강조하는 서구의 논의가 한국적 맥락에서 갖는 함의를 비교 사회학적 관점에서 살펴볼 것이다.

2. 사회 생물학과 진화 심리학의 공통점과 차이점

2.1. 진화 사회 과학의 등장

인간 삶을 이해하는 데 진화론을 적용하려는 시도는 진화론의 출현과 그 역사를 같이 한다. 19세기 사회학자인 허버트 스펜서는 프랑스 생물학자인 라마르크의 진화론의 영향을 받아 사회 진화론을 주장하였다. (보울러, 1999. 40~45쪽) 1859년 다윈의 종의 기원의 출간은 사회 과학 전반으로 진화적 관념을 확산하는 계기가 되었다. (최종렬, 2005, 38; Ross, 2008). 이렇게 진화적 사고는 사회 과학의 출발기인 18~19세기를 채색했으며 19세기 후반과 20세기 초에는 사회학, 인류학 등의 발전에 깊은 영향을 주었다. (투르비언, 1989; Poter, 2008; Heilbron, 2008)

이런 역사를 생각할 때 20세기 중반 사회 생물학이 진화론, 생물학을 인간 삶을 설명하는 데 적용하려 한 것은 새로운 일이 아니다. 이후 1990년대 사회 생물학을 뒤이은 진화 심리학 역시 인간의 삶에 진화론적 사고를 적용한다는 기획의 면에서는 크게 다르지 않다. 1975년 이후 사회 생물학이 직면했던 많은 비판에도 불구하고 생물학과 진화론을 인간 삶에 적용하려는 시도는 멈추지 않았다.

1980년대를 지나면서 오히려 이런 경향은 더 확대되어 진화론적 접근은 사회 과학의 각 분과 속에 뿌리내리고 있다. 하나의 연구 프로그램이 된 사회 과학 내의 진화론적 접근들은 이제 동물 행동 연구를 인간에 외삽하려 했던 사회 생물학의 시도를 넘어선다. 각 분과 학문 내에 새롭게 등장한 하위 분과들은 진화 심리학(Daly and M. Wilson, 1988; Barkow, Cosmides, and Tooby,

1992; 버스, 2005; 2007; 핑커, 2004), 진화 인류학(Symons, 1979; Smuts, 1992; 1995; Betzig, Mulder and Turke, 1988; Boyer, 1993; Richerson and Boyd, 2004; 피셔, 2005), 진화 경제학(Samuelson, 1997; Gintis, 2000; Bowles and Gintis, 2002; 2004; Henrich et al., 2004), 진화 정치학(Masters, 1989; Master and Gruter, 1992; Rubin, 2002), 진화 법학(Beckstrom, 1993; Browne, 2002; 2005) 등으로 불리고 있다(Barkow, 2006, 7~10쪽). 최근에는 진화론에 대해 가장 소극적이었던 사회학에서조차 진화론적 아이디어를 수용하려는 움직임이 등장하였다. (van den Berghe, 1979; Nielsen, 1994; Lopreato and Crippen, 1999; Ellis and Walsh, 2000; Sanderson, 2001; J. Turner, 2000; 2003; J. Turner and Maryanski, 1992; 2008; J. Turner and Stets, 2005) 사회학과 진화론의 결합을 통해 사회학의 이론적 위기를 극복할 것을 주장하는 이와 같은 흐름을 흔히 '진화 사회학(Evolutionary Sociology)' 혹은 '생물-사회학(Bio-Sociology)'이라 부른다.

'진화 사회 과학'으로 통칭되는 이 흐름들은 진화론을 수용하는 방식에 따라 크게 두 가지로 구분해 볼 수 있다. 하나는 기존의 사회 과학의 연구에 진화적 아이디어를 부분적으로 차용하는 것이다. 예를 들면 진화 경제학의 경우 진화론을 게임 이론과 결합하여 진화적 게임 이론이라는 영역을 발전시킨다. 일단의 진화 경제학자들은 인간을 이기적이라고 가정하는 기존의 경제학적 가정을 비판적으로 보면서 인간이 이기심과 이타심을 모두 갖는 존재라는 진화론의 인간학을 수용해서 경제학의 관념을 수정하고자 한다. (Henrich et al., 2004) 이렇게 진화론적 아이디어를 부분적으로 혹은 유비의 수준에서 도입하는 것은 콩트 이래 사회 과학 내에서 진화론을 수용하는 오래된 방식이다.

그러나 최근의 진화 사회 과학의 새로움은 진화론을 수용하는 두 번째 방식에서 두드러진다. 주로 진화 심리학과 진화 인류학에서 발견되는 두 번째 수용의 방식은 진화론적 아이디어를 부분적으로 차용하는 데 그치지 않는다. 이들은 생물학에서 발전된 진화적 원리의 적용 대상을 동물에 국한하지 않고 인간까지 일반화하고자 한다. 즉 자연 선택, 성 선택 그리고 최근에 발전된 진화론의 원리들인 차별적 부모 투자 이론, 차별적 번식 성공 이론 등의 진화적 '원리' 자체를 인류학과 심리학 등의 연구에 보다 전면적으로 적용해서 인간 행동과 사회 현상을 설명하려 한다. 유전학자 테오도시우스 도브잔스키는 "진화를 생각하지 않고는 생물학의 어떠한 것도 이해할 수 없다."(마이어, 2005, 125쪽)라고 했는데 진화 심리학자와 진화 인류학자들의 상당수는 아마 "진화를 생각하지 않고는 인간과 사회 현상을 제대로 이해할 수 없다." 라고 말할지도 모른다. 바코우가 말하듯이 이들은 진화된 인간의 심리를 문화와 사회의 기초로 보기 때문이다. (Barkow, 2006, 6쪽) 따라서 이 두 번째 접근을 취하는 진화 심리학과 진화 인류학은 사회 과학의 한 분과인 동시에 인간 생물학이라는 이중적 성격을 가진다고 볼 수 있다.

이 두 번째 접근 중 진화 심리학은 인간에 대한 진화론의 적용을 대표하며 이 흐름을 주도해 왔다. 진화 심리학의 특성을 정확히 이해하기 위해서는 이를 사회 생물학과의 공통성 및 차이를 통해 살펴보는 것이 도움이 될 것이다.

2.2. 사회 생물학과 진화 심리학의 공통점과 차이점

사회 생물학과 진화 심리학의 중요한 공통성은 이들이 인간의 사회 생활, 그리고 인간 남녀의 성 같은 현상을 진화적 원인으로 설명한다는 점이다. 구체적으로 이들은 남녀 차이를 주로 성 선택과 차별적 부모 투자 이론에 기초해서 설명하는 공통점을 갖는다. 다윈 진화론에서 제시된 성 선택 관념은 자연 선택으로 설명되지 않은 동물의 암수 형질 특히 수컷의 눈에 띄는 형질을 설명하기 위해 도입되었다. 성 선택 이론에 따르면 생존에 도움이 되지 않는 수컷 공작의 화려한 꼬리나 수사슴의 거대한 뿔은 짝을 선택하기 위한 과정에서 생긴 자연스러운 결과라는 것이다.

차별적 부모 투자 이론은 성 선택 이론을 구체화시키는 중범위 이론이다.

(버스, 2005) 이에 따르면 자식에 대한 초기 투자에서 암수의 차이가 있고 그에 따라 성 전략, 성 행동의 암수 차이가 생긴다. 초기 투자에서 암수의 차이는 난자와 정자의 비대칭에서 시작된다. 암컷은 난자에 이미 많은 영양 물질을 투자한 반면 수컷의 정자는 그렇지 않다. 포유류와 인간에 이르면 이런 암수의 비대칭은 심화되는데 임신과 수유 등을 통해 암컷이 자식에게 투자하는 에너지와 시간은 수컷과는 비교할 수 없이 증가하기 때문이다.

  이들이 진화론에 따라 인간의 사회적 행동과 성적 차이를 설명하려는 시도는 실상 이들이 자연과 사회의 이분법, 자연 과학과 사회 과학의 이분법을 넘어서고자 하기에 가능한 것이다. 그런데 사회 생물학과 진화 심리학은 이런 공통성에도 불구하고 또한 중요한 차이도 있다. 우선 사회 생물학과 진화 심리학은 연구 대상 면에서 다르다. 한마디로 사회 생물학은 사회성 '동물'들을 연구 대상으로 한다면 진화 심리학은 '인간'을 연구 대상으로 한다. 사회 생물학은 사회성 동물, 예를 들어 벌과 말벌 같은 사회성 곤충, 조류, 영장류 같은 사회성 동물들을 연구 대상으로 하여 이들의 사회적 행동에 존재하는 규칙들을 탐구해 왔다. 윌슨의 사회 생물학은 개미와 꿀벌 등 사회성 동물에서 관찰된 원리와 패턴을 인간에 확대 적용했을 뿐이며 인간을 직접적 연구 대상으로 삼은 것은 아니었다. 윌슨의 『사회 생물학: 새로운 종합』이라는 총 27장에 이르는 방대한 책의 대부분은 사회성 동물에 대한 연구를 담고 있으며 마지막 장인 27장만이 인간을 다루고 있다. 27장의 인간에 대한 진화론적 설명은 인간을 관찰 대상으로 생산된 자료를 바탕으로 한 것은 아니다. 물론 윌슨은 인류학적 연구들을 참조하긴 했지만 동물을 대상으로 발견된 생물학적, 진화론적 원리를 인간에 추론적으로 적용하였다. 따라서 사회 생물학은 사회성 동물에 대한 관찰 결과를 인간에 외삽했다는 비판에서 자유롭지 못하다.

  반면 진화 심리학자들은 '인간'을 직접적인 연구 대상으로 한다는 점에서 사회 생물학자들과는 다르다. 이들은 진화론의 원리에 따라 인간을 대상으로 한 실험, 관찰을 진행한다. 진화 심리학자 버스는 다양한 문화권에서 방대한 자료를 수집 혹은 생산하여 주로 남녀의 짝짓기를 진화적 원리에 따라 설명한다. 코스미디스와 투비도 인간의 진화된 심리적 설계(design)의 존재를 증명하기 위해 인간을 관찰하거나 심리 실험들을 진행한다. 이들은 인지심리학의 유명한 웨이슨의 선택 과제 실험을 재설계하여 인간의 연역 추론 능력에 대한 진화론적 설명을 제시한다. 실험 결과 사람들은 추상적인 과제보다는 주어진 과제가 '사회적 교환'의 상황일 때 연역 추론 능력이 가장 잘 발휘되었다. (Cosmides and Tooby, 1992: 장대익, 2004) 이렇게 진화 심리학은 인간을 대상으로 자료를 생산하며 인간 행동을 진화적 원인을 통해 설명하고자 한다.

진화 심리학과 사회 생물학의 두 번째 차이는 사회성 행동을 설명하는 '기제'가 다르다는 점이다. 사회 생물학은 사회성 동물의 행동을 '유전자 수준'에서 설명하는 경향이 있다. 예를 들어 꿀벌 집단의 불임 계층, 즉 일벌이 존재하는 이유를 그들이 여왕벌과 유전자를 4분의 3 공유하고 있다는 점을 통해 설명하는 것이다. 반면 진화 심리학은 유전자와 행동을 직접 연결시키기보다 인간의 사회적 행동을 인간의 '심리 기제'를 통해 설명하고자 한다. 이들이 보기에 인간이 오랜 진화적 시간을 거치면서 직면했던 적응 문제─예컨대, 생존, 배고픔의 해결, 짝 찾기, 포식자 피하기, 사회적 협동, 사기꾼 탐지 등─를 해결하는 과정에서 형성된 진화된 심리적 기제가 있다고 본다. 진화 심리학은 인간의 사회적 갈등과 협동, 남녀의 행동 등을 설명하는 원인을 유전자보다는 인간의 '진화된 심리 기제'에서 찾으려 한다. (Cosmides et al., 1992).

이런 점에서 진화 심리학을 유전자 환원주의라고 보기는 힘들다. 물론 진화된 심리적 기제의 유전적 기초가 없는 것은 아니며, 인간의 심리적 기제는 '유전적으로 프로그램된 것'으로 이해된다. 그러나 진화 심리학은 사회 생물학처럼 행동과 유전자를 직접 연결시키지 않으며 이제 인간의 행동은 환경

의 입력물(input)에 반응하는 '진화된 심리적 기제'의 산출물(output)로 이해
된다. 코스미디스와 투비는 이를 '주크박스의 비유'를 통해 설명한다. 주크박
스는 각기 다른 입력물에 따라 각기 다른 출력물, 즉 음악을 산출한다. 인간
은 고정된 본능이 아니라, 심리적 기제를 가지고 있고 그 결과 환경에서 받는
입력(input)이 다르면 그 출력(output)의 양상도 달라진다. (Cosmides and Tooby,
1992)

　진화 심리학의 이런 특성은 이전 시기 사회 생물학 논쟁에 대한 반성의 결
과로 보인다. 사회 생물학에 대한 일련의 비판들, 즉 동물 연구를 인간에 그
대로 외삽한 데 대한 비판, 그리고 유전자 환원주의 혹은 생물학 결정론에
대한 비판들에 대해 진화 심리학은 일련의 응답을 내놓았다. 유전자와 행동
의 일대일 대응 그리고 유전자 결정론에 따라 행동 변화와 다양성을 설명하
지 못한다는 비판을 고려하여 진화 심리학은 이를 새롭게 설명하고자 했다.
이를 위해 다양한 행위를 산출하는 결정 규칙으로서 '심리 기제'로 초점을
이동하였다. 또한 동물 연구의 무리한 일반화가 아니라 인간을 탐구 대상으
로 하여 진화의 일반성과 인간 종의 고유성을 통합하는 연구 결과를 생산하
고자 하였다. 그 결과 진화 심리학은 한편으로는 인간 종에 대한 진화 생물
학인 동시에 인간 과학, 사회 과학 안으로 확고히 발을 내딛게 되었다.

　양자의 세 번째 차이는 진화 심리학의 연구자들인 버스, 코스미디스, 투비
가 원래 심리학, 인류학 등 기존 사회 과학에 속한 연구자들이란 점이다. 이
는 사회 생물학의 경우와 다르다. 사회 생물학은 전통적 생물학자가 인간 문
제로 설명의 확장을 시도한 것이라면 진화 심리학은 기존 사회 과학자들이
자신의 분과의 공백을 진화적 원리들을 통해 혁신하려는 기획이다. 이렇게
보면 사회 생물학은 생물학, 즉 자연 과학에 속하며 진화 심리학은 사회 과
학에 속하는 것으로 생각할 수 있다.

　그러나 엄밀히 말해서 진화 심리학의 분과 학문적 지위는 사회 생물학만
큼 명확하지는 않다. 윌슨의 사회 생물학은 생물학, 즉 자연 과학의 하위 분

과였다. 그러나 진화 심리학은 사회 과학의 한 하위 분과인 동시에 자연 과학, 즉 생물학을 인간의 사회 행동을 대상으로 확장한 것으로도 볼 수 있다. 따라서 이를 어느 한 분과로 분류하기는 쉽지 않다. 진화 심리학은 인간 남녀의 성처럼 자연과 사회의 경계에 걸쳐 있는 대상을 다루면서 자연과 사회의 이원론, 자연 과학과 사회 과학의 분할 자체에 도전하고 있기 때문이다.

요컨대 사회 생물학은 동물의 사회적 행동을 연구 대상으로 하며 유전자 수준에서 그 행동을 설명하려는 생물학자들의 작업이었고 이를 인간에 추론적으로 확대하려는 시도였다고 볼 수 있다. 반면 진화 심리학은 인간의 사회적 행동을 연구 대상으로 하며 이를 진화된 심리적 기제 수준에서 설명하려는 사회 과학자들의 작업이라 볼 수 있다. 그러나 양자는 모두 인간과 동물의 분할을 넘어서 이를 단일한 진화적 원리를 통해 인과적으로 설명할 수 있다는 신념을 공유하고 있다.

3. 사회 생물학과 진화 심리학의 젠더 관념 비교: 가족에 대한 관점을 중심으로

과학과 사회는 늘 밀접한 상호 작용을 주고받는다. 자기 시대의 맥락에서 분리된 순수한 과학적 작업이란 존재하지 않는다. 관찰은 이론 의존적이며 (브라운, 1988), 따라서 자연에 대한 관찰은 늘 자기 시대의 언어와 관념을 프리즘으로 해서 진행될 수밖에 없다. 진화론, 사회 생물학, 진화 심리학 역시 자기 시대의 관념과 현실에 영향을 받아 왔으며 이들의 성에 대한 연구들 역시 동시대의 젠더 관념의 영향에서 완전히 자유롭지 않다.

사회 생물학과 진화 심리학은 모두 진화론의 원리, 즉 성 선택과 차별적 부모 투자 이론에 기초해서 남녀의 성적 차이를 설명한다. 그럼에도 불구하고 이들의 성에 대해 견해는 각각의 연구자들이 속한 시대의 젠더 관념을 반영한다. 따라서 이 둘 사이에는 성이란 현상을 바라보는 초점과 표현의 수사에서 의미 있는 변화가 발견된다. 특히 사회 생물학과 진화 심리학이 가장 두드러진 차이를 보이는 부분은 가족에 대한 견해이며 이는 페미니스트들의 가장 민감한 반응을 야기하는 부분이기도 하다.

이런 점에서 가족에 대한 견해를 중심으로 양자의 젠더 관념을 비교해 보는 것은 페미니스트들의 태도 변화를 이해하는 데 도움이 될 것이다. 여기서는 사회 생물학을 대표하는 윌슨과 진화 심리학에서 성차 연구를 대표하는 버스의 연구를 살펴볼 것이다. 결론부터 말하면 윌슨의 사회 생물학에서 남녀 관계는 주로 '가족 관계'를 중심으로 사고된다면 버스의 진화 심리학에서 남녀 관계는 더 다양하며 그중 '가족'은 여러 선택지 중 하나일 뿐이다.

3.1. 사회 생물학의 가족 관념

사회 생물학은 남녀의 성적 결합을 대개는 '가족'으로 한정하는 경향이 있다. 가족에 대한 윌슨의 견해는 세 가지 특징을 갖는다. 그는 우선 핵가족은 거의 대부분의 인간 사회에서 관찰되는 보편적인 제도라고 본다. 또한 그는 동시대의 사회 과학자들과 마찬가지로 핵가족을 사회의 기본 단위로 본다. 그리고 윌슨은 핵가족 내의 남녀 결합을 거의 영구적인 것으로 보았다. 그가 남녀 결합이 영구적이라 보는 이유는 영장류와 다른 인간 여성의 성욕 때문이다. 영장류와 달리 인간 여성은 발정기가 따로 없는데 이는 항상적인 성적 수용성을 가지며 결혼 유대를 강화하는 데 기여한다는 것이다. (윌슨, 1992, 642, 675쪽)

사회 생물학의 26장 「인간: 사회 생물학에서 사회학까지」에서 인간의 "결합, 성 및 분업"에 나오는 다음의 인용에는 남녀 관계와 가족에 대한 윌슨의 견해가 잘 드러난다. "거의 모든 인간 사회의 구성 단위는 핵가족(nuclear family)이다. (Reynold, 1968; Leibowitz, 1968) 오스트레일리아 사막 지대의 수렵 채집민과 마찬가지로 미국 공업 도시의 대중들 역시 이 단위로 조직되어 있다. 이 두 가지 모두에서 가족들은 …… 낮에는 여자와 아이들이 주거 지역에 머물러 있는 동안에 남자들은 사냥 동물이나 그에 상응하는 교환용 물건이나 돈을 벌기 위해 돌아다닌다. …… 성적 결합은 부족의 관습에 준하여 조심스럽게 이루어지며 영구적인 성격을 띠게 된다." (윌슨, 1992, 657쪽).

여기서 윌슨이 묘사하는 가족은 남성이 부양을 하고 여성이 집에 남아 가사 노동을 하는 성별 분업에 기초한 핵가족의 한 종류이다. 역사적으로 이 핵가족은 20세기 중반에 서구에서 제도화된 핵가족 소위 남성 생계 부양자/여성 전업 주부 가족과 닮아 있다. 윌슨은 20세기적 형태의 성별 분업인 남성 생계 부양자와 여성의 전업 주부라는 쌍을 인류 보편적인 것으로 가정하는 경향이 있다. 그는 남성 생계 부양/여성 가사 돌봄 분업 체제를 인류의 초기 역사나 비서구 사회에 투사하곤 한다. 예를 들면 윌슨은 원시적인 오스트랄로피테쿠스 원인에서 최초의 진정한 인간으로 전환되는 과정은 인류가 사냥을 함으로써 가능했다고 본다. 이 설명에서 남성은 집을 떠나 사냥으로 생계를 부양하고, 여성은 집에 남아 식물성 식량을 채집하며, 친족 네트워크의 지원 속에서 양육을 담당하는 성별 분업의 모델이 등장한다.

이런 분업으로 남녀는 기능적인 상호 의존성을 형성한다. "양육은 더 큰 사냥감을 사냥하러 집을 떠난 남성과, 아이들을 돌보고 식물 식량의 대부분을 채취하는 여성 사이의 긴밀한 사회적 결합을 통해 개선되어 왔을 것이다. …… 인간의 성적 행동과 가정 생활에서 볼 수 있는 구체적인 사항들 중 많은 부분은 이런 기본적인 분업에서부터 쉽게 유추해 낼 수 있다." (윌슨, 2000, 131쪽)

윌슨의 이런 분석이 20세기적 성별 분업의 반영이라 보는 이유는 농경이나 원예 농업 사회에서 남녀의 노동 분업은 이와 다르기 때문이다. 19세기 이전 서구 사회들에서의 성별 분업은 남성의 생계 부양과 여성의 가사와 돌봄이란 식으로 확연히 구별되지 않는다. 남녀는 모두 가내 생산을 담당했고 남녀의 일은 많은 부분 중첩되어 있었다. (자레스키, 1986, 43~45쪽) 또한 현대 사회에 존재하는 소규모 사회들에 대한 연구들을 보면 생계 양식 — 수렵 채집, 원예 농업, 목축, 농경 — 에 따라 남성과 여성이 생계에 기여하는 정도는 동일하지 않다. 예를 들면 원예 농업 사회의 경우 생산 노동은 주로 여성의 몫이며 남성은 극히 제한적 기여를 할 뿐이다. 반면 목축 사회는 남성 노동의 기여가 다른 사회보다 크며, 농경 사회의 생산에서는 남녀의 노동량은 큰 차이가 나지 않는다. (Marlowe, 2000, 50~51)쪽

여성이 집안에 머물면서 생산적 노동에서 이탈하게 된 것은 자본주의와 관련이 있다. 자본주의적 공장의 출현은 직장과 주거를 분리시켰고 점차 여성은 공장에서 밀려나 가정의 영역에 제한되게 된다. 남성이 생계 노동을 여성이 가사 노동을 담당하는 성별 분업은 자본주의 발전의 산물이다. (자레츠키, 1986)

긴 역사를 볼 때 남성이 생계 부양을 하고 여성이 가사를 돌보는 방식의 성별 분업은 불변의 상수가 아니며, 역사적인 시기마다 또 사회 경제적 조건에 따라 성별 분업의 구체적 내용은 늘 변화해 왔다. (Coontz, 2005) 물론 인간 사회에서 일반적으로는 남성이 주로 생계 부양을 하고 여성이 주로 돌봄을 담당하는 경향이 있는 것이 사실이다. 여성은 20세기를 제외하면 여성은 늘 생계 노동에 종사를 해 왔다. 따라서 윌슨이 인간의 보편적 특징이라고 보는 성별 분업은 전형적인 20세기 남성 생계 부양자/여성 전업 주부 가족 형태의 반영일 뿐이다.

3.2. 진화 심리학의 가족 관념

진화 심리학자 버스가 남녀 관계를 보는 방식은 윌슨과는 중요하게 구별된다. 버스는 핵가족, 심지어 가족 자체를 남녀 결합의 기본 형태로 보거나 보편적이고 영원한 것으로 보지 않는다. 이는 버스의 『욕망의 진화』에서 잘

드러난다.

버스는 평생을 함께하는 가족에 대한 관념은 하나의 허상일 뿐임을 지적한다. 특히 다음의 주장들은 월슨의 사회 생물학의 내용과 아주 대조적이다. "모든 문화권에서 이혼이 보편적이며 특히 서구 사회에서는 이혼율이 매우 높다는 점을 감안하면, 계속 함께 산다는 것이 자동적으로 이루어지는 일도, 그렇게 될 수밖에 없는 필연적인 일도 아니라는 것이 분명해진다." (버스, 2007, 252쪽) "짝을 맺는 것은 평생 유지될 수도 있지만 종종 짧은 기간이 되기도 한다."(버스, 2005, 191쪽) "지금까지 짝짓기에 대한 과학적 연구는 거의 전부 결혼에 집중되어 왔다. 그러나 인간의 해부학, 생리학, 심리학은 혼외정사로 가득 채워진 조상들의 과거를 폭로하고 있다." (버스, 2005, 276쪽)

이런 주장들에서 보듯이 진화 심리학자 버스의 관심은 가족과 결혼보다는 전략적 행위자인 남녀 개인들의 '다양한' 짝짓기 전략에 주어져 있음을 알 수 있다. 그는 짝짓기를 두 종류, 즉 장기적 짝짓기와 단기적 짝짓기로 구분하고 있다. 장기적 짝짓기는 결혼이나 동거 같은 비교적 지속적인 남녀 관계를 말하며 단기적 짝짓기는 하룻밤의 정사(혼외정사를 포함해서)나 연애 같은 비교적 일시적 관계를 뜻한다. 진화 심리학에서 남녀는 자신의 조건과 맥락, 필요에 따라 장기적 혹은 단기적 짝짓기 전략을 다 선택할 수 있는 전략적 행동을 구사하는 개인으로 묘사된다.

버스는 특히 장기적 짝짓기, 즉 결혼이 남녀에게 늘 이점을 갖는 것은 아니며 '특정 상황하'에서 이점이 있다고 본다. 즉 "결혼을 추구하고, 여성에게 수십 년간 투자하게 만드는 남성들의 심리적 메커니즘을 형성하는 선택을 통해, 우리는 장기적 짝짓기가 적어도 어떤 상황하에서는 적응적 이점을 가지고 있음을 어렵지 않게 짐작해 볼 수 있다." (버스, 2005, 202쪽). 이렇게 진화 심리학에 와서 결혼이나 가족은 보편적이며 항구적인 남녀 결합의 양식이라기보다는 개인의 전략적 비용/편익 판단에 의존하는 것으로 변화하였다. (버스, 2005; 2007) 즉 진화 심리학이 보는 가족은 남녀 개인의 선택에 따라 구성과 해체, 재구성에 열려 있는 가변적 것이다.

또한 진화 심리학은 윌슨의 사회 생물학만큼 명시적으로 성별 분업을 언급하지 않으며 그 자연적 기초를 밝히려는 과거의 시도를 반복하지도 않는다. 진화 심리학은 특정한 성별 분업의 형태를 강조하기보다 여성이 남성보다 더 많이 양육에 관여한다는 일반적 경향에 대해서 논할 뿐이다. (버스, 2005, 283쪽) 또한 남성에 대한 여성의 짝 선호가 경제적 능력에 초점을 맞춘다는 점을 통해 남성이 상대적으로 경제적 부양을 담당함을 말하고 있다. (버스, 2005, 165~177쪽)

그러나 진화 심리학은 남성이 더 많이 경제적 부양에 관여하고 여성은 양육에 더 많이 관여하는 경향이 있음을 가정하지만 남녀가 배타적으로 이런 성별화된 역할을 담당한다고 보지는 않는다. 버스의 진화 심리학은 여성이 경제적 부양을 하거나 남성이 양육을 하는 경우를 배제하지 않는다. 물론 이 점만을 가지고 성별 분업에 대한 진화 심리학의 관념이 사회 생물학과 크게 달라졌다고 단언하기는 힘들다. 그럼에도 진화 심리학은 여성이 경제 활동에 더욱 적극적으로 참여하고 남성이 양육에 과거보다 더 많이 관여하는 변화된 현실을 반영한다. 이는 남녀를 이원론적 분업에 할당했던 사회 생물학의 관념과는 확실히 구분된다.

진화 심리학이 가족과 성별 분업의 공고성에서 벗어난 것은 진화 심리학이 출현하던 1990년대 이후의 상황을 반영한 것이다. 이 시기에 결혼 비율은 1970년에 비해 감소하였고 혼외정사, 이혼율의 급증으로 가족 제도는 제도적 안정성을 잃었다. (Lewis, 2001) 동거와 독신 가족, 복합 가족 등의 증가로 가족은 다양화되었고 과거 지배적이었던 부부와 생물학적 자녀로 이루어진 핵가족은 전체 가족의 일부분에 불과하게 되었다. 윌슨의 사회 생물학이 출현했던 1970년대에는 대다수의 남녀는 가족을 구성할 것으로 기대되었지만 진화 심리학이 출현한 1990년대 와서 가족은 개인의 선택에 따라 구성 혹은 해체되는 가변적인 것이 되었던 것이다. (오현미, 2012)

　　이상에서 사회 생물학과 진화 심리학이 가족과 성별 분업에 대해 어떤 견
해를 갖고 있는지 비교해 보았다. 한마디로 사회 생물학은 20세기 핵가족과
성별 분업을 보편화, 자연화하는 경향을 갖는 반면 진화 심리학에서 가족은
남녀 개인이 취할 수 있는 여러 선택지 중 하나로 보고 있다. 버스는 가부장
제 혹은 핵가족의 영원성을 가정하지도 않으며 그것이 자연적인 것이라고
보지도 않는다. 남녀 관계를 보는 시각에서 사회 생물학에서 진화 심리학으
로의 변화 과정은 특수와 보편의 관계로 이해할 수 있다. 사회 생물학은 남녀
관계의 특수한 양상인 가족을 보편적이고 자연적인 것으로 보았다. 그러나
진화 심리학에 이르러 가족은 남녀 관계의 여러 양상 중 하나의 특수한 형태
로 여겨지게 되었다.*

　　이상의 비교를 통해 우리는 핵가족과 가부장제를 자연화한다는 사회 생
물학에 대한 비판이 진화 심리학에는 동일하게 적용되기 힘들다는 점을 알 수
있다. 그렇다면 사회 생물학에서 남녀 관계를 보는 기본 단위였던 '가족'을 대
체하는 진화 심리학의 기본 단위는 무엇인가? 뒤이어 보겠지만 그것은 남녀
관계에서 다양한 장기적, 단기적 관계를 오고가는 성적 전략을 구사하는 개
인들이다. 흥미롭게도 진화 심리학에서 드러나는 가족 중심성의 약화는 사회
학자인 울리히 벡이 말하는 개인화 테제와 유사성을 가진다. 이 둘의 유사성
을 밝히기 위해서 먼저 벡의 개인화 논의를 남녀 관계 맥락에서 검토해 보자.

4. 울리히 벡: 가족과 개인화

　　벡은 1986년 출간된 『위험 사회(*Riskogesellschaft*)』에서 20세기 후반 서구

---

* 이런 특수와 보편의 관계는 남녀 관계에서 조화만을 사회 생물학이 보았다면 진화 심리학은
조화와 갈등을 모두 다룬다는 점에서 마찬가지로 발견된다.

사회의 변동을 위험 사회와 개인화의 경향을 통해 포착하였다. 그는 위험 사회와 개인화를 2차 근대성의 맥락에 놓으면서 1차 근대성에서 2차 근대성으로의 이행 속에서 사회 구조와 가족의 변동을 설명한다. 벡에 따르면, 성찰적 (실제적 혹은 결과적으로는 반영적) 근대성의 과정이 급진화된 결과로서 사회적인 것과 정치적인 것의 본질에 근본적인 변화가 발생했다. 여기서 핵심은 사회 과학을 추동했던 인간학적 태도가 부식된 것이다. 1차 근대성의 특징이었던 민족적이고 집합적인 관념은 2차 근대성에 와서는 일종의 좀비 개념으로 전락했다. 1차 근대성은 민족 국가와 계급, 가족, 인종과 같은 집합적 정체성에 기초했다고 본다. 이런 1차 근대성은 개인화, 세계화, 실업, 생태 위기라는 네가지 변화에 의해 도전받게 된다. 이렇게 새롭게 도래한 2차 근대성에서 우리는 개인적 관계의 변화뿐 아니라 자본주의와 일상 생활의 상이한 형태, 그리고 새로운 지구적 질서를 향해 나아가고 있다. (Beck and Beck-Grensheimm, 2002, 206쪽)

벡은 1차 근대성과 2차 근대성의 관계를 단절이 아닌 연속으로, 즉 1차 근대성 원리의 급진화 과정으로 파악한다. 이런 맥락에서 '개인화'란, 1차 근대성의 개인주의가 더 급진화되고 여성을 포함한 대중들에게로 더욱 민주화된 결과이다. 개인화의 과정은 1차 근대성하에서는 사람들을 집단적 지위에 연계된 전통적 역할과 의무에서 해방시켜 개인 단위로 사회와 경제에 참여하고 자율적으로 가족을 형성하여 이를 통해 사회에 통합되도록 하였다. 그러나 개인화는 2차 근대성하에서는 다음과 같은 해체적 성격을 갖는다. 2차 근대적 개인화는 첫째 사람들을 지위에 기초한 '계급'에서 해방시킨다. 둘째로 개인화는 전업 주부라는 여성의 '지위'를 약화시켰다. 셋째로 개인화는 노동 규범과 양식을 느슨하게 만들어 유연 고용, 실업의 다원화, 작업장의 탈중심화를 가져왔다. 그 결과 2차 근대성에서는 계급이 아닌 개인이 사회적 삶의 재생산 단위가 된다. (Beck and Beck-Grensheimm, 2002, 202~203쪽) 2차 근대성에서 개인주의는 규칙화되지 않으며 따라서 개인의 자유는 불확정적

이고 위험으로 가득한 불안정한 자유이다. (Lash, 2002, vii쪽)

여기서 개인화(individualization)는 개인주의(individualism)와 구별되는데 개인주의가 보통 하나의 태도나 선호로 이해되는 반면 개인화는 개인들의 태도 변화를 초래할 수 있는 거시 사회학적 현상을 지시한다. 바우만과 기든스가 개인화를 개인의 측면에서 의식적 선택이나 선호로부터 유래하는 과정으로 본다면 벡은 이와 다르다. (벡, 2010, 24~25쪽). 벡은 개인화를 근대적 제도들에 의해 개인들에게 강제되는 것으로 본다. 즉 개인화는 해방의 측면과 동시에 개인들의 재통합 및 통제양식의 등장과 관련된다는 점이 중요하다. (벡, 1997)

벡은 이런 현실을 파슨스(Parsons, 1962, 101쪽)의 용어를 빌려 "제도화된 개인주의"로 칭한다. 이는 개인화가 제도와 무관하거나 제도에서 개인이 풀려나는 것이라기보다, 제도에 의해서 개인화가 지지되고 심지어 강요된다는 것이다. 이것은 주로 법의 영역과 노동 시장에서 발견된다. 개인화는 시민적, 정치적, 사회적인 기본권들, 가족법, 이혼법, 노동 시장의 신자유주의적 재편과 같은 국가와 개인 사이의 관계에서 나타난다. (Beck and Beck-Gernsheim, 2002; 벡, 2010) 국가의 법과 노동 시장은 사람들에게 개인으로 살아가기를 명령한다. 이런 의미에서 개인화는 선택의 개방일 뿐만 아니라 지속적 선택을 강제하는 과정으로 이해된다. (벡-게른스하임, 2010: 128)

벡이 보기에 개인으로 살아가기를 명령하는 제도적 핵심은 노동 시장이다. 변화된 노동 시장은 직장인들이 가족적 상황과 무관하게 언제든지 시장의 필요에 따라 이동할 수 있기를 요구한다. 즉 시장 경제가 원하는 것은 가족의 구속에 방해받지 않는 자유로운 개인이다. 과거에는 이런 시장의 요구가 남성에게 한정되었고 가족의 요구는 여성의 몫이었다. 그러나 남녀 모두가 노동 시장에 진출한 오늘날 시장은 자유로운 개인이라는 표준을 남녀 모두에게 요구하게 된다. (벡·벡-게른스하임, 1999, 78쪽). 이런 의미에서 그는 2차 근대성의 개인주의를 "노동 시장 개인주의"라고 칭한다.

노동 시장에 의해 강요된 개인화는 여러 모순을 안고 있다. 벡이 말하는 2차 근대성에서 '개인화'는 자기 주장을 할 수 있는 '실제적 능력으로서의 개인성(individuation)'보다는 개인이 자율성을 행사할 실질적 조건이 확보되지 않은 채 개인이 되는 '운명으로서의 개인성(individualized individual)'을 의미하며, 이러한 관점은 바우만과도 연결된다. (Bauman, 2002) 이런 맥락에서 벡의 개인화는 개인주의라는 가치의 문제보다는 개인화된 존재 양식을 의미한다. 역설적으로, 개인화는 개인의 자율화를 불가능하게 하는 사회화 과정인 것이다. 개인은 전통적 속박과 부양 관계에서 풀려나지만, 그 이후에는 표준화되고 통제받는 노동 시장 내의 존재이자 소비자라는 제약 아래 놓인다. 궁극적으로 2차 근대적 상황에서는 개인들은 자기 힘이 미치지 못하는 상황과 조건에 의해 강력히 지배당하게 되고 이 과정에서 개인화가 급진적이 된다. (Beck and Beck-Gernsheimm, 2002, 215~216쪽)

과거의 계급 문화에 따른 가족적 생애 주기는 이제 개인화로 인해 일종의 제도적 생애 유형에 의해 대체된다. 개인화는 바로 생애와 생활 상황이 과거의 표준화된 생애에서 벗어나 각자가 상이한 조건에 맞게 자신의 손으로 결정해야 하는 것임을 의미한다. 이 과정에서 개인은 자아 중심적 세계관을 발전시킨다. 개인들을 규정하는 외부의 제도적 조건은 비가시화되고 모든 것은 마치 스스로 내린 결정의 결과인 것처럼 이해된다. 이런 과정을 통해 사회에 의해 생산된 위험과 모순은 주관적인 것으로 변화한다. 예를 들어 이혼과 같은 많은 사건들은 노동 시장과 같은 외부적 힘과 관련되어 이해되기보다 각자의 실수로 간주되게 된다. (Beck and Beck-Gernsheimm, 2002, 215~222쪽)

개인화의 결과 여성들이 처한 상황에 변화가 발생하며 여성들은 개인화로 인해 모순에 직면한다. 여성들은 귀속적 역할(주부)에서 해방될 것인가 낡은 귀속적 역할로 재연결될 것인가 사이의 모순에 직면한다. 가족적 결속과 부양의 구조는 개인화의 영향을 받게 되며 그 결과 여성들은 남편의 부양에서, 즉 전통적 주부라는 물적 기초에서 점차 자유로워진다. 한편 남성들도 여성이 노동 시장에 참여하면서 유일한 부양자의 멍에에서 해방된다. 하지만 동시에 가족의 화목도 약해지게 된다. 남성이 부양자 역할에서 해방되는 것은 가족 내부 과정의 결과가 아니라 노동 시장이라는 가족 외적 과정의 결과로 이해되어야 한다. (Beck and Beck-Gernsheimm, 2002, 188~189쪽)

　요컨대, 2차 근대의 배경인 지구화되고 정보화된 자본주의가 창출한 노동 시장은 유연성과 이동성을 요구하며 이것은 가족 관계에 구속받지 않는 자립적인 개인, 무자녀 개인을 요구한다. (벡, 1997, 193) 새롭게 출현한 노동 시장의 조건은 기업의 필요에 의해 빈번한 이동성과 고용 불안정, 고용 유연성 등의 특징을 갖다. 이는 가족 생활의 정주 및 안정성에 대한 요구와 충돌하게 된다. 노동 시장과 가족 관계가 갈등한 결과는 가족의 약화를 낳는다. 벡이 보기에 작금의 가족 위기는 남녀 간 갈등이 원인이 아니라, 가족 외부의 힘이 개인의 영역을 왜곡하기 때문에 발생하는 것으로 이해되는 것이다. (Beck and Beck-Gernsheimm, 2002, 204쪽)

　개인화가 가족 내부로 확장되면서 함께 사는 형태에도 근본적인 변화가 발생한다. 남녀의 조건을 분리시키는 개인화는 역으로 그들을 다시 결합시키기도 한다. 전통이 점점 약해지면서 사람들은 사라진 것들을 다양한 관계 속에서 찾지만 이런 관계의 다양성이 안정된 일차 관계를 대체하지는 못한다. 사람들이 관계의 다양성과 지속적인 친교 모두를 원하는 한, 사람들은 이제 물질적 기초와 사랑 때문이 아니라 홀로 되는 것에 대한 두려움 때문에 결혼 생활과 가족을 원한다. (Beck and Beck-Gernsheimm, 2002, 190~191쪽) 그러나 가족과 개인의 생애 사이의 관계는 과거보다 더 느슨해진다. 특정한 삶의 단계에 따라 개인들은 생애 전체를 통해 다양한 가족적 및 비가족적 '함께 살기' 형태를 오가게 된다. 남녀 개인의 생애의 자율성은 가족보다 우위에 있게 되고 점점 개인적 삶에 대한 가족의 속박은 약화되거나 불가능해진다. 그 결과 전통적 가족이 아닌 협상으로 맺어진 임시적 가족 유형들이 출현하게 되는 것이다. (Beck and Beck-Gernsheimm, 2002, 188~211쪽)

이상에서 울리히 벡의 개인화를 가족과 관련해서 간략히 정리해 보았다. 그렇다면 진화 심리학과 벡의 논의는 어떤 점에서 친화력을 갖는가? 다음은 몇 가지 쟁점을 놓고 이를 살펴볼 것이다.

5. 진화 심리학과 울리히 벡: 친화성과 차이점

진화 심리학이 가족이나 남녀 관계에 대해 갖는 생각은 앞서 본 바와 같이 사회 생물학과는 흥미로운 차이를 보인다. 진화 심리학의 이런 견해는 실상 동시대의 사회 과학자들과 더 많은 친화력을 갖고 있는데, 특히 20세기 후반의 대표적 사회학자인 울리히 벡의 이론과 친화성을 보인다. 결론부터 말해서 버스와 벡의 유사성은 다음과 같다. 첫째, 남녀 관계의 기본 단위를 가족보다는 개인으로 보고 있다. 이들에게 가족은 남녀 관계의 다양한 양상 중 하나의 특수한 형태에 불과한 것으로 여겨진다. 둘째, 남녀 관계는 제도가 부여한 역할과 규범보다는 개인의 '선택'에 맡겨지게 된다. 개인의 선택 행위에 대한 관심은 가족 제도가 부여하는 역할, 성별 분업에 대한 분석보다 남녀가 행사하는 다양한 전략적 선택의 맥락 그리고 선택이 지는 비용과 편익에 대한 분석이 중시된다. 셋째, 남녀 관계에서 조화와 합의보다 갈등에 대한 관심이 증가한다. 이러한 공통점에도 불구하고, 진화 심리학에서 제시하는 개체 중심의 심리적 접근과 벡이 주장하는 급진화된 제도화의 귀결로서 개인화는 중요한 차이가 있다. 그러나 벡이 상정하는 2차 근대의 상황에서 개인화된 개인들의 정신적 주체화 가능성이 근본적으로 부정되지 않는 한, 두 논의의 선택적 친화성은 여전히 인정되어야 한다.

5.1. 남녀 관계의 기본 단위: 가족에서 개인으로

진화 심리학자 버스와 사회학자 벡은 1990년대 이후 변화된 사회 현실, 그리고 달라진 젠더 의식을 자신의 이론에 반영하고 있다. 사회학자로서 벡은 보다 의식적으로 20세기 중반 이후의 변화를 포착하고 이를 '개인화'로 개념화하였다. 진화 심리학자 버스는 벡만큼 의식적이지는 않지만 윌슨의 사회 생물학에서 당연시하던 가족과 성별 분업에 대한 강조에서 벗어나서 남녀를 개인으로 보면서 이들의 다양한 성 전략으로 초점을 이동한다.

우선 벡은 개인화 과정을 산업화에서 현대에 이르는 장구한 사회 변화에 따른 세 단계에 걸친 과정으로 이해한다. 즉 "1단계, 즉 가족이 하나의 경제 단위로 구성되었던 곳에서는 남녀 어느 쪽도 개인적 일대기를 갖지 않았다. 2단계, 즉 '확대 가족'이 붕괴되기 시작했을 때는 남자들이 그들의 삶을 꾸리는 데 주도권을 갖도록 기대되었다. 가족 응집력은 여성 권리의 희생을 대가로 유지되었다. 그리고 1960년대부터 새로운 3단계가 시작되었다. 남녀 모두가 자기 자신의 삶을 만들어 갈 축복과 짐을 부여받은 새로운 시대가." (벡·벡-게른스하임, 1999, 144쪽)

확대 가족에서 핵가족 그리고 개인화라는 세 단계를 거치면서 점차 개인들은 남녀 각각이 자신만의 일대기를 갖는 과정으로 변화해 왔다는 것이다. 개인화의 결과는 여성들에게 가족 중심의 인생 계획이 아니라 자신의 개성에 초점을 맞춘 인생 계획을 세우게끔 만든다. 여성들은 "이제 더 이상 스스로를 가족의 '부속물'로 여기지 않고, 권리와 이해 관계, 그리고 자기 자신의 미래와 선택지들을 가진 한 사람의 개인으로 여기고 있다." (벡·벡-게른스하임, 1999, 118쪽) 벡의 이런 분석들은 오늘날 남녀 관계는 과거처럼 가족이라는 단위를 통해서 이해될 수 없으며 남녀의 정체성도 가족 속의 역할로는 설명하기 어려운 시대가 되었음을 뜻한다. 이제 남녀는 가족 속의 누군가로 살아가기보다는 가족과 비가족적인 삶을 오가며 그/그녀라는 자신의 인생을 살고 있는 것이다.

버스의 진화 심리학은 사회 현실에 대한 설명이라기보다는 인간 남녀의 보편적인 성향을 설명하려는 시도이다. 이런 점에서 진화 심리학과 사회 생물학의 목적은 본질적으로 다르지 않다. 그리고 남녀를 생물학적 차이를 갖는 존재로 본다는 점에서는 이들은 기본적으로 견해가 일치한다. 그러나 진화 심리학이 남녀 관계를 묘사하는 방식은 사회 생물학과 달리 남녀 개인에서 출발한다. 진화 심리학은 핵가족을 남녀 관계의 기본 단위로 보지 않으며 대신 남녀 관계를 전략적 행위자로서 개인에 초점을 맞추어 설명한다.

진화 심리학은 포유류와 인간은 자식에게 남녀가 각각 비대칭적으로 시간과 에너지를 들였다고 설명한다. 암컷과 여성은 임신과 수유 등으로 자식에게 더 많이 투자한 반면 수컷과 남성이 한 번의 짝짓기에 들이는 시간과 에너지는 여성보다 극히 적다. 이렇게 자식에 대한 비대칭적 투자로 인해 남녀 행동과 성 전략의 차이가 생긴다. (버스, 2005, 452~453쪽) 이제 남녀는 성적 행동에서 전략적 차이를 가지는 개별 행위자일 뿐이며 남녀 관계는 반드시 장기적 결합인 결혼이나 가족의 형성만으로 귀결되지는 않는다. 이들은 각자의 조건과 맥락에 근거한 전략에 따라 단기적 혹은 장기적 관계 사이를 이동할 뿐이다. 이제 가족은 남녀가 맺을 수 있는 여러 관계들 중 하나이다. 남녀 관계는 가족 외에도 다양하며 어떤 관계를 맺을 것인가는 남녀 개체가 처한 조건에 따른 비용과 편익의 결과이다.

버스의 진화 심리학의 개체 중심의 접근은 진화론 내에서 20세기 동안 집단 선택설이 약화되고 개체 선택설이 지배적 이론이 되는 변화와 관련된다. 진화론적 페미니스트 세라 블래퍼 허디(Sarah Blaffer Hrdy)는 개체 선택설이 부상되면서 한 종 내에서 암수 차이, 특히 인간의 경우 여성과 남성의 차이, 여성들 내부의 차이들에 주목하게 되었고 그 결과 이들을 하나의 단일한 이해 관계를 가진 동질적 집단으로 사고하기보다 상이한 이해 관계와 욕구를 가진 개체로 보는 관점이 일반화되었다고 주장한다. (Hrdy, 1999)

이렇게 남녀 관계를 가족보다는 개인을 축으로 접근한다는 점에서 버스와 벡의 논의는 선택적 친화력을 갖는다. 그렇지만 양자의 차이를 간과할 수는 없다. 벡은 가족의 약화와 개인화를 사회 역사적인 조건이 변화한 결과로 본다. 반면 버스나 진화 심리학자들은 이를 인간 본성에서 비롯된 문제로 보는 것이다. (버스, 2007, 18쪽) 이런 차이는 방법론상 벡이 사회 과학의 전통적인 분석을 따르는 반면 진화 심리학자인 버스가 진화론이라는 생물학적 분석을 따르는 데서 비롯된다. 사회 과학은 19세기 후반 진화론의 영향과 단절하면서 20세기의 문화주의적 경향 속에서 사회적 현상을 사회적 원인으로 설명하는 인과론적 태도를 취하여 왔다. (오현미, 2012) 반면 진화 심리학은 진화론의 생물학적 분석에 따라 자연적 원인에 일차적 비중을 두는 인과론적 전략을 따르고 있다. 이런 방법론의 차이로 인해 동일한 현상, 즉 가족이 약화되고 개체화되는 현상의 근거를 각기 다른 차원에서 설명하게 된다.

물론 벡과 진화론의 설명은 친화력을 가질 뿐만 아니라 양립 가능하기도 하다. 이들은 동일한 현상을 분석하는 원인의 층위를 달리 볼 뿐이며 그 원인들은 원칙적으로 상호 배제적 관계는 아닌 중층적 결정의 관계일 수 있다. 남녀 관계, 성이란 현상은 여러 원인에 의해 중층 결정되는 것이며 따라서 벡과 버스의 설명은 어느 하나를 선택하고 다른 것을 기각할 문제라기보다 많은 경우 양립될 수 있다.

5.2. 제도에서 개인의 선택으로

가족에서 개인으로의 이동은 남녀 관계에서 과거에는 주변적이었던 현상, 즉 '선택'을 지배적 현상으로 만든다. 과거처럼 남녀 관계가 가족으로 제도화되었을 때는 개인의 '선택'은 지금보다는 중요성이 훨씬 미미했다. 가족 '제도'란 남녀 관계의 반복적 패턴을 뜻하며 여기서 개인들의 선택은 관습 속에서 이루어진다. 남녀 각 개인은 가족 속의 역할 예를 들어 생계 부양자,

주부 등에 따라 자신의 정체성을 부여받고 또한 특정한 가족 제도에 상응하는 규범에 따라 행동했기 때문이다. 20세기 중반처럼 성별 분업에 따른 핵가족이 지배적이었던 시기에 개인은 가족 제도의 대리인(agent), 심지어 수인(prisoner)에 불과한 것으로 여겨졌다. 개인에게는 가족 제도가 내린 처방(prescription)에서 벗어난 대안적 선택지가 많지 않으며 따라서 대안들을 둘러싼 숙고와 선택은 중요한 문제가 아니었다.

그러나 20세기 후반 핵가족이 남녀 관계에서 지배적 지위를 상실하면서 개인들은 관계에서 다양한 선택지를 갖게 된다. 결혼, 동거, 독신, 그리고 이혼과 재혼 등 여러 가족적·비가족적 삶에 대한 선택이 과거보다 더 쉬워졌다. 남녀 개인의 선택은 더 이상 특정한 가족 제도가 처방하는 규범과 역할에 의해 강하게 제약되지는 않는다. 남녀는 다양한 관계의 대안들을 놓고 각각의 성별 이해 관계 그리고 개인적 이해 관계 및 조건에 따른 숙고와 결정을 해야 한다. 그런데 과거보다 가족 규범이 약화되면서 남녀의 이런 선택을 수렴시키는 기초는 취약해진다. 20세기 후반의 이런 변화들은 벡의 논의에서 잘 묘사되고 있으며 또한 버스와 같은 진화 심리학자들의 연구 주제에 반영되고 있다.

우선 벡이 보기에 과거에 혼인이란 당사자의 의지에서 독립된 도덕적, 법적 질서였다면 개인화는 이와 정반대의 원리에 따른다. 오늘날 개인의 일대기들은 전통적인 계율과 확실성, 외부적 통제와 일반적인 도덕률로부터 떨어져 나와 개방화되고 개인의 결정에 따라 계속 달라지며 각 개인에게 일종의 과제로 제시된다, (벡·벡-게른스하임, 1999, 28쪽).

이전에 제도가 대신했던 많은 결정들은 개인의 손에 자유의 이름으로 다시 주어진다. 그러나 이는 한편으로는 자유이지만 다른 한편으로는 선택에 대한 압력이나 강제이기도 하다. "두 파트너에게 가정을 어떻게 운영할 것인가를 선택할 자유가 주어졌다는 사실은 여성의 역할이 종속적이라는 관념을 논박하는 데서 확실히 많은 역할을 했다. 그와 그녀 모두 그들 나름의 권리와 관심사를 가질 수 있게 된 것이다. 하지만 여기서도 역시 이처럼 얻은 것이 있다면 함께 잃은 것도 있다. 말로는 아주 간단해 보여도 일상 생활에서는 서로 다른 생각, 계획, 우선 사항들로 무장한 채 공통의 접근 방법을 찾기 위해 두 사람이 싸우는 일은 치열한 전쟁일 수밖에 없기 때문이다." (벡·벡-게른샤임, 1999, 164~165쪽) 이렇게 벡이 말하는 개인화는 '제도의 처방'을 '개인의 선택'으로 대체하는 것을 의미한다.

버스의 진화 심리학도 남녀 관계에서 개체의 '선택'에 주목한다는 점에서 사회 생물학보다는 동시대 사회학자인 벡과 더 가깝다. 윌슨처럼 남녀 관계를 가족 관계와 거의 동일시할 경우 남녀 관계에 대한 개체의 선택은 그리 중요하지 않게 된다. 그러나 버스는 남녀 관계에서 가족 외의 다양한 양상, 즉 장기적, 단기적 관계 모두를 포괄하게 되고 이는 필연적으로 개체가 그 관계들 중 어느 것을 '선택'하고 왜 선택하는가 하는 질문으로 이어진다. 윌슨에게 남녀 관계에서 장기적 관계인 가족이 진화한 생물학적 이유가 관심사라면, 버스는 남녀가 왜 어떤 경우에는 장기적 관계를, 다른 경우에는 단기적 관계를 선택하는가를 진화론적으로 설명하는 것이 관심사가 된다.

진화 심리학은 이런 선택을 '전략적 선택'이라 부르며 이를 앞서 살펴본 바와 같이 차별적 부모 투자 이론으로 설명해 왔다. 이런 초기 투자에서 남녀의 차이는 남녀 각각 자신의 적응적 이익을 극대화하기 위해 상대방에 대한 상이한 성 전략을 진화시켰다. (버스, 2005, 162~163쪽) 개체로서 남녀는 자신의 이익을 극대화하고 비용을 최소화하기 위해 선택을 행사하며 상대방을 통제하려는 전략을 구사한다는 것이다. 한마디로 남녀의 생물학적 차이는 남녀 관계에서는 성행동에서 전략의 차이로 나타난다는 것이다. 버스는 왜 남성은 어떤 경우 단기적 전략을 구사하고 다른 경우 장기적 전략을 구사하는지 그리고 왜 여성은 장기적 전략을 선호하면서도 단기적 전략을 구사하는지를 남녀 각각의 상이한 적응적 이익과 비용을 통해 설명하고 있다. (버스, 2005)

이상에서 본 바와 같이 벡과 버스는 남녀 관계에서 선택이 중시되는 상황을 강조하고, 남녀 개인의 선택이 남녀 관계를 결정짓는 것으로 본다는 점에서 상당한 유사성을 보인다.

5.3. 조화에서 갈등으로

선택에 대한 벡과 버스의 관심은 필연적으로 남녀 관계의 장기적 조화보다는 선택 과정에서 빚어지는 이해 갈등에 더 많은 주목을 돌리게 한다. 울리히 벡의 개인화 논의에서 이런 점들은 일관되게 발견된다. 벡이 보기에, 자신만의 일대기를 갖게 된 남녀, 그리고 이들이 각기 상이한 요구와 조건에 처해 있다는 사실은 그 '선택'이 많은 경우 갈등을 낳음을 뜻한다. 남녀의 선택과 협상은 과거처럼 가족 제도가 강제하는 예정된 조화나 합의에 쉽게 이르지 못하며 힘겨운 협상과 논쟁을 요구하게 된다. 예컨대, "아이들을 몇 명이나 낳고 언제 낳을 것이며, 누가 돌볼지 하는 문제, 일상의 허드렛일을 분배하는 만성적인 문제, 피임 결정 …… 이 모든 문제들이 남녀가 함께 살아가는 방식에 영향을 준다. 이런 문제들을 생각하다 보면 불가피하게 남자의 관점과 여자의 관점에 따라 이 문제가 얼마나 다르게 보일지를 깨닫지 않을 수 없을 것이다. 가령 아이를 낳겠다는 선택은 잠재적 어머니와 잠재적 아버지에게 정반대의 영향을 주게 된다."(벡·벡-게른스하임, 1999, 79) 그리고 "또 다른 선택지(가령 다른 지방에서 직장 갖기, 다른 방식으로 허드렛일 분배하기, 가족 계획 수정하기, 다른 사람과 성관계 갖기 등)가 있다는 것을 깨닫는 순간 결혼한(그리고 결혼하지 않는) 남녀 간에 싸움이 시작된다. 이런 문제들에 관한 결정은 우리에게 양성이 서로 다른 진영에 속해 있다는 것이 무엇을 뜻하는지, 그리고 그것이 남자와 여자에게 어떻게 다르게 다가가는지를 깨닫게 한다. 예를 들어 누가 아이를 돌볼지를 결정하는 것은 누구의 직업 경력이 우선적인지를 결정하는 것이고, 따라서 현재뿐만 아니라 미래에 누가 누구에게 경제적으로 의존하게 될

지를 제시하는 것이 된다." (벡·벡-게른스하임, 1999, 61)

　버스의 시각에서도 인간 남녀의 짝짓기는 조화롭고 쉽게 합의에 도달되는 그런 것이라기보다는 모순적 성격을 가진 것이다. (버스, 2007, 18~19쪽). 오늘날 진화 심리학에서 남녀의 생물학적 차이는 개인들의 이해 관계의 차이, 성 전략의 차이로 연결되고, 남녀 관계에서 갈등과 불일치의 근거로 여겨진다. 진화 심리학이 보기에 남녀는 진화의 과정에서 각기 다른 성 선택의 압력에 직면하였다. 이 선택 압력에 대처하는 과정에서 남녀는 자신의 이익을 극대화하고 피해를 최소화하기 위한 전략을 발전시켰고 이를 이론화한 것이 '전략적 간섭 이론(theory of strategic interference)'이다. 전략적 간섭이란 어떤 한 사람이 목표를 성취하기 위해 특별한 전략을 구사하고, 다른 한 사람이 상대방의 욕구 충족이나 전략의 성공을 방해하고 차단하는 것으로 정의된다. 즉 남성과 여성 간의 갈등이 발생하는 이유는 서로가 동일한 자원을 두고 경쟁하기 때문이 아니라 어떤 한 성의 전략이 다른 성의 전략을 간섭하고 방해하기 때문이다. 연애와 결혼, 동거를 포함하는 인간 남녀의 짝짓기는 서로에 대한 전략적 간섭으로 인해 갈등을 빚게 된다. 진화 심리학의 교과서 격인 『마음의 기원』 등에서는 '성적 갈등' 자체가 하나의 장으로 다루어지고 있을 정도이다. 그리고 버스뿐만 아니라 1990년대 이후 진화 심리학의 연구들에서 성폭력, 강간 등 남녀 간의 갈등 현상에 대한 연구들이 흔히 발견된다. (Daly and Wilson, 1988)

　이렇게 벡과 버스는 둘 다 개인, 개체의 선택을 강조하고 그 선택이 낳을 수 있는 갈등에 주목한다는 점에서 상당한 공통점을 가지고 있다. 그런데 이들이 갈등의 원인을 어떻게 보는가라는 점에서는 여전히 차이가 있다. 벡은 남녀 갈등의 원인을 주로 경제적 원인으로 설명한다면 진화 심리학자인 버스는 그 원인을 생물학적 원인으로 설명한다. 벡이 보기에 가족은 갈등의 무대일 뿐 원인은 아니다. 단지 갈등은 언제나 사적이고 개인적 갈등으로 나타나기에 남녀 간에 갈등을 야기하는 진정한 원인이 흔히 은폐될 뿐이다. 앞서 보았듯이 벡은 남녀 갈등의 원인은 조화되기 힘든 두 개의 노동 시장 일대기에서 유래한 것으로 본다. 즉 "외부적 또는 역사적 관점에서 보면 겉으로는 개인적 실패로 대부분은 여성 배우자의 잘못으로 보이는 사건들이 실제로는 특정한 가족 모델, 즉 하나의 노동 시장 일대기와 평생의 가사 노동 일대기는 조화시킬 수 있지만 두 개의 노동 시장 일대기는 조화시킬 수는 없는 가족 모델의 실패인 경우가 대부분이다. 노동 시장 일대기는 내적으로 두 배우자가 모두 자기를 우선시할 수밖에 없도록 만들기 때문이다." (벡·벡-게른스하임, 1999, 31쪽) 이는 곧 노동 시장의 요구들과 온갖 종류의 (가족, 결혼, 어머니 되기, 아버지 되기 또는 우정) 인간 관계의 요구 사이의 모순의 표현인 것이다. 노동 시장이 두 남녀에게 요구하는 개인화는 이들의 화해와 조화를 어렵게 하며 갈등의 실제적인 원인으로 작용하고 있다. 반면, 진화 심리학은 남녀 갈등의 원인을 좀 더 생물학적인 차원에서 접근하고 있다. 버스는 진화론의 설명을 따라 남녀의 진화된 성적 차이들, 예를 들어 초기 부모 투자에서 남녀의 차이, 그에 따른 배우자 선호에서의 차이, 성 전략에서의 차이 등을 그 이유로 본다. 즉 남녀 갈등의 이유를 인간 본성에서 찾는다.

이렇게 벡과 버스가 갈등의 원인을 달리 보는 것은 놀랍지 않다. 이런 차이는 벡이 사회 과학의 전통적 접근을 취하는 반면 버스가 진화론에서 연유한 자연 과학적 접근을 취하고 있기 때문에 빚어지는 차이이다. 사회 과학과 자연 과학의 20세기적 분업 구조는 동일한 현상에 대해 원인의 소재를 각기 다르게 접근하여 왔다. 사회 과학은 사회적 원인에 주목하며 진화 심리학은 자연적 원인, 진화적 원인에 주목한다. 이렇게 이들이 각기 다른 원인을 제시하고 있지만 이는 어느 하나를 선택하고 다른 하나를 기각할 그런 문제는 아니다. 이 두 원인들은 양립 가능하며 단지 설명의 층위가 다른 문제일 뿐이다. 현상적으로 이는 경합하는 것처럼 보이지만 진화 심리학이 말하는 자연적 원인이 벡이 말하는 사회 경제적 원인에 의해 더 전면화되고 현재화된 것이라고 볼 수 있다. 즉 자연적 원인이 사회적 원인과 결합하면서 경제적, 문화적 환경과 같은 시대적 조건에 따라 조화 혹은 갈등의 내용, 정도, 양상이 달라지는 것이다.

6. 비교 사회적 평가

그런데 이들의 논의를 다양한 비서구적 상황과 관련해서 어떻게 받아들여야 하는지를 고민해 볼 필요가 있다. 한편으로 이들의 개인화에 대한 공통된 이해가 비서구적 상황을 설명하는 데 그대로 활용될 수 있는지, 다른 한편으로 만일 비서구적 상황이 이들의 공통된 이해로 설명되지 않는다면 어떠한 학문적 재평가와 대응이 필요한지가 심각하게 검토되어야 한다.

예컨대, 최근 개인화 현상이 서구 이상으로 가속화되고 있는 동아시아 지역에서 일군의 학자들이 밝히는 바에 따르면, 이 지역의 개인화는 벡이 설명하는 서구 상황과는 달리 주체화된 개인들의 선택이라기보다는 여전히 가족 지향적 혹은 가족 종속적인 개인들의 가족적 책무와 위험에 대한 조절 노력의 반영이다. (Chang and Song, 2010; 장경섭, 2011) 한국, 일본, 대만 등에서 이루어진 여러 최근 사회 조사를 보면 이들 동아시아인들의 대다수는 여전히 (법적) 혼인, (혼내) 출산, (성별) 가사 분업 등에 대해 보수적 가족 지향성을 견지하고 있으며, 이는 거시적 정치 경제 질서와 사회 정책 체계의 가족 중심성과 체계적으로 결합되어 있다. 이러한 맥락에서 벡이 파슨스를 원용해 서구적 맥락에서 지적하는 제도화된 개인주의와는 대비되는 제도화된 가족주의(institutionalized familialism)가 동아시아적 상황을 규정한다고 볼 수 있다. (Chang, 2010)

그런데 서구의 2차 근대적 상황에 상응하는 변화가 20세기 종반 동아시아에도 전개되었는데, 이는 구조적 장기 불황, 국가적 금융·재정 위기, 개발 체제의 붕괴, 주요 산업의 세계화(국외 이탈) 등에 맞물린 가족주의적 책무

와 위험의 과도화 혹은 가족화의 급진화로 볼 수 있다. 이러한 급박한 환경
에서 동아시아인들은 한편으로 여전히 가족을 중심으로 장기적 차원의 개
인의 삶을 계획하거나 목전의 생활 위기를 돌파해 나가려 하지만, 동시에 이
러한 가족적 책임성을 적정 수준에서 사전 조절하거나 책임 이행의 실패 위
험을 축소·예방하기 위해 혼인을 미루거나 조기에 이혼하고 혼인 후 자녀
출산을 포기, 연기, 최소화하는 등 광의의 개인화로 간주되는 다양한 반응
을 보여 왔다. 이러한 반응들은 주체화된 개인들의 이념적 개인화(ideational
individualization)와는 거리가 있으며, 오히려 역설적으로 동아시아인들의 여
전한 보수적 가족 중심성을 반영하는 것이다. (이런 맥락에서 보면 출산율 하락이
반드시 여성 지위의 향상에 기초하는 것이 아니며, 한국 등에서 정부의 출산 장려 정책에 대해
페미니스트 진영이 전면적 비판에 나서기보다는 그 정책에 수반되는 출산·육아 지원, 여성의
일-가정 양립 지원 등에 적극적 관심을 보여 왔다고 볼 수 있다.)

동아시아와 서구의 개인화를 둘러싼 이러한 사회적 맥락의 차이를 감안
할 때, 진화 심리학과 벡의 개인화론의 이론적 공통점은 기본적으로 서구의
특정한 역사·사회적 맥락, 특히 시대의 지배적 가족-개인 관계 및 젠더 관념
에 기초한 것으로 볼 수 있다. 반면, 동아시아적 개인화를 구성하는 가족주
의 개체들에 대해 진화 심리학의 여러 전제들과 설명을 기계적으로 적용하
는 것은 무리가 있다. 그렇다고 이 점이 동아시아적 맥락에서 진화 심리학적
접근의 타당성이나 유용성을 사전 차단한다고 볼 수는 없다.

동아시아의 후발 개발 자본주의적 맥락에서 흔히 갖가지 전통적 문화와
규범을 환기시키며 강조되는 개인의 가족에 대한 책임성은 결국 가족의 개
인에 대한 책임성을 내포하며, 이는 개인-가족 관계의 근대적 진화 방식이
서구와는 근본적 차이가 있음을 함의한다. 이는 사회적 진화 혹은 근대화의
결여나 부족을 뜻하는 것이 아니고, 복수 근대성(multiple modernities) 논의
가 지적하는 것처럼 또 다른 근대화(성)의 유형인 것이다. 심지어 서구 내에
서도 중부, 남부, 동부 유럽 지역에서 각각의 특색을 갖고 관찰되는 가족주

적 특성이 정치 경제 및 사회 정책 체계와 연계되어 하나의 근대적 현상으로 설명되기도 한다. 이러한 상황적 복잡다기성은 진화 심리학적 논의가 비서구적 상황에 적용될 때, 그리고 심지어 서구 내부의 다양성을 체계적으로 다뤄야 할 때, 개인-젠더-가족-사회 관계에 대해 내용적으로 훨씬 복잡하고 정교한 진화를 거쳐야 할 필요성을 암시한다.

7. 맺으며

이상에서 우리는 진화 심리학의 젠더 관념이 이 전시기의 사회 생물학보다는 동시대의 사회학자인 울리히 벡과 많은 부분 공통점을 가짐을 확인하였다. 진화 심리학의 젠더 관념이 사회 생물학과 많은 부분 다르다는 것은 생물학, 진화론에 대한 기존의 통념을 깨는 것이다. 지금까지 많은 페미니스트들과 사회 과학자들은 생물학은 남성 중심적 편견을 갖고 있고 또 가부장제나 가족을 자연화하는 경향이 있다고 생각해 왔기 때문이다. 그 결과 생물학과 진화론은 페미니즘의 장애물로 여겨지곤 하였다. 그러나 여기에서 살펴본 바에 따르면 진화 심리학은 더 이상 가부장제나 가족을 자연화하지 않고 있다. 물론 이것은 진화 심리학에 남성적 편견이 전혀 없다는 의미는 아니다. 진화 심리학은 진화론적 페미니스트인 허디가 비판하듯이 서구 백인 남성의 편견을 무의식적으로 투사하는 경향이 있다. (Hrdy, 1999) 그러나 그 남성적 편견은 이제 가부장제나 가족을 정상적인 것이나 자연적인 것으로 보는 그런 것은 아니다. 요컨대 진화 심리학은 핵가족을 상대화하여 남녀 결합의 여러 형태 중 하나로 그 위치를 재조정하였으며, 여성은 주체화된 개체로서 다양한 남녀 관계를 선택하는 전략적 행위자가 되었고 남녀 관계는 조화뿐 아니라 갈등이 부각되고 이는 남녀의 진화된 성 심리와 전략의 차이를 통해 설명된다.

진화론적 사회 과학의 이러한 발전의 결과 울리히 벡의 개인화론과 같은 관련 주제의 새로운 사회 이론들과의 친화력이 강화되었다. 진화 심리학과 벡의 개인화론 사이에 존재하는 이러한 공통점은 진화론적 사회 과학의 발전이 당대의 지배적 사회·정치적 분위기와 사회 과학적 맥락을 체계적으로 반영한다는 점을 함의한다.

그런데 최근 개인화 현상이 서구 이상으로 가속화되고 있는 동아시아 지역의 상황을 비교 사회적으로 검토하면 진화 심리학과 벡의 개인화론의 이론적 공통점은 기본적으로 서구의 후기 근대라는 특정한 역사·사회적 맥락, 특히 동시대의 지배적인 가족-개인 관계 및 젠더 관념에 기초한 것으로 볼 수 있다. 동아시아 지역의 개인화는 서구 상황과는 달리 주체화된 개인들의 선택이라기보다는 여전히 가족 지향적 혹은 가족 종속적인 개인들의 가족적 책무와 위험에 대한 조절 노력의 반영이다. 이는 진화 심리학적 논의가 비서구적 상황에 적용될 때 개인-젠더-가족-사회 관계에 대해 내용적으로 훨씬 복잡하고 정교한 발전을 거쳐야 할 필요성을 암시한다.

이 논문의 모두에 제기했던 질문으로 돌아가 보자. 왜 1970년대는 사회 생물학에 대해 페미니스트들이 격렬하게 반발한 반면 최근의 진화 심리학의 유행에 대해 페미니스트들은 침묵하고 있는가? 여기에는 여러 이유들이 함께 작용하겠지만 무엇보다도 진화 심리학의 젠더 관념이 가족과 가부장제를 당연시하거나 자연화하지 않고 있다는 점이 주요한 이유일 것이다. 현재 진화 심리학은 남녀 관계에서 가족은 하나의 선택지이며 보편적 형태라고 보지는 않는다. 남녀 사이에는 장기적·단기적 결합 등 다양한 선택지가 존재하며 어떤 관계를 선택할 것인가는 남녀 각 개인의 맥락, 조건에 따른 것이라 본다. 심지어 버스는 남녀 사이에 조화와 일치보다는 모순과 불일치가 더 흔하다고 지적하고 이에 대한 자연적 이유를 밝히고자 한다. 이는 여성의 주체성과 선택의 자율성에 대한 오늘날 페미니스트들의 견해와 근본적으로 충돌하지 않는다. 나아가 진화론적 페미니스트를 자처하는 허디는 20세기 후반의 진화론의 성과는 페미니즘의 대의에 복무할 수 있다고 주장한다. 이런 견해는 진화 심리학자인 버스에 의해서도 주장되고 있다. (Buss, 2011)

이 글의 분석은 사회 과학자와 페미니스트에게 두 가지 함의를 가질 수 있다. 우선 생물학 혹은 진화론의 젠더 관념은 역사적 조건에 따라 계속 변화한다는 점이다. 생물학과 진화론은 항상 가부장제를 자연화하는 것은 아니며, 다만 역사적 시대마다 상이한 젠더 관념의 영향을 받고 있음을 알 수 있다. 따라서 생물학, 진화론은 항상 가부장제의 동맹자라는 고정 관념 역시 역사적으로 상대화되어야 한다. 생물학, 진화론의 젠더 관념은 시대마다 새롭게 조사되고 평가되어야 할 대상일 뿐이며 생물학과 결합하는 고정불변의 젠더 관념은 존재하지 않는다. 20세기 중반에 서구의 지배적 젠더 관념이 남성 생계 부양자/여성 전업 주부 핵가족 이데올로기일 때 생물학, 진화론은 이를 자연화했다. 또한 20세기 후반 서구에서 기존의 핵가족이 약화되어 주류적 젠더 관념이 변화할 때 생물학, 진화론 역시 남녀 관계를 가족 단위보다는 개체 단위로 접근하는 관점을 발전시키고 남녀 관계의 갈등을 자연화해 온 것이다.

이 글의 두 번째 함의는 과학과 정치의 문제와 관련된다. 한마디로 진화론과 가부장제의 동맹 혹은 진화론과 페미니즘의 적대는 역사적 조건의 산물이란 점이다. 페미니스트들이 생물학, 진화론에 대해 비판적이고 적대적이었던 이유는 사회 생물학이 핵가족 제도, 가부장제가 인간의 본성의 결과이며 쉽게 변화하지 않는다고 주장했기 때문이다. 그러나 오늘날 진화 심리학이 더는 가부장제, 핵가족을 영속화, 자연화하지 않는다면 페미니스트들과 진화 심리학이 첨예하게 대립할 이유는 사라진다. 이런 이유로 20세기 중반을 달구었던 사회 생물학, 진화론과 페미니스트들의 갈등과 대립은 이제 그 역사적 시효가 만료되고 있다.

오현미(서울 대학교 여성 연구소 객원 연구원)

장경섭(서울 대학교 사회학과 교수)

보론 **새로운 변혁 주체의 형성**

헤게모니, 진화론, 거울 뉴런, 그리고 명상

1. 자본주의 외에 대안은 있다!
(There Is New Alternative, TINA)

2302000000. 23억. 우리 행성에서 최초의 생명체가 출현한 이래 진화해 온 시간인 35억 년의 35억에서 12억을 제한 숫자이다. 이것은 피츠버그 헤지 펀드(금융 투기 자본의 한 가지 형태)의 경영자 데이비드 테퍼가 1년도, 1개월도, 아닌 1시간 동안 벌어들인 돈의 액수(2012년 7월 12일 오후 8시 현재 환율 1달러당 1,151원으로 계산한 것이다.)이기도 하다! 테퍼의 2009년 소득은 4,000,000,000 달러! 하루 10만 달러(1억 1510만 원)씩 쓰더라도 약 1,094년 동안 쓸 수 있는 돈이다.

이렇게 투기적 금융 자본이 광란하는 현대 자본주의 체제에서 이들의 돈 버는 '자유'는 노동 유연성 제고를 위한 해고라는 새로운 형태의 합법적 살 인의 '자유'를 낳고 있다. '해고는 살인'이라는 문구는 우리 시대의 폐부를 찌르는 생체 지표(biomarker)가 되었다. 그리고 세계 220여 개국 중에서 국내 총생산이 11~13위인 한국에서 청소년 자살률이 제1위라는 사실은 사회적 모순의 극단성을 보여 주는 또 하나의 생체 지표가 아닌가?

도대체 이런 불 난 집(火宅)에서 어떻게 참으며 살아갈 수 있는 것일까? 그 것은 낡은 변혁 주체의 소멸과 밀접한 관계가 있다. 진보의 재구성을 소리 높이 외치던 자들이 어떻게 거리낌 없이 신자유주의를 방관해 온 세력과 야합할 수 있었을까? 왜 노동 조합과 그 노조원 들은 왜 그런 움직임에 제동을 걸 수 없었을까? 어떻게 생산 수단의 사회화를 지향하던 자들이 사회주의권 붕괴 이후 소련의 붕괴 원인을 과학적으로 넓고 깊게 성찰하지도 않고 "꺼삐딴리"처럼 변혁 운동의 사유화(Privatization of Revolutionary Movement)를 뻔뻔스레 자행할 수 있었던 것일까?

"사람들은 그녀를 생매장할 때에나 장례비를 치를 것이야!"라는 조롱을 들었던 전 영국 수상 마거릿 대처는 반대로 "자본주의 체제 외에 대안은 없다. (There Is No Alternative, TINA)"라고 진보주의자들을 조롱한 바 있다. 그러나 그것은 반역사적인 허장성세에 불과하다. 그녀의 호언장담에 따르면 우리에게 탈출로는 없다. 그러나 우리는 "**내일 지구의 종말이 오더라도 나는 오늘 사과나무 한 그루를 심겠다.**"라고 했던 스피노자의 말을 기억해야 한다. 우리에게 숙명 지어진 "인간다운 길"은 이것이 아니다.

체 게바라가 계승한 세르반테스의 꿈, "불가능을 꿈꾸라."라는 태도를 지니고 대안을 찾아 나서야 한다. 나에게 대안 모색의 출발점은 레닌과 그람시이다. 그러나 레닌과 그람시의 대안이 현시점에 어떤 의미를 가질 수 있는지 검토해 봐야 한다.

첫째, 레닌의 "전투적 유물론"의 정신을 살펴봐야 한다. (Lennin, 1967) 19세기 후반에 형성된 제국주의 지정학을 뒤흔든 유라시아 혁명의 격발 장치가 된 볼셰비키 혁명은 "사회의 발전이 개인의 발전의 조건이 되는"(Marx and Engels, 2002) 수준으로 자기 성장을 하지 못하고 그 생명을 마감했다. 이러한 역사적 상황은 사상 전향의 바람을 불러일으켰다. 한쪽에서는 '꺼삐딴 리' 식의 기회주의적, 토사구팽(兎死狗烹)적 전향이 시작되었고, 다른 한쪽에서는 1956년 동구권의 반소련 봉기를 목격하고 공산당을 탈당한 서구 급진 지성인들처럼 진지한 고민 끝에 과거의 사상을 버리는 허물벗기가 일어났다. 필자는 이런 상황 속에서 마르크스의 '과학적 사회주의'가 과연 얼마나 '과학성'을 담지하고 있는가 하는 의문을 던지지 않을 수 없었다.

레닌은 '전투적 유물론'을 구축해 가는 과정에서 **유물론적 성향이 있는 현대 자연 과학자들과의 동맹**이 중요함을 강조했다. 그런데 나는 현대 자연 과학의 성과가 유물론적 실재론만으로 이뤄진 것이 아님을 깨닫게 되었다. 현대 자연 과학의 어깨들(뉴턴은 자신이 자연 과학의 거인들의 어깨 위에 있다고 말했다.) 중 하나인 알베르트 아인슈타인은 자신의 천재적 업적에 대한 인식론적 성격을 이렇게 자평했다. "(학자는) 일종의 거리낌 없는 기회주의자로서 지각 행위로부터 독립적인 세계를 표상하고자 노력하는 만큼 '실재론자(Realist)'로서 나타난다. 그는 경험적 소여로부터 논리적으로 도출할 수 없는 인간 정신의 자유로운 발명으로서 개념과 이론을 생각하는 만큼 '관념론자'로서 나타난다. 그리고 그는 개념과 이론을 감각 경험 사이의 제반 관계로부터 논리적으로 표상할 수 있는 한에서만 그런 개념과 이론이 근거를 지닌 것으로 생각하는 만큼 '실증주의자'로 나타난다." (Einstein, 1949) 아인슈타인과 마찬가지로 20세기 수학의 금자탑들 중 하나인 불완전성 정리를 제시한 쿠르트 괴델은 플라톤주의자였다. 스티븐 호킹과 함께 세계적 수리 물리학자인 로저 펜로즈는 세 가지 미스터리를 제시하면서 수학적 형상(Forms, 플라톤 이데아론의 기초)의 세계에 실재하는 제반 법칙에 물리적 실재의 세계가 복종하는 것으로 보이는 불가사의를 지적한 바 있다. (Livio, 2009)

레닌은 "**지적인 관념론**이 어리석은 유물론에 비해서 지적인 유물론에 더 근접해 있다."라고 『철학 노트』에서 밝히고 있다. (Selsam and Martel, 1977) 요컨대 레닌의 '전투적 유물론'을 세계에 대한 총체적 실상을 파악하는 데 수용하되 그 준거틀(Frame of Reference)을 플라톤주의까지 확장하여 변증법적으로 원융회통(圓融會通)하는 자세를 발휘해야 한다.

둘째, "러시아에 **성 프란시스코**가 10명만 있었더라면 혁명할 필요가 전혀 없었을 텐데."라는 레닌의 말에 주목해야 한다. (Kazantzakis, 2005; Zeffirelli, 1973) 레닌은 왜 이런 말을 했을까?

레닌은 혁명 정부의 권력을 장악한 후 문화 혁명의 중요성을 절감했다고 여러 번 밝힌 바 있다. 우리는 그 맥락에서 이 의문의 답을 추론할 수 있다. 레닌은 그의 '유언장'에서 국가 계획 위원회와 중앙 위원회의 관료주의를 줄일 것, 그리고 소수 민족의 자결권을 존중할 것 등을 강조하면서 스탈린의 제거까지 이야기하고 있다.* 프롤레타리아트 민주주의를 유명무실화하는 관료주의에 대한 그의 심각한 우려는 소비에트 국가의 관료 기구를 차르 체제의 정부와 거의 동일한 것으로 평가한 사실에서 분명히 드러난다. 이 관료주의라는 암적 경향을 퇴치하는 방도는 레닌에게도 역시 교육이었다. 그는 1923년 1월 2일에 발표한 「교육에 관하여」라는 글에서 러시아 민중의 문자 해독 능력 개선을 가장 중요한 역점 사업으로 설정하면서 다른 부처 예산을 삭감해서라도 교육 인민 위원회의 예산을 늘려야 한다고 강조하고 있다. 레닌은 교육 문제에 관한 보고서를 검토한 후 차르 시대(1897년)와 비교할 때 우리의 진보가 지극히 느리다고 평가하면서 "준아시아적 무지"로부터 우리 자신이 아직도 헤어 나오지 못했음을 명심해야 한다고 강조한다. 이런 무지 상태로부터 해방되기 위해서 그는 농민을 부르주아의 영향력으로부터 분리시켜야 하며 프롤레타리아가 농민의 문화적 성장을 위해서 헌신할 것, 그리고 교사의 문화 수준을 제고할 것을 강조하고 있다. 다시 말해 기층 민중으로부터의 문화 혁명의 중요성을 무엇보다 강조하고 있는 것이다.

문화는 삶의 의미에 대한 현실 비판적 상상이요, 그 상상을 현실화하려는 절실한 분투이다. 그러나 현대 한국 사회에서 문화는 생존의 도구 혹은 출세

---

* Lenin, Vladimir. "How we reorganize the workers' and peasants' inspection". www. marxists.org/archive/lenin/works/subject/last/index.htm

의 도구로 전락했고, 입시 교육이라는 창살 없는 감옥에 갇혔으며, '문화 산업'이라는 현대적 오락의 상품으로 전락했다. 현대인들에게는 문화의 소비자이며 문화 산업계의 호명에 조건 반사적으로 반응하는 존재가 되어 버리고 말았다. 우리는 이러한 **기술적으로 첨단인 어리석음과 야만**을 직시하고, 최소한 **상호 이타주의**로라도 나아갈 수 있는 길을 찾아, 아집으로부터의 해방을 지향해야 한다. 이것이야말로 오늘날 한국 사회 문혁(文革)의 목표다.

셋째, 안토니오 그람시의 헤게모니론을 살펴보자. "진실과 진리의 체현으로서의 정치"라는 정치 개념을 소개한 바 있는 그람시는 "무엇을 할 것인가"라는 변혁 주체 형성의 문제 의식을 선구적으로 보여 준다. 그는 "정부 권력을 정복하기에 앞서 어떤 사회 집단은 이미 지도자가 될 수 있고 실로 지도자가 되어야 한다."라고 주장했다. (Santucci, 2010) 이런 지도 집단의 자질이 바로 **헤게모니**다. 그람시는 레닌의 프롤레타리아 헤게모니론을 계승했는데 그 요점은 계급 동맹(Historical Bloc)이고 그것을 주도할 수 있는 **문혁**이다. "그것은 (모든 역사적 행위는: 필자) '문화적-사회적' 통일성의 성취를 전제한다. 그런 성취를 통해서 이질적인 목적을 지닌, 다양하게 분화된 의도들이 세계에 대한 (평등하고) 공유된 관점을 기초로 삼아서 동일한 목적으로 통합된다." 이 "문화적-사회적 통일성"을 이루는 구성 요소가 바로 **지성적이고 도덕적인 지향**이다.

그람시는 1917년 이래 '도덕적 삶의 클럽'을 조직해서 운영한다. 생각하건대 한국 변혁 운동의 가장 중대한 결함은 문화가 정치적 실천(Praxis)의 도구로 전락한 것이다. 레닌이 프롤레트쿨트 운동에 대해서 비판적 입장을 취한 것을 문화와 정치에 대한 이런 사물화(事物化, Reified)된 환원주의에 대한 비판으로 이해할 수 있다. 그람시가 주도한 《신질서》의 창간호의 원편에는 이런 경구가 적혀 있다. "우리가 당신의 모든 지성을 필요로 하게 될 때가 올 것이기에 당신 자신을 교육하라. 우리가 당신의 모든 열정을 필요로 하게 될 때가 올 것이기에 흥분할 줄 알라. 우리가 당신의 모든 힘을 필요로 할 때가

올 것이기에 조직하라."(Gramsci, 1971)

오늘날 한국인의 가치관은 **경제 동물적-이기주의적-자기애(Narcissism)적**이며 그 사유 방식은 **환원론적-사물화적**이라고 규정할 수 있다. 이런 가치관과 사유 방식을 가지고 일상 생활을 하기에 이 사회는 극단적 소외 상황에 빠져 있는 것이다. 그람시의 헤게모니론은 이런 도저히 영장류(靈長類, Primates)라는 명칭에 어울리지 않는 삶을 극복할 수 있는 혁명의 방도다.

그람시의 헤게모니론에서 도출되는 사상이 **진리-진실의 힘**이다. "거짓 말하기는 정치의 기예(art)에 본질적인 것이다. 이런 일이 하도 뿌리 깊고 널리 유포된 의견이어서 진리-진실(Truth)을 실제 말하더라도 아무도 그걸 믿지 않"는 상황을 개탄하면서 " 진리-진실을 말하기는 정치적으로 필수적인 것이다." 이 나라의 5적(賊) ― 재벌·장차관·고위 공무원·국회 의원·장성 ― 에게 거짓말은 일용할 양식이 아닌가

신자유주의라는 인재(人災)로 민중은 삶의 고통을 **느끼고** 이 고통에 분노를 **느낀다**. 그러나 항상 그 원인을 과학적으로 알고 이해하는 것은 아니다. 반면에 지식인들은 고통의 원인을 과학적으로 **알고 있다**. 그러나 항상 **이해하고 있는 것은 아니며** 특히 항상 **느끼고 있는 것은 아니다**. 그러므로 양 극단은 한편으로는 지식인들의 현학성과 분파주의이며 다른 한편으로는 민중의 속물성과 맹목적 열정 이다.[8] 어떻게 하면 지식인들과 민중-국민 사이의 관계가, 지도자들과 피지도자들 사이의 관계가, 통치자들과 피통치자들 사이의 관계가 느낌-열정이 되고 이해가 되고 그런 다음 지식이 되어 하나의 유기적 응집성을 지니게 되어 그 관계가 독재가 아닌 민주적 표상 관계를 이룩할 수 있을까 하는 그람시의 물음은 혁명적 지도력의 요체를 적시하는 것이 아닐 수 없다. 바로 여기서 우리는 혁명적 TINA, 다시 말해 대처의 TINA를 극복할 출발점을 찾을 수 있다고 믿는다.

인류 역사상 전례가 없다고는 하지만 볼셰비키 혁명과 중국 혁명이 인간에 대한 세속적 과학과 윤리를 바탕으로 살신성인(殺身成人)의 대담한 용기

를 발휘한, 진정으로 인간다운 인간성을 보여 준 역사상 마지막 사건일 리가 없다. 대처의 TINA가 만물의 영장의 최종 운명일 수는 없다.

필자는 이 글에서 혁명적 TINA를 모색할 수 있는 희망을 품을 수 있는 가능성, 그리고 그 꿈을 실현시킬 수 있는 가능성을 제한적이나마 설명하고자 한다. 이 글에서 다루려는 대안적 꿈의 구성 요소는 유전자 중심주의의 대안으로 평가받는 진화관인 **에바 야블롱카의 4차원적 진화론**, 개인의 실재성(實在性)의 유명성(唯名性)을 사회적 관계 속에서 깨달을 수 있게 해 주는 연기론적 불이성(不二性)의 유물론적 근거가 되는 **마르코 이아코보니의 거울 신경 세포론** 그리고 인간의 능동적인 용맹한 주체성을 개발할 수 있는 정도(正道)로서 **불교적 명상**, 이 세 가지다.

2. 혁명적 헤게모니와 4차원적 진화론

1980년 광주 민중 항쟁을 민중의 적극적 저항권 행사로 기억하면서, 시세를 무비판적으로 따르면서 자신의 좁은 이해 관계를 추구하는 것을 시대의 흐름에 순행하는 것이라고 정당화하는 자세, 지배 계급이 주도하는 세계 구성을 수동적으로 수용하면서 '중용' 혹은 '중도'라고 정당화하는 자세를 극복할 수는 없는 것일까? 전태일 열사의 분신에 공감(sympathy)하고 감정 이입(empathy)을 한 기억이란 사위어질 수밖에 없는 젊은 시절 한때의 화염에 불과한 것일까? 한국 전쟁 이래 이른바 베이비붐 시대에 태어난 세대보다는 가부장적 권위주의가 상대적으로 덜한 가정, 사법 살인 등이 자행되는 박정희의 철권 통치가 아닌 민간 정부와 "민주 정부" 아래서 전국 교직원 노조가 활동하는 교육계 등과 같은 상대적으로 유리한 문화 상황 아래에서 교육을 받은 세대의 역사 의식이 왜 육화(incarnation)되지 않는 것일까? 왕권 신수설에 입각한 "짐이 곧 국가"라는 나라에서 왕의 목을 단호히 치고 자유-

평등-형제애를 인류의 보편적 가치로 착근시키는 데 선구적인 나라에서, 카
를 마르크스가 "착취 계급에 대한 생산 계급의 투쟁의 산물, 그 아래에서 노
동 계급의 경제적 해방을 성취할 수 있는 마침내 발견된 정치적 형식"이라고
(Marx, 1969) 높이 평가한 파리 코뮨 등 위대한 역사적 체험을 한 프랑스에서
어떻게 르팽 같은 파시스트가 정치적 지지를 받을 수 있는 것일까? 아인슈
타인이 "자기 자신을 송두리째 희생하면서 사회 정의를 실현시키는 데 자신
의 모든 에너지를 바친 한 사람으로서 존경하"며 "그와 같은 사람들이 인류
양심의 수호자들이며 혁신자들이"라고 칭송한(Einstein, 2007) 레닌의 소련
이 자본주의를 비판하고 사적 유물론과 변증법적 사고 방식을 그렇게 교육
했음에도 불구하고 어떻게 몰락하여 탐(貪)·진(瞋)·치(痴)의 화신인 세력이
자의적 통치를 하는 나라로 전락할 수 있는 것일까? "**부(富)**라는 것은 사람의
타고난 본성이다. 배우지 않아도 누구나 얻고 싶어 한다."라고 한 사마천의
인간관은 전적으로 진리일까? (사마천, 2007)

　　이런 의문에 대한 나의 잠정적 결론 두 가지는 이렇다. 첫째, 혁명적 세계
관을 **알게 되고 공감하더라도** 부단히 학습하고 **나**라는 **아집의 신**을 죽이는 **인
격 수양**을 하는 **혁명적 인간**이 오늘날보다 훨씬 더 많아지지 않는 한 인간은
과학-기술의 경이로운 진보 속 경악스런 우매함과 짐승성을 벗어날 수 없을 것
이다. 둘째, 역사적 기억에 대한 현재의 질문이 **용기 있는 과감한 행동**으로 전
화되지 않는 한 그 기억은 사막의 발자국에 불과한 것이다. 이하에서는 이상
의 의문들과 그에 대한 잠정적 결론들을 확인하려는 광범위한 학습 과정의
일부를 약술하고자 한다.

2.1. 마르크스와 유사한 운명에 처한 다윈

2.1.1. 유전자 환원론-결정론이라는 미신
자본주의 체제를 둘러싼 미신의 핵심은 환원론적 경제주의다. 본질주의

적인 이 입장은 인과 관계 속에서 어떤 결과를 낳는 여러 가지 영향력들 가운데 어떤 것들은 비본질적인 원인인 반면에 다른 어떤 것이 본질적인 원인이라고 생각한다. (최형록, 2005a) 따라서 환원론적 경제주의 혹은 경제 결정론은 경제 과정이 궁극적 원인 혹은 본질적 원인이며 비경제적 과정은 비본질적 원인 혹은 경제적 원인의 결과(반영) 혹은 현상이라고 본다. 그러나 예를 들어 1933년 독일에서 나치가 합법적 선거를 통해서 집권한 사건만 살펴봐도, 이것이 1970년대 초 한국만큼 노동자 계급을 포섭하기에 충분하지 않은 "경제적 잉여" 탓이었다고 할 수 있을까? 나치의 집권을 이해하기 위해서는, 오랜 역사를 지녔고 당대 최대 규모를 자랑했던 독일 사회 민주당이 나치에 대해 어떻게 대응했는지와, 당시 독일 노동 계급이 가지고 있던 의식, 비합리적인 베르사이유 체제와 1929년 대공황이라는 국제 정세 등을 경제적 원인과 함께 아우르며 연기적 통합성이라는 관점에서 분석해야 한다.

생물학 분야에서도 비슷한 환원론적 본질주의를 볼 수 있다. 유전자와 형질 사이의 관계에 대한 **유전자 환원론-결정론**이라는 미신이 바로 그것이다. 이 역시 동일한 연기적 통합성의 관점에서 비판할 수 있다. 1953년 DNA의 2중 나선 구조를 제임스 왓슨과 함께 규명한 프랜시스 크릭이 DNA에서 단백질로 정보가 일방적으로 흐른다는 분자 생물학의 중심 원리(Central Dogma)를 선언한 이래 유전자들이 개별적으로 그리고 직접적으로 어떤 사람의 외모 혹은 행동 방식을 결정한다는 관점이 사회적 통념이 되었다. 요컨대 인간은 대체로 '유전자들+약간의 사회적·교육적 광택'이라는 것이다.

유전자 결정론의 대표 주자인 도킨스는 자신이 만든 용어인 "이기적 유전자"를 이렇게 말한다. "유전자의 이익은 그것을 운반하고 있는 개인의 이익과 일치하지 않을 수도 있다. 살아 숨 쉬는 신체는 이기적 유전자를 위한 운송 수단일 뿐이다. 운송 수단은 하나의 단위로서 이런 복제자들(replicators)을 보존하고 전파하기 위해서 작용한다." (Midgley, 1979) 이 진술에서는 자연 선택의 단위를 유전자로 규정하고 있다. 그런데 자연 선택은 모든 수준에서 일어난다. 보다 근원적으로 DNA는 스스로를 복제할 수 있는 것이 아니며 선택은 세포 차원에서 이뤄진다. 세포는 일종의 "자연적인 유전 공학 체계"다. 즉 성장(development)하는 동안 특정 유전자의 변화에는 세포 차원에서 여러 가지 효소들과 여타 분자들이 작용한다. 그리고 단백질을 구성하는 폴리펩티드를 제조하는 정보를 가지고 있는 DNA 배열은 전사(轉寫)되는 부분과 전사되지 않는 부분들의 모자이크인 경우가 종종 있다.

유전자 변이가 어떤 형질의 변이를 어떻게 야기하는지를 보자. 두 개의 대립 유전자 쌍(alleles)을 지닌 유전자 20개가 관련된 어떤 형질의 경우 유전자 조합의 수는 100만 가지 이상이며 따라서 유전자의 유전형은 100만 개 이상이 가능하다. 나아가 야블롱카의 관점, 4차원적 진화론의 관점에서 보면 100만 가지 이상의 유전형과 환경의 상이한 조합들을 모조리 고려해야 한다. 나아가 정신적 특성과 같은 복합적인 특성의 경우 수백 혹은 수천의 유전자 — 어떤 것들은 대립유전자 쌍이 다수인 — 가 관련되어 있으며 이 경우 우리는 '환경' 자체를 어떻게 정의해야 하는지조차 알 수 없다. (Gould, 2007) 세포 자체를 보더라도 전문화된 세포의 차이는 거의 예외 없이 유전적인 것이 아니라 후성 유전적인 것임에 유의해야 한다.

인간 유전체 계획(HGP) 이후 유전학은 대략 유전학적 의학·유전학적 정신 치료·유전학적 행동 연구 세 분야에서 활발하게 야심찬 연구가 진행되고 있다. (최형록, 2005b) 이 연구들에서도 우리는 유전자 결정론을 반박할 수 있는 증거들을 쉽게 발견할 수 있다. 우리나라에서도 증가 추세에 있는 관상동맥 질환의 경우 관련 유전자는 APOE 유전자 하나만이 아니다. 100개 이상의 유전자가 관상동맥 질환 발병에 영향을 미치는데 이들 중 여러 대립 유전자 쌍들의 영향력은 환자 개인이 성장해 온 환경과 생활 방식 — 식사, 운동, 약 등 — 에 좌우된다. 광우병 등을 유발하는 것으로 알려진 프리온(Proteinaceous Infectious Particle)은 DNA 혹은 RNA를 포함하고 있지 않으면서도 인간에 치명적인 질병을 안겨 준다. 이 사실 역시 유전자 중심주의의 지독한 편향이 자연의 실재를 정확하게 보여 주지 못한다는 것을 잘 보여 준다.

환원론적 유전적-생물학적 결정론은 자본주의 체제의 가치관인 **소유 집착적(possessive)**·개인주의적 사고 방식의 연장선상에 있다. 유산에 대한 자본주의적 개념이 생물학적 유전 개념으로 전화된 것이 바로 유전자 결정론이다. (Lewontin, 2002) 이런 입장에서는 유전자가 개인을 형성하고 개인들이 사회를 형성하며, 따라서 유전자에 의해서 사회가 결정된다는 논리가 도출된다. 그러나 우리는 유전자-환경-생명체 사이의 관계에서 **생명체는 자신과 관련 있는 것을 결정한다**는 자연의 실재에 주목해야 한다. 생명체는 환경의 수동적 객체가 아니라 환경과 상호 작용하면서 외부 세계를 변화시킨다. (Lewontin, 1985) 식물의 뿌리는 서식지 토양의 물리적 구조와 화학적 성분을 변화시킬 뿐만 아니라 토양의 조건을 결정하여 영양분을 보다 용이하게 동원하여 흡수한다. **생명체는 환경을 구성한다!** 예를 들면 태양 광선이라는 물리적 환경을 꿀벌과 인간은 각자의 방식으로 달리 변화시킨다. 꿀벌은 광선을 자외선 범위에서 지각하여 먹이를 찾을 수 있는 반면에 인간은 가시광선 범위에서 사물을 지각할 수 있으며 자외선에 과다 노출되면 피부암에 걸릴 가능성이 발생한다. 이런 점에서 생명체와 환경 사이의 상호 작용에 따라서 **선택되는 형질들**이 결정되는 것이다.

2.1.2. 신(新)다윈주의자들은 과연 다윈을 법고창신(法古創新)하고 있는가

"우리는 천성적으로 이기적이기 때문에 관대함과 이타주의를 가르치려 애씁시다." 선의를 느끼면서도 도킨스의 이런 제안에 다윈의 경고가 생각난다. "무지가 지식에 비해서 더욱 빈번히 자신감을 낳는다." (Darwin, 1871) 그렇기에 그는 "테니슨의 유명한 구절,'이빨과 발톱으로 붉어진 자연'은 자연 선택에 관한 우리의 이해를 훌륭하게 요약해 준다."라고 말하고 있다.

그러던 도킨스는 자신의 입장에 대한 비판을 수긍한 것인지 어떤 유전자가 어디에서 끝나고 다음 유전자가 어디서부터 시작하는지 결정하는 일이 무의미할지도 모르며 이기적 유전자가 아니라 "협동적 유전자"라고 기술하는 것이 보다 나았을 것이라고 『이기적 유전자』 25주년판에서 말하고 있다. (Midgley, 2010)

다윈의 사상에 대한 잘못된 통념은 그의 입장이 **적자 생존(適者生存)**의 '법칙'을 지지하고 있다는 것이다. "사회적 종들에서 **적자(the Fittest)**는 반드시 가장 강한 자들이 아니며 사실 가장 영리한 자들도 아니다. 그들은 **사회성이 가장 뛰어난 자들(the most Sociable)**이다." 그들은 기질상 우호적인 협동을 하는 성향을 가지고 있는 자들이다. (Darwin, 1871. 강조는 필자)

다윈은 『인간의 유래』 3장 첫 문단에서 그의 도덕론을 개진하고 있다. 이것은 그의 생명관과 인생관에서 중요한 비중을 차지하는 것이었다. "인간과 하등 동물들 사이의 온갖 차이점들 중에서 도덕적 감각 혹은 도덕적 양심이 가장 중요하다. …… 그것은 인간의 온갖 속성들 중에서 가장 고귀한 속성이다. 혹은 **그것은 올바름에 관한 심오한 느낌 혹은 심오한 의무감에 이끌려(impelled) 어떤 위대한 대의에 자신의 생명을 희생시키는 것이다.** …… 개인의 습관은 궁극적으로 구성원 각자의 행위를 이끄는 데 매우 중요한 역할을 수행한다." (Darwin, 1859. 강조는 필자.) 이런 다윈의 적자 생존론에 비추어 보면 의사 안중근이 "이익을 보면 정의로움을 생각하라.", 다시 말해 견리사의(見利思義)의 결의를 실천하고, 삼한갑족(三韓甲族)이었던 이회영 형제들이 신흥 무관 학교를 세우는 등 독립 투쟁에 나선 일이야말로 "인간다운 인간의 길"을 걸어간 것이라 아니할 수 없다.

다윈은 도덕성의 원천을 이기심이 아니라 타자와의 심오한 협동, 우호적 연대의 삶, 즉 사회성(sociability)에서 찾고 있다. 그는 도덕적 감각이 근본적으로 "사회적 본능"과 동일하다면서 하등 동물의 경우에도 이런 사회적 본능들을 이기심으로부터 발달해 왔다고 말하는 것은 불합리하다고 분명히 지적하고 있다. 그에 따르면 인간은 "성찰"을 피할 수 없다. 인간은 자기 자신에 불만족감을 느끼면 강하게 혹은 약하게 미래에는 달리 행동하겠다고 결

심을 한다. 그의 불만족감이 약할 경우 그것을 후회라고 부르고 그것이 심각
하면 양심의 가책이라고 부른다는 것이다.

인간과 하등 동물들을 구별하는 최고의 기준은 도덕적 감각이다. 다윈은 이
렇게 말한다. "타인이 당신에게 해 주기를 바라는 바를 타인들에게도 똑같
이 하라. 그리고 이것이 도덕성의 토대를 이룬다."(Darwin, 1871) 이것은 "내
가 바라지 않는 바를 남에게 베풀지 마라(己所不欲 勿施於人.)."라고 한 공자의
소극적 도덕 정의와 짝을 이루는 적극적 도덕 정의라고 평가할 수 있다. 다윈
은 인간이 이를 수 있는 도덕의 최고 경지가 생각의 통제에 대한 인식임을 지
적하고 있다. 그런 한편 인간과 고등 동물 사이의 정신적 차이가 크나크다고
하더라도 그 차이는 질적인 것이 아니라 정도의 차이라고 본다. 즉 하등 동물
의 사회적 본능들이 동료들을 돕고자 하는 바람과 '공감'하는 느낌과 함께
인간에게 계승되었다는 것이다. 그리고 인간이 개와 말을 가축화할 수 있었
던 근거 역시 이런 동물들의 강한 사회성이라고 본다. 이런 사회적 본능들이
능동적인 지성의 도움으로 도덕성의 기반을 이룬다. 이런 도덕성의 구성 부
분들 중에 공정성과 정의에 대한 요구가 있음은 지극히 자연스런 일이다. 다
윈이 **인간과 동물의 차이를 도덕성의 고결함에** 두면서도 양자 간의 연속성을
놓치지 않는, 실상의 전모를 보는 자세는 다양한 종류의 사회적 약자들을 배
려하고 동물권까지 실천할 수 있는 자연스런 인간성을 확인한 것으로서 불
교의 만물에는 불성이 있다는 실유불성(悉有佛性)의 생각으로 통할 수 있는
진화론적 근거다.

　우리가 다윈과 함께 한 걸음 더 나아가기 위해서는 **합리성**에 대한 통념을
전복하고 정정해야 한다. 경제학자들은 여전히 합리성을 '자기 이익'과 동일
시한다. 애덤 스미스는 "이기적 개인"의 화신인 자본가 계급을 "비열하고 탐
욕스러우며 일반적으로 대중을 속이려들고 심지어는 억압하려는 데 관심이
있다."라고 비판한다. (Heilbroner, 1980) 이에 반해서 다윈은 우리가 **상이한 종
류의 느낌들을 종합하는 데 필요한 기교(Technique)**가 합리성이라고 평가한다.

(Midgley, 2010) 따라서 냉담함을 합리성의 표현이라고 보지 않는다. 추론 능력이 증가한다는 것은 계산 능력이 아니라 내면 활동의 정도가 전반적으로 증가함을 뜻한다. 그럼으로써 역지사지(易地思之)할 수 있게 된다고 이해할 수 있다.

신다윈주의자들이 자연 선택에만 집착하는 점은 어떤가. 신다윈주의자들은 유전자와 그 탈것인 개체 중심의 자연 선택에 집작한다. 그러나 다윈은 『종의 기원』 6판(1872년)에서 이 점과 관련해서 단호한 입장을 보인다. (Darwin, 1859) "나는 자연 선택이 변화의 주된 수단이라고 확신해 왔다. 그러나 그것이 변화의 배타적 수단인 것은 아니다. 이렇다고 하여도 이제까지 아무런 소용이 없다. 꾸준한 오전(誤傳, misrepresentation)의 힘은 실로 크나크다." 다윈은 에드워드 윌슨에 앞서 개미를 연구했는데 "내 이론이 직면한 가장 심각한 어려움"이라고 한 문제는 어떤 일개미들은 전혀 자손을 낳을 수 없고 여왕개미와 그 짝이 보유하지 않은 여러 가지 자질들을 전달하며 동시에 이 일개미들은 자신의 친족을 통해서 자신의 특성들을 형성하지 않는 사실을 어떻게 설명할 수 있느냐는 것이었다. (Darwin, 1859) 개체 중심의 선택 이론으로는 이러한 사회성의 진화를 설명할 수 없다는 깨달음을 드러내고 있는 것이다.

그리고 자연 선택의 과정과 속도와 관련해서도 신다윈주의자들과 다윈을 비롯한 다른 진화 생물학자들의 관점은 엇갈린다. 메어리 미드글리가 신다윈주의자들의 진언(Mantra)이라고 부르는 입장에 따르면 자연 선택은 완만한 속도로 점진적이고 누적적으로 일어난다고 본다. 그러나 스티븐 제이 굴드는 이 주장을 반박하며 단속 평형론을 전개한다. "대체로 종의 역사의 특징은 생명체의 구조상의 변화가, 어떤 방향이랄 것이 없이 사소하게 일어날 뿐 상대적 균형 상태를 유지하는 오랜 시기가, 수천 년 혹은 수만 년에 걸치는 지질학상으로는 짧은 '순간'에 새로운 종이 출현하는 급격한 변화로 단절되는 것이라고 규정할 수 있다." (York and Clark, 2011) 단속 평형설을 둘러싼 신다윈주의자들과 굴드 등의 사이에서 벌어진 논쟁은 진화 생물학에 관심을 가진 이라면 낯설지 않을 것이다.

또 신다윈주의자들은 적응(adaptation)에 집착한다. 오랜 세월에 걸쳐서 생존과 자손 번식(reproduction)의 요구에 행동을 맞추는 자연 선택에 의한 진화의 제1의 소산은 적응이라는 적응주의(adaptationism) 역시 오류임이 밝혀지고 있다. 우선 다윈 자신이 자연 신학자 윌리엄 페일리의 입장을 반박하면서 각각의 종은 독립적으로 창조되어 온 것이 아니라 **상호 적응(coadaptation)**해 왔음을 주장하고 있다. 이 상호 적응 개념을 발전시킨 입장이 앞에서 언급한 리처드 르원틴의 생명체-유전자-환경 사이의 역동적인 변증법적 상호 작용 관계론, 다시 말해 **3중 나선(Triplex)**론이다. (Lewontin, 2002) 이런 재치 있는 명칭은 2중 나선 구조를 지닌 유전자 중심주의를 비튼 것으로 볼 수 있다. 자본주의 체제에 대한 수동적 '노예적 적응'과 관련된 '적응주의'에 대한 비판적 안목을 두 가지 관점에서 발휘할 수 있다. 한 가지는 방금 언급한 르원틴의 3중 나선의 관점이고 다른 한 가지는 굴드의 굴절적응(exaptation)론이다.

굴드는 「산 마르코 성당의 공복(spandrel, 인접한 두 아치 사이의 삼각형 모양의 빈 부분)과 팡글로스적 패러다임: 적응주의 프로그램에 대한 비판」라는 글에서 적응주의를 극단적 다윈주의의 기능주의 관점으로서 비판하고 있다. 팡글로스는 이렇게 현실을 항상 긍정한다. "사물은 현재 있는 바와는 다를 수가 없어 …… 만물은 최선의 목적을 위해서 만들어졌지. 우리 코는 안경을 걸치고자 만들어졌고 그래서 우리는 안경을 쓰지. 다리는 분명히 바지를 위해서 만들어졌고 우리는 그걸 입지." 그는 자신이 성병의 고통을 받고 있는 이유에 대해서 캉디드(Candide)에게 이렇게 궤변을 늘어놓고 있다. "컬럼버스가 서인도 제도를 방문해서 성병에 걸리지 않았더라면 …… 우리는 오늘날 초콜릿이나 연지벌레로 만든 물감을 가지고 있지 못했을 거라네." (Gould, 2007) 이런 팡글로스적 패러다임에서는 생명체를 여러 가지 별개의 특성들로 나누어 자연 선택이 각각의 특성에 개별적으로 작용하여 적정화한다고 가정한다. 어떤 특성이 적정화에 미치지 못할 가능성이 생기면 극단적 적응주의자들은 '교환'이 발생했다고 한다. 그 뜻은 특성들 사이의 경쟁적 요구들이 타협에 도달해서 생명체 전체로는 적정화가 이뤄진다는 것이다. 사상의 자유 시장론의 생물학적 유추(analogy)! 이런 개인주의적 기능론의 사이비 과학에 대해서 굴드는 굴절 적응론을 제기한다. 어떤 생명체가 지니고 있는 특성을 기능적으로 새로운 목적에 활용하는 것, 이것이 바로 **굴절 적응**이다. (York and Clark, 2011) 어떤 한 시기 생명체가 거창한 굴절 적응의 풀(pool) ─ 자연 선택의 압력에 어떤 기능으로 전화한 것들(적응) 그리고 비적응적 구조의 부작용들 ─ 을 가지고 있으면서 조건의 변화에 따라 새로운 특징들을 정교하게 만든다. 뇌야말로 공복과 굴절 적응의 훌륭한 예인 것이다. 굴드의 굴절 적응론은 에바 야블롱카의 4차원의 진화론에 수용할 수 있다. 그리고 다윈은 라마르크의 획득 형질 사상에 지속적 관심을 가졌는데 이 사상을 혁신적으로 발전시키고 있는 것이 야블롱카의 **행동의 유전 체계**와 **상징의 유전 체계** 논의이다.

마르크스는 자신의 사상을 경제 결정론으로 오해하는 자들을 보고 자신은 마르크스주의자가 아니라고 말했다. 이미 보았듯이 다윈 역시 그런 자기 사상이 와전·왜곡되는 것을 한탄했는데 신다윈주의자들은 이처럼 다윈의 사상을 법고창신하지 못하고 있다.

2.2. 야블롱카의 행동의 유전 체계

혁명적 헤게모니가 문화 혁명을 통해서 정립된다는 점에서 문화적 진화론은 관심의 초점이다. **문화적 진화**란 시간을 통해서 어떤 개체군에서 사회적으로 전승되는 행동의 선호, 행동 방식, 행동의 산물의 성격 그리고 그 빈도에서 일어나는 변화를 뜻한다. (Jablonka, 2005) 그리고 **사회적 진화**는 사회적 학습 혹은 사회적으로 매개되는 학습을 통해서 진행된다. 사회적 학습은 보통 동일한 종 내에서 개인 사이의 사회적 상호 관계의 결과 행동의 변화가 일어나는 것이다. 마르크스가 인간을 사회적 제반 관계의 총체(Ensemble)라고 정의한 것은 **사회적 학습을 통한 문화적 진화론**과 동의어랄 수 있다.

에바 야블롱카는 후성 유전학적 유전 체계(Epigenetic Inheritance System, EIS)와 행동의 유전 체계(Behavioral Inheritance System, BIS) 그리고 상징의 유전 체계(Symbolic Inheritance System, SIS)를 강조한다. 이중 후성 유전학적 유전 체계는 종의 기원에 중요한 역할을 하며 이 체계에서 생명체의 성장 발달에 기여하는 열쇠들 중 주목할 만한 것이 크로마틴 표지체계와 RNA 간섭(RNAi)이다. (Jablonka, 2005)

행동에 영향을 미치는 정보 전달의 통로 세 가지 중 어미의 영향이 큰 물질의 이전을 통한 유전을 생략하고 이 글의 중심적 문제 의식과 관련된 두 통로를 약술하자면 다음과 같다.

2.2.1. 모방이 아닌 사회적 학습을 통한 유전

이 통로의 실례로 유명한 것이 영국의 박새가 우유병을 여는 습관이 전파된 일이다. 영국을 비롯한 유럽의 여러 지역에서는 우유 배달부가 우유병을 집 현관 계단에 두고 간다. 어떤 단계에 박새들은 우유병 덮개를 제거하고서는 그 아래에 있는 크림을 먹는 방법을 터득했다. 1940년 무렵에는 이 습관이 이미 영국 대부분 지역에 널리 전파되어서 점점 더 다양한 종류의 박새들뿐만 아니라 다른 종들에게까지 전염되었다. 어떤 지역에서는 박새들이 우유병을 여는 방법을 터득할 뿐만 아니라 우유 배달부의 수레를 확인하고서는 그 뒤를 쫓아가서는 심지어 그 우유가 배달되어야 할 곳에 도달하기 전에 병을 열려는 시도를 하기도 했다!

이런 습관은 유전자의 돌연변이가 아니라 새로운 발명이자 사회적 전파에 기인하는 문화적인 행위다. 즉 박새의 이런 행동은 문화적 행위가 유전되는 증거인 것이다. 이런 박새를 포함하는 동물의 전통의 특징들 중에서 특히 주목할 만한 점은 전파하는 동물이나 수용하는 동물 어느 쪽도 수동적이지 않다는 것이다.

2.2.2. 모방적 학습

노래를 학습할 때 새끼는 듣는 소리의 유형을 나름으로 재구성한다. 이런 모방적 학습은 생애의 초기에 제한적 기간 동안 일어나기 때문에 소리 각인 (song imprinting)이라고 알려져 있다. 최근 들어 갈수록 관심이 높아지는 동물의 행동 유전 체계가 **적소 구성(nitch construction)**이다. 이 행위는 동물들이 살아가고 자연 선택되는 환경을 형성하는 데 능동적으로 참여하는 것인데 다윈 역시 인정했던 것이다. 이 행위는 동물이 사회적 학습을 하고 동물의 전통이 진화하는 데 의미심장한 역할을 한다. 생태계의 파괴로 멸종한 생명체를 유전 공학적으로 복제해서 그 생명체와 생태계를 복원할 수 있다는 사고 방식은 기술 결정론적 오류다. 적소 구성이 함축하고 있는 기억은 생명체가 환경에 대해서 능동적인 학습의 관계를 형성함으로써 누적된 것임을 무시하는 것이다. 생태계에 대한 기술 결정론적 태도는 반역사적이고 근시적인 안질(眼疾)이랄 수 있다. 이런 유전 체계의 실례를 아프리카의 9종의 침팬지 군체에서 39종의 문화를 분별할 수 있는 사실에서 볼 수 있다.

구체적 실례로 일본의 한 섬에서 서식하는 마카크원숭이(Macaque)가 새로운 문화전통을 세워 나가는 과정을 들 수 있다. 1950년대 일본의 영장류 학자들은 숲 속의 마카크원숭이들을 달콤한 감자로 모래 해변으로 유인해서 그들의 행동을 관찰하고자 했다. 이 실험에서 그들은 예상하지 못한 놀라운 결과를 얻게 된다. 한 살 반인 이모(일본어로 감자)는 감자를 바로 먹기에 앞서 가까운 냇가에서 감자들을 씻어서 흙을 제거하는 것이 아닌가! 이 새로운 습관은 다른 원숭이들에게로 퍼졌다. 시간이 얼마 지나자 원숭이들은 냇가가 아니라 바닷물로 감자를 씻기 시작했다. 또한 그들은 소금기 있는 바닷물에 감자를 담그기에 앞서 한 번 베어 물은 다음 바닷물에 담궈 간을 맞추기 시작했다! 이 원숭이들의 주식 가운데 하나는 해변에서 먹는 밀이었는데 밀은 모래와 섞여서 가려내 먹기가 쉽지 않았다. 선구자 이모는 모래가 섞인 밀을 물속에 넣어 무거운 모래는 가라앉히고 밀은 뜨게 하는 것이 아닌가! 이 새로운 습관은 어린 것으로부터 어른 원숭이들에게로 어미로부터 새끼들에게로 퍼졌다. 수컷 어른 원숭이들은 어린 것들과 잘 어울리지 않았기에 가장 마지막에 배웠으며 일부는 전혀 배우지 않았다.

이 새로운 습관은 전혀 다른 효과를 낳는다. 어미가 먹을 것을 씻느라고 해변에 갈 때 따라간 아기 원숭이들은 바다에 익숙해지기 시작했고 이내 바다에서 장난하고 해수욕을 하기 시작한 것이다. 수영하고 물속에 뛰어들기는 인기 있는 놀이가 되었다. 나아가 배고픈 늙은 원숭이들은 어부들이 버린 생선을 먹기 시작했다. 이 습관 역시 전파되어서 이제 더 좋은 먹을거리가 없으면 그들은 웅덩이에서 생선, 문어 등을 모아서 먹는다. 이 섬의 원숭이들에게는 새로운 생활 방식이 형성된 것이다. 최초의 감자 씻기 행동이 물속에서 모래와 밀을 분리하는 행동, 나아가 바다 속에서 장난치는 행동의 조건을 생성한 것이다. 모방적 학습을 통해서 행동을 통한 유전 체계가 작동하는 것과 관련해서 주목할 점은 이 마카크원숭이들에게 달콤한 감자를 1년에 단 2회 밖에 주지 않았으나 감자 씻기 문화는 25년간 지속되고 있다는 사실이다.

2.3. 상징의 유전 체계

2.3.1. 상징의 유전 체계론과 구별되는 밈(Meme) 이론

이 시점에서 상징의 유전 체계와 유전적 유전 체계 그리고 행동의 유전 체계 사이의 공통점과 차이점을 보자. 상징과 유전자는 잠재적 정보를 전승할 수 있는 반면에 행동 관련 정보는 전승되기에 앞서 실행되어야 하거나 행동을 통해서 습득되어야 한다. (Jablonka, 2005) 이 유전 체계의 특징은 능동적 교육이 중요하다는 점, 이상향을 구성하거나 신화를 창조하는 등 미래 지향 적 구성물이라는 차원이 있다는 것이다.

야블롱카의 상징적 유전 체계론은 문화적 진화에 대한 도킨스의 이기적 밈 이론과 구별된다. 도킨스는『이기적 유전자』에서 밈을 이렇게 정의한다. "새로운 복제자로서 문화적 유전의 단위다. 입자인 유전자와 유사한 것으로 가정되는데 문화 환경 속에서 그 자체의 생존과 복제에 끼치는 표현형적 결 과 덕으로 자연 선택된다." 그는『확장된 표현형』에서 밈을 표현형적 효과를 지니는 신경 세포의 유전형이라고 정의한다. 야블롱카는 도킨스가 복제자, 밈을 그것들의 운반 수단, 즉 인간의 뇌, 인간의 인위적 산물들, 그리고 인간 그 자체로부터 구별하는 것이 오류라고 본다. 그녀의 비판의 핵심은 학습이 란 맹목적인 복제가 아니라 성장 발달의 과정에 민감한 기능 혹은 의미라고 보는 것이다. 모방자가 무엇인가를 모방하고 평가하며 통제한다면 그 모방 자는 전후맥락—그리고 내용—에 민감한 과정 속에 있는 것이다. 밈 이론은 새로운 문화적 정보의 발생, 실행, 그리고 전승과 습득의 과정에 대해서 아 무 것도 말해 주는 것이 없다.

2.3.2. 상징의 유전 체계론과 진화 심리학

이 두 입장의 차이를 우선 인간 정신에 대한, 정신과 뇌와의 관계에 대 한 차이로부터 볼 수 있다. 생각하건대 상징의 유전 체계론에서는 뇌를 앞 서 지적했듯이 3중 나선의 관점에서 굴절 적응의 소산으로 보며 뇌에 대한 이해의 역사에서 볼 때 전일론적 입장이라면 진화 심리학에서는 특정한 문 제를 해결할 수 있는 소형 컴퓨터들의 집합으로 보며 역사적으로 국지주의 (localisme)의 연장선상에 서있다고 구별할 수 있다. (Pierre-Changeux, 1998) 문제 해결 능력이 있는 소형 컴퓨터를 모듈이라고 부르는데 자연 선택에 의 해서 특히 인간의 선조들이 아프리카 초원에서 수렵-채취자이던 홍적세에 형성되었다고 가정한다. 인간에 유일무이한 행위들이 침팬지 등속 보다 발달한 일반 지능(general intelligence)의 산물이 아니라 자연 선택에 의해서 발생한 유전적 변이 형태들로 구성된 고도로 전문적인 신경 세포의 그물망(Network)의 결과라고 본다. 그런데 유전자의 변화가 없어도 문화적 전승으로 놀라운 양의 일이 성취될 수 있다!

모듈론의 결함들 중 한 가지만 일별해 보자. 인간의 뇌에는 유전인 언어 모듈이 있음을 지지해 주는 증거를 제시하고 있다. 그러나 사회적 속임수를 탐지하는 모듈, 배우자를 선택하는 성 전문 모듈, 성 분화적 창조성 등에 대해서는 납득할 만한 어떤 신경학적, 유전적 자료를 제시하지 못하고 있다. 나아가 이런 모듈론에서는 중국 문명의 생성과 전개를 어떻게 설명할 수 있을지 의문이다.

진화 심리학의 입장에 대해서 대략 두 가지 점에서 비판할 수 있다. 첫째는 보편성과 불변성에 관한 것이고 둘째는 행동을 습득하고 응용하기가 쉽다는 점이다. 보편성과 불변성에 관한 것이란 모든 사람이 그들의 사회적 환경과 심리적 특이한 성격들이 무엇이든 동일한 행동을 발전시킨다는 것이다. 모듈론 지지자들은 만인이 불변의 유전적 프로그램을 공유하고 있기에 동일한 행동을 하도록 충동질당한다는 것이다. 그런데 과연 사회 조직, 학습의 기회, 개인의 심리 등에서 다양한 스펙트럼이 행동의 습득에 아무런 영향을 끼치지 않을까?

이제까지 어느 누구도 인간 행동의 외형적 불변성의 원인이 되는 최초의 조건을 규명하지 못했다. 한때 사람들은 알을 까고 나온 거위 새끼가 어미의 부름에 응하는 방식을 배우지 않으며 그것은 유전적으로 진화한 프로그램의 결과라고 믿었다. 즉 그것은 본능, 경험을 할 필요가 없으며 내재적인 적응 반응이라고 생각했다. 거위새끼들은 알을 깨고 나오기에 앞서 부화하는 암탉이 부르는 소리를 들은 적이 없더라도 자신의 종의 부름을 인식한다. 따라서 부름에 응하기는 유전적으로 내재적인 것으로 보는 것이 확실해 보인다. 그러나 발달 심리학자 길버트 고틀리브의 실험을 보면 반드시 그런 것만은 아니다. 거위 새끼들은 아직 알 속에 있으면서 음성 체계를 발달시키는 동안 자신들의 소리 만드는 기구를 훈련시켜서 자기가 스스로 낸 소리를 듣는다. 이럼으로써 새끼들은 자신의 지각체계를 조율하며 알을 깨고 나오면 어미의 부름에 반응할 수 있는 것이다.

요컨대 밈 이론과 진화 심리학에는 변이 형태가 성장 발달하는 데 중요한 조건에 대한 고려가 결여되어 있는 것이다. 그런 한편 『혁명을 놓치다』라는 책에서 제롬 바코우는 면밀한 검토가 필요한 논의를 전개하고 있다. (Barkow, 2006) 그의 관점은 버스나 핑커처럼 유전자 중심주의적이지 않으며 에드워드 윌슨처럼 학문들 사이의 위계 질서를 상정하지 않는다는 점에서 개방적이다. 그는 인간과 동물이 아니라 인간과 "다른 동물들"이라는 입장을 취하면서 자연 대 양육, 정신 대 신체, 문화 대 생물학이라는 식의 낡은 이분법을 극복해야 하며 환원(내가 보기에 환원주의)은 어리석다면서 조직의 상이한 수준들의 창발적 속성(emergent property)에 유의할 것을 강조한다. 그런데 많은 사회 과학자들이 마르크스를 추종해서 인간성을 사회와 역사의 반영일 뿐이라고 믿고 있다고, 마르크스의 사상에 대한 피상적 이해를 드러내고 있다.

2.4. 문화 혁명의 진화론적 근거

행동을 전승할 수 있는 동물들에 있어서 습득되고 적응력이 있는 정보를 생성하고 전달하는 능력은 대단히 크다. 이들에게 후성 유전학적 유전은 성장 발달에서 계속 중요한 한편 세대 간 후성 유전학적 변이 형태의 전승은 대단히 많은 정보가 행동을 통해서 전승됨에 주목할 필요가 있다. 그리고 상징 체계가 발생해서 세련되어 가면서 유전적 체계는 진화론적으로 뒷전으로 물러나게 되었다. 인류 역사가 전개되면서 진화의 적응성을 지도해 온 것은 문화 체계였으며 그것은 유전자와 행동이 표현되고 선택되는 조건을 조성해 온 것이다.

생각하건대 야블롱카의 4차원적 진화론과 르윈틴의 3중 나선론의 공통 분모는 **변증법적 연기론**이다. 생명체(Organism)는 유전자(유전자 유전 체계와 후성적 유전 체계) 그리고 환경(행동의 유전 체계와 상징의 유전 체계)와 상호 의존적인 상입(interpenetration)하는 관계에 있다. 이런 상호 관계를 잘 보여 주는 사례가 '난초형 아동과 민들레형 아동'에 관한 연구다.[*]

밤바(Bamba) 테스트가 바로 그것이다. 3세 유아와 한 시간 이상 정겹게 놀이를 하다가 그 유아에게 땅콩 버터 향을 가한 부풀린 옥수수 과자 24개가 든 한 통을 준 다음 교사가 자신에게는 3개밖에 없다며 유아의 반응을 살펴보면 대부분의 유아와 달리 몇몇 유아는 자기 것을 나누어 준다는 것이다. 나누기를 잘하는 아동들에게는 유전자 DRD4의 변형 유전자 7R을 보유하고 있다. 그런 한편 이 변형 유전자는 일반적으로 반(反)사회적 행위와 결부되어 있다! 그런 까닭에 이것은 주의력 결핍 과잉 행동 장애(Attention Deficit Hyperactivity Disorder) 유전자, 선머슴 유전자, 술꾼 유전자, 심지어는 매춘부 유전자라는 별명을 가지고 있다. 그런데 이 유전자는 어려운 아동기를 경험한 경우에만 반사회적 행위를 야기한다는 것이다. 이런 현상을 가소성(plasticity) 유전자 가설로 설명한다. 유전자 SERT의 변형 유전자를 보유하고 있으면 오늘날 전 세계적으로 늘어 가고 있는 우울증 혹은 불안 강박증에 취약할 가능성이 높다. 인구의 30~50퍼센트가 이 변형 유전자를 보유하고 있는데 거친 아동기를 경험했거나 성인으로서 강도 높은 스트레스를 겪을 경우에만 이런 정신 질환에 빠질 위험성이 크다. 유전자 MAOA의 변형 유전자를 보유하고 있는 경우에는 폭력 행위를 비롯한 사회 병리적 행위를 할 가능성이 높지만 오직 아동기에 학대를 당했을 때에만 그렇다. 뒤집어 말하자면 유전자 SERT-DRD4-MAOA의 변형 유전자를 보유하더라도 행복한 어린 시절을 경험한 사람들은 어려움을 겪더라도 비범한 회복력(Extra Resilience)

---

[*] "The Orchild Children", New Scientist(2012. 01-28). 42~45.

과 쾌활함을 발휘한다는 것이다!

이런 연구의 연장선상에서 난초형 아동이 거론된다. 보살핌이 형편없으면 풀이 죽고 주의 깊은 보살핌을 받으면 잘 자라는 어린이들을 이렇게 부른다. 그런 반면에 환경의 영향을 별로 받지 않는 아동들을 민들레형 아동이라고 부른다. 정신 분석학적 관점에서 그리고 불교적 관점에서 성인은 어린 시절의 경험의 연장선상에 있다. 난초형이냐 민들레형이냐 하는 문제는 성인에게도 적용할 수 있는 것이다. 불교의 명상은 자본주의 체제의 극악무도한 불의스러운 환경 속에서 불행한 경험을 겪더라도 3독에 사로잡히지 않고 악의 정체를 과학적으로 파악하는 동시에 "먹잇감이 되는 생명체들을 나의 몸처럼 여기며 자비로운 큰 마음을 실천한다."라는 **동체대비(同體大悲)**의 관점에서 사악함을 깨부수어 정의를 실현할 수 있는 **파사현정(破邪顯正)**의 경지에 이르는 수단이자 그 과정이다. 3독이란 수단 방법을 가리지 않고 부와 권력을 쌓고(貪), 소외에 따른 상호 불신으로 만인을 적대시하며(瞋), 이 두 가지 성향을 인간의 운명이라고 교육하고 문화적 소비를 하게 만드는 썩은 진창에 빠져 있는 자신의 몰골을 정면 직시하지 못하는 어리석음(癡)을 가리킨다. 이 탐·진·치의 진창에서 빠져나올 수 있는 방법은 없을까?

GDP는 구미 선진 제국주의 국가들에 비할 바 못 되고 한국에도 훨씬 미치지 못하는 쿠바가 불완전하나마 사회주의를 실천하고 있는 현실의 원천은 문화 혁명 덕이다. 쿠바 의료 체계는 그 인도주의적 질에 있어서 스웨덴 등 북유럽 사민주의의 의료 체계에 결코 뒤지지 않는다. 이것은 체 게바라의 사회적 의학이라는 혁명 정신이 고스란히 살아 숨 쉬는 전반적 통합 의학에 근거한 것이다. (Fitz, 2011) 전반적 통합 의학은 보건 의료를 생물학적 구성 부분으로만 접근하는 것이 아니라 그것은 물론 심리학적-문화적 구성 부분이라는 차원에서도 접근하며 나아가서는 영적(spiritual) 구성 부분까지도 고려하는 접근 방식을 채택한다.

이것은 세계 보건 기구(WHO)의 건강에 대한 정의(www.who.int/topics/

mental-health/en)와도 합치하는 것을 넘어 더욱 시야가 넓은 것이다. 쿠바의 의학관은 유전자 구성과 유전자 표현에 대한 사회적 영향의 연구, 면역계의 작용에 대한 사회적 영향의 연구, 질병에 대한 사회적 영향의 연구와 상통하며 이런 접근 방식들을 전반적으로 통합하려는 노력에 부합한다. (Cacioppo et. al., 2002) 이런 전반적 통합 의학이기에 **사회적 맥락의 진화(변화)**를 강조한다. 그래서 라틴아메리카 의대(ELAM)의 학생들은 4, 5학년 학기의 교과 과정에서는 인간을 생물학적·심리학적·사회적 존재로 보아 삶의 전후 맥락을 이해해야 함을 배운다. 학생들은 1학년 때부터 쿠바 공공 의료의 핵심인 지역 보건소(Consultorio)에서 실습을 하면서 지역민과의 문진(問診)을 통해서 전반적 통합 의학을 익히며 나아가서는 환자들에게 삶의 사회적 맥락을 변화시킴으로써 스스로를 돌볼 수 있음을 가르치기도 한다.

쿠바 의료진은 모범적인 국제 의료 구호 활동을 하고 있다. 차베스의 베네수엘라와는 "공동체 내부" 프로그램을 체결해서 약 1만 명에 이르는 의료진을 베네수엘라에 파견했다. 그리고 현재 해외에서 활동하고 있는 의사 수에 있어서 제 1위는 미국(최근까지 유엔 분담금 체납 1위인 한편 세계 최대 무기 수출국)은 물론 미국을 비롯한 G8 나라들 모두의 의사도 아닌 쿠바 의사들이다. 2008년 현재까지 쿠바 의료진은 전 세계적으로 7000만 명 이상에게 의료 봉사 활동을 해 오고 있으며 쿠바 이외 지역민 약 200만 명이 쿠바 의료진 덕에 목숨을 구했다.

3. 혁명적 헤게모니와 거울 신경 세포

3.1. 역지사지와 거울 신경 세포

반자본주의적이고 진정으로 자유롭고 평등하며 형제애로 다정다감한 화엄(華嚴)의 세계를 지향하는 문화 혁명을, 정치 권력을 수단으로 사회적 생산관계를 변혁시키기에 앞서 지속적으로 실행해야 한다. 그 혁명의 정서적·이성적 윤리성의 동력은 입장을 바꾸어 생각할 수 있는 역지사지(易地思之) 자질의 양육이다. 이 자질은 감정 이입을 할 수 있는 능력이며 그 유물론적 근거가 바로 거울 신경 세포(mirror neuron)다. 거울 신경 세포는 앞서 야블롱카의 진화의 4차원 중 학습과 문화적 전승에서 강조한 모방을 모의 실험(simulation)이라는 방식으로 실행한다. (Iacoboni, 2008) 모의 실험에는 일정 수준의 의식적 노력이 필요한 한편 거울 신경 세포의 활동 대부분은 타자의 마음을 이해하는 데 경험 기반적이며 성찰에 앞서 일어나는 뇌의 활동이다. 거울 신경 세포는 마르크스가 사회적 제반 관계의 총화라고 정의한 인간관은 물론 석가모니 부처와 가섭 존자 사이의 유명한 이심전심(以心傳心)이라는 일체유심조(一切唯心造)적 의사 소통의 유물론적 근거다.

사람들이 텔레비전에서 무하마드 알리가 벌처럼 날면서 레프트 훅을 날리는 것을 볼 때 점화되는 신경 세포가 우리 자신이 직접 훅을 날릴 때 작용하는 신경 세포와 동일하다! 그것은 마치 시청하면서 우리가 경기를 하고 있는 것 같은 것이다. 이런 현상이 일어날 수 있는 원천이 바로 거울 신경 세포이다.

거울 신경 세포에 대한 연구는 파르마 대학교의 지아코모 리졸라티(Giacomo Rizzolatti)의 연구진이 단순히 어떤 사람이 손을 움직이는 동작을 지각했을 뿐이고 아무런 동작도 하지 않았음에도 특정한 동작을 전담하는 F5라는 뇌 부위의 운동 세포가 작용함을 발견하면서 시작되었다.

3.2. 거울 신경 세포-언어-학습

인간의 사회적 제반 관계에서 의사 소통은 기본적이며 이 소통의 주된 수단이 언어다. 지아코모 리졸라티와 미카엘 아르비브는 "우리 손아귀에 있는 언어"에서 원숭이 뇌의 F5 부위, 즉 최초로 거울 신경 세포이 있음이 밝혀진 부위는 인간 뇌의 브로카(Broca) 영역(언어 활동과 관련이 있는 부위이다.)과 상동 기관(Homologue, 구조, 기능, 양이 같은 기관)이라는 가설을 제시했다. 에블린 콜러와 크리스티안 케이저스는 세 가지 상이한 실험 조건들을 통해서 이 가설을 지지해 주는 증거를 제시했다.

문화 혁명은 다양한 수준의 교육을 통해서 진행되기 마련인데 거울 신경 세포은 학습 기능에 관여하는 것으로 밝혀졌다. 앞서 야블롱카의 행동을 통한 유전 체계의 실례로서 지적한 아프리카 침팬지 9종이 환경에 분명한 차이가 없음에도 39종의 문화적 차이를 보여 주는 것은, 예를 들면 도구 사용을 관찰하고 그것이 모방을 통해서 전파되는 과정에서 발생한 것이다. 그 학습 과정에 거울 신경 세포가 작용함을 페라리 연구팀이 원숭이 사회의 '사회적 전염'에 관한 실험에서 증명했다. 다른 원숭이들의 도구 사용을 관찰하면서 머리 속으로 그 동작을 모의 실험함으로써 자신이 이 도구를 사용할 수 있는 동작 기술을 습득하게 되는 것이다. 그리고 캐롤 에커만은 아동의 모방과 말로 하는 의사 소통 사이에 강한 관계가 있음을 보여 준다.

3.3. 거울 신경 세포 그리고 몸의 공명-감정 이입

마카크원숭이들로부터 인간에 이르는 진화의 많은 단계를 거치면서 거울 신경 세포 체계는 어떻게 변화해 왔을까? 마카크 원숭이들의 거울 신경 세포에는 없는 어떤 기능이 인간에게는 발생했을까? 이 물음의 핵심은 관념 운동 신경(ideomotor) 모델이다. (Iacoboni, 2008) 인간은 어떤 형태든 감각적 자극을 받아 이에 반응하는 활동을 시작하게 되는데 이것은 감각-운동 체계에 의해서 이뤄진다. 이 체계와 실질적으로 다른 체계가 바로 **관념 운동 신경** 체계다.

미취학 아동들에게서 모방 행위의 동기에서 가장 중요한 것은 관찰하고 있는 행동의 목표다. 모방에서 가장 중요한 목표들 중 한 가지는 사회적 관계에서 **자아와 타자들 사이의 몸과 일체를 이루는 친밀성**(embodied intimacy)을 촉진시키는 것이다. 타자의 몸과 일체를 이루는 친밀성은 사회적 인식을 구성하는 감정 이입으로 통하는 첫 걸음이다. 생각하건대 이 몸과 일체를 이루는 마음(Embodied Mind)은 마음과 일체를 이루는 몸(Minded Body)와 연기론적 일체를 이루며 동물을 비롯한 자연계라는 전체 집합에서 **능동적 인간의 주체성**을 강조하면서 그에 결코 집착하지 않는 일체유심조(一切唯心造)와 동의어이다. 이 현상의 유물론적 기초는 근육에 전기 신호를 보내는 제1운동피질(Primary Motor Cortex)에 가까운, 운동 행위에 중요한 뇌 부위에 거울 신경 세포이 있다는 점이다. 필자는 프랑스의 현상학적 마르크스주의자 모리스 메를로퐁티가 "그것은 마치 타자의 의도가 내 몸속에 거주하고 있고 내 의도가 타자의 몸속에 거주하고 있는 것 같다."라고 철학적으로 통찰한 점이 바로 이것이라고 생각한다.

사회 심리학자 파울라 니덴탈의 실험에 따르면 모방 행위는 인식에 선행하면서 인식에 도움을 준다. 거울 신경 세포은 타인들의 표정을 자동적으로, 곰곰이 생각해 보지 않고(unreflective) 모의 실험을 한다. 이 모의 실험 과정은 모방하는 표정을 명백하게 인식하거나 곰곰이 생각할 필요가 없는 과정이다. 거울 신경 세포의 신호가 표정 관찰과 연관된 감정들을 관장하는 대뇌변연계로 전달된다는 사실은 중요하다. 요컨대 우리는 상대방의 얼굴 표정을 보면서 거울 신경 세포의 작용과 변연계의 작용으로 상대방의 감정을 인식, 감정 이입을 하는 것이다.

거울 신경 세포과 변연계는 어떻게 연결되는 것일까? fMRI로 검증 실험을 한 결과 추정대로 뇌도(insula)로 밝혀졌다. 이와 관련해서 대상피질의 신경 세포가 담당하는 많은 기능들 중 한 가지는 고통 전담이다. 실험에 따르면 뇌에서 충만한 모의 실험을 함으로써 "고통이 개인적 경험이라고 생각하는 통념과 달리 타인들과 공유하는 경험으로 느끼고 아는 것임"을 보여 준다. 주목할 만한 사실은 감정 이입의 보다 추상적 형태들이 신체의 반영보다는 **정서의 반영**에 더욱 의존한다는 것이다.

감정 이입이 몸과 일체를 이루는 마음임을 친밀한 남녀 사이의 감정 이입에 관한 타니야 싱어의 실험을 통해서 확인해 보자. 우선 여성이 스캐너 안에 드러누워 있는 한편 그녀의 남편 혹은 약혼자 혹은 남자 친구는 가까운 곳 의자에 앉아 있다. 남녀 각자의 손에는 전극이 연결되어 싱어는 그것을 통해서 전기충격을 보낼 수 있다. 전기충격을 받은 여성은 두 가지 반응을 보여 준다. 여성의 손에 가해진 충격에 대해서 신체 감각(somatosensory) 부위의 활동이 증가하는 동시에 고통의 감정 차원을 처리하는 대상피질을 비롯한 여러 부위들의 활동 역시 증가한다. 스캐너 안에 있는 피실험 여성들은 자신의 짝이 충격을 받을 것임을 알고 있을 때 감각 부위들이 아니라 '오로지' 고통과 관련되어 있는 정서적 부위들만 활성화시켰다. 이 실험의 의미를 이해하는 데 주의할 점은 피실험 여성들이 자신의 짝의 손에 신체적 해가 가해짐을 보지 않았다는 점이다. 그들은 남자의 얼굴에 고통스런 표정이 나타남을 보지 못하고 있다. 그리고 고통스런 외침을 듣지도 않는다. 피실험 여성들의 사전지식이란 다소 추상적인 것일 뿐이다. 짝이 느끼는 고통과 관련해서 알고 있는 정보란 컴퓨터 모니터의 채색된 화살일 뿐이다. 즉 앞서 언급한 관념 운동 체계가 작용하여 피실험 여성들의 뇌는 짝이 겪는 고통의 정서적 측면을 반영하고 있는 것이다.

3.4. 혁명적 헤게모니의 출발점: 모성의 감정 이입과 공감

막심 고리키의 『어머니』가 수많은 농민(Muzhik)과 프롤레타리아의 심금(心琴)을 울려 혁명의 길을 달리도록 하고 북한의 혁명 가극 「피바다」가 동일한 열정을 불러일으킨 원천은 바로 모성의 힘이다.

신생아들은 본능적으로 태어나자마자 움직임을 모방한다. 출생 10주밖에 되지 않은 유아들이 자발적으로 엄마가 보이는 기쁘거나 성난 표정을 모방한다. 9개월 된 유아들은 기쁘거나 슬픈 표정을 반영한다. 그리고 엄마들 또한 유아들의 표정을 모방한다. 출생 첫날부터 영아가 입을 벌리면 엄마 역시 입을 벌린다. 주목할 점은 엄마들은 자신의 자식이 아닌 아이들에 비해서 자신의 자식들이 움직이면 동시에 움직이는 경우가 더 많다. 이 동기화(synchronization)는 신경 회로 활성도의 차이로 나타난다. 이에 더해서 예상 외의 차이도 보인다. 자신의 자식들을 주목하는 경우 자식이 아닌 아이들의 경우에 비해서 전(前)보조 운동 영역(Supplementary Motor Area, SMA)이 강하게 활성화됨을 보여 준다. 이 영역은 복잡한 행동의 계획과 연속 동작에 중요한 영역이다. 이런 과정을 통해서 어머니와 자식 사이의 애착 관계가 형성되는데 이 관계의 핵심인 감정 이입이야말로 인정(人情)머리, 맹자가 강조한 4단(四端) 중에서 측은지심(惻隱之心, 타인의 어려움을 보면 불쌍하다고 느끼는 마음)으로부터 어진 마음이 발휘되며 불의에 대해서 자존심 그리고 존엄성이 상하는 수오지심(羞惡之心, 부끄러워 할 줄 아는 마음)으로부터 정의로운 마음이 발휘되는 원천이라고 이해할 수 있다. 자본주의 체제의 온갖 악, 비참함과 불의에 대항해서 혁명의 길로 질주하게 되는 가장 근본적 동기는 측은지심 그리고 수오지심의 마르지 않는 원천인 **모성애(母性愛)**, 다시 말해 **어머니와 자식 사이의 감정 이입** 바로 그것이다.

평범한 어머니 이소선으로부터 "몸이 가루가 되도록", 분신한 전태일 열사의 "죽음을 헛되이 하지" 않는 삶을 영위하면서 "노동자의 어머니"로 변신해 간 고 이소선 어머니의 경우가 그런 존경스런 경우다. (태준식, 2010; 2012)

거울 신경 세포 덕에 행동의 동시화가 이뤄진다면 나의 뇌는 상대방의 행동과 나의 행동을 어떻게 구별할 수 있을까? 이 행동의 동시화는 앞서 지적한 메를로퐁티의 관점 "내가 곧 너"라는 차원과 함께 자아의 차원을 포괄하고 있다. 감정 이입을 통해서 나와 상대방은 상호 구성을 하는 것이다. 그런 한편 거울 신경 세포는 타인의 행동과 관련해서 보다는 자신의 행동과 관련해서 그 활동성이 훨씬 더 강화된다. 따라서 거울 신경 세포는 자아와 타자의 상호 의존성 그리고 그와 동시에 우리가 느끼고 요구하는 자아의 독립성 역시 체현하는 것이다. 이런 신경 세포 차원에서 보더라도 자본주의 체제적 성격을 지닌 '인간 사이의 소외'가 얼마나 반자연스런 삶의 조건인지 알 수 있다. 달리 말해서 누구의 간섭도 받지 않고 살아갈 수 있다고 믿는 **개인주의**라는 통념은 모방 ─ 감정 이입에 따른 상호 의존성 ─ 자아 개념이 3자 사이의 밀접한 관계를 생각할 때 반과학적이며 반자연적임을 알 수 있다.

어머니와 자식 사이의 상호 감정 이입을 경험하면서 **"내가 곧 너"라는 자아 포월**(自我包越)이 지속되지 못하는 이유는 역시 역사적 사회 구성체들의 반인간성이 아닐까? 『모성 본능, 그것은 어떻게 인간이라는 종을 형성할까』라는 대작에서 사라 흐르디는 비교적 "적기의 자손 번식"을 중시하다가(Hrdy, 1999) 10년 정도 지난 후에 펴낸 『엄마들과 타자들: 상호이해의 진화론적 기원』에서 비교적 사회성을 중시하는 관점의 이동이 일어난 것이 아닌가 하는, 보다 총체적 관점을 보여 주는 것 같다. 그녀는 경제학자들이 개인주의를 경축하면서 자기 이익인인 '합리적 행위자들'을 전제하는 경제 모형에 습관적인 것 혹은 새끼를 잘 낳는 암컷을 향한 접근을 둘러싼 영장류 수컷들 사이의 경쟁, 같은 집단에 속하면서 자원을 둘러싼 암컷들 사이의 경쟁, 영양과 보살핌을 둘러싼 가족 내 자식들 사이의 경쟁을 연구하는 사회 생물학자들에게는 비합리적인 것으로 여겨지는 관대함에 주목한다. (Hrdy, 2009) 흐르디에 따르면 버스의 연구(버스, 2009)와 달리 30개국 이상의 나라에서 여성이 손꼽은 남편감의 중요한 자질 1위는 상호 매력, 2위는 의지할 수 있는 성격, 감정의 안정성. 성숙성이며 금전적 전망은 12위라는 것이다. (Hrdy, 2009)

거울 신경 세포라는 생물학적 표지를 통해서 확인할 수 있는 감정 이입 능력은 정치적·도덕적 헤게모니 형성의 출발점인 위대한 거부로 나아가는 동고(同苦)의 기초다. 1970년대 후반부터 1980년대까지 적잖은 대학생들이 "공장 현장으로의 존재 이전"을 한 기초는 바로 이런 **감정 이입-동고-혁명적**

실천의 역사적 과정의 한국판이었다고 이해할 수 있다. 반자본주의적 혁명 운동은 앞서 밝혔듯이 **진화론적 자연스러움을 회복하면서 그 가능성을 더욱 넓고 깊게 개발할 수 있는 적소를 구성하는 일**이다.

이런 감정·이입 능력이 결여된 자들이 사이코패스다. 이들은 입장을 바꿔서 생각할 줄 모르며 태연자약하게 거짓말을 하며 남을 조종하면서도 조금도 양심의 거리낌을 느끼지 않는 냉혈한들이다. (Hare, 2007) 이들은 이기적이며 자기 뜻대로 되지 않으면 초조감을 느껴 가장 사소한 이유만으로도 위험한 행동에 나선다. 특히 타인의 공포감을 감지할 수 없기에 흉악한 범죄를 저지를 수 있다. 이들의 뇌는 구조가 아니라 기능이 비정상적으로 작용한다. 앞서 지적한 거울 신경 세포과 대뇌 변연계를 연결하는 뇌도는 몸의 상태를 인식하고 고통을 지각한다. 전두엽 한 가운데 있는 전측 대상회 피질(前側帶狀回皮質, Anterior Cingulate Cortex)는 감정 이입, 의사 결정, 그리고 감정에 대한 인지적 통제를 수행한다. 후측 대상회(Posterio Cingulate)는 감정의 기억이라는 중요한 역할을 수행한다. 편도체(片桃體, amygdala)는 감정적 자극을 평가하며 감정적 반응을 한다. 이 부위들에 문제가 있는 것이다. 오늘날 카지노 자본주의의 주범들로서 월가 점령(Occupy Wall Street) 운동의 표적인 **금융 엘리트들이 10명 중 1명이 사이코패스**라고 최근 연구가 밝히고 있음은 주목할 만한 일이다. 경쟁성과 위험 성향을 측정하는 테스트에서 주식을 다루는 일부 금융인들이 사이코패스로 진단받은 자들보다 그런 성향이 더 높은 것으로 드러났다.*

그리고 그런 부정적 성향은 큰 성공을 한 정치가들에게도 높게 나타났다는 것이다. 어떤 연구자들은 모든 경영인들 중 4퍼센트가 사이코패스라고 평가한다. 이와 관련해서 주목할 연구가 "사사로운 이익에 사로잡혀 사회의 엘

---

* "One out of every ten wall street emplyees is a psychopath", www.huffingtonpost.
com/2012/02/28/wall-street-psychopaths-n

리트들이 거짓말을 하고 사기를 친다."는 것이다.* 캘리포니아 버클리의 박사 후보 폴 피프는 사회적으로 가장 고결한 행위자들을 고위층(Nobility)에서 발견할 수 있는가 하는 물음을 7가지 실험을 통해서 확인한 결과 그것은 "아니다."라는 것이다. 고위층은 일하면서 협상에서 거짓말을 하는 작태를 비롯해서 비윤리적 행위를 지지하는 것은 물론 상을 타기 위해서 속임수를 쓰며 운전 중 교통 법규 위반을 자주 하며 심지어는 아동의 사탕을 뺏어먹기도 하는 것으로 드러났다. 피프는 이런 비윤리성을 극복하기 위해서 부자들에게 "감정 이입" 능력을 제고할 것을 지적하고 있다.

심리학자들은 사람들이 권력을 잡으면 거의 즉각적으로 정신적으로 타락함을 지적해 왔다. 권력자들은 타자들의 세계를 정확히 이해할 수 있는 능력이 여러모로 부족하다는 것이다.(Travers, 2011) 오늘날 이 사회에서 하루가 멀다 하고 일어나는 온갖 종류의 법적·도덕적 범죄 행위의 주모자들은 재주만 뛰어날 뿐 덕이라고는 없는 **재승박덕(才勝薄德)**한 권력자들이다. 이 악의 세력을 과감하게 척결하는 대업에는 재주도 뛰어나고 덕 역시 크나큰 **재승박덕(才勝博德)**한 사람들이 절실하게 요청되며 그런 인재 육성에 필수불가결한 교육이 명상 수행이다. 그리고 이전 연구에 따르면 경제학 수업을 받은 학생들이 탐욕을 선(善)으로 생각하는 경향이 두드러진다고 한다. 주류 경제학의 인간관이 경제인(Homo economicus)임을 생각한다면 놀라운 일이 아니다. 한자 문화권에서 경제라는 용어가 經世濟民(세상에 질서를 마련하고 민중을 구한다.)에서 비롯되었음을 상기할 필요가 있다.

이 지점에서 짧게라도 지적하지 않을 수 없는 문제가 부정직성과 정직성에 대한 단 아리엘리의 연구다.(Ariely, 2012) 그에 따르면 이제까지 과학적인 것으로 수용해 온 범죄의 합리성에 관한 단순 모델(The Simple Model of

---

* "Self-interest spurs society's 'Elite' to lie, cheat, study finds". www.bloomberg.com/news/2012-02-27wealthier-people-more-likely-than-poorer-to-lie-or-cheat-researchers-find.htm

Rational Crime, SMORC)이 그다지 과학적이지 않다는 것이다. 이 모델은 G. 베커가 비용-편익(Costs-Benefits) 분석에 입각해서 범죄를(부정직성도 함께) 논한 것인데 세 가지 구성 요소를 지적한다. 범죄로 얻는 편익, 잡힐 확률, 잡힐 경우 예상되는 벌. 아리엘리는 다양한 실험들을 통해서 이 모델이 인간의 부정직성을 설명하는 데 뚜렷한 한계가 있음을 설득력 있게 밝히고 있다. 남을 속이는 과정에는 반드시 **자기 기만으로서 자기 합리화**가 수반됨을 규명하고 있는 것이다. 이런 점에서 우리가 창조적이면 창조적일수록 이기적 이해 관계를 정당화하는 데 도움이 되는 그럴듯한(good) 이야기를 더 잘 제시한다는 것이다.

생각하건대 현실의 전모를 파악하는 행위의 핵심은 불가분의 두 차원, 과학적 진리(是非)의 차원과 윤리적 진실(曲直 혹은 善惡)의 차원 이다. 이런 관점에서 자기 기만이라는 윤리적 왜곡 혹은 악행은 자기 합리화라는 반/비 과학성(사이비 과학성)을 동반하는 것인데 오늘날 우리 사회에서 재승박덕(才勝薄德)한 5적(賊)들의 행위들 무엇보다도 4대강 사업(邪/詐業)과 천안함 사건에서 이런 범죄 행위를 보지 않을 수 없다. 생각하건대 그람시의 헤게모니론 그 이론을 진전시킨 루이 알튀세의 **이데올로기적 국가 기구**(Ideological State Apparatuses, ISAs) 논의를 보다 심층적으로 이해하는 데 이 연구 성과를 결합시킬 수 있지 않을까? 아리엘리는 부정직성에 영향을 미치는 힘들로서 자기 합리화를 할 수 있는 능력-창조성, 이해 관계의 충돌, 비도덕적 행위의 전염, 자기 소진(거짓말을 하고픈 욕망을 제어할 수 있는 능력의 고갈), 선의의 부정직과 함께 문화적 차원을 지적하고 있다.

정상인과 이 사이코패스 사이에 자폐증 환자가 있다. 이들은 뇌도가 연결하는 거울 신경 세포과 변연계 사이의 상호 작용에 장애가 발생해서 모방의 사회적-정서적 형태가 비정상적이다.

오늘날 한국 사회의 고질인 경제 동물적 인간 관계 그리고 타인의 고통에 대한 금수보다 못한 무관심에 대한 근본적인 치유책은 타인과의 관계에서

감정 이입하고 공감하는 능력의 회복이다. 어머니와의 관계에서 이런 능력을 육성해 왔음에도 그런 윤리적 능력이 사장(死藏)되는 이유는 한국 지배 엘리트들의 사이코패스적·가학적 성향과 이런 사악한 정서에 기초한 무자비한 세계관·가치관·생활 방식이 전사회적으로 학습되고 자연스러운 것으로 수용된, 특히 해방 이후 이 땅의 역사적 과정에서 찾을 수 있다. 그러면 이런 죽지 못해 사는 삶 그리고 멀쩡한 정신병자적 의식에서 해방될 수 있는 혁명은 어떻게 가능할까?

4. 혁명적 헤게모니와 명상

4.1. 문화적·도덕적 헤게모니 VS/& 문화 산업

한 노동자는 이렇게 말한다. "노조 위원장 선거 할 때만큼 자본가 계급과 투쟁했더라면 우리는 지금 승리했을 것이다." 이런 개탄스런 상황을 어떻게 극복할 수 있을까?

그람시는 레닌을 "삶의 거장(Master), 잠자는 혼(Souls)을 일깨우는 이"라고 이해하면서 앞서 지적했듯이 혁명 권력이 권력 투쟁으로 타락하는 것을 예방할 수 있으며 새로운 질서의 원리로서 "문화-도덕적 헤게모니"를 강조한다. 제1차 세계 대전을 전후해서 유럽 각지에서 사회주의자들이 "적색 비엔나"를 비롯해서 "작은 모스크바"에서 문화 투쟁을 전개한 점은 주목할 만하다. 그런데 왜 다양한 문화적 에너지와 상징적 창조성이 노동자 대중을 혁명적 행동으로 나아가도록 추동하지 못했을까? 독일 사민당은 바이마르 공화국의 노사 협조주의적이고 복지 국가주의에 안주하면서 의회 체제에 실질적 포섭을 당했다. (Eley, 2002) 이런 실질적 포섭이 한국에서도 1990년대 이래 지속되어 온 사정을 생각할 때 혁명적 헤게모니의 크나큰 장애물들 중 한

가지가 대중 오락을 중심으로 하는 문화 산업의 해독이다. 이 시기에 대중 문화는 대중이 싼값에 오락을 즐기며 여가 생활을 할 수 있는 기술들로 말미 암아 변형되고 있었다.

1925년 영국 글래스고에서는 최초로 4,000석에 이르는 영화관이 개관되었으며 1930년경 라디오 청중의 4분의 1이 노동 계급이었다. 그런데 독립영화는 눈길을 끌고 흥분되는 상업 영화와 경쟁할 수 없었다. 어느 영국의 노동자가 표현했듯이 노동자들은 여가 시간에 노동자 교육 협회의 학습과 목로주점에서 여자와 어울리며 춤추는 오락 사이에서 갈등했는데 여가 시간이 늘어 가면서 노동자들은 부분적으로만 사회주의 문화 단체에 주목할 뿐 대체로 자본가 계급이 조직한 상업적 오락으로 몰려들었다. 파시즘은 좌파가 경시한 심리적 욕구들과 공상적 갈망들을 이용했다. 환상의 공장 할리우드 영화가 대표적인 것이었다. 1920년대 문화 산업은 대성공을 거두었는데 사회주의자들이 가부장제-가족-성행위와 관련한 기존의 가치관과 성애(eroticism) 관련 소비주의, 여가 생활, 의상-흡연-음주-춤-새로운 양식의 스포츠 같은 문제들에 현명하게 대처하지 못한 점은 오늘날 여전히 중차대한 과제로 남아 있다. 앞서 언급한 거울 신경 세포의 작용을 상기한다면 이 문화산업을 지혜롭게 통제하는 일이 중차대함을 상상하기란 어렵지 않다.

필자는 자본주의와 가부장적 헤게모니를 극복하는 반(Counter)헤게모니의 교육 철학의 준거틀이 불교적 세계관-가치-생활 방식이며 자본주의 세계 체제라는 구체적인 삶의 조건 속에서 마르크스의 사상을 21세기에 적합하도록 변용하여 혁명의 방편으로 삼아야 한다고 생각한다. 이런 비전을 전제로 정치 권력을 장악하기에 앞서 **혁명적 인간의 형성**에 필수불가결한 경험이 **명상**이라고 확신한다.

4.2. 여실지견을 통한 자아 포월의 실천 윤리

명상(冥想, meditation)의 산스크리트 어는 브하바나(bhavana)인데 "경작하다, 계발하다."라는 뜻이다. 심경(心耕)으로 이해할 수 있다. 즉 명상은 현실의 성격을 이해하고 진정한 행복을 누리며 덕성을 계발하고자 하는 수행이다. (Wallace, 2012; Ricard, 2008)

오늘날 한국 사회는 경제 동물적 삶의 공허함으로부터 탈출하는 자살이라는 심각한 사회 병리적 문제에 직면해 있다. 자살자들 중 약 80퍼센트는 우울증이나 정신 분열증의 병력을 지니고 있는데 우울증 치료에 알아차림 (Mindfulness) 명상이 효과적이다. 우울증 치료제인 프로작 덕에 제약사인 엘리 릴리는 연간 20억 달러를 벌어들이고 있다. (Begley, 2007) 그런데 항우울제는 계속 복용하지 않으면 2년 내 재발하는 데 비해서 심리 치료를 하면 재발 비율이 감소한다.

2002년 신경 과학자 헬렌 마이버그는 위약의 효과가 동일함을 발견하면서 항우울제 프록세틴과 인지·행동 치료법이 뇌 활동에 어떻게 영향을 미치는지 확인하는 실험을 했다. 프록세틴을 복용할 경우 추론을 하고 끊임없이 반추하는 전두 피질의 활동이 고조되는 한편 대뇌 변연계의 기억을 담당하는 해마(hippocampus)의 활동은 저하되었다. 이에 반해서 인지·행동 치료를 받은 경우에는 전두 피질의 활동이 거의 없는 한편 해마의 활동은 고조되었다. 이런 효과의 차이는 뇌의 정보 처리 방식을 재구성해서 사고 방식의 유형을 변화시킬 수 있다는 중대한 의미가 있다. 부정적 생각과 느낌들을 달리 평가해서 자신의 경험을 긍정적 관점에서 보기 시작하여 우울증에서 해방될 수 있는 것이다. 이런 인지·행동 요법에 명상을 도입해서 그 치료 효과를 높일 수 있는 것이다.

달라이 라마는 자신의 명상 수행의 경험에 입각해서 마음의 힘으로 뇌를 변화시킬 수 있는지 과학적으로 확인하고 싶어 했는데 그 답은 긍정적이다.

1990년대 중반 파스쿠알-레오네는 실험 지원자들에게 피아노 연습을 "생각하기만" 하도록 한 다음 운동 피질의 관련 부위를 비교해 보았다. 관련 부위의 신경 회로가 유연하게 변했던 것이다! 그리고 이런 변화는 골프의 스윙 동작, 수영의 선회의 경우에서도 동일했다.

명상은 자신의 경험에 주의 집중해서 있는 그대로를 보는 여실지견(如實知見)의 수행이며 이런 수행을 통해서 자신의 **천상천하 유아독존성 ― 불성**을 그리고 **존재의 연기성**을 깨닫는 것이다. 이런 깨달음을 얻었기에 18년간이나 중국인들에 의해서 투옥되어 고문을 당한 티베트의 로폰라는 자신이 두려워했던 바가 고문이나 투옥의 불안함 그 자체가 아니라 "중국인들에 대한 자비심을 잃지나 않을까 하는 것이었다."라고 말할 수 있는 비범성을 발휘할 수 있었던 것이다.

프로이트는 『문명과 불만』에서 인간 관계의 고통이 다른 어떤 고통보다도 고통스럽다고 지적하면서 고통과 불쾌함이 없고 지속적으로 유쾌함을 경험할 수 있는 세계의 성취란 전혀 불가하다고 결론짓는다. 이런 인간에 대한 비관적 전망은 아리스토텔레스로부터 찾을 수 있다. 그는 『니코마코스 윤리학』에서 갈망과 적대감은 인간성에 고유한 것으로서 이것들을 적절한 상황에서 적절한 방식으로 표현하고 적절한 정도로 발휘하면 잘못된 것이 아니라고 말한다. 이런 관점은 오늘날 아집, 갈애, 혐오를 자연 선택의 과정을 통해서 습득된 적응력 있는 특징이라고 보는 관점으로 이어지고 있다. 드네트는 극단적 유물론자로서 "정확히 어떤 방식으로 명상하는 수도승들이 자신의 삶을 우표 수집 혹은 골프 스윙을 개선하는 데 바치는 사람들보다 도덕적으로 우월한가."라고 오만한 어리석음을 드러내고 있다. 유전자 중심주의적이며 진화를 자연 선택론을 중심으로 보며 뇌에 대한 컴퓨터 모델론적 관점을 지닌 스티븐 핑커는 도덕적인 사람들이 칭찬하는 대부분의 행동들이야말로 ― 배우자에게 충실, 모든 아이를 소중히 다루기, 이웃을 네 몸 같이 사랑하기 등이 모두 ― "생물학적 오류"이고 다른 동물의 세계에서는 찾아볼 수 없는 완전히 부자연스런 행위라고 주장한다. 그러나 사실 늑대와 하이에나는 무분별하게 자신들의 공격적 무기들을 사용하지 않으며 늑대는 인간의 기준으로 볼 때 한결 같음과 훌륭한 행위의 모범으로 알려져 있다. (Midgley, 1979)

불교는 진화 심리학의 핵심 사상인 생존-자손 번식을 중심으로 부·권력·지위와 명성·성행위를 비롯한 육감적 쾌락을 인간 본성으로 보는 관점을 "상대적으로 실존하는 아집"과 "3독—무명(無明)과 미망, 탐욕, 혐오와 증오심"으로부터 비롯하는 것으로 본다. 그런 한편 그런 3독에 빠져 온갖 세속적인 욕망을 추구하는 행위에 환멸을 절절히 깨닫고 진정한 행복의 원천이 타자를 나와 같은 존재로 여겨서 크나큰 자비심을 베푸는 행위 **동체대비(同體大悲)**를 실천하려는, 중도의 사상과 아집을 내려놓는 **방하착(放下着)**의 태도를 지향한다. (Wallace, 2012)

불교의 공(空)의 사상은 허무주의와는 전혀 관계가 없다. 그것은 모든 현상에 실체란 없다는 **제법무아(諸法無我)**, 다시 말해 모든 존재의 연기적 관계성을 뜻한다. 앞서 지적한 르원틴의 3중 나선 그리고 야블롱카의 4차원적 진화론의 관점은 불교의 이런 관계론적 존재론과 상통한다. 오늘날 인지 신경과학(Cognitive Neuroscience)은 자아가 뇌의 산물임을 밝히고 있다.

생명체를 하나의 전체라고 의식하는 현상은 뇌 활동의 산물이라는 것이다. 프랑크푸르트 연구소의 토마스 메칭거는 이것을 현상적 자아 모델(Phenomenal Self-Model)이라고 부른다. "의식적 자아에는 나의 것임이라는 일종의 소유권적 성격이 결부된다. 우리의 의식적 경험의 내용은 내적 구성물일 뿐만 아니라 지극히 선택적으로 정보를 취한 것이다." (Metzinger, 2009a) 현실에 대한 우리의 의식적 모델은 굉장히 풍성한 현실에 관한 낮은 차원의 심상 투사(projection)이다. 왜냐하면 우리의 감각 기관은 측정할 수 없을 정도로 현묘하고 풍성한 현실을 기술(記述)하기 위해서가 아니라 생존을 위해서 진화했기 때문이다. 메칭거는 주체성에 대한 이런 자아 모델을 "자아 터널(Ego Tunnel)"이라고 부른다. 그는 자아 터널을 여섯 가지 각도에서 접근하는데 현실 그리고 현재라는 문제와 관련해서 일별하자면 다음과 같다. "현실 터널"은 외부 세계 즉 객관적 현실이 존재한다고 보는 것이다. 사실 우리는 이 세계를 경험하면서 무의식적인 여과 기제를 적용한다. 그렇게 함으로써 부지불식간에 우리 나름의 개인적 세계를 구성하는 것이다. (Metzinger, 2009b)

영화의 흐르는 이미지는 개개의 픽셀로 구성되어 있는데 주목할 점은 이 "시간적 흐름"이라는 것이 사실은 전혀 연속적인 것이 아니라는 점이다. 개개의 픽셀은 일정한 리듬에 따라 명멸하는 것이다. 솔기 없는 시간의 흐름이란 이런 식으로 작용하는 뇌의 산물인 것이다. 그러면 왜 우리는 의식이 터널과 같음을 인식하지 못하는 것일까? 의식적 정보란 뇌에서 지금 활동적인 정보의 세트인데 우리는 고의적으로 높은 수준의 주의를 기울이기에 이 정보가 구성되는 과정에 주목할 수 없는 것이다. 나아가 우리가 어떤 대상이 의도적으로 구성된 것에 불과함을 믿어도 그것을 구성되어진 것이 아니라 주어진 것으로 경험하는 것이다. 왜 이렇게 **신경 현상학적 주의**라는 벽을 넘을 수 없는 것일까? 수많은 신경 세포의 전기·화학적 사건은 1,000분의 1초 단위로 일어나기 때문에 그렇다.

의식은 무엇을 경험하든 이 순간에 — 지금 — 일어나는 것으로 경험한다. 신속히 그리고 예측할 수 없이 변하는 환경에 시시각각 적응하기 위한 것이다. 그런데 신경 세포가 정보처리를 하는 데는 시간이 걸리기에 실제 우리가 경험하는 것은 과거라는 것이 신경 과학의 결론이다. 따라서 이미 경험한 **지금**(Lived Now)는 일종의 환상인 것이다.

양자 역학 이전의 물리학에서는 물질이 정보를 낳고 이 정보를 통해서 관찰자는 측정을 함으로써 물질을 인식할 수 있다고 보았다. 그런데 물리학자 존 휠러의 양자 역학의 관점에서는 관찰자의 현존으로 정보가 발생하며 이 정보로부터 구성되는 범주가 물질인 것이다. (Wallace, 2012) 이런 관점에서 **관**

찰자-참여자가 없으면 시간은 동결(frozen)된다. 즉 시간은 독립적 실체가 아닌 것이다. 스티븐 호킹은 동일한 관점을 이렇게 말한다. "모든 측정 체계와 탐구의 개념적 양식으로부터 독립적으로 존재하는 것과 같은 절대적으로 객관적인 우주의 역사란 없다. …… 측정하기를 선택할 때 일정한 범위의 가능성들로부터 측정하고자 하는 특정한 특징들을 공유하고 있는, (우주) 역사의 하위 집합을 선택하는 것이다. 당신이 생각하는 바 우주의 역사는 이 하위 집합으로부터 파생되는 것이다. **바꿔 말하면 당신이 과거를 선택하는 것이다.**"

신경 과학이 밝히고 있는 자아라는 허상 그리고 신경 과학과 양자 역학이 밝히고 있는 시간이라는 환상을 석가모니 부처께서 이미 약 2,550년 전 명상을 통해서 통찰한 사실은 경이롭다.

> 무릇 모든 상(相)이 다 허망한 것이니라 (凡所有相皆是虛妄)
> 만약 모든 상이 상 아님을 볼 수 있다면 (若見諸相非相)
> 곧 여래를 보는 것이니라. (則見如來)
> ―「如理實見分」(이기영, 1997)

> 천년의 세월이 가더라도 옛일이 아니며 (歷千去而不古)
> 만년의 세월이 계속 되어도 그 길이는 지금 이다. (亙萬歲而長今)
> ― 해인사 일주문 주련(柱聯)

그런데 나의 이런 입장은 "자연과 자아의 초탈적 통일성 안에서 전변하는 역사 세계를 정관하는 현자의 지혜를 지향"하는 것이 아니다. 그럴 경우 "청년의 울분은 점차 노년의 웃음으로 전환된다." 이런 웃음은 "기성 제도성(실정성)과의 합일을 숙명으로 긍정"하며(이규성, 2012) 자유의 이념을 자본주의 체제 너머로 확장하려는 혁명의 길에서 울려 퍼지는 웃음과는 다르다. 나의

"변혁적 중도"의 길은 백낙청 선생의 관점과는 다르다.*

5. 투전승불(鬪戰勝佛)의 길

5.1. 소련과 조선의 인물성 동이 논쟁의 연장선상에서

법고창신을 추구하는 이 논고가 주목하는 전통은 두 가지다. 첫째는 '일기 쓰기' 운동 등을 통해서[26] '새로운 소비에트 인간의 형성'을 지향한 소련의 생리학과 심리학 연구다. 나의 문제 의식과 통하는 것이 세르게이 루빈시타인의 관점이다. 그는 『존재와 의식』에서 정신의 유물론적 기초들이 결정적인 한편 정신에는 물질의 물리적 특성들로 환원될 수 없는 특수성이 있다고 주장했다. (Graham, 1987) 둘째는 1712년경부터 시작된 것으로 보는 인간성이 동물은 물론 초목의 성격과 동일한 것이냐 다른 것이냐를 이기론(理氣論)적 관점에서 논쟁한 인물성 동이(人物性 同異) 논쟁이다. (기세춘, 2007) 이런 소중한 전통을 염두에 두면서 필자는 헤게모니론, 야블롱카의 진화론, 거울 신경 세포론, 불교 명상의 전통을 원융회통하여 자본주의 극복의 지혜로운 길을 내는 과정에 참여하고자 한 것이다.

"한국 급진주의 철학의 특징을 경성제대의 신 칸트주의적 문화사상과 자발적 의지를 강조하는 전통유가의 정신이 급진주의와 결합함으로써 형성된 것"이라는 점이(이규성, 2012) 옳다고 할 때 나는 그런 전통에서 유가보다는 불교 그리고 마르크스주의의 원융을 시도하고 있는 것이다. 알랭 바디우는 오늘날 이른바 "민주주의라는 것들"이 이 지구에 강요하고자 하는 것이 "동물

---

*   "백낙청의 야권연대가 변혁적 중도주의인가?"(2012-09-17일자). "야권연대가 변혁적 중도주의?"(2012-09-22일자). www.jinbo.net/commune

적 인본주의"라고 필자의 판단과 일치하는 입장을 표명하는데 인간은 가련한 짐승 수준이라는 것이다. 그가 성 바울이 당대의 지배 사상인 유태교와 로고스 중심의 희랍 사상 너머를 지향하려한 점에서 우리와 동시대인이라고 평가한 점은 주목할 만하다. (Badiou, 2003)

5.2. 21세기 변혁 사상과 자등명, 법등명 사상

수많은 이들의 자살을 초래함으로써 간접 강도이자 살인자가 되어 가고 있는 금융 귀족들의 광태에 이 지구촌의 압도적 다수가 고통을 겪고 있다. 2011년 월가 점령 운동은 이 악의 체제에 대한 TINA(There Is New Alternative)의 첫 걸음이었을지도 모른다. 그런 한편 20세기에 시도된 "인류 선사 시대의 종언"을 꿈꾸었던 사회주의 혁명들은 모두 실패했다. 우리는 지구 생태계 자체의 위기라는 미증유의 위기를 직면한 상황에서 이 오래된 꿈들에 대해서 마르크스의 사상은 물론 인지 과학-물리 과학들 등의 성과를 불교의 연기론적 공(空) 사상에 입각해서 인간 삶의 조건과 의미에 깊고 넓은 질문들을 새로이 던져야 한다. 이런 탐구에 필수불가결한, 한국인에 부족한 자질이 부처님이 강조한 절실한 마음으로 정정진(正精進) 경전 공부를 하고 명상 수행을 해서 스스로 깨닫는 것이다. 이것을 자등명, 법등명(自燈明, 法燈明)이다.

"비구들이여, 현자가 금을 가열해 보고 잘라 보고 초석에 문질러 보는 등 시험해 본 후에라야 그것을 금이라고 받아들이는 것과 마찬가지로 내 설법을 나에 대한 존경심에서가 아니라 그것을 검토한 연후에 받아들여야 한다." 고 부처님은 어떤 권위에도 용기 있는 비판 정신을 발휘할 것을 충고하고 있다. 야블롱카는 다윈 자신이 이미 "인위적" 선택을 언급했음을 지적하면서 사람들이 문화 수준에서 어떤 좋은 해결책을 발견하면 선택은 더 이상 유전자 차원에서 일어나지 않는다는 과감한 생각을 밝힌다. 장기적으로 문화적 진화는 유전체에 영향을 미치며 나아가 이 **문화적 차원이 단독으로 새로운 종의 출현을 초래할 수 있는 가능성**을 주장하고 있음은 적극 검토할 만한 가치가 있다.*

이런 사상 이론적 관점을 지렛대 삼아 패배주의와 냉소주의 그리고 개량주의가 창궐하고 있는 이 지구를 이 한반도를 뒤흔들 수 있는, **불가능한 꿈을 꾸는 용맹을 발휘하는 자세가 인간다운 인간의 길이다.**

> 불가능한 꿈을 꾸자.
> 패배시킬 수 없는 원수와 투쟁하자.
> 참을 수 없는 비애를 견뎌내자.
> 용감한 자들이 감히 가고자 하지 않는 곳으로 뛰어가자.
> ……
> 저 별을 따라가자.
> 아무리 절망적이라도
> 아무리 멀더라도
> ……
> 세상은 개선될 것이다.
> 왜냐하면 비웃음을 받고 상처로 뒤덮여도 여전히 한 사람이
> 필사적인 용기를 지니고 분투했기 때문에
> 그 다다를 수 없는 별에 이르기 위해서.**

체 게바라를 통해서 유명해진 "불가능을 꿈꾸자."라는 말의 원천이 된 미구엘 데 세르반테스의 「불가능한 꿈」이라는 시다. 이런 "스피노자적 용기"를

---

* "Entretien: Eva Jablonka, Nous decouvrirons une nouvelle theorie unIficataire". La
   Recherche(2008, Nov), 88~91.

** prolcenter.wordpress.com/2011/12/18/man-of-la-mancha-2.

견지할 때 그람시를 통해서 유명해진 로맹 롤랑의 "지성의 비관주의"를 넘어설 수 있다. 이런 나의 문제 의식을 한용운의『채근담』에서 인용한 시구로 마무리하고자 한다.

시대의 흐름을 따르면서도 시대를 잘 구하는 것은 (隋時之內善救時)

마치 산들바람이 불어와 무더위를 씻어내는 것과 같다. (若和風之消酷暑)

세속에 섞여 있으면서도 세속을 벗어날 수 있는 것은 (混俗之中能脫俗)

마치 희미한 달빛이 가벼운 구름을 환히 비추는 것과 같다. (似淡月之暎輕雲)

최형록(계간《진보평론》편집 위원)

참고 문헌

1장 생명 현상의 물리적 기초

고인석 (2000), 「과학이론들 간의 환원」, 《과학 철학》3, 21쪽.

고인석 (2005), 「화학은 물리학으로 환원되는가?」, 《과학 철학》8, 57쪽.

김민수·최무영 (2013), 「복잡계 현상으로서의 생명: 정보 교류의 관점」, 《과학 철학》16, 127쪽.

장회익 (1990), 『과학과 메타과학』, 서울: 지식산업사.

장회익 (2007), 「환원론과 전체론의 구분은 정당한가」, 『환원론 대 전체론』, 인문과 자연 제 3회 심포지엄, 서울 대학교.

장회익 (2009), 『물질, 생명, 인간』, 서울: 돌베개.

채승병·조항현·문희태 (2007), 「행위자 기반 모형과 그 응용」, 《물리학과 첨단기술》16, 10쪽.

최무영·박형규 (2007), 「복잡계의 개관」, 《물리학과 첨단기술》16, 2쪽.

최무영 (2008), 『최무영 교수의 물리학 강의』, 서울: 책갈피.

최인령·최무영 (2013), 「복잡계와 환기시학: 복잡성, 협동현상, 떠오름」, 《프랑스학 연구》 66, 321쪽.

Avery, J., (2003), *Information Theory and Evolution*, World Scientific.

Axelrod, R., (1984), *The Evolution of Cooperation*, Basic Books.

Bak, P., Tang, C., and Wiesenfeld, K., (1987), *Phys. Rev. Lett.* 59, 381.

Bak, P. and Sneppen, K. (1993), *Phys. Rev. Lett.* 71, 4083.

Bak, P., (1996), *How Nature Works*, Springer.

Cardy, J. L., (1906), *Scaling and Renormalization in Statistical Physics*, Cambridge.

Choi, M. Y., Kim, B. J., Yoon, B.-G., and Park, H., (2005), *EPL* 69, 503.

Choi, M. Y., Lee, H. Y., Kim, D., and Park, S. H., (1997), *J. Phys.* A 30, L749.

Dall'Asta, L., Castellano, C., and Marsili, M., (2008), *J. Stat. Mech.* L07002.

Dawkins, R., (1989), *The Selfish Gene*, Oxford. (홍영남 옮김, 『이기적 유전자』, 을유문화사, 1993)

Dorigo, M., and Gambardella, L.M., (2002), *IEEE Evolutionary Computation* 1, 1, 53.

Dorogovtsev, S. N. and Mendes, J. F. F., (2002), *Adv. Phys.* 51, 1079.

Drossel, B. and Schwabl, F., (1992), *Phys. Rev. Lett.* 69, 1629.

Eldgerge, N. and Gould, S. J., (1972), *Models in Paleobiology*, edited by Schopf, T.J.M. (Freeman), pp. 82-115.

Gleick, J., (1987), *Chaos: Making a New Science*, Cardinal. (박배식·성하운 옮김, 『현대 과학의 대혁명 카오스』, 동문사, 1994)

Goh, S., Lee, K., Park, J. S., and Choi, M.Y., (2012), *Phys. Rev.* E 86, 026102.

Gould, S. J., (1996), *Full House*, Harmony. (이명희 옮김, 『풀하우스』, 사이언스북스, 2002)

Kim, B. J. and Choi, M. Y., (2005), *J. Phys.* A 38, 2115.

Kim, M., Jeong, D., Kwon, H. W., and Choi, M. Y., (2013), *Phys. Rev.* E 88: 052134.

Kwon, H. W., Kim, H.S., Lee, K., and Choi, M. Y., (2012), *J. Korean Phys. Soc.* 60, 590.

Kwon, H. W., Kim, H.S., Lee, K., and Choi, M. Y., (2013), *EPL* 101, 58004.

Lee, J. and Choi, M. Y., (1994), *Phys. Rev.* E 50, R651.

Lee, K., Park, J. S., Choi, H., Jung, W.-S., and Choi, M. Y., (2010), *J. Korean Phys. Soc.* 57, 823.

Lee, K., Goh, S., Park, J. S., Jung, W.-S., and Choi, M. Y., (2011), *J. Phys.* A 44, 115007.

Lu, E. T. and Hamilton, R. J., (1991), *Astrophys. J.* 380, L80.

McComb, W. D., (2004), *Renormalization Methods*, Oxford.

Maturana, H. R. and Varela, F. J., (1998), *The Tree of Knowledge*, Shambhala. (최호영 옮김, 『앎의 나무』, 갈무리, 2007)

Mirollo, R. E. and Strogatz, S.H., (1990), *SIAM J. Appl. Math.*, 50, 6, 1645.

Nelson, P., (2008), *Biological Physics*, Freeman.

Newman, M. E. J., (1996), *Proc. R. Soc. Lond.* B 22, 263, 1376, 1605.

Olami. Z., Feder, H. J. S., and Christense, K., (1992), *Phys. Rev. Lett.* 68, 124.

Peitgen, H.-O., Jürgens, H., and Saupe, D., (1992), *Chaos and Fractals*, Springer.

Peretto, P., (1992), *An Introduction to the Modeling of Neural Networks*, Cambridge Univ..

Schelling, T. C., (1971), *J. Math. Sociol.* 1, 143.

Schrödinger, E., (1944), *What is Life?*, Cambridge. (황상익 · 서인석 옮김, 『생명이란 무엇인가』, 한울, 1991)

Shannon, C. E. (1948), "A mathematical theory of communication", *Bell Sys. Tech. J.* 27: pp. 379-423.

Shannon, C. E. and Weaver, W. (1949), *The Mathematical Theory of Communication*, Univ. Illinois Press.

Sornette, A. and Sornette, D., (1989), *EPL* 9, 197.

Sterelny, K., (2001), *Dawkins vs. Gould - Survival of the Fittest*, Icon Books.

2장 생명 현상의 생명 과학적 기초

김귀옥 외 (2006), 『젠더연구의 방법과 사회분석』, 다해, 19~42쪽.

우희종 (2004), "생명, 생태, 불교, 그리고 해방으로서의 실천", 《석림》 38집, 동국대학교 석림회 147쪽.

우희종 (2006a), 『생명과학과 선』, 미토스, 204~207쪽.

우희종 (2006b), 「삶의 자세와 십자가의 의미」, 한국교수불자연합회 · 한국기독자교수협의회 공편, 『인류의 스승으로서의 붓다와 예수』, 동연, 28~33쪽.

우희종 (2006c), 「생명조작에 대한 연기적 관점」, 《불교학연구》, 55~93쪽.

장회익 (1998), 『삶과 온생명』, 서울: 솔, 178~197쪽.

정준영 외 (2008), 『욕망: 삶의 동력인가 괴로움의 뿌리인가』, 운주사.

데이비드 베레비, 정준형 옮김 (2007), 『우리와 그들, 무리짓기에 대한 착각』, 서울: 에코리브르, 69~92쪽.

데이비드 베레비, 정규호 옮김 (2005), 『정치생태학』, 서울: 당대, 333~353쪽.

리처드 르원틴, 김동광 옮김 (2001), 『DNA 독트린』, 서울: 궁리.

마누엘 데란다, 이정우 외 옮김 (2009), 『강도의 과학과 잠재성의 철학: 잠재성에서 현실성으로』, 그린비, 99~168쪽.

마크 뷰캐넌, 강수정 옮김 (2003), 『넥서스』, 서울: 세종연구원, 179~188쪽.

매트 리들리, 김한영 옮김 (2004), 『본성과 양육』, 서울: 김영사, 323~346쪽.

마이클 머피 외, 이상헌 외 옮김 (2003), 『『생명이란 무엇인가?』 그 후 50년』, 지호, 21~25쪽.

모리스 메를로퐁티, 류의근 옮김 (2002), 『지각의 현상학』, 서울: 문학과지성사, 235~243쪽 및 570~573쪽.

미셸 푸코, 홍성민 옮김 (1993), 『임상의학의 탄생』, 서울: 인간사랑, 162~216쪽.

션 B. 캐럴, 김명남 옮김 (2007), 『이보디보; 생명의 블랙박스를 열다』, 지호.

에르빈 슈뢰딩거, 전대호 옮김 (2007), 『생명이란 무엇인가』, 서울: 궁리, 115~149쪽.

스티븐 제이 굴드, 김동광 옮김 (2004), 『생명, 그 경이로움에 대하여』, 서울: 경문사.

스티븐 존슨, 김한영 옮김 (2001), 『이머전스』, 서울: 김영사, 91~96쪽.

스티븐 핑커, 김한영 옮김 (2007), 『마음은 어떻게 작동하는가』, 서울: 소소.

스티븐 호킹 (1990), 『시간의 역사』, 서울: 삼성출판사, 129~153쪽.

승현준 (2014), 『커넥톰, 뇌의 지도』, 서울:김영사

앙리 베르그송, 황수영 옮김 (2005), 『창조적 진화』, 서울: 아카넷.

에드워드 윌슨, 이병훈 옮김 (1992), 『사회생물학 1, 2』, 서울: 민음사.

에드워드 윌슨, 최재천·장대익 옮김 (2005), 『통섭』, 서울: 사이언스북스.

요하임 바우어, 이미옥 옮김 (2007), 『인간을 인간이게 하는 원칙』, 서울: 에코리브르.

존 라이크만, 김재인 옮김 (2005), 『들뢰즈 커넥션』, 현실문화연구, 102~106쪽.

질 들뢰즈, 김상환 옮김 (2004), 『차이와 반복』, 서울: 민음사, 220-282쪽 및 614-633쪽.

질 들뢰즈, 펠릭스 가타리, 김재인 옮김 (2001), 『천개의 고원』, 서울: 새물결, 482쪽.

캐롤린 머천트, 허남혁 옮김 (2001), 『래디컬 에콜로지』, 이후, 72~94쪽.

클라우스 에메케, 오은아 옮김 (2004), 『기계 속의 생명』, 서울: 이제이북스, 32-36쪽.

키스, A. 피어슨, 이정우 옮김 (2005), 『싹트는 생명』, 산해, 407~414쪽.

헬레나 노르베리 호지, 김종철 옮김 (2001), 『오래된 미래』, 녹색평론사, 225쪽.

A.-L. 바라바시, 김기훈 옮김 (2002), 『링크』, 서울: 동아시아.

Allis, C. D., et al. (2007), *Epigenetics*, Cold Spring Harbor: Cold Spring Harbor Laboratory Press, pp. 23-61.

Alon, U. (2006), *Introduction to Systems Biology: Design Principles of Biological Circuits*, Chapman & Hall / CRC.

Andrus. D. C. (2005), "The Wiki and the Blog: Toward a Complex Adaptive Intelligence Community", *Studies in Intelligence*, 49(3); p. 9.

Barabási, A.-L., Albert, R. (1999), "Emergence of scaling in random networks", *Science*, pp. 509-512.

Bear, M. F. Connors, B. W., Paradiso, M. A. (2007), *Neuroscience*, 3rd. ed., Lippincott.

Berra, T. M. (2008), *Charles Darwin: The Concise Story of an Extraordinary Man*,

Baltimore: The Johns Hopkins University Press.

Bruner, Jerome, S. (1990), *Acts of Meaning*, Harvard University Press, pp. 67-97.

Camazine, S., et al. (2001), *Self-Organization in Biological Systems*, Princeton: Princeton University Press, pp. 29-45.

Cañestro, C., Yokoi, H. and Postlethwait, J. H. (2007), "Evolutionary developmental biology and genomics", *Nature Reviews Genetics*, 8:932-942.

Cohen, I. R. (2000), *Tending Adam's Garden; Evolving the Cognitive Immune Self*, New York: Academic Press.

Darwin, C. R. (1979), *The Origin of Species*, New York: Gramercy Books.

Debru, C. (2002), "From Nineteenth Century Ideas on Reduction in Physiology to Non-Reductive Explanations in Twentieth-Century Biochemistry", Van Regenmortel, Marc H. V. et al. (2002), *Promises and Limits of Reductionism in the Biological Sciences*, New York: John Wiley & Sons, pp. 35-46.

Enrique, R. (2007), *Immune crossover III*, Authors, pp. 13-29

Forsyth, T. (2003), *Critical Political Ecology: The Politics of Environmental Science*, London: Routledge, pp. 168-201.

Gillham, N. W. (2001), *A Life of Sir Francis Galton: From African Exploration to the Birth of Eugenics*, New York: Oxford University Press, pp. 250-344.

Goldberg, S. (1998), *Consciousness, Information, and Meaning; The Origin of the Mind*, Miami: MedMaster, pp. 69-71.

Gould, S. J. (1997), *Evolution: The Pleasures of Pluralism*, New York Review of Books, pp. 47-52.

Jobling, M. A., et al. (2004), *Human Evolutionary Genetics*, Garland Science, pp. 235-267.

Jones, M. (2002), *The Molecule Hunt; Archaeology and the Search for Ancient DNA*, Arcade Publishing, pp. 131-164.

Kieffer, G. H. (1979), *Bioethics; A Textbook of Issues*, Addison-Wesley, pp. 18-21.

Levins, R. and Lewontin, R. (1985), *The Dialectical Biologist*, Harvard Univ. Press, pp. 123-127.

Levins, R. and Lewontin, R. (1985), *The Dialectical Biologist*, Harvard University Press, pp. 123-127.

Litman, G. W., Cannon, J. P., Dishaw, L. J. (2005), "Reconstructing immune phylogeny: new perspectives", *Nature Reviews Immunology*, 5:866-879.

Looijen, R. C. (2000), *Holism and Reductionism in Biology and Ecology: The Mutual Dependence of Higher and Lower Level Research*, (Episteme 23), Kluwer Academic Publishers.

Marcuse, H. (1987), *Hegel's Ontology and the Theory of Historicity*, translated Benhabib, S. MIT Press, pp. 264-275.

Mitchell, M., Hraber, P. T., and Crutchfield, J. P. (1993), "Revisiting the Edge of Chaos: Evolving Cellular Automata to Perform Computations", *Complex Systems*, 7: p. 89-130.

Mitchell, S. D. (2003), *Biological Complexity and Integrative Pluralism*, Cambridge University Press, pp. 167-178.

Müller, G. B. (2007), "Evo-devo: extending the evolutionary synthesis", *Nature Reviews Genetics*, 8:943-949.

Nabi, I. (1981), "Ethics of Genes", *Nature*, vol. 290, pp. 183.

Newman, M. (2005), "Power laws, Pareto distributions and Zipf's law", *Contemporary Physics* 46, pp. 323-351.

Newman, M., et al. (2006), *The Structure and Dynamics of Networks*, (Princeton Studies in Complexity), Princeton: Princeton Univ Press.

Radnitzky, G., et al. (1987), *Evolutionary Epistemology, Rationality, and the Sociology of Knowledge*, Open Court, pp. 157-161.

Ruden, D. M., Jamison, D. C., Zeeberg, B. R., Garfinkel, M. D., Weinstein, J. N., Rasouli, P., and Lu, X., "The EDGE Hypothesis: Epigenetically Directed Genetic Errors in Repeat-Containing Proteins (RCPs) Involved in Evolution, Neuroendocrine Signaling, and Cancer", *Front Neuroendocrinology*, vol. 29, 2008, pp. 428-444.

Solé, R. V. and Bascompte, J. (2006), *Self-Organization in Complex Ecosystems*, Princeton: Princeton University Press.

Sornette, D. (2003), *Critical Phenomena in Natural Sciences: Chaos, Fractals, Self organization and Disorder: Concepts and Tools*, 2nd ed, New York: Springer.

Tauber, A. I. (1994), *The Immune Self, Theory or Metaphor?*, Cambridge: Cambridge University Press,

Turner, R. J. (1994), *Immunology; A Comparative Approach*, Wiley, pp. 173-213.

Wagner, A. (2005), *Robustness and Evolvability in Living Systems*, Princeton: Princeton University Press, pp. 175-191.

Watts, D. J. (1999), *Small Worlds: The Dynamics of Networks between Order and Randomness*, (Princeton Studies in Complexity), Princeton: Princeton Univ Press.

Wilson, E. O. (1980), Sociobiology (Abridged ed.), Belknap Press.

Wilson, E. O. (1981), "Who is Nabi?", *Nature*, vol. 290, pp. 623.

Wolfram, S. (2002), *A New Kind of Science*, Wolfram Media.

3장 다윈의 진화론과 인간 본성

김동광·김세균·최재천 엮음 (2011), 『사회 생물학 대논쟁』, 서울: 이음.

양승태, 「生物學的 人間本性論과 政治學 硏究」, 《한국정치학회보》 제22집 제2호, 149~163쪽.

Brown, Kevin L. (1992), "On Human Nature: Utilitarianism and Darwinism." *Social Science Information* 31: 239~265.

Coase, R. H. (1976), "Adam Smith's View of Man." *Journal of Law and Economics* 19(3): 529~546.

Colp Jr., Ralph. (1986), "'Confessing a Murder': Darwin's First Revelations About Transmutation," *Isis* 77: 9~32.

Darwin, Charles. (1859[1958]), *The Origin of Species by Means of Natural Selection*. New York. New American Library.

Darwin, Charles. (1871), *The Descent of Man, and Selection in Relation to Sex*. London. John Murray.

Degler, Carl N. (1991), *In Search of Human Nature*. New York. Oxford Univ. Press. Ch. 8 "Laying the Foundation."

Desmond, Adrian and James Moore. (2010), *Darwin's Sacred Cause: How a Hatred of Slavery Shaped Darwin's View on Human Evolution*. Chicago. University of Chicago Press.

Dusek, Val. (1999), "Sociobiology Sanitized: Evolutionary Psychology and Gene Selection." *Science as Culture* 8: 129~169.

Ehrlich, Paul. R. (2001), *Human Natures: Genes, Cultres, and the Human Prospect*. Isalnd Press. (전방욱 옮김, (2008), 『인간의 본성(들)』, 서울: 이마고).

Ekman, Paul. (2010), "Darwin's Compassionate View of Nature." *JAMA* 303: 557~558.

Gruber, H. E. (1974), *Darwin on Man: A Psychological Study of Scientific Creativity*. London. Wildwood House.

Hull, David L. (1986), "On Human Nature." *PSA: Proceedings of the Biennial Meeting of the Philosophy of Science Association* Vol. 1986, Volume Two: 3-13.

Huxley, Thomas Henry. (1893), "Evolution and Ethics." *The Romanes Lecture*. Oxford. available at http://aleph0.clarku.edu/huxley/CE9/E-E.html

Kaye, Howard I. (1997), *The Social Meaning of Modern Biology: From Social Darwinism to Sociobiology*. New Brunswick. Rutgers University Press. (생물학의 역사와 철학 연구모임 옮김, (2008), 『현대 생물학의 사회적 의미: 사회 다윈주의에서 사회 생물학까지』, 서울: 뿌리와 이파리).

Pennock, Robert T. (1995), "Moral Darwinism: Ethical Evidence for the Decent of Man." *Biology and Philosophy* 10: 287~307.

Richards, Robert J. (2003), "Darwin on Mind, Morals, and Emotions," in J. Hodge and G. Radick eds., *The Cambridge Companion to Darwin*, pp. 92-115. Cambridge. Cambridge Univ. Press.

_____. (2009), "Darwin's Place in the History of Thought: A Reevaluation." *PNAS* 106: 10056-10060.

Ruse, Michael, and Edward O. Wilson. (1986), "Moral Philosophy as Applied Science." *Philosophy* 61: 173~192.

Schwartz, J. S. (1984), "Darwin, Wallace, and The Descent of Man," *Journal of the History of Biology* 17: 271~289.

White, Paul. (2009), "Darwin's Emotions: The Scientific Self and the Sentiment of Objectivity." *Isis* 100: 811~826.

Wilson, Edward O. (1978), *On Human Nature*. Cambridge, MA. Harvard University Press.

Wuketitis, Franz M. (2009), "Charles Darwin and Modern Moral Philosophy," *Ludus Vitalis* 17: 395~404.

4장 다윈, "본성은 변한다"

박성관 (2010), 『종의 기원: 생명의 다양성과 인간 소멸의 자연학』, 서울: 그린비.

장 바티스트 드 라마르크, 이정희 옮김 (2009), 『동물철학』, 서울: 지식을 만드는지식.

재닛 브라운 (2010),『찰스 다윈 평전 2』, 서울: 김영사.

존 벨라미 포스터·브렛 클라크·리처드 요크, 박종일 옮김 (2009) ,『다윈주의와 지적설계
론』, 서울: 인간사랑.

찰스 다윈 (2006),『인간의 유래 1』, 서울: 한길사.

찰스 다윈 (2009),『종의 기원』, 서울: 동서문화사.

Barkow, Jerom H., et al. (1992), *The Adapted Mind: Evolutionary Psychology and
the Generation of Culture*, New York: Oxford University Press. Buss, David M.
(1990), *Evolutionary Psychology: the New Science of the Mind*, Boston: Alyn and
Bacon.

Howard E. Gruber. (1974), *Darwin On Man: A Psychological Study of Scientific
Creativity*, London: Wildwood House.

Darwin, Charles. (1985), *The Formation of Vegetable Mould, Through the Action
on Worms, with Observations on Their Habits*, Chicago: University of Chicago
Press.

Darwin, Charles,. (2010), *The Variation of Animals and Plants under
Domestication* Volume 2, New York: Cambridge University Press.

Richards, Robert (1987), *Darwin and the Emergence of Evolutionary Theorise of
Mind and Behavior*, Chicago: The University of Chicago Press.

5장 문학의 눈으로 본 다윈의『종의 기원』

스티븐 제이 굴드, 김동광 옮김 (1998),『판다의 엄지』, 서울: 세종서적.

스티븐 제이 굴드, 이명희 옮김 (2002),『풀하우스: 진화는 진보가 아니라 다양성의 증가
다』, 서울: 사이언스북스.

스티븐 제이 굴드, 김동광 옮김 (2003),『인간에 대한 오해』, 서울: 사회평론.

스티븐 제이 굴드, 김동광 옮김 (2004),『생명, 그 경이로움에 대하여』, 서울: 경문사.

스티븐 제이 굴드, 김동광, 손향구 옮김 (2008),『레오나르도가 조개화석을 주운 날』, 서울:
세종서적.

스티븐 제이 굴드, 홍욱희, 홍동선 옮김 (2008),『다윈 이후: 다윈주의에 대한 오해와 이해를
말하다』, 서울: 사이언스북스.

김남두 외, 백낙청 엮음 (2000),『현대 학문의 성격: 전통의 재편과 새로운 영역의 출현』, 서
울: 민음사

김영식 (2007), 『과학, 인문학 그리고 대학』, 서울: 생각의나무.

찰스 다윈, 이한중 옮김 (2003), 『찰스 다윈 자서전: 나의 삶은 서서히 진화해 왔다』, 서울: 갈라파고스.

찰스 다윈, 김관선 옮김 (2006), 『인간의 유래』, 파주: 한길사.

에이드리언 데스먼드, 제임스 무어, 김명주 옮김 (2009), 『다윈 평전: 고뇌하는 진화론자의 초상』, 서울: 뿌리와이파리.

스티븐 로우즈, R. C. 르원틴, 레온 J. 카민, 이상원 옮김 (1993), 『우리 유전자 안에 없다』, 서울: 한울.

리처드 르원틴, 김병수 옮김 (2001), 『3중나선: 유전자, 생명체, 그리고 환경』, 서울: 잉걸.

마이클, 머피, 루크 오닐 편, 이상헌, 이한음 옮김 (2003), 『생명이란 무엇인가? 그후 50년』, 고양: 지호.

박성관 (2010), 『종의 기원, 생명의 다양성과 인간 소멸의 자연학』, 서울: 그린비.

백낙청 (2008), 「근대 세계체제, 인문정신, 그리고 한국의 대학: '두개의 문화' 문제를 중심으로」, 《대동문화연구》 63집, 9~37쪽.

유희석 (2007), 「역사적 사회과학과 '두 문화' 담론: 『지식의 불확실성을 중심으로』」, 이매뉴엘 월러스틴, 유희석 옮김, 『지식의 불확실성』, 서울: 창비, 243~275쪽.

윤지관 (1995), 『근대사회의 교양과 비평: 매슈 아널드 연구』, 서울: 창비.

이매뉴엘 월러스틴, 유희석 옮김 (2007), 『지식의 불확실성』, 서울: 창비.

이진경 (2006), 「생명과 공동체: 기계주의적 생태학을 위하여」, 『미-래의 마르크스주의』, 서울: 그린비.

장대익 (2012), 「창조론자가 KAIST 명예박사: '하나님' 나라의 자화상!」, 《프레시안》, 2012년 2월 10일. http://www.pressian.com/books/article.asp?article_num=50120209162558&Section=04.

장회익 (2008), 『공부도둑』, 서울: 생각의나무.

최무영 (2008), 『최무영 교수의 물리학 강의』, 서울: 책갈피.

션 B. 캐럴 (2007), 『이보디보, 생명의 블랙박스를 열다』, 고양: 지호.

토머스 헉슬리, 김기윤 옮김 (2009), 『진화와 윤리』, 서울: 지식을만드는지식.

Arnold, Matthew (1949), *The Portable Matthew Arnold*. New York: Viking.

Beer, Gillian (1983), *Darwin's Plot*. Cambridge: Cambridge University Press, 2009.

Browne, Janet (2006), *Darwin's Origin of Species: A Biography*. New York: Atlantic Monthly.

Darwin, Charles (1859), *On the Origins of Species By Means of Natural Selection, or the Preservation of favoured Races in the Struggle for Life*. Oxford: Oxford

University Press, 1996.

_____ (1871), *The Descent of Man, and Selection in Relation to Sex.* London: Penguin, 2004.

_____ (1887), "The Autobiography of Charles Darwin." Paul H. Barrett and R. B. Freeman, eds. 1989. *The Works of Charles Darwin.* vol 29. London: William Pickering.

Desmond, Adrian and James Moore (1991), *Darwin: The Life of a Tormented Evolutionist.* New York: Norton.

Gopnik, Adam (2006), "Rewriting Nature: Charles Darwin, Natural Novelist." *New Yorker.* (October 23), 52-56. http://www.newyorker.com/archive/2006/10/23/061023fa_fact_gopnik.

Gould, Stephen Jay (1973), *Ever Since Darwin: Reflections in Natural History.* New York: Norton.

_____ (1981), *The Mismeasure of Man.* New York: Norton.

_____ (1990), *Wonderful Life: the Burgess Shale and the Nature of History.* New York: Norton.

_____ (1996), *Full House: the Spread of Excellence from Plato to Darwin.* New York: Harmony.

Hodge, Jonathan and Gregory Radick (2009), *The Cambridge Companion to Darwin.* Cambridge: Cambridge University Press.

Huxley, Thomas (1964), *Science and Education.* New York: the Citadel Press.

Leavis, F. R. (1972), *Nor Shall My Sword: Discourses on Pluralism, Compassion, and Social Hope.* London: Chatto & Windus.

Lee, Richard E. and Immanuel Wallerstein (2004), *Overcoming the Two Cultures: Science versus the Humanities in the Modern World-System.* Boulder: Paradigm.

Levine, George (1988), *Darwin and the Novelists.* Chicago: University of Chicago Press.

_____ (2006), *Darwin Loves You: Natural Selection and the Re-enchantment of the World.* Princeton: Princeton University Press.

Lewontin, Richard (1998), *The Triple Helix: Gene, Organism, and Environment.* Cambridge: Harvard University Press.

Murphy, Michael P. and Luke A. J. O'Neill (1995), *What is Life? The Next Fifty Years:*

Speculations on the Future of Biology. Cambridge: Cambridge University Press.

Park, Soo Bin (2012), "South Korea Surrenders to Creationist Demands." *Nature* 486. (June 5) http://www.nature.com/news/south-korea-surrenders-to-creationist-demands-1.10773

Ruse, Michael and Robert J. Richards (2009), *The Cambridge Companion to the "Origin of Species"*. Cambridge: Cambridge University Press.

Snow, C. P. (1965), *The Two Cultures: and A Second Look*. Cambridge: Cambridge University Press.

Wallerstein, Immanuel (2004), *The Uncertainties of Knowledge*. Philadelphia: Temple University Press.

White, Paul (2003), *Thomas Huxley: Making the "Man of Science"*. Cambridge: Cambridge University Press.

Young, Robert M. (1985), *Darwin's Metaphor: Nature's Place in Victorian Culture*. Cambridge: Cambridge University Press.

6장 권력의 DNA

Adorno, Theodor W., Else Frenkel-Brunswik, Daniel J Levinson, and R Nevitt Sanford (1950), *The Authoritarian Personality*. New York: Harper and Row.

Alford, John R., Carolyn L. Funk, and John R. Hibbing (2005), "Are Political Orientations Genetically Transmitted?" *American Political Science Review* 99 (2):153-67.

Alford, John R., and John R. Hibbing (2008), "The New Empirical Biopolitics." *Annual Review of Political Science* 11 (1):183-203.

Altemeyer, Bob (1981), *Right-Wing Authoritarianism. Winnipeg*, Canada: University of Manitoba Press.

Axelrod, Robert M. (1984), *The Evolution of Cooperation*. New York: Basic Books.

Bartels, Larry M. (2008), "The Study of Electoral Behavior." in *The Oxford Handbook of American Elections and Political Behavior*, ed. J. E. Leighley.

Belsky, Jay, Marian J Bakermans-Kranenburg, and Marinus H Van IJzendoorn (2007), "For Better and for Worse: Differential Susceptibility to Environmental Influences." *Current Directions in Psychological Science* 16 (6): 300-4.

Boehm, Christopher (1999), "The Natural Selection of Altruistic Traits." *Human Nature* 10 (3):205-52.

Boomsma, Dorret I., Eco J.C. De Geus, G. Caroline M. Van Baal, and Judith R. Koopmans (1999), "A Religious Upbringing Reduces the Influence of Genetic Factors on Dsinhibition: Evidence for Interaction between Genotype and Environment on Personality." *Twin Research* 2 (2):115-25.

Campbell, Angus, Philip E. Converse, Warren E. Miller, and Donald E. Stokes (1960), *The American Voter.* New York: Wiley & Sons.

Christie, Richard, and Florence L. Geis (eds) (1970), *Studies in Machiavellianism.* New York: Academic Press.

Costafreda, Sergi G., Michael J. Brammer, Anthony S. David, and Cynthia H. Y. Fu (2008), "Predictors of Amygdala Activation during the Processing of Emotional Stimuli: A Meta-Analysis of 385 PET and fMRI Studies." *Brain Research Reviews* 58 (1): 57-70.

Damasio, Antonio R. (1994), *Descartes' Error : Emotion, Reason, and the Human Brain.* New York: G. P. Putnam.

Diamond, Jared M., and Doug Ordunio (1997), *Guns, Germs, and Steel.* New York: Norton.

Dreber, Anna, Coren L. Apicella, Dan, T. A., Eisenberg, Justin R. Garcia, Richard S. Zamore, J. Koji Lum, and Benjamin Campbell (2009), "The 7R Polymorphism in the Dopamine Receptor D4 gene (DRD4) is Associated with Financial Risk Taking in Men." *Evolution and Human Behavior* 30 (2):85-92.

Eaves, Lindon J., Peter K. Hatemi, Andrew C. Heath, and Nicholas G. Martin (2011), "Modeling the Cultural and Biological Inheritance of Social and Political Behavior in Twins and Nuclear Families." *In Man is by Nature a Political Animal: Evolution, Biology, and Politics*, ed. P. K. Hatemi and R. McDermott. Chicago, Illinois: University of Chicago Press.

Fowler, James H., and Christopher T. Dawes (2008), "Two Genes Predict Voter Turnout." *Journal of Politics* 70 (3):579-94.

Friedman, Meyer, and Ray H. Rosenman (1974), *Type A Behavior and Your Heart.* New York: Knopf.

Hammond, Ross A., and Robert Axelrod (2006), "The Evolution of Ethnocentrism." *Journal of Conflict Resolution* 50 (6):926-36.

Hatemi, Peter K. (2007), *The Genetics of Political Attitudes*. Ph. D. thesis, University. Nebraska-Lincoln

Hatemi, Peter K., Sarah E. Medland, Katherine I. Morley, Andrew C. Heath, and Nicholas G. Martin (2007), "The Genetics of Voting: An Australian Twin Study." *Behavior Genetics* 37 (3):435-48.

Johnson, Dominic D. P., Rose McDermott, Emily S. Barrett, Jonathan Cowden, Richard Wrangham, Matthew H. McIntyre, and Stephen Peter Rosen (2006), "Overconfidence in Wargames: Experimental Evidence on Expectations, Aggression, Gender and Testosterone." *Proceedings of the Royal Society Biological Science* 273: 2513-20.

Kahneman, Daniel, and Amos Tversky (1984), "Choices, values, and frames." *American Psychologist* 39 (4):341.

Lopez, Anthony C., Rose McDermott, and Michael Bang Petersen (2011), "States in Mind: Evolution, Coalitional Psychology, and International Politics." *International Security* 36 (2):48-83.

Madsen, Douglas (1986), "Power Seekers Are Different: Further Biochemical Evidence." *American Political Science Review* 80 (1):261-9.

Martin, Nicholas G., Lindon J. Eaves, Andrew C. Heath, Rosemary Jardine, Lynn M. Feingold, and Hans J. Eysenck (1986), "Transmission of Social Attitudes." *Proceedings of the National Academy of Sciences* 83 (12):4364-8.

McCourt, Kathryn, Thomas J. Bouchard Jr., David T. Lykken, Auke Tellegen, and Margaret Keyes (1999), "Authoritarianism Revisited: Genetic and Environmental Influences Examined in Twins Reared Apart and Together." *Personality and Individual Differences* 27 (5):985-1014.

McGuire, M. (1982), "Social Dominance Relationships in Male Vervet Monkeys." *International Political Science Review* 3: 11-32

McGuire, Michael T., Michael J. Raleigh, and Candely Johnson (1983), "Social Dominance in Adult Male Vervet Monkeys: Behavior-Biochemical Relationships." *Social Science Information* 22 (2):311-28.

Milgram, Stanley (2004), *Obedience to Authority: An Experimental View*. New York: Perennial Classics.

Murray, Gregg R., and J. David Schmitz (2011), "Caveman Politics: Evolutionary Leadership Preferences and Physical Stature." *Social Science Quarterly* 92

(5):1215-35.

Pinker, Steven (2003), *The Blank Slate: The Modern Denial of Human Nature*. New York, NY: Penguin.

Sapolsky, Robert M. (2006), "A Natural History of Peace." *Foreign Affairs* 85 (1):104-20.

Schreiber, Darren (2011), "From Scan to Neuropolitics." *In Man is by Nature a Political Animal: Evolution, Biology, and Politics*, ed. P. K. Hatemi and R. McDermott. Chicago, Illinois: University of Chicago Press.

Schreiber, Darren, and Marco Iacoboni (2012), "Huxtables on the Brain: An fMRI Study of Race and Norm Violation." *Political Psychology* 33 (3):313-30.

Settle, Jaime E., Christopher T. Dawes, Nicholas A. Christakis, and James H. Fowler (2010), "Friendships Moderate an Association between a Dopamine Gene Variant and Political Ideology." *The Journal of Politics* 72 (04):1189-98.

Settle, Jaime E., Christopher T. Dawes, and James H. Fowler (2009), "The Heritability of Partisan Attachment." *Political Research Quarterly* 62 (3):601-13.

Sherif, Muzafer (1937), "An Experimental Approach to the Study of Attitudes." *Sociometry* 1 (1/2):90-8.

Sherif, Muzafer, O. J. Harvey, B. Jack White, William R. Hood, and Carolyn W. Sherif (1961), *The Robbers Cave Experiment : Intergroup Conflict and Cooperation*. *Norman*, Oklahoma: University Book Exchange.

Smirnov, Oleg, and Tim Johnson (2011), "Formal Evolutionary Modeling for Political Scientists." *In Man is by Nature a Political Animal: Evolution, Biology, and Politics*, ed. P. K. Hatemi and R. McDermott. Chicago, Illinois: University of Chicago Press.

Smith, Kevin, John R. Alford, Peter K. Hatemi, Lindon J. Eaves, Carolyn Funk, and John R. Hibbing (2012), "Biology, Ideology, and Epistemology: How Do We Know Political Attitudes Are Inherited and Why Should We Care?" *American Journal of Political Science* 56 (1):17-33.

Smith, Kevin B., Christopher W. Larimer, Levente Littvay, and John R. Hibbing (2007), "Evolutionary Theory and Political Leadership: Why Certain People Do Not Trust Decision Makers." *Journal of Politics* 69 (02):285-99.

Smith, Kevin B., Douglas R. Oxley, Matthew V. Hibbing, John R. Alford, and John R. Hibbing (2011), "Linking Genetics and Political Attitudes: Reconceptualizing

Political Ideology." *Political Psychology* 32 (3):369-97.

Stanton, Steven J., Jacinta C. Beehner, Ekjyot K. Saini, Cynthia M. Kuhn, and Kevin S. LaBar (2009), "Dominance, Politics, and Physiology: Voters' Testosterone Changes on the Night of the 2008 United States Presidential Election." *PLoS ONE* 4(10): e7543.

Tajfel, Henri, Michael G. Billig, Robert P. Bundy, and Claude Flament (1971), "Social Categorization and Intergroup Behaviour." *European Journal of Social Psychology* 1 (2):149-78.

Tesser, Abraham (1993), "The Importance of Heritability in Psychological Research: The Case of Attitudes." *Psychological Review* 100 (1):129-42.

Wagner, John D., Mark V. Flinn, and Barry G. England (2002), "Hormonal Response to Competition among Male Coalitions." *Evolution and Human Behavior* 23 (6):437-42.

7장 인간 협동의 특성과 진화적 기원

최정규 (2004), 『이타적 인간의 출현』, 서울: 뿌리와이파리.

새뮤얼 보울스·리처드 에드워즈·프랭크 루즈벨트, 최정규·최민식·이강국 옮김 (2009), 『자본주의 이해하기』, 서울: 후마니타스.

엘리너 오스트롬, 윤홍근·안도경 옮김 (2010), 『공유의 비극을 넘어』, 서울: 랜덤하우스.

피너 J. 리처슨, 로버트 보이드, 김준홍 옮김 (2009), 『유전자만이 아니다』, 서울: 이음.

Alexander, R. D., (1987), *The Biology of Moral Systems*, New York: Aldine de Gruyter.

Axelrod, R., Hamilton, W. D., (1981), "The Evolution of Cooperation", *Science*, vol. 211(27), pp. 1390-1396.

Bird, R. B., Bird, D. W., Smith, E. A., and Kushnick, G. C., (2002), "Risk and reciprocity in Meriam food sharing", *Evolution and Human Behavior*, vol. 23(4), pp. 297-321.

Bird, R. B., Smith, E. A., and Bird, D. W., (2001), "The hunting handicap: costly signaling in human foraging strategies", *Behavioral Ecology and Sociobiology*, vol. 50, pp. 9-19.

Bowles, S. (2000), "Economic institutions as ecological niches", *Behavioral and*

Brain Sciences, vol. 23(1), pp. 148-149.

Bowles, S. (2009), "Did warfare among ancestral hunter-gatherers affect the evolution of human social behaviors?", *Science*, vol. 324(5932), pp. 1293-1298.

Bowles, S., Gintis, H., (2003), "Origins of human cooperation", Hammerstein, P. eds. *Genetic and Cultural Evolution of Cooperation*, Cambridge, MA: MIT Press. pp. 429-443.

Boyd, R., Richerson, P. J., (1985), *Culture and the Evolutionary Process*, Chicago: The University of Chicago Press.

Boyd, R., Richerson, P. J., (1989), "The evolution of indirect reciprocity", *Social Networks*, vol. 11(3), pp. 213-236.

Boyd, R., Gintis, H., Bowles, S., and Richerson, P. J., (2003), "The evolution of altruistic punishment", Gintis, H., Bowles, S., Boyd, R., Fehr E., eds. *Moral Sentiments and Material Interests: The Foundations of Cooperation in Economic Life*, Cambridge: MIT Press. pp. 215-227.

Camerer, C. F., Ernst F., (2006), "When does "economic man" dominate social behavior?", *Science*, vol. 311(5757): 47-52.

Camerer, C. F., Thaler, R. H., (1995), "Anomalies: Ultimatums, dictators and manners", *The Journal of Economic Perspectives*, vol. 9(2), pp. 209-219.

Cameron, L. A., (1999), "Raising the stakes in the ultimatum game: Experimental evidence from Indonesia", *Economic Inquiry*, vol. 37(1), pp. 47-59.

Campbell, D., (1965), "Variation and selective retention in socio-cultural evolution", Barringer, H., Blanksten, G., Mack, R., eds. *Social Change in Developing Areas: A Reinterpretation of Evolutionary Theory*, Cambridge, MA: Schenkman Publishing Company. pp. 19-49.

Cashdan, E. A., (1985), "Coping with risk: Reciprocity among the Basarwa of Northern Botswana", *Man*, vol. 20(3), pp. 454-474.

Cason, T. N., Mui, V. L., (1997), "A laboratory study of group polarization in the team dictator game", *The Economic Journal*, vol. 107(444), pp. 1465-1483.

Cavalli-Sfornza, L., Feldman, M., (1981), *Cultural Transmission and Evolution: A Quantitative Approach*, New Jersey: Princeton University Press.

Cosmides, L., Tooby, J., (1989), "Evolutionary psychology and the generation of culture, part II: Case study: A computational theory of social exchange", *Ethology and Sociobiology*, vol. 10(1), pp. 51-97.

Darwin, C., (1871[1998]), *The Descent of Man*, Amherst: Prometheus Books.

Dawkins, R., (1976[2006]), *The Selfish Gene*, Oxford: Oxford university press.

Feder, H. M., (1996), "Cleaning symbioses in the marine environment", Henry, S. M. eds. *Symbiosis*, New York: Academic Press. pp. 327-380.

Fehr, E., Fischbacher, U., (2003), "The nature of human altruism: Proximate patterns and evolutionary origins", *Nature*, vol. 425, pp. 785-791.

Fehr, E., Fischbacher, U., and Gächter, S., (2002), "Strong reciprocity, human cooperation, and the enforcement of social norms", *Human Nature*, vol. 13(1), pp. 1-25.

Feldman, M., Cavalli-Sforna, L., (1976), "Cultural and biological evolutionary processes, selection for a trait under complex transmission", *Theoretical Population Biology*, vol. 9, pp. 238-259.

Fessler, D. M., Harley, K. J., (2003), "The strategy of affect: Emotions in human cooperation", Hammerstein, P. eds. *Genetic and Cultural Evolution of Cooperation*, Cambridge, MA: MIT Press. pp. 7-36.

Gintis, H., Bowles, S., Boyd, R., and Fehr, E., (2005), "Moral sentiments and material interests: Origins, evidence, and consequences", Gintis, H., Bowles, S., Boyd, R., Fehr, E., eds. *Moral Sentiments and Material Interests: The Foundations of Cooperation in Economic Life*, Cambridge, MA: MIT Press. pp. 3-40.

Gintis, H., Smith, E. A., and Bowles, S., (2001), "Costly signaling and cooperation", *Journal of Theoretical Biology*, vol. 213(1), pp. 103-119.

Gurven, M., Allen-Arave, W., Hill, K., and Hurtado, M., (2000), ""It's a wonderful life": signaling generosity among the Ache of Paraguay", *Evolution and Human Behavior*, vol. 21(4), pp. 263-282.

Güth, W., Rolf, S., and Schwarze, S., (1982), "An experimental analysis of ultimatum bargaining", *Journal of Economic Behavior & Organization*, vol. 3(4), pp. 367-388.

Hamilton, W. D., (1964), "The genetical evolution of social behaviour", *Journal of Theoretical Biology*, vol. 7(1), pp. 1-16.

Hawkes, K., (1992), "Sharing and collective action", Smith, E. A., Winterhalder, H. B. eds. *Evolutionary Ecology and Human Behavior*, New York: Aldine de Gruyter. pp. 269-300.

Hawkes, K., (1993), "Why Hunter-Gatherers Work", *Current Anthropology*, vol.

34(4), pp. 341-362.

Henrich, J., Boyd, R., Bowles, S., Camerer, C., Fehr, E., Gintis, H., and McElreath, R., (2004), "Overview and synthesis." Henrich, J., Boyd, R., Bowles, S., Camerer, C., Fehr, E., Gintis, H, eds. *Foundations of Human Sociality: Economic Experiments and Ethnographic Evidence from Fifteen Small-scale Societies*, Oxford: Oxford University Press. pp. 8-54.

Isaac, R. M., Walker, J. M., (1988), "Group-size effects in public-goods provision the voluntary contributions mechanism", *The Quarterly Journal of Economics*, vol. 103, pp. 179-199.

Kahan, D. M., (2005), "The logic of reciprocity: Trust, collective action, and law", Gintis, H., Bowles, S., Boyd, R., Fehr E., eds. *Moral Sentiments and Material Interests: The Foundations of Cooperation in Economic Life*, Cambridge, MA: MIT Press. pp. 339-378.

Kaplan, H., Gurven, M., (2005), "The natural history of human food sharing and cooperation: A review and a new multi-individual approach to the negotiation of norms", Gintis, H., Bowles, S., Boyd, R., Fehr E., eds. *Moral Sentiments and Material Interests: The Foundations of Cooperation in Economic Life*, Cambridge, MA: MIT Press. pp. 75-113.

Kaplan, H., Hill, K., (1985), "Food sharing among Ache foragers: Tests of explanatory hypotheses", *Current Anthropology*, vol. 26, pp. 223-233.

Kaplan, H., Hill, K., and Hurtado, M. A., (1990), "Fitness, foraging and food sharing among the Ache", Cashdan, E., eds. *Risk and Uncertainty in Tribal and Peasant Economies*, Boulder: Westview Press.

Limbaugh, C., 1961, "Cleaning symbiosis", *Scientific American*, vol. 205, pp. 42-49.

Lorenz, K., (1966), *On aggression*, New York: Harcourt Brace.

Lumsden C., Wilson, E. O., (1981), *Genes, Mind and Culture: The Coevolutionary Process*. Cambridge: Harvard University Press.

Marwell, G., Ames, R. E., (1981), "Economists free ride, does anyone else?: Experiments on the provision of public goods", *Journal of Public Economics*, vol. 15(3), pp. 295-310.

Maynard-Smith, J., (1964), "Group selection and kin selection", *Nature*, vol. 201(4924): 1145-1147.

Maynard-Smith, J., Price, G. R., (1973), "The logic of animal conflict", *Nature*, vol.

246(5427): 15.

Maynard-Smith, J., Szathmáry, E., (1995), *The Major Transitions in Evolution*, Oxford: Oxford University Press.

Nowak, M. A., Sigmund, K., (1998), "Evolution of indirect reciprocity by image scoring", *Nature*, vol. 393, pp. 573-577.

Randall, J. E., (1958), "A review of the Labrid fish genus Labriodes with descriptions of two new species and notes on ecology", *Pacific Science*, vol. 12, pp. 327-347.

Randall, J. E., (1962), "Fish service stations", *Sea Frontiers*, vol. 8, pp. 40-47.

Richerson, P. J., Boyd, R., and Henrich, J., (2003), "Cultural evolution of human cooperation", Hammerstein, P. eds. *Genetic and Cultural Evolution of Cooperation*, Cambridge: MIT Press. pp. 357-388.

Roberts, G., (1998), "Competitive altruism: from reciprocity to the handicap principle", *Royal Society of London*, vol. 265, pp. 427-431.

Roth, A., Roth, E., Prasnikar, V., Okuno-Fujiwara, M., and Zamir, S., (1991), "Bargaining and market behavior in Jerusalem, Ljubljana, Pittsburgh, and Tokyo: An experimental study", *The American Economic Review*, vol. 81(5), pp. 1068-1069.

Schotter, A., (2003), "Decision making with naive advice", *American Economic Review*, vol. 93(2), pp. 196-201.

Smith, E. A., (2003), "Human cooperation: Perspectives from behavioral ecology", Hammerstein, P. eds. *Genetic and Cultural Evolution of Cooperation*, Cambridge: MIT Press. pp. 401-427.

Smith, E. A., (2004), "Why do good hunters have higher reproductive success?", *Human Nature*, vol. 15(4), pp. 343-364.

Smith, E. A., Bird, R. L. B., (2000), "Turtle hunting and tombstone opening: public generosity as costly signaling", *Evolution and Human Behavior*, vol. 21(4), pp. 245-261.

Smith, E. A., Bird, R. L. B., (2005), "Costly signaling and cooperative behavior", Gintis, H., Bowles, S., Boyd, R., Fehr E., eds. *Moral Sentiments and Material Interests: The Foundations of Cooperation in Economic Life*, Cambridge: MIT Press. pp. 115-148.

Sober, E., D. S. Wilson, (1994), *Unto Others: The Evolution and Psychology of Unselfish Behavior*, Cambridge: Harvard University Press.

Sterelny, K., (2012), *The Evolved Apprentice: How Evolution Made Humans Unique*, Boston: MIT Press.

Trivers, R. L., (1971), "The evolution of reciprocal altruism", *The Quarterly Review of Biology*, vol. 46(1), pp. 35-57.

Williams, G. C., (1972) *Adaptation and Natural Selection: A Critique of Some Current Evolutionary Thought*, Princeton: Princeton University Press.

Wilson, D. S., (2007), "Group-level evolutionary processes", Dunbar, R., Barrett, L. eds. *The Oxford Handbook of Evolutionary Psychology*, New York: Oxford University Press. pp. 49-55.

Wilson, D. S., Sober, E., (1994), "Reintroducing group selection to the human behavioral sciences", *Behavioral and Brain Sciences*, vol. 17(4), pp. 585-654.

Wilson, D. S., Wilson, E. O., (2007), "Rethinking the theoretical foundation of sociobiology", *The Quarterly Review of Biology*, vol. 82(4), pp. 327-348.

Wynne-Edwards, V. C., (1962), *Animal Dispersion in Relation to Social Behavior*, Edinburgh: Oliver and Boyd.

Zahavi, A., (1975), "Mate selection-A Selection for Handicap", *Journal of Theoretical Biology*, vol. 53, pp. 205-214.

8장 문화의 자율성을 넘어서

김환석 (2009), 「생물학적 환원주의와 사회학적 환원주의를 넘어서」, 『한국 사회학회 사회학대회 논문집』 vol. 2009, no. 2, 207~222쪽.

대니얼 데닛, 김한영 옮김 (2010), 『주문을 깨다』, 파주: 동녘사이언스.

데이비드 블루어, 김경만 옮김 (2000), 『지식과 사회의 상』, 파주: 한길사.

리처드 도킨스, 이한음 옮김 (2007), 『만들어진 신』, 파주: 김영사.

_____, 홍영남, 이상임 옮김 (2010), 『이기적 유전자』, 서울: 을유문화사.

미셸 칼롱. (2010), 「번역의 사회학의 몇 가지 요소들: 가리비와 생브리외 만(灣)의 어부들 길들이기」, 브루노 라투르 외, 홍성욱 편 (2010), 『인간·사물·동맹: 행위자네트워크 이론과 테크노사이언스』, 서울: 이음, 59~94쪽.

브루노 라투르 외, 홍성욱 편 (2010), 『인간·사물·동맹: 행위자네트워크 이론과 테크노사이언스』, 서울: 이음.

브루노 라투르 (2010), "현실정치에서 물정치로: 혹은 어떻게 사물을 공공적인 것으로 만드는가?", 브루노 라투르 외, 홍성욱 편 (2010), 『인간·사물·동맹: 행위자네트워크 이론과 테크노사이언스』, 서울: 이음, 259~304쪽.

브뤼노 라투르, 홍철기 옮김 (2009), 『우리는 결코 근대인이었던 적이 없다: 대칭적 인류학을 위하여』, 서울: 갈무리.

_____, 이세진 옮김 (2012), 『과학인문학 편지』, 서울: 사월의책.

스티븐 핑커, 김한영 옮김 (2004), 『빈 서판: 인간은 본성을 타고나는가』, 서울: 사이언스북스.

_____ (2007), 『마음은 어떻게 작동하는가』, 서울: 소소.

에드워드 윌슨, 최재천, 장대익 옮김 (2005), 『통섭: 지식의 대통합』. 서울: 사이언스북스.

외르크 피쉬, 안삼환 옮김 (2010), 『문명과 문화』, 서울: 푸른역사.

홍성욱 (2010), 「7가지 테제로 이해하는 ANT」, 브루노 라투르 외, 『인간·사물·동맹: 행위자네트워크 이론과 테크노사이언스』, 서울: 이음, 17~35쪽.

Barkow, Jerome H. Leda Cosmides and John Tooby. eds. (1992), *The Adapted Mind: Evolutionary Psychology and the Generation of Culture*. Oxford: Oxford University Press.

Beck, Ulrich (1992), *Risk Society: Towards A New Modernity*. Los Angeles: Sage.

Beck, Ulrich, Anthony Giddens & Scott Lash (1994), *Reflexive Modernization: Politics, Tradition and Aesthetics in the Modern Social Order*. Stanford: Stanford University Press.

Blackmore, Susan (1999), *The Meme Machine*. Oxford: Oxford University Press.

Cavalli-Sforza, L. L. & M. W. Feldman (1981), *Cultural Transmission and Evolution: A Quantitative Approach*. Princeton: Princeton University Press.

Cosmides, Leda & John Tooby (1992), "The Psychological Foundations of Culture", in *Adapted Mind: Evolutionary Psychology and the Generations of Culture*, eds. Jerome H. Barkow, Leda Cosmides and John Tooby, Oxford: Oxford University Press. pp. 19-136.

Dawkins, Richard (1999), "Foreword", in Susan Blackmore. 1999. *The Meme Machine*. Oxford: Oxford University Press.

Dennett, Daniel (1991), *Consciousness Explained*. Boston: Little Brown.

_____ (1995), *Darwin's Dangerous Idea*. London: Penguin.

Distin. Kate (2005), *The Selfish Meme*. Cambridge: Cambridge University Press.

Gould, Stephen J. (1997), "Nonoverlapping Magisteria", *Natural History* 106 (March), 16-22.

Harman, Graham (2009), *Prince of Networks: Bruno Latour and Metaphysics*. Melbourne: re.press.

———— (2010), "Bruno Latour, King of Networks", 67-92. in *Towards Speculative Realism: Essays and Lectures*. Winchester: Zero Books.

Latour, Bruno (1988), *The Pasteurization of France. trans. Alan Sheridan & John Law*. Cambridge: Harvard University Press.

———— (1999a), "The Slight Surprise of Action: Facts, Fetishes, Factishes", 266-292. in *Pandora's Hope: Essays of the Reality of Science Studies*. Cambridge: Harvard University Press.

———— (1999b), "A Collective of Humans and Nonhumans", 174-215. in *Pandora's Hope: Essays of the Reality of Science Studies*. Cambridge: Harvard University Press.

———— (1999c), ""Do You Believe in Reality?" News from the Trenches of the Science Wars", 1-23. in P*andora's Hope: Essays of the Reality of Science Studies*. Cambridge: Harvard University Press.

———— (1999d), "From Fabrication to Reality: Pasteur and His Lactic Acid Ferment", 145-173. in *Pandora's Hope: Essays of the Reality of Science Studies*. Cambridge: Harvard University Press.

———— (2003), "Why Has Critique Run Out of Steam? From Matters of Fact to Matters of Concern", 25-48. *Critical Inquiry* vol. 30 no. 2.

———— (2004), Politics of Nature: How to Bring the Sciences into Democracy. trans. Catherine Porter. Cambridge: Harvard University Press.

———— (2006), *Reassembling the Social: An Introduction to Actor-Network-Theory*. Oxford: Oxford University Press.

———— (2010), *On the Modern Cult of the Factish Gods*. Durham: Duke University Press.

———— (2011), "From Multiculturalism to Multinaturalism: What Rules of Method for the New Socio-Scientific Experiments?", 1-17. *Nature & Culure* vol. 6 no. 1 (Spring).

Latour, Bruno, Graham Harman, Peter Erdlyi (2011), *The Prince And The Wolf: Latour and Harman At The LSE*. Winchester: Zero Books.

Žižek, Slavoj (2002), "Cultural Studies versus the "Third Culture"", 19-32. *The South Atlantic Quarterly* vol. 101. no. 1 (Winter).

9장 사회 생물학과 진화 심리학의 젠더 관념 비교

남호연 (2008), 「호주제의 부계 혈통주의에 대한 비판으로서 사회 생물학 담론에 관한 연구」, 서울 대학교 사회학과 석사 학위 논문.

데이비드 버스, 김교헌 외 옮김 (2005), 『마음의 기원』, 서울: 나노미디어.

데이비드 버스, 전중환 옮김 (2007), 『욕망의 진화』, 서울: 사이언스북스.

박상현·이태훈 (2011), 「사회학 비판」, 윤소영 외 지음, 『사회과학 비판』, 서울: 공감.

새러 블래퍼 허디, 유병선 옮김 (1994), 『여성은 진화하지 않았다』, 서울: 서운관.

스티븐 핑커, 김한영 옮김 (2004), 『빈 서판: 인간은 본성을 타고나는가』, 서울: 사이언스북스.

에드워드 윌슨, 이병훈·박시룡 옮김 (1992), 『사회 생물학 II』, 서울: 민음사.

에드워드 윌슨, 이한음 옮김 (2000), 『인간 본성에 대하여』, 서울: 사이언스북스.

에드워드 윌슨, 이한음 옮김 (2013), 『지구의 정복자』, 서울: 사이언스북스.

에른스트 마이어, 박정희 옮김 (2005), 『생물학의 고유성은 어디에 있는가』, 서울: 철학과현실사.

엘리 자레스키, 김정희 옮김 (1986), 『자본주의와 가족 제도』, 서울: 한마당.

엘리자베스 벡-게른스하임, 한상진·심영희 편저 (2010), 「가족 이후의 가족, 오늘날의 가족 생활」, 『위험에 처한 세계와 가족의 미래』, 서울: 새물결.

오현미 (2012), 「진화론에 대한 페미니즘의 비판과 수용」, 서울 대학교 사회학과 박사 학위 논문.

울리히 벡, 엘리자베스 벡-게른스하임, 강수영·권기돈·배은경 옮김 (1999), 『사랑은 지독한 혼란』, 서울: 새물결.

울리히 벡, 홍성태 옮김 (1997), 『위험 사회』, 서울: 새물결.

울리히 벡, 한상진·심영희 편저 (2010), 「위험에 처한 세계 — 비판이론의 새로운 과제」, 『위험에 처한 세계와 가족의 미래』, 서울: 새물결.

이매뉴얼 월러스틴 외, 이수훈 옮김 (1996), 『사회과학의 개방』, 서울: 당대.

이매뉴얼 월러스틴, 성백용 옮김 (1994), 『사회과학으로부터의 탈피』, 파주: 창작과비평사.

장경섭 (2011), 「'위험회피' 시대의 사회재생산: 가족출산에서 여성출산으로」, 《가족과 문화》, 23(3): 1-24.

장대익 (2004), 「진화 심리학이란 무엇인가」, 《포항공대 신문》 2004년 3월 25일 205호.

최재천 (2003), 『여성시대에는 남자도 화장을 한다』, 서울: 궁리.

최종렬 (2005), 「고전 유럽 사회학의 지적 모체: 19세기 유럽 지성계의 지형」, 《사회와 이론》, 제6집: 35-81.

피터 보울러, 한국동물학회 옮김 (1999), 『찰스 다윈』, 서울: 전파과학사.

피터 싱어, 최정규 옮김 (2007), 『다윈의 대답 1: 변하지 않는 인간의 본성은 있는가?』, 서울: 이음.

헬렌 피셔, 정명진 옮김 (2005), 『제1의 성』, 서울: 생각의 나무.

홍성욱 (2012), 「융합의 현재에서 미래를 진단한다」, 홍성욱 엮음, 『융합이란 무엇인가』, 서울: 사이언스북스.

G. 투르비언, 윤수종 옮김 (1989), 『사회학과 사적유물론』, 서울: 푸른산.

H. I. 브라운, 신중섭 옮김 (1988), 『새로운 과학 철학』, 서울: 서광사.

J. 알렉산더, 이윤희 옮김 (1993), 『현대 사회이론의 흐름』, 서울: 민영사.

Henrich, Joseph and Robert Boyd et al. (2004), *Foundations of Human Sociality: Economic Experiments and Ethnographic Evidence from Fifteen Small-Scale Societies*, Oxford University Press.

Barkow, J. H. (2006), *Missing the Revolution: Darwinism for Social Scientists*, Oxford University Press.

Bauman, Z. (2002), "Individually, Together", in Ulrich Beck and Elisabeth Beck-Gernsheim, *Individualization; Institutionalized Individualism and its Social and Political Consequences*, Sage Publications.

Beck U., and E. Beck-Gernsheimm (2002), *Individualization: Institutionalized Individualism and its Social and Political Consequences*, Sage Publications.

Beckstrom, J. H. (1993), *Darwinism Applied: Evolutionary Paths to Social Goals(Human Evolution, Behavior, and Intelligence)*, Praeger.

Betzig, Laura, Monique Borgerhoff Mulder and Paul Turke (eds.) (1988), *Human Reproductive Behaviour: a Darwinian Perspective*, Cambridge University Press.

Bowles, Samuel and Herbert Gintis (2004), "The Evolution of Strong Reciprocity: Cooperation in Heterogeneous Populations", *Theoretical Population Biology* 65: 17-28.

Bowles, Samuel and Herbert Gintis (2002), "The Inheritance of Inequality", *The Journal of Economic Perspectives* Vol. 16(3): 3-30.

Boyer, P. (1993), *Cognitive Aspects of Religious Symbolism*, Cambridge University Press.

Browne, K. R. (2002), *Biology at Work: Rethinking Sexual Equality*, New Brunswick, NJ: Rutgers University Press.

Buss, David M. and David P. Schmitt (2011), "Evolutionary Psychology and

Feminism", *Sex Roles* 64: 768-787.

Buss, David M. (1996), "Sexual Conflict: Evolutionary Insights into Feminism and the Battle of the Sexes", in D. M. Buss and N. Malamuth ed., *Sex, Power, Conflict: Evolutionary and Feminist Perspectives*, Oxford University Press.

Chang Kyung-Sup and Song Min-Young (2010), "The Stranded Individualizer under Compressed Modernity: South Korean Women in Individualization without Individualism", *British Journal of Sociology* 61(3): 540-565.

Chang Kyung-Sup (2010), *South Korea under Compressed Modernity: Familial Political Economy in Transition*, London/New York: Routledge.

Coontz, Stephanie (2005), *Marriage, a history: from obedience to intimacy or how love conquered marriage*, New York: Viking.

Cosmides, Leda and John Tooby (1992), "The Psychological Foundations of Culture", In Barkow et al. (eds.), *The Adapted Mind: Evolutionary Psychology and the Generation of Culture*, Oxford University Press New York.

Daly, M. and M. Wilson (1988), *Homicide: Foundations of Human Behavior*, Aldine Transaction.

Ellis, Lee and Anthony Walsh (2000), *Criminology: A Global Perspective*, Allyn & Bacon.

Gintis, Herbert (2000), *Game Theory Evolving: A Problem-centered Introduction to Modeling Strategic Behavior*, Princeton University Press.

Gowaty, Patricia Adair (1997), "Introduction: Darwinian Feminists and Feminist Evolutionists", P. A. Gowaty (ed.), *Feminism and Evolutionary Biology: Boundaries, Intersections and Frontiers*, Chapman & Hall.

Heilbron, Johan (2008), "Social Thought and Natural Science", In Theodore M. Poter and Dorothy Ross (ed.), *The Cambridge History of Science* vol. 7: The Modern Social Sciences, Cambridge University Press.

Hrdy, Sara Blaffer (1999), *Mother Nature: Maternal Instincts and How They Shape the Human Species*, Ballantine Books. (황희선 옮김, 『어머니의 탄생: 모성, 여성, 그리고 가족의 기원과 진화』, 서울: 사이언스북스)

Lash, Scott (2002), "Individualization in a non-linear Mode", in U. Beck and E. Beck-Gernsheim (eds.), *Individualization: Institutionalized Individualism and its Social and Political Consequences*, Sage Publications.

Lewis, J. (20010, *The End of Marriage: Individualism and Intimate Relationships*,

Edward Elgar Publishing.

Lopreato, J. and T. A. Crippen (1999), *Crisis in sociology: The Need for Darwin*, Transaction Publishers.

Marlowe, F. (2000), "Parental investment and the human mating system", *Behavioural Processes* 51: 45-61.

Master, Roger and Gruter (1992), *The Sense of Justice: Biological Foundations of Law*, Sage.

Masters, Roger (1989), *The Nature of Politics*, Yale University Press.

Nielsen, François (1994), "Sociobiology and Sociology", *Annual Review of Sociology* Vol 20: 267-303.

Parsons, T. (1962), "Youth in the Context of American Society", *Daedalus* Vol. 91(1).

Poter, Theodore M. (2008), "Genres and Objects of Social Inquiry,from the Enlightenment to 1890", In T. M. Poter and Dorothy Ross (eds.), *The Cambridge History of Science* Vol. 7: *The Modern Social Sciences*, Cambridge University Press.

Richerson, P. J. and R. Boyd (2004), *Not By Gene Alone: How Culture Transformed Human Evolution*, University Of Chicago Press. (김준홍 옮김, 『유전자만이 아니다』, 서울: 이음, 2009)

Ross, Dorothy (2008), "Changing Contours of the Social Science Disciplines", In Theodore M. Poter & Dorothy Ross (eds.), *The Cambridge History of Science* Vol. 7: *The Modern Social Sciences*, Cambridge University Press.

Rubin, Paul. H. (2002), *Darwinian Politics: The Evolutionary Origin of Freedom*, Rutgers University Press.

Samuelson, Larry (1998), *Evolutionary Games and Equilibrium Selection*, MIT Press.

Sanderson, Stephen K. (2001), *The Evolution of Human Sociality*, Rowman & Littlefield Publishers.

Smuts, Babara B. (1992), "Male Aggression Against Women", *Human Nature* vol. 3(1): 1-44.

Smuts, Babara B. (1995), "The Evolutionary Origins of Patriarchy", *Human Nature* vol. 6(1): 1-32.

Symons, Donald (1979), *The Evolution of Human Sexuality*, Oxford University

Press.

Tuner, Jonathan and Alexandra Maryanski (1992), *The Social Cage: Human Nature and the Evolution of Society*, Stanford University Press.

Tuner, Jonathan and Alexandra Maryanski (2008), *On The Origins of Human Society by Natural Selection*, Boulder, CO: Paradigm Press.

Tuner, Jonathan and Jan E. Stets (2005), *The Sociology of Emotions*, Cambridge University Press.

Tuner, Jonathan (2000), *On The Origins of Human Emotions: A Sociological Inquiry into The Evolution of Human Affect*, Stanford University Press,

Tuner, Jonathan (2003), *Human Institutions: A Theory of Societal Evolution*, Boulder, CO: Rowan and Littlefield.

van den Berghe, Pierre (1979), *Human Family Systems: An Evolutionary View*, Elsevier(New York).

Vandermessen, Griet (2004), "Sexual Selection: A Tale of Male Bias and Feminist Denial", *European Journal of Women's Studies* Vol.11(1): 9-26.

Vandermessen, Griet (2005), *Who's Afraid of Charles Darwin?: Debating Feminism and Evolutionary Theory*, Romain & Littlefield Publishers, Inc.

보론 새로운 변혁 주체의 형성

기세춘 (2007), 『성리학 개론 하』, 서울: 바이북스, 382~421쪽.

데이비드 버스, 김교현 외 옮김 (2009), 『마음의 기원』, 서울: 나노미디어. 157~278쪽.

사마천, 김원중 옮김 (2007), 「貨殖列傳」, 『사기열전』, 서울: 민음사. 840. 3쪽.

서중석 (2001), 『신흥무관학교와 망명자들』, 서울: 역사비평사.

이규성 (2012), 「실천적 변증법과 반 자유주의 논리」, 『한국 현대 철학사론』, 서울: 이화여자 대학교. 675~756쪽.

이기영 번역 · 해설 (1997), 『반야심경-금강경』, 서울: 한국불교연구원. 173쪽.

최형록 (2005a), 「봄 바다가 깊다기로 한 바다만 못하리라」, 오세철 교수 명예퇴임 기념 학술 발표회 준비팀. 『좌파운동의 반성과 모색』. 서울: 도서출판 현장에서 미래를. 305~327쪽.

최형록 (2005b), 「자본과 '생물학적-유전학적 의학'을 넘어서」, 《진보평론》, 겨울호. 서울: 도서출판 현장에서 미래를. 75~96쪽.

태준식 (2010), 「당신과 나의 전쟁(쌍용차 비정규직 관련). 서울.

태준식 (2012), 「어머니: 세상을 품은 가장 큰 사랑」. 서울. 인디스토리

스티븐 핑커, 김교현 외 옮김 (2004), 『빈 서판』, 서울: 사이언스북스. 293쪽.

한용운, 이성원 옮김 (2005), 『한용운의 채근담 강의』, 서울: 필맥. 84쪽.

Ariely, Dan (2012), *The (Honest) Truth about Dishonest*. New York: Harper Collins.

Badiou, Alain (2003), *Saint Paul*. New York: Stanford U. P.

Badiou, Alain (2008), "The joint disappearances of man and god". *The Century*. 165~178. N.Y.: Polity.

Barkow, Jerome (2006), "Introduction". Jerome Barkow, ed. *Missing the Revolution:Darwinism for Social Scientists*. 35~59. New York: Oxford U. P.

Begley, Sharon (2007), *Train Your Mund Change Your Brain*. Ch 6. "Mind over Matter" pp. 131~160. New York: Ballantine Books.

Cacioppo, John. et al (2002), "Social Neuroscience and the Complimenting Nature of Social and Biological Approaches". J. Cacioppo et al. *Foundations in Social Neuroscience*. London: The MIT Press. 21~38.

Darwin Charles (1859), The Origin of Species. 197. Oren Harman. *The Price of Altruism*. 2010. New York: W. W. Norton. 21~23.

Darwin, Charles (1871), "Descent of Man". J. Secord ed. *Charles Darwin: Evolutionary Writings*. New York: Oxford U. P. 234. 247.

Einstein, Albert (2007), "On the Fifth Aniversary of Lenin's Death". David Rowe and Robert Schulmann. eds. *Einstein on Politics*. New Jersey: Princeton U. P. 413.

Einstein. Albert (1949), "L'opportunisme philosophique de savant". Jacques Merleau-Ponty et Etienne Balibar eds. *Oeuvres Choisies de Albert Einstein*. Tome 5: *Science, Ethique, Philosophie*. 1991. Paris: Seuil et CNRS. 164.

Eley, Geoff (2002), Ch. 13. "Living in the Future". *Forging Democracy:The History of the Left in Europe 1850~2000*. 201~219. New York: Oxford U. P.

Fitz, Don (2011), "The Latin American School of Medicine Today", *Monthly Review* Vol. 62(10). 50~61.53.

Franco, Zeffirelli (1973), *Brother Sun Sister Moon*. Directed by F. Zeffirelli. 1973년 산세바스티안 영화제 수상작.

Fromm, Erich (1941), *Escape from Freedom*. New York: Fraar&Rinehart.

Gould, Stephen J. (2007), "The Spandrels and The Panglossian Paradigm: A

Critique of The Adaptationist Program". Steven Rose. ed. *The Richness of Life: The Essential Stephen Jay Gould.* New York: W. W. Norton and Company. 423~443.

Graham, Loren (1987), Ch.5. "Physiology and Psychology". *Science, Philosophy, and Human Behavior in the Soviet Union.* New York: Columbia U. P. 157~219.

Gramsci, Antonio (1971), *Selections from the Prison Notebooks,* New York: International Publishers.

Hare, Robert (2007), "Psychopaths". L. Margulis, M. Punset, D. Suzuki eds. *Mind, Life and Universe.* New York: A Sciencewriters Book. 68~78.

Heilbroner, R. (1980), Ch. "The Wonderful World of Adam Smith". *Worldly Philosophers.* New York: A Touchstone Book. 40~72.

Hellbeck, Jochen (2006), "Bolshevic Views of the Diary". *Revolution on My Mind.* London: Harvard U. P. 37~52.

Hrdy, Sarah (1999), *Mother Nature.* New York: Ballantine. 315~317.

Hrdy, Sarah (2009). *Mothers and Others: The Evolutionary Origins of Mutual Understanding.* London: Harvard U. P. 5~6.

Iacoboni, Marco (2008), *Mirroring People.* New York: Farrar, Straus and Giroux. 259~272.

Jablonka, Eva and Lamb, Marion (2005), *Four Dimensions in Evolution.* London: The MIT Press. 114. 47~78. 155~191. 193~243. 216~217.

Kazantzakis, Nicos (2005), *Saint Francis.* Chicago: Loyola Classics.

Lenin, Vladimir Illich (1967), "Militant Materialism". *Selected Works in Three Volumes.* Vol. 3. Moscow: Progress Publishers. 601~603.

Lewontin, Richard (1995), *DNA Doctrine: Science as Ideology.* London: Penguin 11~12. 22. 30-1

Lewontin, Richard (2002), *The Triple Helix: Gene, Organism and Environment.* London: Harvard U. P.

Lewontin, Richard and Levins, Richard (1985), *Dialetical Biologist.* London: Harvard U. P. 93~106.

Livio, Mario (2009), *Is God A Mathematician?* London: Simon and Schuster. 3.

Marx, Karl (1964), "Economic and Philosophical Manuscripts of 1843". *Karl Marx: Early Writings.* London: McGraw-Hill. 219~400.

Marx, Karl (1969), *The Civil War in France: The Paris Commune.* New York:

International Publishers.

Marx, Karl and Engels, Friedrich (2002), *Communist Manifesto*. London: Penguin Books.

Metzinger, Thomas (2009a), "Introduction". *The Ego Tunnel*. New York: Basic Books. 1~12.

Metzinger, Thomas (2009b), "A Tour of the Tunnel". 25~26.

Midgley, Mary (1979), Ch.2. "Animals and the Problem of Evil". *Beast and Man*. New York: The Harvester Press. 25~49.

Midgley, Mary (2010), *The Solitary Self: Darwin and the Selfish Gene*. Durham: Acumen. 28. 39. 49. 255. 26. 10. 101~102.

Pierre-Changeux, Jean (1998), *L'Homme Neuronal*. Paris: Hachette Literature.

Ricard, Mathieu (2008), "Sur Quoi Mediter?". *L'Art de la Meditation*. Nil. 25~30.

Santucci, Antonio (2010), *Antonio Gramsci*. New York: Monthly Review. 154. 120.

Selsam, Howard and Martel, Harry (1977), "Appendix 2: Lenin's Philosophical Notebooks". eds. *Reader in Marxist Philosophy*. New York: International Publishers. 325~328.

Trivers, Robert (2011), *The Folly of Fools: The Logic of Deceit and Self-Deception in Human Life*. New York: Basic Books. 20~21.

Wallace, Alan (2009), Part1. "Meditation", *Mind in the Ballance*, New York: Columbia U. P. 1~36.

Wallace, Alan (2012), Ch. 2. "Buddhism and Science: Confrontation and Collaberation". *Meditations of A Buddhist Sceptic*. New York: Columbia U. P. 15~71. 15~33.

Yates, Michael (2012), "The Great Inequality". *Monthly Review* (2012-03). pp. 1~18.

York, Richard and Clark, Brett (2011), *The Science and Humanism of Stephen Jay Gould*. New York: Monthly Review. 40~41.

찾아보기

미래 융합 아카데미 2

다윈과 함께

1판 1쇄 찍음 2015년 4월 15일
1판 1쇄 펴냄 2015년 4월 30일

지은이 김세균 외
펴낸이 박상준
펴낸곳 (주)사이언스북스

출판등록 1997. 3. 24. (제16-1444호)
(135-887) 서울시 강남구 도산대로1길 62
대표전화 515-2000   팩시밀리 515-2007
편집부 517-4263   팩시밀리 514-2329
www.sciencebooks.co.kr

ISBN 978-89-8371-699-6 93400